W0401695

Schnittpunkt 9

Mathematik
Nordrhein-Westfalen

Rainer Maroska
Achim Olpp
Rainer Pongs
Claus Stöckle
Hartmut Wellstein
Heiko Wontroba

bearbeitet von
Agathe Bachmann, Langenfeld
Marion Becker, Paderborn
Christof Birkendorf, Dortmund
Berthold Grimm, Billerbeck
Rainer Pongs, Hürtgenwald

Ernst Klett Verlag
Stuttgart · Leipzig

Schnittpunkt 9, Mathematik, Nordrhein-Westfalen

Begleitmaterial:
Lösungsheft (ISBN 978-3-12-740493-7)
Arbeitsheft mit Lösungen (ISBN 978-3-12-740496-8)
Arbeitsheft mit Lösungen inklusive Lernsoftware (ISBN 978-3-12-740495-1)
Schnittpunkt Kompakt, Klasse 5/6 (ISBN 978-3-12-740358-9)
Schnittpunkt Kompakt, Klasse 7/8 (ISBN 978-3-12-740378-7)
Schnittpunkt Kompakt, Klasse 9/10 (ISBN 978-3-12-740398-5)
Kompetenztest 3, Klasse 9/10 (ISBN 978-3-12-740407-4)
Formelsammlung (ISBN 978-3-12-740322-0)

1. Auflage 1 8 7 6 | **16 15**

Alle Drucke dieser Auflage sind unverändert und können im Unterricht nebeneinander verwendet werden. Die letzten Zahlen bezeichnen jeweils die Auflage und das Jahr des Druckes.

Das Werk und seine Teile sind urheberrechtlich geschützt.
Jede Nutzung in anderen als den gesetzlich zugelassenen Fällen bedarf der vorherigen schriftlichen Einwilligung des Verlages. Hinweis zu § 52 a UrhG: Weder das Werk noch seine Teile dürfen ohne eine solche Einwilligung eingescannt und in ein Netzwerk eingestellt werden. Dies gilt auch für Intranets von Schulen und sonstigen Bildungseinrichtungen. Fotomechanische oder andere Wiedergabeverfahren nur mit Genehmigung des Verlages.

© Ernst Klett Verlag GmbH, Stuttgart 2008.
Alle Rechte vorbehalten.
Internetadresse: www.klett.de

Autoren: Rainer Maroska, Achim Olpp, Rainer Pongs, Claus Stöckle, Prof. Dr. Hartmut Wellstein, Heiko Wontroba
Bearbeitet von: Agathe Bachmann, Marion Becker, Christof Birkendorf, Berthold Grimm, Rainer Pongs
Redaktion: Markus Hanselmann, Isabelle Hetzler, Ina Matussek

Zeichnungen / Illustrationen: Uwe Alfer, Waldbreitbach
Umschlagfoto: Fotosearch Stock Photography, BrandXPictures

Reproduktion: Meyle + Müller, Medien-Management, Pforzheim
DTP / Satz: media office gmbh, Kornwestheim
Druck: PHOENIX PRINT GmbH, Würzburg
Printed in Germany

ISBN 978-3-12-740491-3

9 783127 404913

Liebe Schülerin, lieber Schüler,

der Schnittpunkt soll dich in diesem Schuljahr beim Lernen begleiten und unterstützen.
Damit du dich jederzeit zurecht findest, wollen wir dir einige Hinweise geben.

Zu Beginn des Buches findest du **Basiswissen** aus den letzten Schuljahren zum Nachschlagen und Auffrischen.

Jedes neue Kapitel beginnt mit einer **Doppelseite**, auf der es viel zu entdecken und auszuprobieren gibt und auf der du nachlesen kannst, was du in diesem Kapitel lernen wirst. Innerhalb der Kapitel wirst du vor allem die **Aufgaben** bearbeiten – gemeinsam mit anderen oder allein.
Auf vielen Aufgabenseiten findest du durch Symbole hervorgehobene Kästen, die Verschiedenes bieten:

Argumentieren und Kommunizieren: Hier kannst du über mathematische Themen reden, verschiedene Begriffe miteinander in Beziehung bringen, mit Klassenkameraden zusammenarbeiten und deine Ergebnisse präsentieren.

Problemlösen: Du löst spannende Fragestellungen und Probleme. Dafür findest du oft deinen eigenen Weg zur Lösung und du denkst über deine Ergebnisse und die der anderen nach. Vielleicht findest du auch noch eine bessere Lösung.

Modellieren: Für interessante Fragen aus dem alltäglichen Leben findest du Antworten. Dabei hilft dir das, was du im Mathematikunterricht schon gelernt hast.

Werkzeuge: Du verwendest mathematische Werkzeuge (z. B. das Lineal oder das Geodreieck) und andere Medien wie Bücher, den Computer oder das Internet.

Info: Informationen und Hinweise, die dir beim Lösen der Aufgaben helfen oder dir neue Einsichten verschaffen.

Am Ende eines Kapitels findest du in der **Zusammenfassung** noch einmal alles, was du dazugelernt hast. Hier kannst du dich für die Klassenarbeiten fit machen und jederzeit nachschlagen.

Unter **Üben • Anwenden • Nachdenken** sind Aufgaben zum Üben, Weiterdenken und Anknüpfen an früher Gelerntes zusammengestellt.

Die letzte Seite des Kapitels, der **Rückspiegel**, bietet dir eine Aufgabenauswahl, mit der du dein Wissen und Können testen kannst. Links findest du die leichteren, rechts die schwierigeren Aufgaben. Wenn du einen Aufgabentyp schon sehr gut beherrschst, kannst du nach rechts springen, wenn dir eine Art von Aufgaben noch Schwierigkeiten bereitet, wechselst du auf die linke Seite. Die Lösungen zu diesen Aufgaben findest du alle im letzten Teil des Buches.

Am Ende des Buches findest du die **Treffpunkte**. Sie bieten dir jeweils eine Doppelseite zu einem spannenden Thema aus dem Leben, an dem du noch einmal auf viele bekannte Dinge aus dem Mathematikunterricht triffst und die du gemeinsam mit deinen Mitschülerinnen und Mitschülern bearbeiten kannst.

Und jetzt wünschen wir dir viel Spaß und Erfolg!

Inhalt

**Diese Inhalte sind nicht explizit im Kernlehrplan enthalten.*

Ein Wort an die Lehrerinnen und Lehrer und interessierte Eltern

Die Kernlehrpläne betonen, dass eine umfassende mathematische Grundbildung nur dann erreicht wird, wenn neben den inhaltlichen (fachmathematischen) Kompetenzen auch personale und soziale Kompetenzen entwickelt werden. Diese werden unter dem Stichwort „prozessbezogene Kompetenzen" subsumiert.

Diese prozessbezogenen Kompetenzen können nicht isoliert behandelt und geübt werden, sondern entwickeln sich erst in der aktiven Auseinandersetzung mit konkreten inhaltlichen Fragen der Mathematik. Umgekehrt werden sich die inhaltsbezogenen Kompetenzen nur dann entfalten, wenn übergreifende, prozessbezogene Kompetenzen aktiviert werden können.

Entsprechend dieser Unterrichtsziele sind im Schnittpunkt die inhalts- und die prozessbezogenen Kompetenzen eng miteinander verwoben. So werden in den Aufgaben immer wieder Fähigkeiten der vier prozessbezogenen Kompetenzbereiche Argumentieren und Kommunizieren, Problemlösen, Modellieren und Werkzeuge aufgegriffen und geübt. Zusätzlich wurden größere Aufgabenkontexte geschaffen, die es den Schülerinnen und Schülern ermöglichen, sich intensiv mit einem Thema zu beschäftigen. Diese Themenblöcke, die auch optisch in Kästen hervorgehoben sind, unterstützen die Herausbildung der einzelnen prozessbezogenen Fähigkeiten in besonderem Maße. Jeder Kasten ist einer der vier prozessbezogenen Kompetenzen zugeordnet, auch wenn meist Fähigkeiten aus mehreren Kompetenzbereichen angesprochen werden. Die Zuordnung erfolgte je nach Schwerpunktsetzung der angesprochenen Kompetenzen.

Die folgende Aufstellung beschreibt die den Kompetenzen untergeordneten Fähigkeiten und verweist auf die im Buch auftretenden prozessbezogenen Kästen:

Argumentieren und Kommunizieren
kommunizieren, präsentieren und argumentieren

Die Schülerinnen und Schüler lernen, mathematische Sachverhalte zutreffend und verständlich mitzuteilen, sie als Begründung für Behauptungen und Schlussfolgerungen zu nutzen, mathematische Begriffe und Inhalte zu vernetzen, ihre Ergebnisse zu präsentieren und im Team zu arbeiten.

Problemlösen
Probleme erfassen, erkunden und lösen

Die Schülerinnen und Schüler lernen, inner- und außermathematische Probleme, bei denen der Lösungsweg nicht unmittelbar erkennbar ist, zu strukturieren, in eigenen Worten wiederzugeben und zu lösen. Sie nutzen dafür unterschiedliche Problemlöseverfahren und -strategien und reflektieren und bewerten die eigenen Ergebnisse.

Modellieren
Modelle erstellen und nutzen

Die Schülerinnen und Schüler lernen, die Mathematik als Werkzeug zum Erfassen der realen Welt zu nutzen.
Sie übersetzen außermathematische Probleme in mathematische Modelle, überprüfen die am Modell gewonnenen Lösungen an der Realsituation und ordnen einem mathematischen Modell die passende Realsituation zu.

Werkzeuge
Medien und Werkzeuge verwenden

Die Schülerinnen und Schüler lernen, klassische mathematische Werkzeuge sowie neue elektronische Werkzeuge und Medien situationsangemessen einzusetzen.

Basiswissen | Binomische Formeln

1. binomische Formel $(a+b)^2 = a^2 + 2ab + b^2$
2. binomische Formel $(a-b)^2 = a^2 - 2ab + b^2$
3. binomische Formel $(a+b)(a-b) = a^2 - b^2$

Produkte, deren Faktoren aus Summen oder Differenzen mit gleichlautenden Summanden bestehen, können mithilfe der **binomischen Formeln** vorteilhaft ausmultipliziert werden.

$x^2 + 2xy + y^2 = (x+y)^2$
$4x^2 - 4xy + y^2 = (2x-y)^2$
$9x^2 - y^2 = (3x+y)(3x-y)$

Liegen binomische Terme als Summen- oder Differenzterme vor, lassen sie sich zu **Produkten** umformen (faktorisieren).

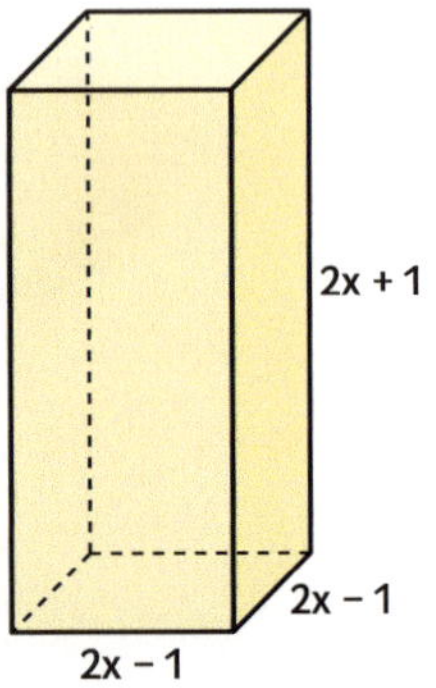

1 Wende die binomischen Formeln an.
a) $(y+z)^2$ b) $(u-v)^2$
c) $(s-t)^2$ d) $(c+d)(c-d)$
e) $(q+p)^2$ f) $(a+2)^2$
g) $(g-h)(g+h)$ h) $(b+3)(b-3)$
i) $(5-z)^2$

2 Berechne mithilfe der binomischen Formeln.
a) $(3a+5b)^2$ b) $(9x+11)(9x-11)$
c) $(7x-6y)^2$ d) $(10c+13d)^2$
e) $(2{,}5u-4v)^2$ f) $(15-4s)(15+4s)$

3 Wo steckt der Fehler?
Erkläre, was falsch gemacht wurde.
a) $(8x+5y)^2 = 64x^2 + 40xy + 25y^2$
b) $(2a-9b)^2 = 4a^2 - 36ab - 81b^2$
c) $(3x-17)(3x+17) = 9x^2 - 189$
d) $(12s+7t)(12s-7t) = 144s^2 + 49t^2$
e) $(x+0{,}5y)^2 = x^2 + xy + 0{,}25y^2$

4 Ergänze.
a) $(2x+3y)^2 = 4x^2 + \square + 9y^2$
b) $(11c+\square)^2 = 121c^2 + \square + 36d^2$
c) $(3z-\square)^2 = \square - 12y^2z + \square$
d) $(\square - 8m)^2 = \square - 48mn + 64m^2$
e) $(\square + \square)^2 = \square + ab + b^2$
f) $(\square - \square)^2 = \square - 16x^2y^2 + \square$

5 Vereinfache den Term.
Achte auf die Minusklammer.
a) $(a+b)^2 - (a-b)^2$
b) $(x+4z)(x-4z) - (x-2z)^2$
c) $6p^2 - (5p-6q)^2 + 5q^2$
d) $(2x-3y)^2 + (4y-3x)^2$
e) $(6u+3v)^2 - (12u-5v)(12u+5v)$

6 Faktorisiere die Terme.
a) $25x^2 + 20xy + 4y^2$
b) $4p^2 - 8pq + 4q^2$
c) $9s^2 - 9t^2$
d) $36h^2 + 96gh + 64g^2$
e) $36z^2 - 1$
f) $4u^2 + v^2 + 4uv$

7 Mache den Binomtest.
Verändere den Term so, dass er mithilfe der binomischen Formeln faktorisiert werden kann.
a) $y^2 - 7y + 49$
b) $4n^2 + 16mn + 64m^2$
c) $x^2 + 6x + 6{,}25$
d) $16y^2 + 144xy + 81x^2$
e) $900x^2 - 600xy + 10y^2$

8 Klammere zunächst einen Faktor aus und faktorisiere anschließend.
a) $5a^2 - 5b^2$ b) $3a^2 + 6ab + 3b^2$
c) $2h^2 + 4hg + 2g^2$ d) $3uv^2 - 3uw^2$
e) $17x^2 + 34xy + 17y^2$ f) $26z^2 - 26$
g) $0{,}5x^2 + xy + 0{,}5y^2$ h) $72z^2 - 2$
i) $2abc + a^2b + bc^2$

9 Mithilfe der binomischen Formeln findest du die quadratische Ergänzung.
a) $x^2 + 10x + \square$ b) $x^2 - 6xy + \square$
c) $16m^2 - 72mn + \square$ d) $4n^2 + 32mn + \square$
e) $4n^2 + 2mn + \square$ f) $\square - 12n + 1$

10 Gib für die quadratische Säule auf dem Rand einen möglichst einfachen Term an
a) für ihre Oberfläche.
b) für ihr Volumen.

Basiswissen | Gleichungen lösen

Um eine Gleichung zu lösen, führt man **Termumformungen** und **Äquivalenzumformungen** durch.
Durch solche Umformungen ändert sich die Lösung einer Gleichung nicht. Am Ende steht eine Gleichung, deren Lösung unmittelbar abzulesen ist.

$$(x-5)^2+11=(x+8)(x-3)$$
$$\downarrow$$
$$x=4$$

Termumformungen

- Die **Klammern** in der Gleichung werden zuerst aufgelöst.
- Die Terme auf der linken und rechten Seite der Gleichung werden durch **Zusammenfassen** einzeln vereinfacht.

Äquivalenzumformungen

- Auf beiden Seiten der Gleichung wird derselbe Term addiert oder subtrahiert.
- Beide Seiten der Gleichung werden mit derselben Zahl multipliziert oder durch dieselbe Zahl dividiert.
  Ausgeschlossen sind die Multiplikation mit null und die Division durch null.

Zur Kontrolle der Rechnung kann die **Probe** durchgeführt werden. Dazu wird auf beiden Seiten der Gleichung für die Variable die Lösung der Gleichung eingesetzt. Die Werte der Terme auf der linken und rechten Seite der Gleichung müssen übereinstimmen.

$$\begin{aligned}(x-5)^2+11&=(x+8)(x-3)\\ x^2-10x+25+11&=x^2-3x+8x-24\\ x^2-10x+36&=x^2+5x-24 &&|-x^2\\ -10x+36&=5x-24 &&|-36\\ -10x&=5x-60 &&|-5x\\ -15x&=-60 &&|:(-15)\\ x&=4\end{aligned}$$

Probe:

linker Term	rechter Term
$(4-5)^2+11$	$=(4+8)(4-3)$
$=(-1)^2+11$	$=12\cdot 1$
$=1+11$	$=12$
$=12$	

1 Löse die Gleichung und führe die Probe durch.
a) $7(3x-4)=9x-52$
b) $2(x+4)-5(8+x)=16$
c) $67-3(5-x)=(4-3x)\cdot(-8)$
d) $5(x-10)-9x=-2(6x+9)+40$

2 Was musst du in der Gleichung
$5(x-4)+2(3x+1)=\square$
für $\square$ einsetzen, damit L die Lösungsmenge ist?
a) $L=\{2\}$ b) $L=\{7\}$
c) $L=\{0\}$ d) $L=\{-3\}$

3 Gib die Lösung an und überprüfe.
a) $(x-6)(x+8)=x^2$
b) $(x-8)(2x+5)=2x^2-7x$
c) $(3x+5)(4x-1)=(2x+3)(6x-1)$
d) $5x^2-(x+3)(5x-7)=-75$

4 Achte auf die binomischen Formeln.
a) $(x-10)^2=(x+5)\cdot x$
b) $(x+12)^2=(x+12)(x-12)$
c) $(x-8)^2-(x+3)^2=-15x+97$
d) $(3x-4)^2=83+(2x-7)(6x+5)-3x^2$

5 a) In sieben Jahren wird Thea 3-mal so alt sein, wie sie vor fünf Jahren war.
b) Theas Mutter ist heute 6-mal so alt, wie sie vor 30 Jahren war.

6 a) Stelle die Formel für den Umfang eines Dreiecks $u=a+b+c$ nach a um.
b) Löse die Formel für den Flächeninhalt des rechtwinkligen Dreiecks $A=\frac{1}{2}\cdot a\cdot b$ nach b auf.

7 Quadrat und Rechteck sind flächengleich. Berechne die Länge der Seite x.

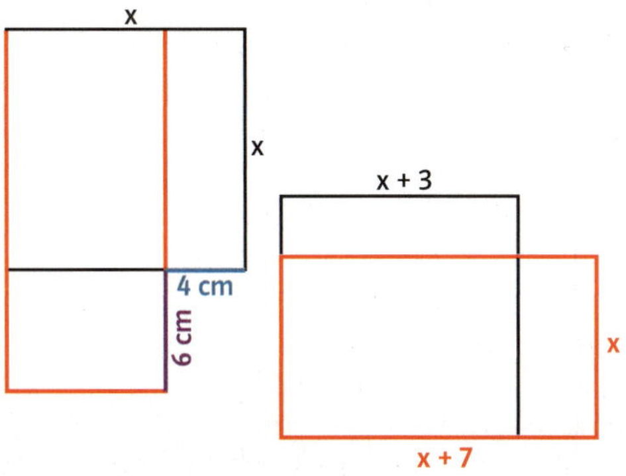

Basiswissen | Funktionen

Funktionsgleichung $f(x) = \frac{1}{2}x$

Wertetabelle

x	−4	−3	−2	−1	0	1	2	3	4
f(x)	−2	−1,5	−1	−0,5	0	0,5	1	1,5	2

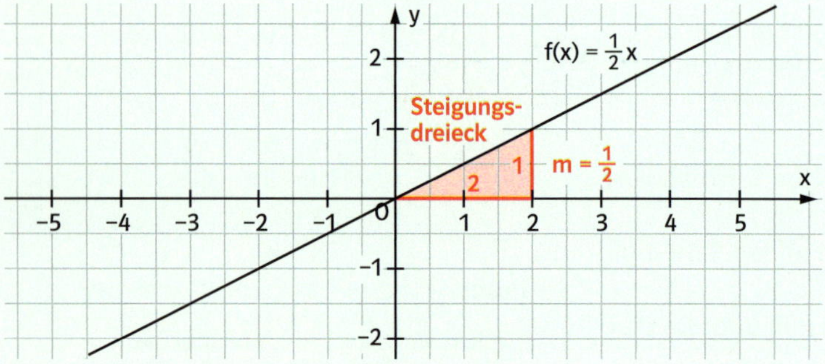

Eine Zuordnung, bei der zu jeder Größe eines ersten Bereichs (Eingabegröße) **genau eine** Größe eines zweiten Bereichs (Ausgabegröße) gehört, heißt **Funktion**.
Eine Funktion lässt sich über eine **Wertetabelle**, ein **Schaubild** oder eine **Funktionsgleichung** darstellen.

Eine Funktion mit der Gleichung $\mathbf{f(x) = m \cdot x}$ heißt **proportionale Funktion**. Das Schaubild ist eine Gerade, die durch den **Ursprung** des Koordinatensystems verläuft. Die **Steigung m** bestimmt den Verlauf der Geraden.

1 Trage die Wertepaare in eine Tabelle ein. Wähle für die Eingabegröße ganze Zahlen von −5 bis 5.
Liegt eine Funktion vor? Begründe.
a) Es wird der Zahl ihr Nachfolger zugeordnet.
b) Der Zahl wird ihre Hälfte zugeordnet.
c) Die Ausgabegröße ist um 10 größer als die Eingabegröße.
d) Der Eingabegröße wird ihre Quadratzahl zugeordnet.

2 Welches Schaubild gehört zu einer Funktion, welches nicht? Begründe.

a)
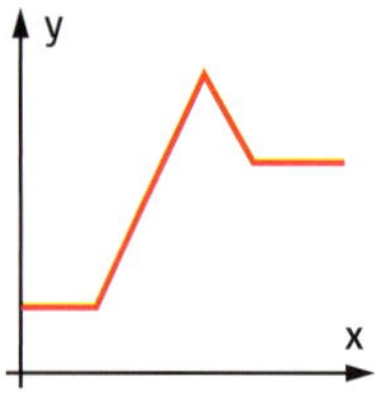

b)
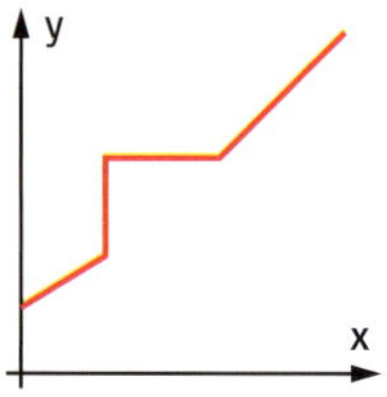

c)
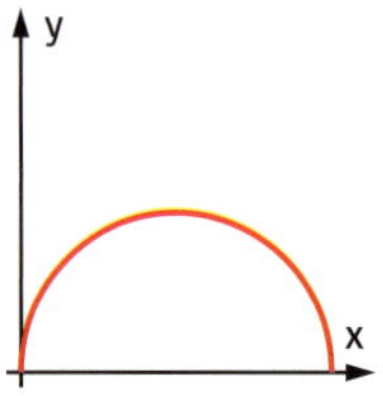

d)
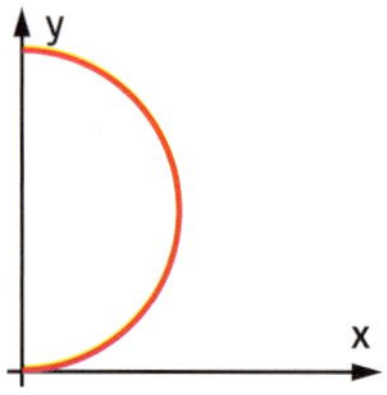

3 Bestimme die Funktionsgleichung der proportionalen Zuordnung und zeichne.
a) Ein Handwerker verlangt für einen Arbeitseinsatz von fünf Stunden 250 €.
b) Je 30 Zeitungen werden zu einem Paket gebündelt.
c) Eine Abfüllanlage kann in zwei Stunden 5000 Flaschen bereitstellen.

4 Gib zu jeder Geraden die Funktionsgleichung an.

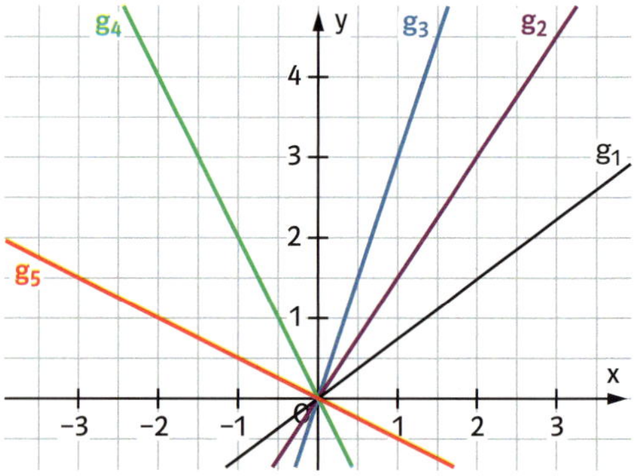

5 Vergleiche den Verlauf der beiden Geraden, ohne zu zeichnen.
a) $f(x) = x$ und $g(x) = -x$
b) $f(x) = -3x$ und $g(x) = -5x$
c) $f(x) = \frac{1}{4}x$ und $g(x) = \frac{1}{3}x$

Basiswissen | Funktionen

Eine Funktion mit der Gleichung
f(x) = m · x + b heißt **lineare Funktion**.
Das Schaubild ist eine Gerade mit der **Steigung m.** Diese Gerade schneidet die y-Achse im Punkt P(0 | b).
Der **Wert b** bezeichnet den **y-Achsenabschnitt** der Geraden.

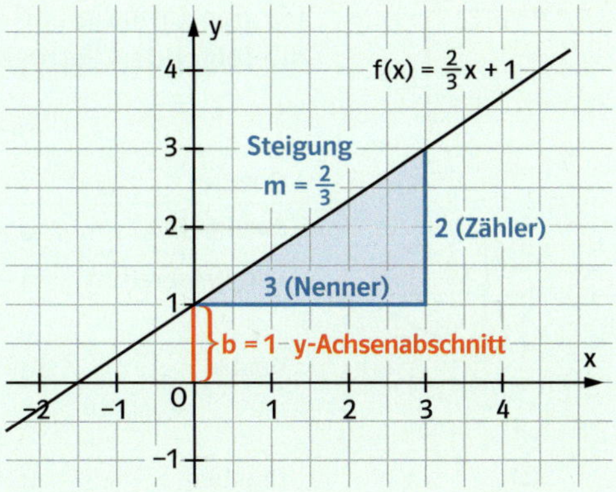

1 Ist die Funktion proportional, linear oder keines von beiden?
a) $f(x) = 4{,}5x$ b) $f(x) = 4{,}5$
c) $f(x) = x^2 - 3x$ d) $f(x) = 3x + 2{,}5$

2 Erstelle eine Wertetabelle und zeichne das Schaubild der Funktion.
a) $f(x) = 2x + 4$ b) $f(x) = 2x - 4$
c) $f(x) = -2x + 4$ d) $f(x) = -2x - 4$

3 Wie lautet die zugehörige Funktionsgleichung?

x	−3	−2	−1	0	1	2	3
f(x)	−9	−7	−5	−3	−1	1	3

4 Bestimme die Funktionsgleichungen.

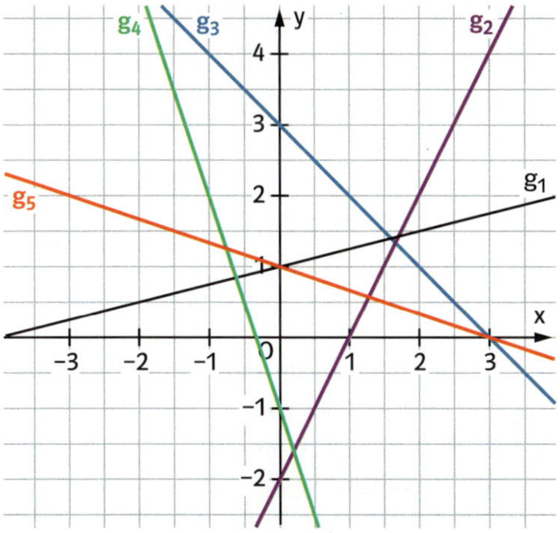

5 Zeichne.
Verwende den y-Achsenabschnitt und ein Steigungsdreieck.
a) $f(x) = x + 1{,}5$ b) $f(x) = -3x - 4$
c) $f(x) = \frac{4}{3}x + 1$ d) $f(x) = -\frac{2}{5}x - 2$

6 Eine Schraubenfeder ist in unbelastetem Zustand 20 cm lang. Wenn man Massestücke von 100 g anhängt, verlängert sie sich jeweils um 5 cm.
a) Gib die Funktionsgleichung zur Berechnung der Federlänge an.
b) Zeichne den Graphen bis zu einer Federlänge von 50 cm.

7 An einer Mietstation für Fahrräder werden zwei verschiedene Tarife angeboten. Vergleiche.

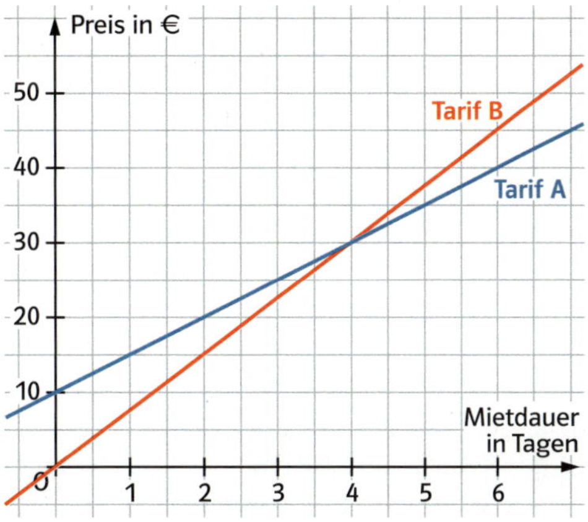

Basiswissen | Umfang und Flächeninhalt

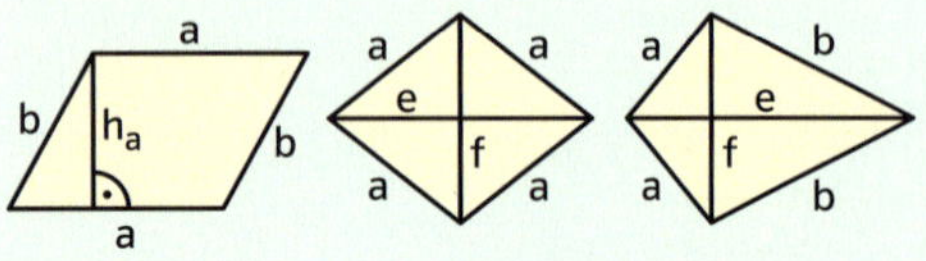

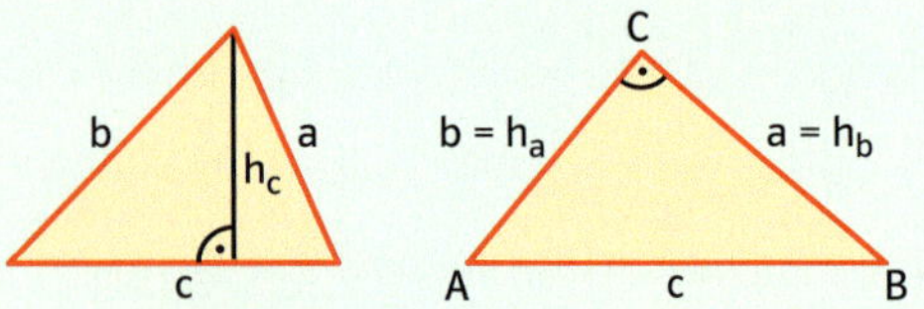

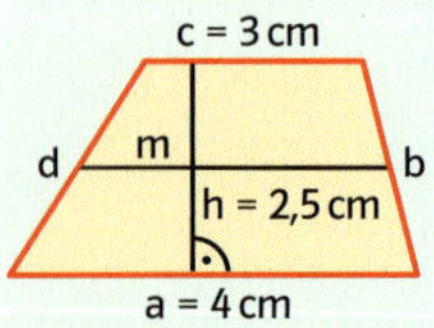

$A = \frac{1}{2} \cdot (a + c) \cdot h$

$A = \frac{1}{2} \cdot (4 + 3) \cdot 2{,}5\,\text{cm}^2$

$A = 8{,}75\,\text{cm}^2$

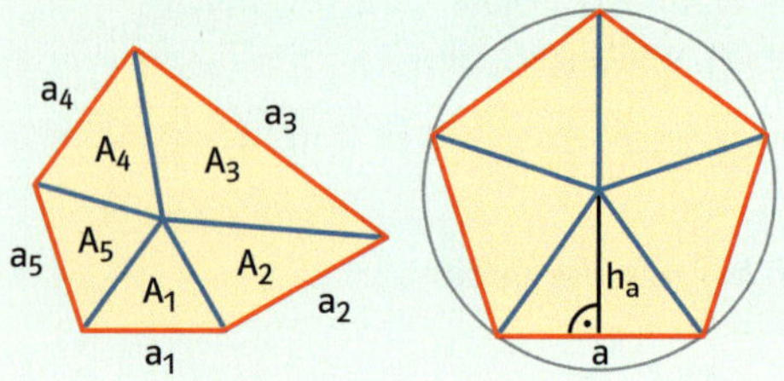

Für den Umfang und den Flächeninhalt ebener Figuren gelten die folgenden Formeln:

	Umfang	Flächeninhalt
Quadrat	$u = 4 \cdot a$	$A = a^2$
Rechteck	$u = 2 \cdot (a + b)$	$A = a \cdot b$
Parallelogramm	$u = 2 \cdot (a + b)$	$A = a \cdot h_a$ $A = b \cdot h_b$
Raute	$u = 4 \cdot a$	$A = a \cdot h_a$ $A = \frac{1}{2} \cdot e \cdot f$
Drachen	$u = 2 \cdot (a + b)$	$A = \frac{1}{2} \cdot e \cdot f$
Dreieck • allgemein	$u = a + b + c$	$A = \frac{1}{2} \cdot a \cdot h_a$ $A = \frac{1}{2} \cdot b \cdot h_b$ $A = \frac{1}{2} \cdot c \cdot h_c$
• rechtwinklig ($\gamma = 90°$)	$u = a + b + c$	$A = \frac{1}{2} \cdot a \cdot b$
Trapez	$u = a + b + c + d$	$A = \frac{1}{2} \cdot (a + c) \cdot h$ $A = m \cdot h$
Vieleck • allgemein • regelmäßig	 $u = a_1 + a_2 + \ldots + a_n$ $u = n \cdot a$	 $A = A_1 + A_2 + \ldots + A_n$ $A = n \cdot A_\Delta$

Gib Flächeninhalt und Umfang in Abhängigkeit von e an.

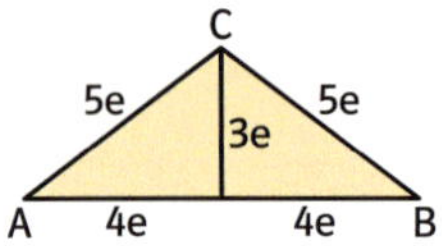

1 Berechne den Flächeninhalt des Dreiecks.
a) $c = 14{,}0\,\text{cm}$; $h_c = 5{,}0\,\text{cm}$
b) $a = 4{,}8\,\text{dm}$; $h_a = 0{,}5\,\text{m}$
c) $a = 2{,}8\,\text{cm}$; $b = 72\,\text{mm}$; $\gamma = 90°$

2 Berechne die Seite b des Dreiecks.
a) $u = 12{,}84\,\text{m}$; $a = 3{,}6\,\text{m}$; $c = 48\,\text{dm}$
b) $A = 399{,}84\,\text{mm}^2$; $h_b = 39{,}2\,\text{mm}$
c) $A = 143\,\text{cm}^2$; $c = 13\,\text{cm}$; $\alpha = 90°$

3 Berechne die fehlenden Größen a, b, u oder A des Rechtecks.
a) $a = 6{,}3\,\text{cm}$; $b = 17{,}1\,\text{cm}$
b) $a = 8{,}8\,\text{dm}$; $u = 218\,\text{cm}$
c) $A = 30{,}96\,\text{cm}^2$; $b = 4{,}3\,\text{cm}$

4 Berechne den Flächeninhalt und den Umfang des Parallelogramms.
a) $a = 0{,}34\,\text{dm}$; $b = 8{,}22\,\text{cm}$; $h_a = 8{,}1\,\text{cm}$
b) $a = 29{,}2\,\text{m}$; $b = 6{,}4\,\text{m}$; $h_b = 29{,}1\,\text{m}$
c) $a = 10{,}6\,\text{cm}$; $h_b = 5{,}3\,\text{cm}$; $h_a = 5{,}0\,\text{cm}$

5 Wie verändert sich der Flächeninhalt einer Raute, wenn die Länge einer Diagonalen verdreifacht und die der anderen verdoppelt wird?

6 Welchen Flächeninhalt hat der trapezförmige Querschnitt eines Deiches, dessen Kronenbreite 16,25 m, dessen Sohlenbreite 32,75 m und dessen Höhe 14,10 m beträgt?

Basiswissen | Prismen

Ein Prisma wird von der **Grundfläche**, der **Deckfläche** und der **Mantelfläche** begrenzt. Diese bilden die **Oberfläche**. Grundfläche G und Deckfläche D sind kongruente Vielecke. Die Mantelfläche M besteht aus Rechtecken, die in einer Seite übereinstimmen. Diese ist die **Höhe** h des Prismas.
Quader und Würfel sind besondere Prismen.

Im **Schrägbild** wird das Prisma in der Regel auf einem Mantelrechteck liegend gezeichnet.
Die Grundfläche liegt in der Zeichenebene.
Die senkrecht zur Zeichenebene verlaufenden Strecken werden um 45° geneigt und auf die Hälfte verkürzt.

Für die Oberfläche O gilt $\mathbf{O = 2 \cdot G + M}$.
Für die Mantelfläche M gilt $\mathbf{M = u \cdot h}$.
Dabei ist u der Umfang der Grundfläche.
Für das Volumen V gilt $\mathbf{V = G \cdot h}$.

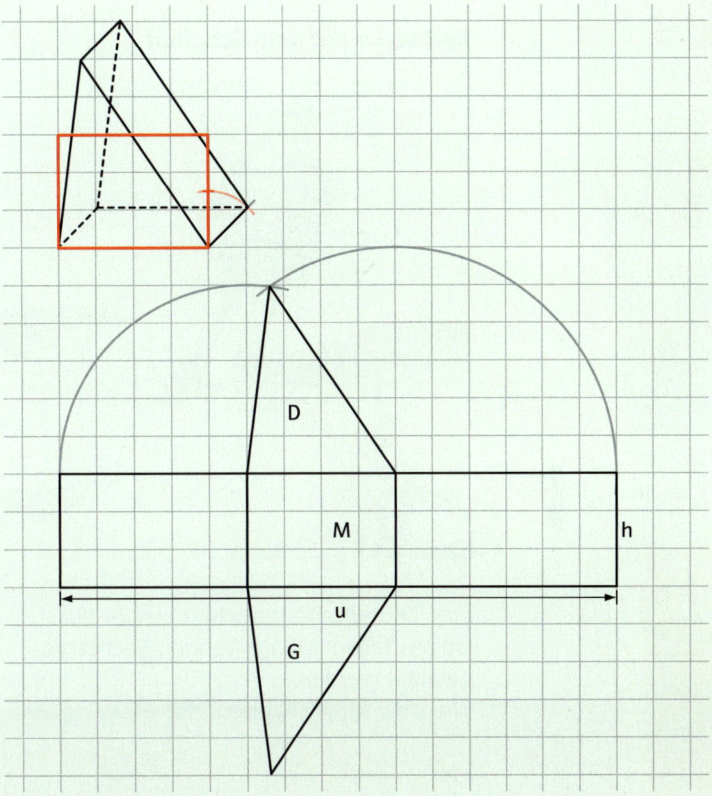

1 Zeichne das Netz des Prismas und berechne die Oberfläche. Fehlende Maße entnimmst du der Zeichnung.
a) Grundfläche: rechtwinkliges Dreieck mit a = 4 cm; b = 6 cm; γ = 90°; Höhe: h = 3 cm
b) Grundfläche: gleichseitiges Dreieck mit a = 5 cm; Höhe: h = 4 cm
c) Grundfläche: symmetrisches Trapez mit a = 6 cm; c = 4 cm; h_T = 3 cm; Höhe: h = 5 cm

2 Zeichne das Prisma im Schrägbild.
a) Grundfläche: Dreieck mit b = 6 cm; c = 8 cm; α = 90°; Höhe: h = 7 cm
b) Grundfläche: gleichseitiges Dreieck mit a = 7 cm; Höhe: h = 5 cm
c) Grundfläche: allgemeines Dreieck mit c = 8 cm; α = 55°; β = 60°; Höhe: h = 12 cm

3 Zeichne ein Sechseckprisma mit a = 3 cm und h = 6 cm im Schrägbild.

4 Berechne das Volumen und die Oberfläche des Prismas. (Maße in cm)
a)

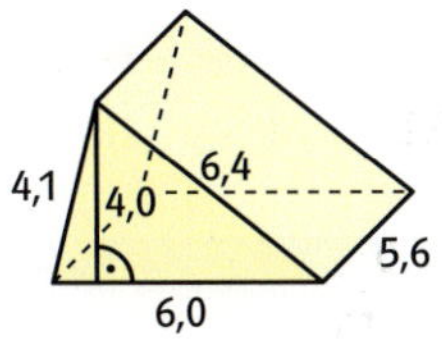

b)

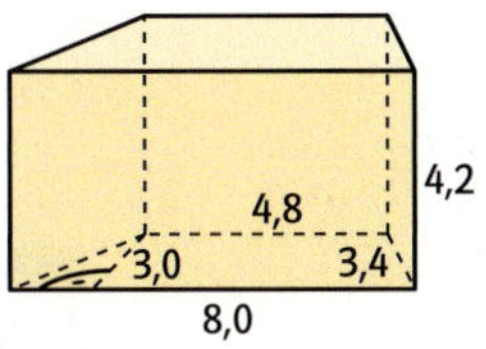

5 Welche Eckpunkte des Netzes vereinigen sich zu einem Eckpunkt des Prismas? Eine Schrägbildskizze hilft.

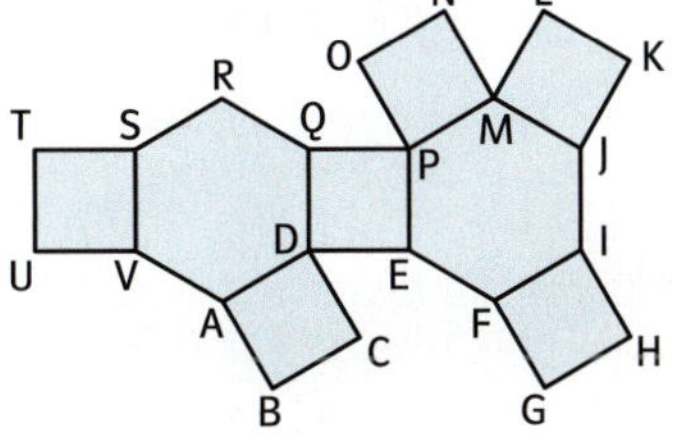

Größer, kleiner, gleich

Rechtecke auf dem Schulhof

Eine Knotenschnur besteht aus 24 gleich langen Teilen. Mit ihr können Rechtecke gebildet werden.
Wie viele Möglichkeiten gibt es?

Länge	Breite
11 Teile	?

Stellt eine Gleichung auf, die den Zusammenhang zwischen Länge und Breite bei insgesamt 24 Teilen beschreibt.

Welche symmetrischen Trapeze mit $b = c = d$ lassen sich aus der dargestellten Knotenschnur bilden?

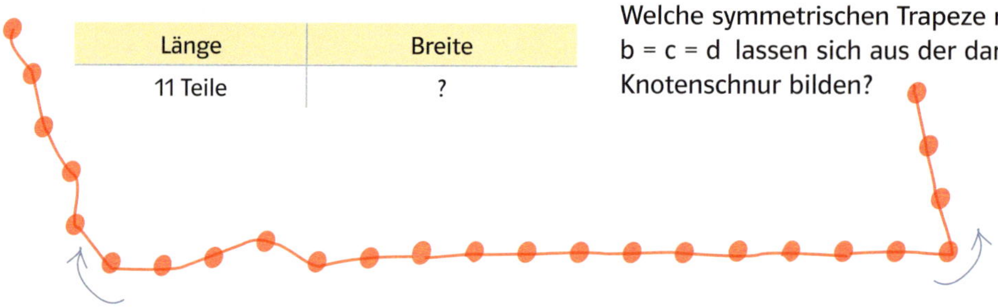

Wenn ihr euch einfach an den Händen fasst, geht es auch ohne Schnur.

Verändert auch die Anzahl der Knoten bzw. der Schülerinnen und Schüler.

Was kostet der Führerschein?

Maik plant den Führerschein für Kleinkrafträder zu machen. Er informiert sich über die zu erwartenden Kosten.

Die Fahrschule „Wagner“ bietet folgende Konditionen an:
Grundgebühr: 150 €
Preis pro Fahrstunde: 25 €
Vom Gesetzgeber werden dabei mindestens zwölf Fahrstunden vorgeschrieben.

Eine andere Fahrschule wirbt mit einer Anzeige in der Tageszeitung.

Maik möchte sich einen Überblick verschaffen. Dabei eignen sich eine Wertetabelle und ein Schaubild, um den Zusammenhang zwischen der Anzahl der Fahrstunden und den Kosten darzustellen.

Für welche Fahrschule soll sich Maik entscheiden? Begründet.

Anzahl der Stunden	0	10	…	
Kosten „Wagner“ in €	…			
Kosten „Müller“ in €	…			

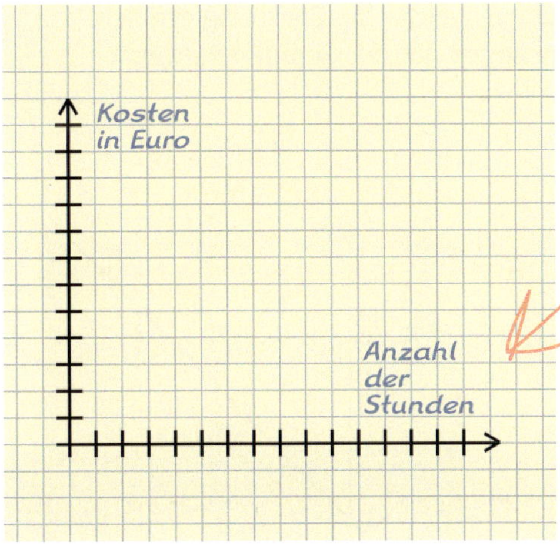

Erkundigt euch selbst nach aktuellen Preisen beim Erwerb des Führerscheins für Kleinkrafträder und vergleicht.

In diesem Kapitel lernst du,

- wie man mit Gleichungen arbeitet, die zwei Variablen enthalten,
- was ein lineares Gleichungssystem ist,
- wie man Gleichungssysteme löst,
- wie viele Lösungen ein Gleichungssystem haben kann,
- wie man mathematische Modelle zur Lösung von praktischen Problemen verwendet.

1 Lineare Gleichungen mit zwei Variablen

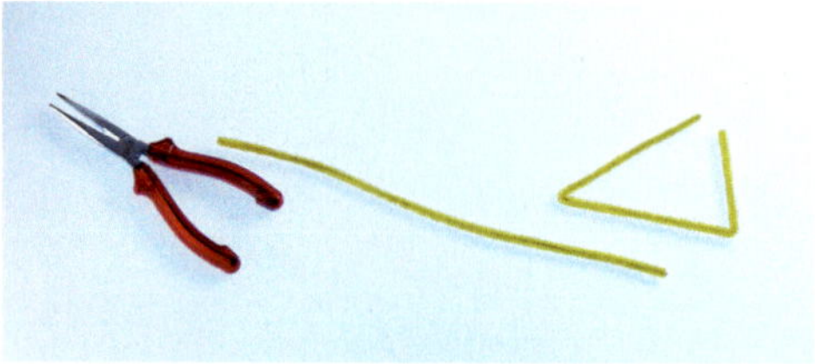

Aus einem 40 cm langen Draht lassen sich ohne Rest gleichschenklige Dreiecke biegen.
Die Maßzahlen der Seitenlängen sollen natürliche Zahlen sein.
→ Nenne verschiedene Möglichkeiten.

Die Gleichung $2x + y = 8$ enthält **zwei Variablen**. Ihre Lösungen sind **Zahlenpaare** (x ; y). Durch Probieren erhält man: (0 ; 8); (1 ; 6); (2 ; 4); (3 ; 2); (4 ; 0); (5 ; −2); …
Die Zahlenpaare lassen sich auch in einer Wertetabelle darstellen.

! *(4 ; 2) ≠ (2 ; 4)*

x	0	1	2	3	4	5…
y	8	6	4	2	0	−2…

Die beiden Werte hängen voneinander ab. Legt man für eine der Variablen einen Wert fest, kann man daraus den zugehörigen Wert der anderen bestimmen.
Dazu formt man die Gleichung $2x + y = 8$ nach y um und erhält $y = -2x + 8$. Alle Lösungen können als Punkte im Koordinatensystem dargestellt werden. Zum Zahlenpaar (1 ; 6) gehört der Punkt P (1 | 6).

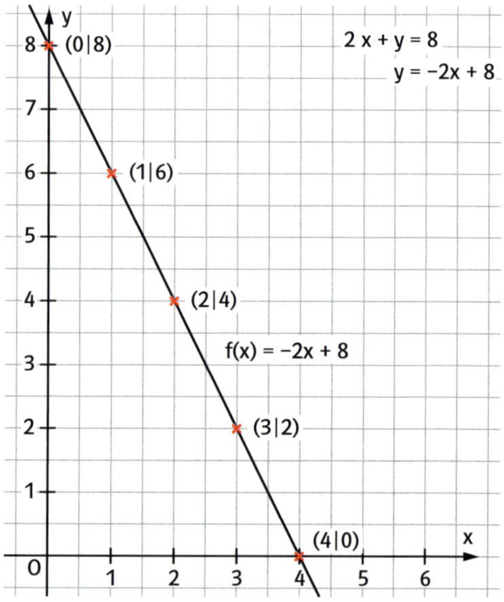

Alle Punkte liegen auf einer Geraden, dem Graphen der linearen Funktion $f(x) = -2x + 8$.

Eine Gleichung der Form $cx + dy = e$ heißt **lineare Gleichung** mit den **zwei Variablen** x und y. Hierbei stehen c, d und e für gegebene Zahlen. Sie lässt sich immer in der Form $y = mx + b$ schreiben.
Lösungen dieser Gleichung sind **Zahlenpaare (x ; y)**, welche die Gleichung erfüllen.
Die zugehörigen Punkte im Koordinatensystem liegen auf der Geraden mit der Funktionsgleichung $f(x) = mx + b$.

Beispiel

Die Differenz zweier Zahlen beträgt 3.

Gleichung: $x - y = 3$
$y = x - 3$
Funktionsgleichung: $f(x) = x - 3$
Wertetabelle:

x	0	2,5	3	3,5	…
y	−3	−0,5	0	0,5	…

Lösungen: (0 ; −3); (2,5 ; −0,5); …

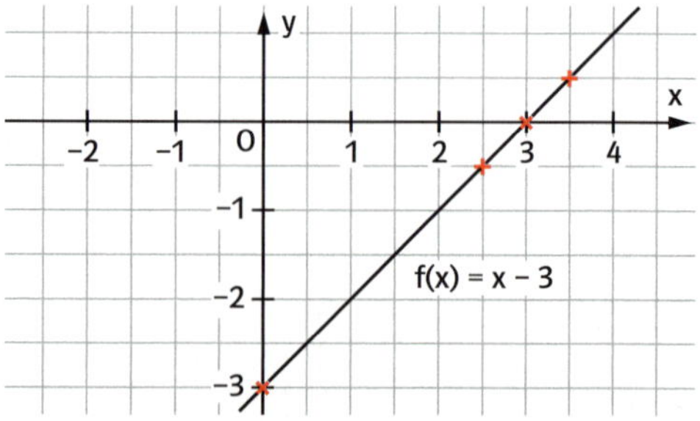

Aufgaben

1 Es gibt mehrere Lösungen.
a) 24 Schüler werden in Zweier- und Dreiergruppen eingeteilt.
b) Dora muss beim Einkaufen 52 € bezahlen.
Sie bezahlt mit 10-Euro-Scheinen und 2-Euro-Stücken.
c) Auf einer Waage sollen mit 3-kg- und 5-kg-Gewichten 68 kg zusammengestellt werden.

2 Stelle eine Gleichung mit zwei Variablen auf und löse das Rätsel.
a) Die Summe zweier Zahlen beträgt 9.
b) Die Summe aus einer Zahl und dem Dreifachen einer zweiten Zahl beträgt 10.
c) Die Differenz aus dem Dreifachen einer Zahl und dem Doppelten einer anderen Zahl beträgt 7.
Stellt euch gegenseitig ähnliche Zahlenrätsel.

3 Gib drei Lösungen für die Gleichung an. Rechne im Kopf.
a) $3x + 4y = 12$ b) $2x - 3y + 4 = 0$
c) $y = 2x + 5$ d) $-x + 3 = y + 2$
e) $x - 2y = 1$ f) $-2x - 1 = -y$

4 Ergänze die Zahlenpaare so, dass sie Lösung der Gleichung $y = -4x + 3$ sind.
a) (1 ; □) b) (0 ; □) c) (−2 ; □)
d) (□ ; 4) e) (□ ; −10) f) (1,5 ; □)

5 Schreibe die Gleichung in der Form $y = mx + b$ und zeichne den Graphen der zugehörigen Funktion f(x).
a) $y - 2x = 5$ b) $y - x = 3$
c) $y + 3x = 6$ d) $y + 2x = 2{,}5$
e) $y - 4 = x$ f) $y + 3 = \frac{1}{2}x$
g) $x - y = 5$ h) $2x - y = 3$

6 Stelle die Lösung zeichnerisch in einem Koordinatensystem dar. Bestimme dazu zwei Zahlenpaare und prüfe mit einem weiteren Zahlenpaar.
a) $x + y = 7$ b) $2x + y = 9$
c) $x - 2y = 3$ d) $3x - y = 3$
e) $2x + 3y = 5$ f) $5x - 3y = 2$

7 Prüfe zeichnerisch und rechnerisch, welche Zahlenpaare welche Gleichung erfüllen.

$2x - 3y + 3 = 0$	(4 ; 2)
$3x - y = 3$	(2 ; −2)
$x + y = 0$	(1,5 ; 1,5)
$2y + x = 8$	(−3 ; −1)

8 Stelle eine Gleichung auf und gib mindestens zwei Lösungen an.
a) Der Umfang eines Parallelogramms beträgt 28 cm.
b) Der Umfang eines symmetrischen Trapezes beträgt 30 cm. Die Grundseite ist doppelt so lang wie die Deckseite.
c) Der Umfang eines Drachens beträgt 30 cm.

9 Stelle eine Gleichung für die Summe der Kantenlängen auf und gib drei verschiedene Lösungen an.

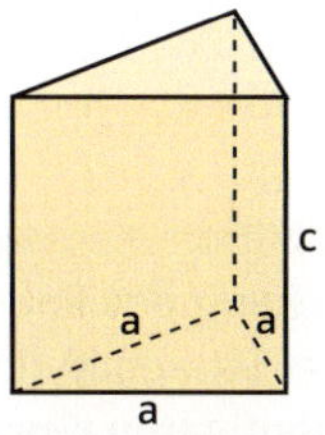

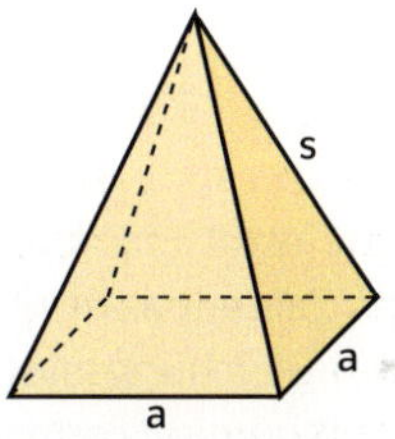

a) Die Kantensumme eines Prismas mit einem gleichseitigen Dreieck als Grundfläche beträgt 60 cm.
b) Die Summe aller Kantenlängen einer quadratischen Pyramide beträgt 40 cm.
c) Aus einem Draht von 1 m Länge soll das Kantenmodell einer quadratischen Säule hergestellt werden.

10 Ordne die Texte den Schaubildern zu.
A Die Summe zweier positiver Zahlen beträgt 8.
B Addiert man zwei Zahlen, erhält man 8.
C Werden zwei natürliche Zahlen addiert, so erhält man 8.
D Werden zwei ganze Zahlen addiert, so erhält man 8.

11 In der Schuldisco werden 124 € in 1-Euro- und 2-Euro-Münzen eingenommen. Es waren 79 Münzen. Probiere.

Setze die Augenzahlen für □ ein und suche Zahlenpaare (x ; y), die die Gleichung erfüllen.
□ · x + □ · y = 30

1
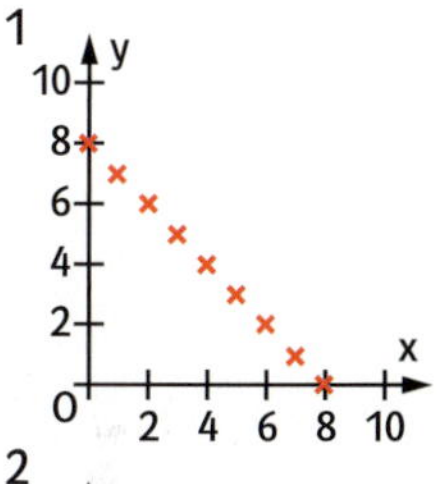

2
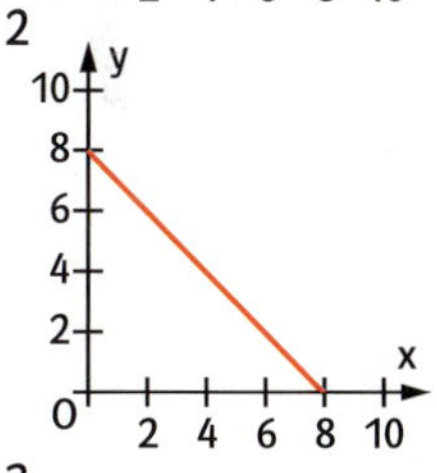

3
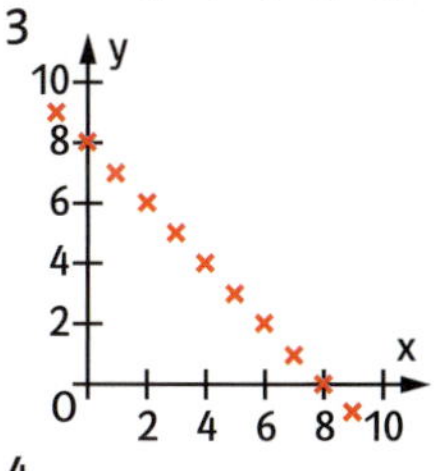

4
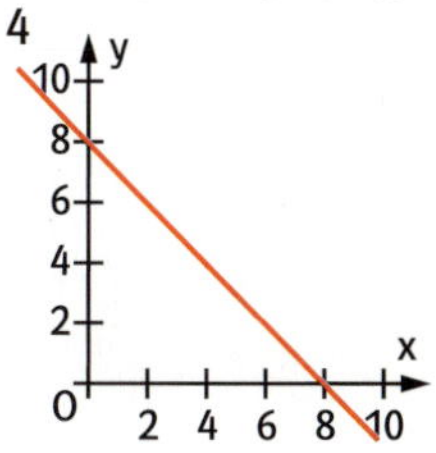

2 Lineare Gleichungssysteme

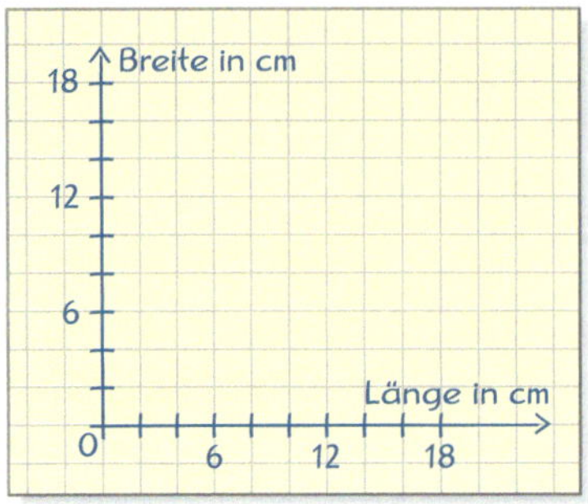

→ Welche Rechtecke mit ganzzahligen Seitenlängen lassen sich aus einem 36 cm langen Draht biegen? Stelle die jeweils zusammengehörigen Seitenlängen als Punkte im Schaubild dar.

→ Überlege dir nun Rechtecke, die doppelt so lang wie breit sind. Es entstehen wieder Punkte.

→ Gibt es ein Rechteck, welches beide Bedingungen erfüllt?

Zwei lineare Gleichungen mit zwei Variablen bilden ein **lineares Gleichungssystem**. Beim Lösen eines Gleichungssystems muss man Zahlenpaare (x ; y) finden, die beide Gleichungen erfüllen.

(1) $x + y = 6$

x	0	1	2	3	4	5
y	6	5	4	3	2	1

(2) $x - y = 2$

x	0	1	2	3	4	5
y	−2	−1	0	1	2	3

Das Zahlenpaar (4;2) ist Lösung des linearen Gleichungssystems. Im Schaubild findet man die Lösung als **Koordinaten des Schnittpunktes** der beiden zugehörigen Geraden mit den Funktionsgleichungen $f(x) = -x + 6$ und $g(x) = x - 2$.

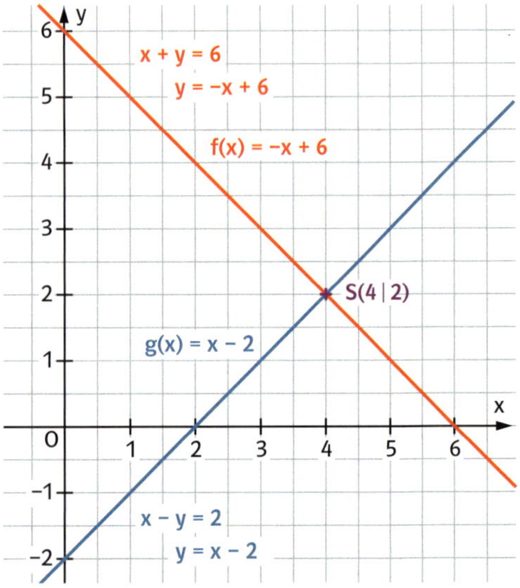

Ein **lineares Gleichungssystem** besteht aus zwei linearen Gleichungen mit jeweils zwei Variablen. Die Koordinaten des Schnittpunktes S (x | y) der Geraden im Schaubild erfüllen beide Gleichungen und sind somit **Lösung dieses Gleichungssystems.**

Beispiel

In einem großen Stall leben Hasen und Hühner. Es sind insgesamt 9 Tiere mit 24 Füßen.

Anzahl der Hasen: x; Anzahl der Hühner: y

(1) $x + y = 9$ — Gleichung für die Anzahl der Tiere
$y = -x + 9$

(2) $4x + 2y = 24$ — Gleichung für die Anzahl der Beine
$y = -2x + 12$

Die beiden Geraden schneiden sich im Punkt S (3 | 6).

Im Stall leben drei Hasen und sechs Hühner.

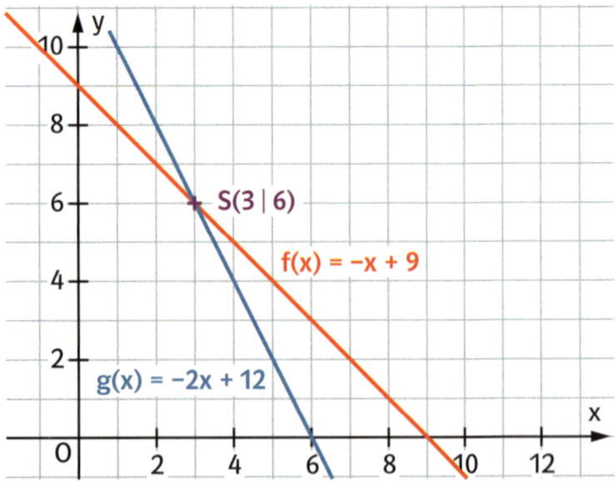

Die Anzahl der Lösungen eines linearen Gleichungssystems kann man an der Lage der zugehörigen Geraden im Koordinatensystem ablesen. Es gibt drei Fälle.

1. Fall	2. Fall	3. Fall
Das Gleichungssystem hat **genau eine Lösung**. (1) $x + 2y = 4$ (2) $x - y = 1$	Das Gleichungssystem hat **keine Lösung**. (1) $-3x + 2y = 1$ (2) $3x - 2y = 2$	Das Gleichungssystem hat **unendlich viele Lösungen**. (1) $x - y = -1$ (2) $2x - 2y = -2$
Durch Umformen erhält man die Funktionsgleichungen f(x) und g(x).		
(1′) $f(x) = -\frac{1}{2}x + 2$ (2′) $g(x) = x - 1$	(1′) $f(x) = \frac{3}{2}x + \frac{1}{2}$ (2′) $g(x) = \frac{3}{2}x - 1$	(1′) $f(x) = x + 1$ (2′) $g(x) = x + 1$
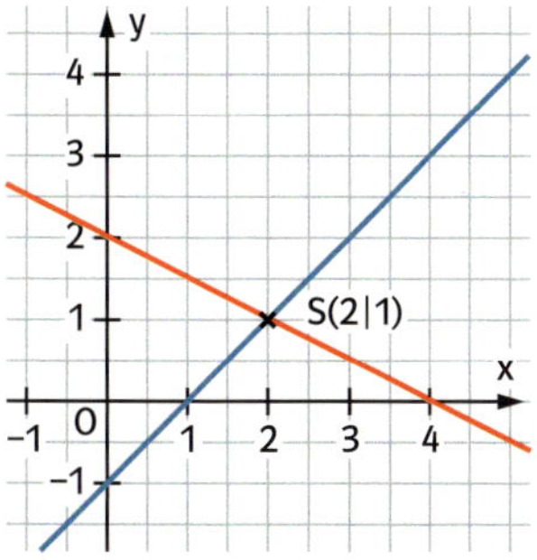	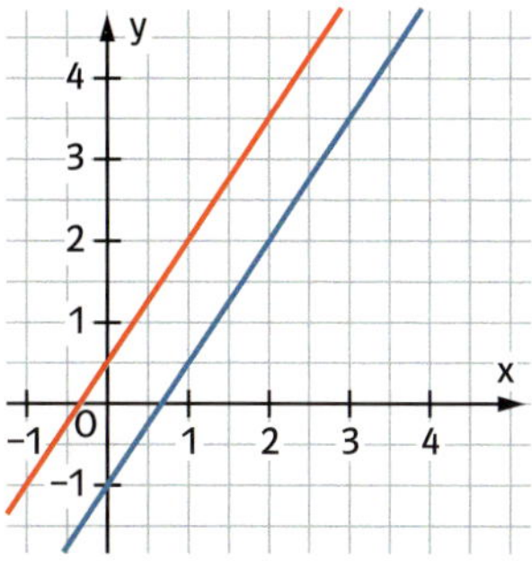	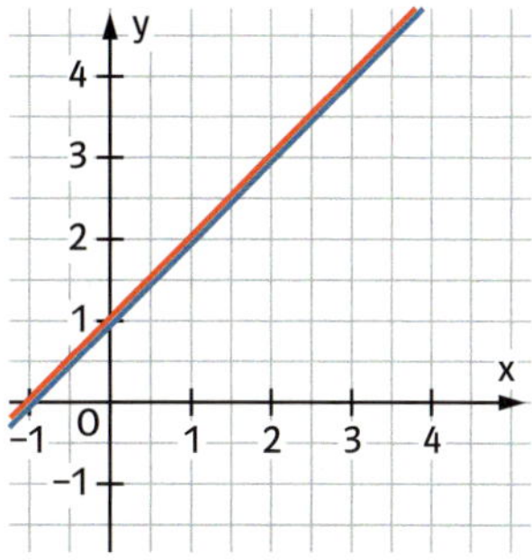
Die Geraden **schneiden sich in einem Punkt**.	Die Geraden **verlaufen parallel**. Sie haben keinen gemeinsamen Punkt.	Zu den zwei Gleichungen gehört **dieselbe Gerade**.
L = {(2 ; 1)}	L = { }	**Die Koordinaten aller Punkte der Gerade erfüllen beide Gleichungen.**

Ein lineares Gleichungssystem mit zwei Variablen hat entweder genau **eine** Lösung, **keine** Lösung oder **unendlich viele** Lösungen.

Beispiel

(1) $f(x) = 2x - 3$ (2) $g(x) = mx + b$

Wenn man für m und b verschiedene Zahlen einsetzt, kann das Gleichungssystem unterschiedlich viele Lösungen besitzen.

Für $m = -1$ und $b = 1{,}5$ ergibt sich:
$g_1(x) = -x + 1{,}5$. Die Geraden schneiden sich im Punkt S (1,5 | 0). Es gibt genau eine Lösung, da die Geraden verschiedene Steigungen haben.

Für $m = 2$ und $b = 1$ ergibt sich:
$g_2(x) = 2x + 1$. Die Geraden verlaufen parallel, da sie die gleiche Steigung besitzen. Es gibt keine Lösung.

Für $m = 2$ und $b = -3$ erhält man:
$g_3(x) = 2x - 3$. Zu den Gleichungen gehört dieselbe Gerade. Es gibt unendlich viele Lösungen.

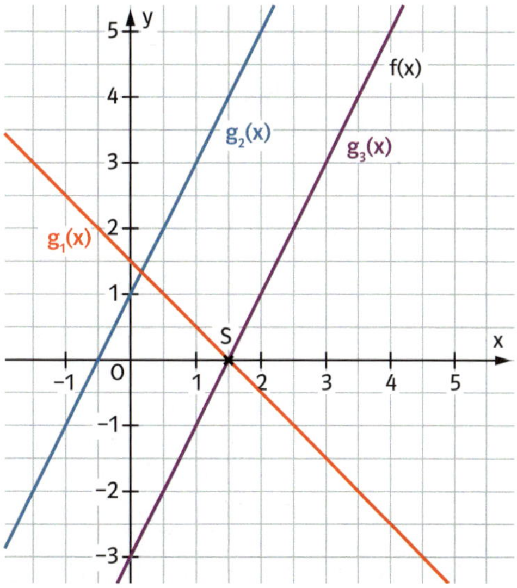

Aufgaben

1 Löse wie im Beispiel durch Probieren.

x	−2	−1	0	1	2	3	4
$f(x) = x + 3$	1	2	3	4	5	6	7
$g(x) = 2x + 1$	−3	−1	1	3	5	7	9

Die Lösung ist das Zahlenpaar (2 ; 5).

a) $f(x) = 3x + 7$
$g(x) = -x + 3$

b) $f(x) = 5x + 8$
$g(x) = -3x + 8$

c) $f(x) = x - 1$
$g(x) = \frac{1}{2}x + 2$

d) $f(x) = 4x - 4$
$g(x) = \frac{5}{2}x + 2$

? *Peter liest die Lösung (3 ; 2) ab. Was sagst du?*

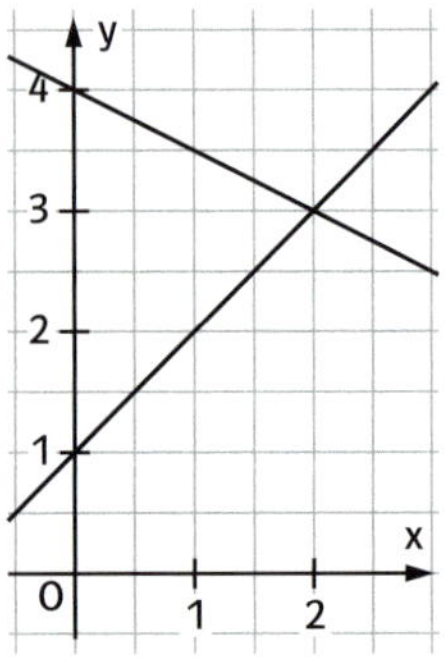

2 Bestimme zeichnerisch die Koordinaten des Schnittpunkts der beiden Geraden. Setze zur Kontrolle die Koordinaten der Schnittpunkte in beide Funktionsgleichungen ein und prüfe, ob sie diese erfüllen.

a) $f(x) = 2x - 3$
$g(x) = -3x + 7$

b) $f(x) = x + 1$
$g(x) = -\frac{1}{2}x + 4$

c) $f(x) = -2x + 1$
$g(x) = -2x + 5$

d) $f(x) = -3x - 2$
$g(x) = x + 6$

e) $f(x) = -\frac{1}{4}x - 2$
$g(x) = -\frac{7}{4}x - 5$

f) $f(x) = \frac{4}{3}x + 3$
$g(x) = \frac{1}{3}x$

3 Gib für die beiden Gleichungen die zugehörigen Funktionsgleichungen an und löse das Gleichungssystem zeichnerisch.

a) $2y - x = 4$
$2y + 3x = 12$

b) $y + 4x = 0$
$y - 2x - 6 = 0$

c) $3x - y = -1$
$x + y = -3$

d) $2x + 24 = 6y$
$2x + 9 = 3y$

4 Überlege gut, wie du die Koordinatenachsen einteilst. Löse zeichnerisch.

a) $f(x) = 50x - 300$
$g(x) = -100x + 900$

b) $f(x) = -0{,}02x + 1$
$g(x) = 0{,}02x + 5$

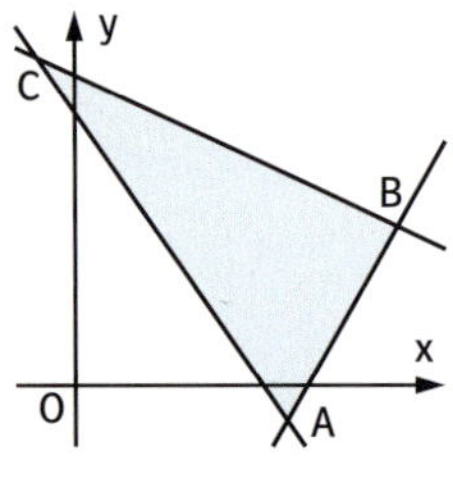

5 Die drei Geraden schneiden sich in drei Punkten und bilden so ein Dreieck ABC. Lies aus deiner Zeichnung die Koordinaten der drei Eckpunkte des Dreiecks ab.

a) $f(x) = \frac{1}{2}x$
$g(x) = -\frac{1}{2}x + 8$
$h(x) = \frac{5}{2}x - 4$

b) $f(x) = x - 1$
$g(x) = -\frac{1}{2}x + 2$
$h(x) = \frac{1}{2}x + 4$

6 In welchem Quadranten liegt der Schnittpunkt? Gelingt dir die Antwort im Kopf ohne Zeichnung?

a) $f(x) = x$
$g(x) = -x + 3$

b) $f(x) = x$
$g(x) = -x - 3$

c) $f(x) = -x$
$g(x) = x + 3$

d) $f(x) = -x$
$g(x) = x - 3$

7 Luise fotografiert mit einer Kleinbildkamera, Max mit der Digitalkamera seines Vaters. Sie vergleichen die Kosten.

Kleinbildkamera	Digitalkamera
Film und Entwicklung 3,00 €	CD, Bearbeitung 2,00 €
Preis pro Bild 0,05 €	Preis pro Bild 0,15 €

a) Ermittle die jeweiligen Kosten bei einer Anzahl von sechs bzw. 20 Bildern.
b) Stelle die beiden Zusammenhänge in einem gemeinsamen Koordinatensystem dar und bestimme die Anzahl der Bilder, bei der die Kosten gleich sind.

8 Markus ist mit seinen Eltern im Urlaub. Sie möchten Fahrräder ausleihen und finden zwei Angebote.

A: 10 € Grundgebühr und 3 € pro Tag
B: 5 € pro Tag

Was würdest du raten?

9 Zur Reparatur eines Daches liegen zwei Angebote vor.

A: Gerüstbau 125 €, je Arbeitsstunde 25 €
B: Gerüstbau kostenlos, je Arbeitsstunde 30 €

Beide Firmen veranschlagen vier Arbeitstage.

10 Eine Hebebühne kann für 12 € pro Stunde und einer Grundgebühr von 100 € ausgeliehen werden. Vergleiche die Kosten mit einem zweiten Verleiher, der 60 € Grundgebühr und 20 € je Stunde verlangt.

11 Gib die Funktionsgleichungen an und bestimme die Anzahl der Lösungen.

a) $y = 2x + 5$
$y = 2x - 1$

b) $2x + y = 4$
$x + y = 3$

c) $x + y = 5$
$2x + 2y = 10$

d) $3x + y = -2$
$6x + 2y = 4$

12 Bilde aus den Gleichungen Gleichungssysteme mit einer Lösung, mit keiner Lösung und unendlich vielen Lösungen. Funktionsgleichungen erleichtern dir dabei die Arbeit.

$y = \frac{1}{2}x + 5$	$4x - 2y - 10 = 0$
$y = \frac{1}{5}x - 3$	$2y = x + 10$
$y = -\frac{1}{2}x + 5$	$2x - y = 0$
$y = -2x - 5$	$2x + 4y - 20 = 0$
$y = -5x - 2$	$5x - 2 = y$
$5y - 2 = x$	$x - y - 5 = 0$

13 Was muss man für □ einsetzen, damit die beiden Gleichungen ein Gleichungssystem ohne Lösung bilden?

a) $y = \square x + 5$
$y = 2x - 5$

b) $y + \square x = 3$
$y = 2x - 5$

c) $2y = \square x - 3$
$y = 2x - 5$

d) $6x - \square y = 1$
$y = 2x - 5$

14 Eine lineare Gleichung lautet
$3x - y = 6$.
Bestimme jeweils eine zweite Gleichung, damit für das entstehende Gleichungssystem die folgende Aussage wahr ist.

a) Es gibt keine Lösung.

b) Es gibt unendlich viele Lösungen.

c) Die Lösung lautet $L = \{(2\,;\,0)\}$.

d) Formuliere und löse mit einem Partner oder einer Partnerin weitere derartige Aufgaben.

Treffpunkte

Bewegungen lassen sich zeichnerisch in einem Koordinatensystem darstellen. Im Allgemeinen wird auf der x-Achse die benötigte Zeit t und auf der y-Achse der zurückgelegte Weg s abgetragen.

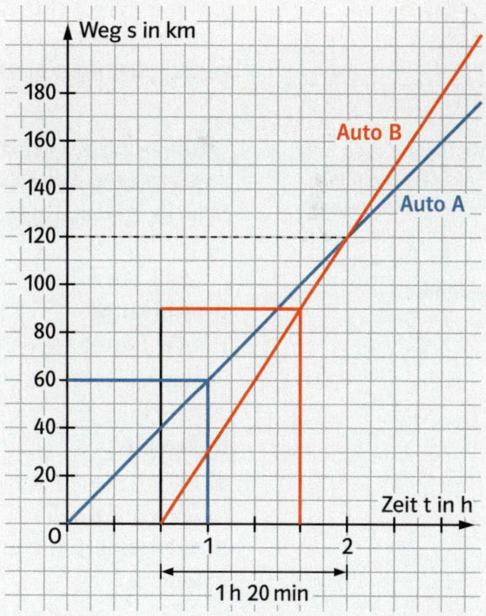

- Erkläre das Schaubild. Welche Aussagen kannst du mithilfe der Graphen machen? Welche Bedeutung hat der Schnittpunkt der beiden Graphen?

- Finde Beispiele aus dem Alltag, in denen derartige Schaubilder von Bedeutung sein können.

- Vom Rastplatz „Dürre Buche" startet um 5:30 Uhr ein Schwertransporter. Ein LKW folgt ihm von dort um 6:00 Uhr. Der Schwertransporter fährt mit 40 km/h, der LKW ist doppelt so schnell. Wo und nach welcher Fahrzeit überholt der LKW den Schwertransporter?

- Herr Peters fährt mit dem Auto von A-Stadt nach C-Hausen. Zur gleichen Zeit startet Herr Pauli in B-Dorf nach C-Hausen. Herr Peters fährt mit 90 km/h, Herr Pauli mit 50 km/h. Wie viele Kilometer ist Herr Peters im Augenblick des Überholens gefahren? Nach welcher Zeit überholt er?

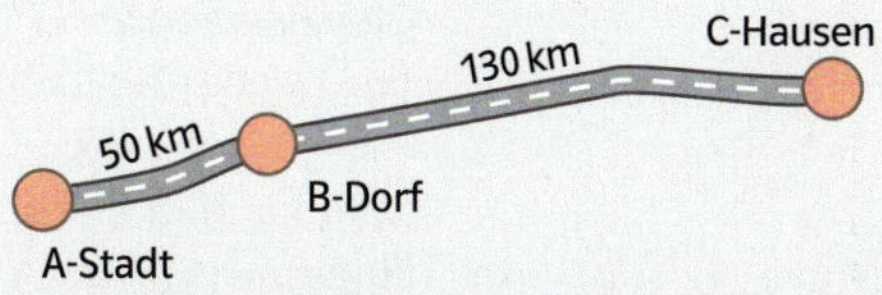

- Frau Müller ist von C-Hausen nach A-Stadt unterwegs. Sie begegnet Herrn Pauli eine Stunde nach dem gemeinsamen Fahrtbeginn. Wie schnell ist Frau Müller gefahren?

3 Lösen durch Gleichsetzen

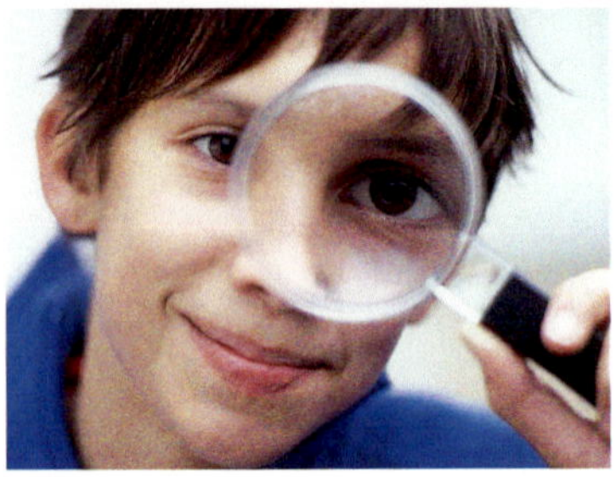

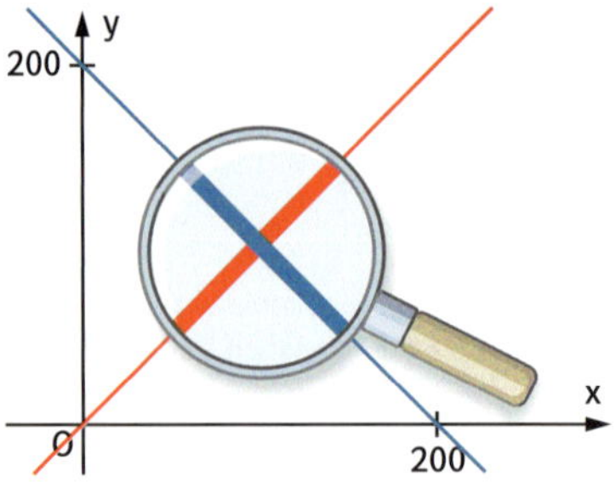

→ Löse das Gleichungssystem zeichnerisch.

(1) $y = \frac{3}{4}x - 1$ (2) $y = \frac{3}{5}x + 1$

Wie genau kannst du die Lösung ablesen?

→ Welche Probleme bekommst du bei der zeichnerischen Lösung des Gleichungssystems aus (1) $y = -x + 199$ und (2) $y = x - 1$?

Die Lösungen von Gleichungssystemen lassen sich zeichnerisch mithilfe der zugehörigen Funktionen nicht immer exakt bestimmen. Mit **rechnerischen Lösungsverfahren** ist dies aber möglich. Ziel ist es, aus zwei Gleichungen mit zwei Variablen eine Gleichung mit einer Variablen zu machen.

(1) $2y = 6x - 4 \quad |:2$
(2) $y - 2x = 8 \quad |+2x$

Beide Gleichungen werden nach y aufgelöst.

(1′) $y = 3x - 2$
(2′) $y = 2x + 8$

Die beiden Terme der rechten Seite werden gleichgesetzt.

$3x - 2 = 2x + 8 \quad |-2x + 2$
$x = 10$

Man erhält eine Gleichung mit einer Variablen, die sich lösen lässt.

$y = 3 \cdot 10 - 2$
$y = 28$

Durch Einsetzen des Wertes für x kann man den Wert für y berechnen.

Das Gleichungssystem hat als Lösung das Zahlenpaar $x = 10$; $y = 28$, kurz $L = \{(10\,;\,28)\}$.

*! Weil beim Lösen des Gleichungssystems Terme **gleichgesetzt** werden, spricht man vom Gleichsetzungsverfahren.*

Gleichsetzungsverfahren
Man löst beide Gleichungen des Gleichungssystems nach derselben Variablen auf.
Durch Gleichsetzen der Terme erhält man eine Gleichung mit einer Variablen.

Bemerkung

Häufig bietet es sich an, die beiden Gleichungen nach demselben Vielfachen einer Variablen aufzulösen.

Beispiele

a) (1) $y = 4x - 2$
(2) $y - 3x = 5 \quad |+3x$

Hier ist eine Gleichung bereits nach y aufgelöst.

(1′) $y = 4x - 2$
(2′) $y = 3x + 5$

Gleichsetzen von (1) und (2′):

$4x - 2 = 3x + 5 \quad |-3x + 2$
$x = 7$

Man kann in beide Gleichungen einsetzen:
Einsetzen von $x = 7$ in (1) liefert

$y = 4 \cdot 7 - 2$
$y = 26 \qquad L = \{(7\,;\,26)\}$

b) (1) $3x + 4y = 32 \quad |-4y$
(2) $3x + 7y = 47 \quad |-7y$

Hier ist das Auflösen beider Gleichungen nach 3x besonders vorteilhaft.

(1′) $3x = 32 - 4y$
(2′) $3x = 47 - 7y$

Gleichsetzen von (1′) und (2′):

$32 - 4y = 47 - 7y \quad |+7y - 32$
$3y = 15 \quad |:3$
$y = 5$

Einsetzen von $y = 5$ in (1′):

$3x = 32 - 4 \cdot 5$
$x = 4 \qquad L = \{(4\,;\,5)\}$

! Für die Probe müssen beide Gleichungen erfüllt sein.

Aufgaben

1 Gleichungssysteme lassen sich auch mit Balkenwaagen veranschaulichen.

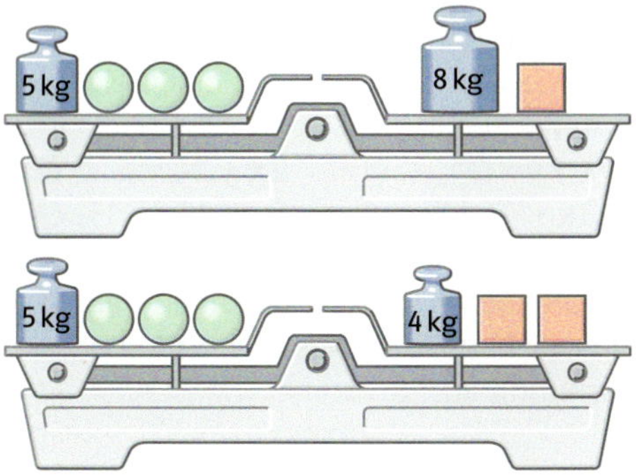

Wie viel wiegt ein Würfel?

2 Löse das Gleichungssystem rechnerisch.

a) $y = 3x - 4$
$y = 2x + 1$

b) $x = y + 5$
$x = 2y + 3$

c) $5x + 4 = 2y$
$6x - 1 = 2y$

d) $y = 4x + 2$
$5x - 1 = y$

e) $5y = 2x - 1$
$4x + 3 = 5y$

f) $12y + 12 = 6x$
$6x = 25y - 1$

3 Löse nach einer Variablen auf und rechne.

a) $x + 2y = 3$
$x + 3y = 4$

b) $2x + y = 5$
$5x + y = 11$

c) $12x - y - 15 = 0$
$8x - y + 1 = 0$

d) $2y - 3x = 9$
$3x + y = 18$

4 Wenn du geschickt umformst, gelingt dir eine schnelle Lösung.

a) $3x - 2y = 3$
$3x - y = 5$

b) $2x + 4y = 2$
$3x + 4y = 5$

c) $2x - 5y = 7$
$3y = 2x + 3$

d) $5x + 3y = 30$
$4x = 3y - 3$

e) $5x = y + 6$
$5x - 12 = 2y$

f) $5x + 2y = 3$
$3x - 2y = 11$

5 Löse im Kopf.

a) $y = x$
$y = -x$

b) $y = x$
$y = -x + 2$

c) $y = x + 2$
$y = 2x + 2$

d) $y = x - 5$
$y = -x + 5$

Erkläre dein Vorgehen. Kannst du dir auch das Schaubild vorstellen?

6 Beschreibe zunächst, wie du beim Umformen vorgehen willst, um schnell zur Lösung zu kommen.

a) $x + 5y = 13$
$2x + 6y = 18$

b) $7x + y = 37$
$3x + 2y = 30$

c) $2x + 3y = 4$
$4x - 4y = 28$

d) $4x = 6y + 2$
$5y = 2x - 7$

e) $3x + 4y - 5 = 2x + 3y - 1$
$6x - 2y + 2 = 4x - 3y + 5$

7 Die Gleichungsvariablen müssen nicht immer x und y heißen.

a) $a = 2b + 4$
$a = b + 5$

b) $21 + 6n = 3m$
$12m - 36 = 6n$

c) $s = 5 + t$
$s = 2t + 1$

d) $5p + 5q = 10$
$3p + 5q = 14$

e) $2a + 2b = 0$
$5a - 27 = 4b$

f) $7z + 5p = 9$
$10p - 5z = -20$

8 Hier musst du die Gleichungen erst umformen.

a) $2x + 3y - 4 = 3x + 6y - 5$
$5x + 2y + 7 = 4x - 5y + 12$

b) $x + 5y + 2 = 6x + 4y - 12$
$6x + 3y - 4 = 2x + 2y + 9$

c) $2(x + 3) + 4y = 3(x - 2) + 7y$
$5x - 2(y + 3) = 4x + 8(y - 2{,}5)$

9 a) Finde zu den Gleichungen

$y = 2x - 4$ $y + x = 5$ $2y - x = 6$

jeweils eine zweite Gleichung, so dass das Gleichungssystem mit dem Gleichsetzungsverfahren vorteilhaft gelöst werden kann. Gib die Gleichungssysteme deinem Nachbarn oder deiner Nachbarin zum Lösen.
b) Ergänze $y = 2x + 1$ durch eine weitere Gleichung zu einem Gleichungssystem mit der Lösung $x = 1$ und $y = 3$.
Vergleicht eure Gleichungen.
Ein Schaubild hilft dir auch beim Finden verschiedener Lösungen.

10 Bestimme die Koordinaten des Schnittpunkts der beiden Geraden durch Rechnung exakt und vergleiche deine Lösung mit dem Schaubild. Zeichne selbst.

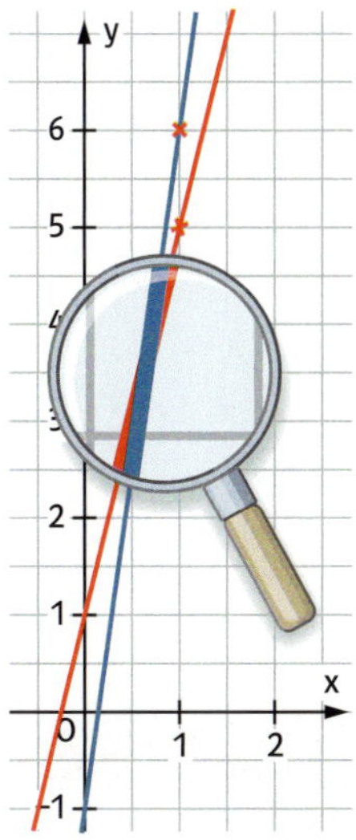

*? Heike sagt:
„Das Gleichungssystem
$x + y = 3$
$x + 2y = 5$
hat die Lösung $x = 1$."
Was hat Heike nicht bedacht?*

Lösen durch Einsetzen

Bei manchen Gleichungssystemen ist ein weiteres Verfahren noch vorteilhafter. Überlege zunächst selbst, wie du vorgehen würdest.

(1) $5x + y - 281x + 5 = 20$

(2) $y = 281x$

Um aus zwei Gleichungen mit zwei Variablen eine Gleichung mit einer Variablen zu erhalten, löst man eine Gleichung nach einer Variablen auf und setzt in die andere Gleichung für diese Variable den erhaltenen Term ein.

(1) $3x + 2y = 19$

(2) $y = x - 3$

Einsetzen von $x - 3$ in (1):

$$3x + 2(x - 3) = 19$$
$$3x + 2x - 6 = 19 \quad |+6$$
$$5x = 25 \quad |:5$$
$$x = 5$$

Einsetzen von $x = 5$ in (2):

$$y = 5 - 3$$
$$y = 2$$
$$L = \{(5\,;\,2)\}$$

*Weil man das Gleichungssystem dadurch löst, dass man in eine Gleichung **einsetzt**, nennt man das Verfahren **Einsetzungsverfahren**.*

■ Löse mit dem Einsetzungsverfahren.

(1) $5x + y = 8$ (2) $y = 3x$

(1) $x + 2y = 49$ (2) $x = 5y$

(1) $3x + y = 11$ (2) $x + 1 = y$

(1) $x - 2y = 7$ (2) $5y + 4 = x$

■ Löse mit dem Einsetzungs- und dem Gleichsetzungsverfahren und vergleiche. Kannst du die Unterschiede und die Gemeinsamkeiten beschreiben?

(1) $5x + y = 7$ (2) $2x + y = 4$

(1) $x + 3y = 5$ (2) $x - 2y = 10$

(1) $3x - 2y = 2$ (2) $5x + 2y = 14$

(1) $4x + 3y = 15$ (2) $4x - 2y = 10$

(1) $x - 3y = 9$ (2) $2x = 3y - 3$

(1) $5x + 3y = 1$ (2) $x + 3y = 11$

(1) $4x + 2y = 16$ (2) $4y = 5x - 7$

(1) $4x + 3y = 11$ (2) $6y + 28 = 2x$

11 Löse das Gleichungssystem.

a) $5x + 2y = 20$; $3x - y = 1$

b) $7x + 3y = 64$; $6y - 8x = 40$

c) $5x + 28 = 3y$; $12y - 4x = 80$

d) $3(x - 3y) = 27$; $3(y - 4) = 4(x - 3)$

12 Wie viele Lösungen hat das Gleichungssystem?

a) $x + y = 2$ (1) $2x + 2y = 5$ (2)

b) $3x + 4y = 5$ (1) $9x + 12y = 15$ (2)

c) $x + y + 1 = 0$ (1) $x - y + 1 = 0$ (2)

Erkläre die Anzahl der Lösungen mithilfe eines Schaubildes. Was fällt dir bei der Rechnung auf?

13 Ermittle die Gleichungen der beiden Geraden, lies die Koordinaten des Schnittpunkts ab und bestimme sie anschließend exakt durch Rechnung.

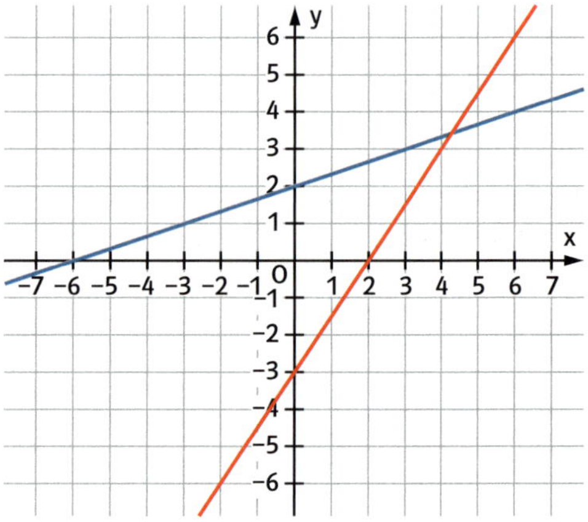

14 a) Der Umfang eines gleichschenkligen Dreiecks beträgt 35 cm. Die Basis ist halb so groß wie ein Schenkel.

b) Aus einem Draht von 1,20 m Länge soll das Kantenmodell einer quadratischen Säule hergestellt werden. Die Säule soll doppelt so hoch wie breit sein.

15 a) Die 27 Schülerinnen und Schüler einer Klasse werden in acht Gruppen aufgeteilt. Die Mädchen bilden Dreiergruppen, die Jungen Vierergruppen.

b) Bei einem Ausflug der Jahrgangsstufe 9 werden die 113 Schülerinnen und Schüler auf 29 Drei- bzw. Fünfbettzimmer aufgeteilt. Die Jungen erhalten die Fünfbettzimmer.

4 Lösen durch Addieren

Addiere die beiden rechten Terme und die beiden linken Terme der Gleichungen.

(1) $2x + 2y = 10$

(2) $2x \qquad = 2y + 6$

→ Kannst du jetzt lösen?

Stelle dir vor, dass du bei den beiden Waagen die beiden linken Waagschalen und die beiden rechten Waagschalen jeweils auf einer Waagschale zusammenlegst.

→ Vergleiche deinen rechnerischen Lösungsvorgang mit diesem Vorgehen.

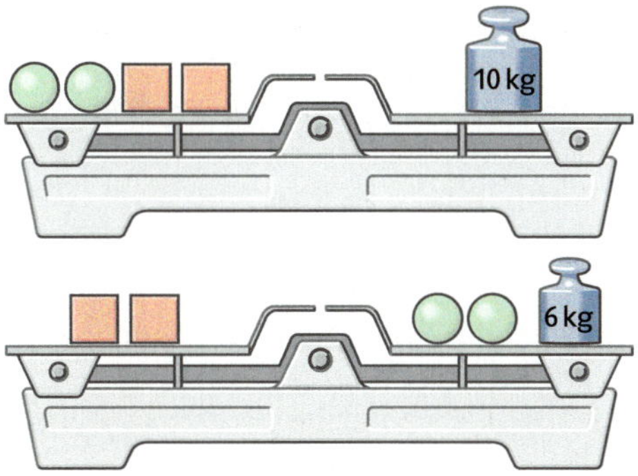

Wenn in einem Gleichungssystem in einer Gleichung eine Variable den Koeffizienten 3 und in der zweiten Gleichung den Koeffizienten −3 hat, kann man das Gleichungssystem lösen, nachdem man die beiden Gleichungen addiert hat.

Durch Addieren wird aus zwei Gleichungen mit zwei Variablen eine Gleichung mit einer Variablen.
Diese Gleichung hat die Lösung $x = 3$.
Durch Einsetzen in eine der beiden Ausgangsgleichungen erhält man $y = 1$.

$$\begin{array}{lrcl} (1) & 4x + 3y &=& 15 \\ & + \quad + && + \\ (2) & 3x - 3y &=& 6 \\ \hline & 7x \qquad &=& 21 \quad |:7 \\ & x &=& 3 \\ x = 3 \text{ in } (1): & 4 \cdot 3 + 3y &=& 15 \\ & y &=& 1 \end{array}$$

Das Gleichungssystem hat als Lösung das Zahlenpaar $x = 3$; $y = 1$, kurz $L = \{(3; 1)\}$.

Additionsverfahren
Man formt beide Gleichungen so um, dass beim Addieren beider Gleichungen eine Variable wegfällt.
So entsteht eine Gleichung mit einer Variablen.

Beispiele

a) Durch Umformen soll beim Addieren die Variable x wegfallen. Beim Vervielfachen beider Gleichungen sucht man daher ein gemeinsames Vielfaches der Koeffizienten von x.

$$\begin{array}{lrl} (1) & 2x + 3y = 9 & |\cdot 3 \\ (2) & 3x - 4y = 5 & |\cdot(-2) \\ \hline (1') & 6x + 9y = 27 & \\ (2') & -6x + 8y = -10 & \end{array}$$

Gleichungen (1′) und (2′) addieren:

$$\begin{array}{rl} 17y = 17 & |:17 \\ y = 1 & \end{array}$$

Einsetzen in (1):

$$\begin{array}{rl} 2x + 3 \cdot 1 = 9 & |-3 \\ 2x \qquad = 6 & |:2 \\ x = 3; \; L = \{(3; 1)\} & \end{array}$$

b) Bei manchen Gleichungssystemen ist es einfacher zu subtrahieren. Dieses Vorgehen wird auch als Subtraktionsverfahren bezeichnet.
Hier fällt die Variable y weg und man bekommt eine Gleichung für x.

(1) $15x + 3y = 57$

(2) $7x + 3y = 33$

Gleichung (1) und (2) subtrahieren:

$$\begin{array}{rl} 8x = 24 & |:8 \\ x = 3 & \end{array}$$

Einsetzen in (1):

$$\begin{array}{rl} 15 \cdot 3 + 3y = 57 & |-45 \\ 3y = 12 & |:3 \\ y = 4 & \\ L = \{(3; 4)\} & \end{array}$$

? *Löse schnell durch Addieren oder Subtrahieren.*
(1) $x + y = 5$
(2) $x - y = 1$

Aufgaben

1 Wie schwer ist ein Würfel?

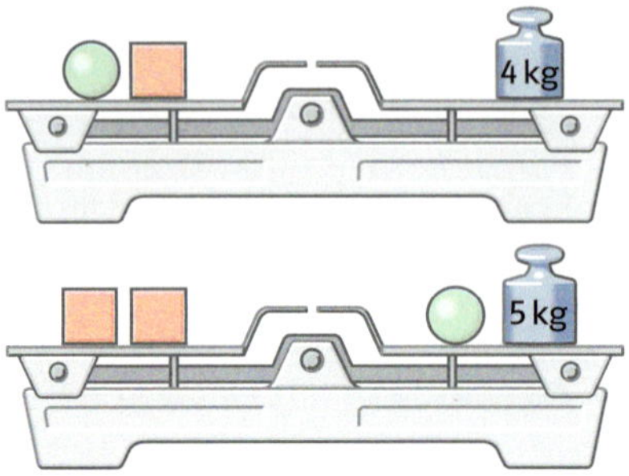

Ordne vor dem Addieren!
... x ... y = ...
... x ... y = ...

2 Löse das Gleichungssystem.

a) $3x + y = 18$
$2x - y = 7$

b) $4x + 3y = 2$
$5x - 3y = 16$

c) $4x + 3y = 14$
$5y = 4x - 30$

d) $-28 = 6y + 5x$
$5x + 3y = -19$

$\ldots + \bigcirc \cdot y = \ldots$
$\ldots - \cdot y = \ldots \quad | \cdot \bigcirc$

3 Bei diesen Gleichungssystemen genügt es, eine der beiden Gleichungen geschickt zu multiplizieren.

a) $3x + y = 5$
$2x - 2y = 6$

b) $5x - 3y = 16$
$6x + y = 33$

c) $4x + 3y = 35$
$-2x - 5y = -21$

d) $4x - 3y = 1$
$5x + 6y = 50$

4 Vervielfache beide Gleichungen geschickt und löse das Gleichungssystem.

a) $5x + 2y = 16$
$8x - 3y = 7$

b) $5x + 4y = 29$
$-2x + 15y = 5$

c) $4x + 3y = 23$
$5y - 6x = 13$

d) $3y - 10x = 22$
$15x - 4y = -31$

5 a) Beschreibe die Vorteile des Additionsverfahrens.
b) Gib drei verschiedene lineare Gleichungssysteme an, die man vorteilhaft mit dem Additionsverfahren lösen kann.
c) Finde Gleichungssysteme mit der Lösung $x = 2$ und $y = 1$, die geschickt mit dem Additionsverfahren gelöst werden können.

6 Frau Thum hat auf zwei Banken Geld angelegt. Bank A zahlt 4 %, Bank B 6 % Zinsen. Zusammen erhält Frau Thum jährlich 170 € Zinsen. Nachdem Bank A die Zinsen um 1 % erhöht hat, erhält sie insgesamt 190 € Zinsen jährlich.

Gleichungskette ?!

Löse diese Gleichungssysteme nacheinander.

1. $x + y = 1$
$x + 2y = 1$
2. $x + 2y = 1$
$2x + 3y = 1$
3. $2x + 3y = 1$
$3x + 5y = 1$
4. $3x + 5y = 1$
$5x + 8y = 1$
5. $5x + 8y = 1$
$8x + 13y = 1$

...

- Hast du das Baumuster der Gleichungssysteme und ihrer Lösungen erkannt?
Erkläre die Gesetzmäßigkeit.
- Schreibe die nächsten drei Gleichungssysteme auf und gib die Lösungen ohne Rechnung an.
- Vergleicht eure Lösungswege und bewertet sie.

7 An der Kasse im Zoo zahlen zwei Erwachsene und zwei Kinder zusammen 28 €. Ein Erwachsener und drei Kinder müssen 22 € bezahlen.
Nun kommen drei Erwachsene mit vier Kindern.
Wie viel Eintritt müsste deine gesamte Familie bezahlen?

8 a) Ein Motorboot fährt in drei Stunden 48 km stromabwärts. Für den Rückweg benötigt es drei Stunden. Berechne die Geschwindigkeit des Bootes und des Flusses.
b) Ein Radfahrer fährt um 9 Uhr ab. Um 11 Uhr folgt ihm ein PKW, der nach einer Stunde noch 12 km hinter ihm ist. Nach einer weiteren Stunde ist der PKW 20 km weiter als der Radfahrer. Berechne für beide die Geschwindigkeit.

9 Löse die linearen Gleichungssysteme. Was fällt dir auf?

a) $2x = 4y + 4$
$2x = 4y + 5$

b) $2x = 4y + 4$
$4y = 2x - 4$

Überprüfe deine Ergebnisse durch eine zeichnerische Lösung.
Kann man die Besonderheit schon am Gleichungssystem erkennen?

5 Modellieren mit linearen Gleichungssystemen

Beim Kauf eines Druckers muss man verschiedene Dinge beachten.
Neben dem Kaufpreis spielt vor allem der Preis für die Ausdrucke eine Rolle.
➔ Vergleiche den Tintenstrahldrucker mit dem Laserdrucker.
➔ Von welchen Überlegungen würdest du deine Kaufentscheidung abhängig machen?

Laserdrucker G35

Gerätepreis: 270,– €

Druckerkartusche: 70,– € (reicht für ca. 3500 Ausdrucke)

Tintenstrahldrucker JetX 67

Preis: 100,- €

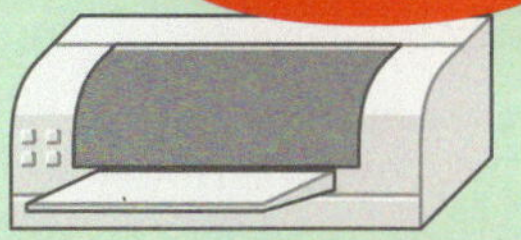

Druckerpatrone 30,- € (reicht für ca. 500 Ausdrucke)

Mithilfe von linearen Gleichungssystemen lassen sich Preise oder Angebote vergleichen und Entscheidungen vorbereiten. Bevor man die Mathematik zu Hilfe nehmen kann, muss man die Situation verstehen, strukturieren und meist auch vereinfachen.
Die mathematische Lösung muss dann noch in der Alltagssituation auf ein sinnvolles Ergebnis überprüft werden.
Diesen Kreislauf nennt man **mathematisches Modellieren**.

Reale Welt — **Übersetzen** — **Mathematik**

Realsituation

Martinas Vater braucht einen Leihwagen für einen Tag. Er muss sich zwischen Angebot A und Angebot B entscheiden.

Angebot A	Angebot B
Leihgebühr: 45 €	Leihgebühr: 35 €

Kosten pro gefahrenem Kilometer:

35 Cent	45 Cent

Vollkaskoversicherung inklusive!

Mathematisches Modell

Die Kosten lassen sich jeweils mit einer linearen Funktion darstellen.
Wir verwenden x für die Anzahl der Kilometer und y für die Kosten in Euro.
Angebot A: $y = 0{,}35x + 45$
Angebot B: $y = 0{,}45x + 35$
Wir erhalten ein lineares Gleichungssystem mit zwei Variablen.

Bewerten — **Lösen**

Reale Ergebnisse

Bei einer Fahrtstrecke von 100 km sind die Kosten gleich.
Aus dem Schaubild lässt sich ablesen, dass es ab 100 km billiger ist, das Angebot A zu nehmen, bei weniger als 100 km dagegen Angebot B.

Mathematische Ergebnisse

Als rechnerische Lösung des linearen Gleichungssystems erhält man
$x = 100$ und $y = 80$
Das Schaubild eignet sich gut für die Entscheidung. Die beiden Geraden schneiden sich im Punkt P(100 | 80).

Interpretieren

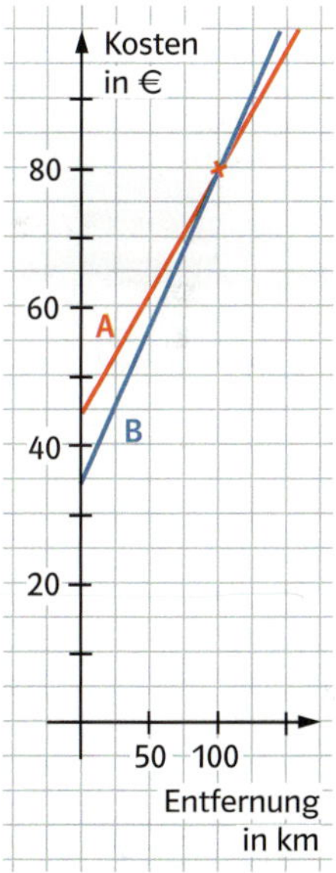

Zur Bewertung des Ergebnisses muss Martinas Vater nur noch überschlagen, wie viele Kilometer er wohl fahren wird.

Das **mathematische Modellieren** läuft in Stufen ab.
1. **Übersetzen** der Realsituation in ein mathematisches Modell
2. **Lösen:** Ermitteln der mathematischen Ergebnisse
3. **Interpretieren** der Lösung in der Realsituation
4. **Bewerten** des realen Ergebnisses

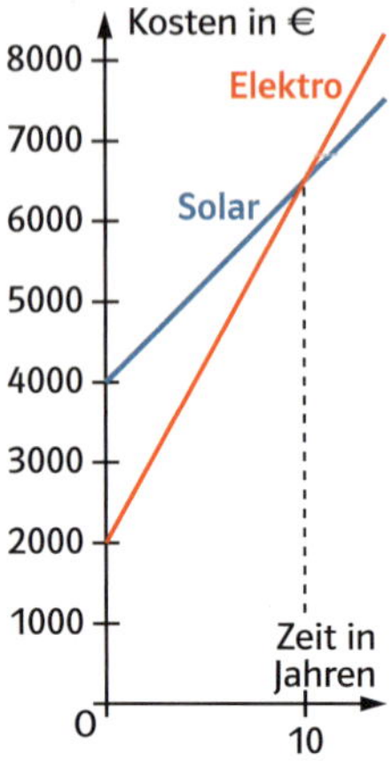

Beispiel

Familie Baum hat zwei Angebote für die Warmwasseraufbereitung in ihrem neuen Haus. Die Elektroanlage kostet in der Anschaffung 2000 € und 450 € Jahresenergiekosten. Die Solaranlage kostet in der Anschaffung 4000 € und 250 € Energiekosten jährlich.

1. **Übersetzen:** Als mathematisches Modell zur Darstellung der Gesamtkosten beider Anlagen können beide Angebote mit linearen Funktionen im Schaubild veranschaulicht und verglichen werden.
   x sei die Anzahl der Jahre; y seien die Gesamtkosten in Euro
   Elektroanlage: $y = 450x + 2000$ Solaranlage: $y = 250x + 4000$
   Die zugehörigen Funktionsgleichungen lauten
   $f(x) = 450x + 2000$ und $g(x) = 250x + 4000$
2. **Lösen:** Die beiden Geraden schneiden sich nach 10 Jahren, die Gesamtkosten betragen dann 6500 €.
3. **Interpretieren:** Am Schaubild erkennt man, dass in den ersten neun Jahren die Gesamtkosten bei der Elektroanlage geringer sind, ab dem elften Jahr sind die Gesamtkosten bei der Solaranlage günstiger.
4. **Bewerten:** Zur Entscheidung muss die Familie nun überlegen, ob sich die Investition lohnt. Dazu müssen noch weitere Aspekte wie z. B. die Kosten der Wartung, die Gesamtnutzungsdauer oder die Beschaffung von öffentlichen Fördermitteln berücksichtigt werden.

Aufgaben

1 Simone will sich einen neuen Drucker anschaffen. Sie prüft zwei Angebote: Der erste Drucker kostet als Sonderangebot nur noch 99 €. Die Druckerpatrone kostet 30 €. Der zweite Drucker kostet 150 €, die Druckerpatrone jedoch nur 20 €. Bei beiden Modellen reicht eine Patrone für etwa 1000 Ausdrucke.
a) Was muss Simone beim Kauf berücksichtigen, wie soll sie sich entscheiden?
b) Wie müsste der Druckerpatronenpreis beim ersten Drucker gesenkt werden, um auch bei 10 000 Ausdrucken noch günstiger zu sein?

2 Die SV veranstaltet ein Konzert in der Turnhalle. Der Eintritt kostet 4 €. Um das Kostenrisiko gering zu halten, macht die Band zwei Angebote: Entweder 300 € und zusätzlich 1 € pro Konzertbesucher oder 600 € und 0,40 € pro Besucher.
Welches Angebot würdest du wählen?
Die SV macht ein drittes Angebot: 450 € und ab dem 400. Besucher zusätzlich 2 € für die Band.

3 Im Schaubild sind die Kosten für die unterschiedlichen Transportformen zum Transport von Gütern dargestellt.
a) Beschreibe die Unterschiede.
b) Auf welche Weise würdest du Güter transportieren? Gib Empfehlungen für einige Beispiele.
Was empfiehlst du an den Schnittpunkten?
c) Stelle für die Funktionen in der Grafik die Funktionsgleichungen auf und gib die Unterschiede der Kosten für eine Entfernung von 1200 km an.

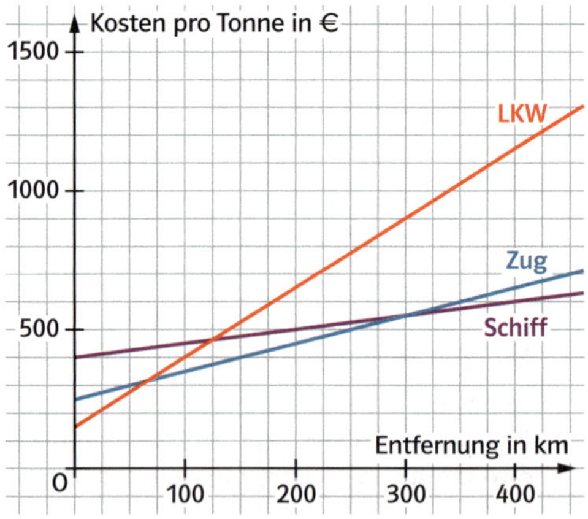

„Break-even-Point“

Um den Nutzen einer Produktion festzustellen, muss man die Kosten mit den Erlösen (Einnahmen) vergleichen.
Wenn die Kosten auf Dauer die Einnahmen übersteigen, geht die Firma bankrott.
Den Punkt, ab dem die Einnahmen die Kosten übersteigen, nennt man Nutzenschwelle oder „Break-even-Point“.
In dem Schaubild ist der Sachverhalt veranschaulicht.

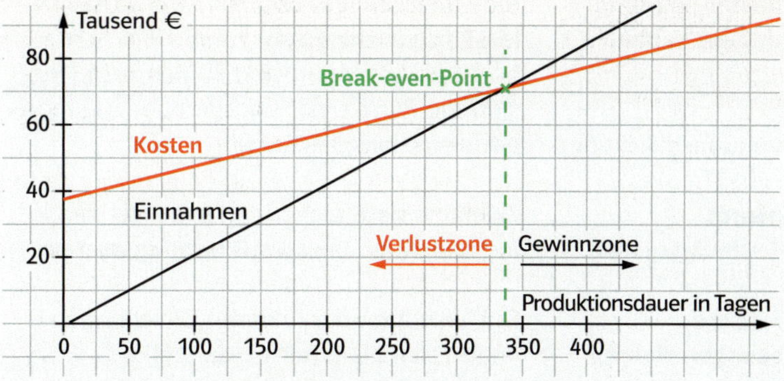

Zur Herstellung von Maschinenteilen werden fixe Kosten von 300 € berechnet. Pro Teil kommen 1,50 € variable Kosten hinzu.
Beim Verkauf bringt jedes Teil 3,50 €.

- Stelle den Sachverhalt in einem Schaubild dar.
- Lies aus dem Schaubild ab, bei welcher Stückzahl die Nutzenschwelle liegt.
- Wie groß ist der Verlust bei 125, wie groß ist der Gewinn bei 250 verkauften Teilen?
- Auf welchen Betrag müsste man den festen Kostenanteil senken, um schon bei 100 verkauften Teilen die Nutzenschwelle zu erreichen?
- Wie ändert sich der „Break-even-Point“, wenn die festen Kosten 400 € betragen?
- Löse die Aufgaben auch rechnerisch.

Eine Firma holt zwei Angebote von verschiedenen Herstellern für Mikrochips ein.

Hersteller A
Versandkostenanteil:
10 € pro Lieferung
10 € für jeweils 10 Chips

Hersteller B
Mindestbestellmenge:
40 Chips
keine Versandkosten
40 Chips kosten 30 €
je 10 weitere 20 € mehr

- Stelle den Sachverhalt grafisch dar.
- Bei welchem Hersteller sollte die Firma 100 Chips bestellen?
- Für welche Bestellmenge ist welcher Hersteller am günstigsten?

Eine Autozeitschrift hat folgende monatliche Kosten für das Diesel- und Benzinmodell eines PKW veröffentlicht:

	Festkosten	Kraftstoffkosten/km
Benzin	190,95 €	0,12 €
Diesel	230,90 €	0,08 €

- Stelle Funktionsgleichungen für die Berechnung der monatlichen Gesamtkosten in Abhängigkeit von der Anzahl der gefahrenen Kilometer auf.
- Vergleiche die Kosten bei 5000 km, 10 000 km und 20 000 km Fahrleistung im Jahr.
- Stelle die unterschiedlichen Kosten in einem gemeinsamen Schaubild dar.
Was kannst du alles ablesen?
- Wann ist der Kauf eines Dieselfahrzeugs günstiger? Was muss man dabei noch berücksichtigen?
Hol dir die nötigen Informationen bei einem Autohändler.

Zusammenfassung

lineare Gleichung mit zwei Variablen

Funktionsgleichung

Jede **lineare Gleichung mit zwei Variablen** lässt sich in der Form $y = mx + b$ schreiben. Ihre Lösungen sind Zahlenpaare. Sie sind die Punkte der Geraden der zugehörigen **Funktionsgleichung**.

Gleichung: $4x - 8y = 12$

Umgeformte Gleichung: $y = \frac{1}{2}x - 1{,}5$

Funktionsgleichung: $f(x) = \frac{1}{2}x - 1{,}5$

lineares Gleichungssystem

Zwei lineare Gleichungen mit zwei Variablen bilden ein **lineares Gleichungssystem**.

(1) $x - 2y = 2$

(2) $x + y = 5$

grafisches Lösungsverfahren

Die Lösungen der linearen Gleichungen lassen sich als Geraden darstellen.
Die Koordinaten des Schnittpunkts der beiden Geraden erfüllen beide Gleichungen und sind die **Lösung des Gleichungssystems**.
Ein Gleichungssystem hat
- **genau eine Lösung**, wenn sich die zugehörigen Geraden **in einem Punkt schneiden**.
- **keine Lösung**, wenn die Geraden parallel verlaufen.
- **unendlich viele Lösungen**, wenn zu den zwei Gleichungen **dieselben Geraden** gehören.

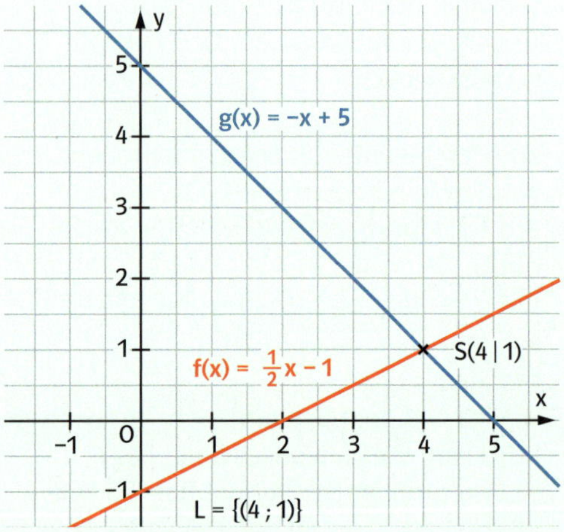

rechnerische Lösungsverfahren

Jedes Zahlenpaar, das beide Gleichungen erfüllt, ist eine Lösung des linearen Gleichungssystems.

L = {(4 ; 1)}

Gleichsetzungsverfahren

Man löst beide Gleichungen nach derselben Variablen auf.
Durch Gleichsetzen der Terme erhält man eine Gleichung mit einer Variablen.
Man löst diese Gleichung und setzt die Lösung in eine der Gleichungen ein, um die Lösung für die zweite Variable zu bekommen.

(1) $y = 2x - 1$

(2) $y = -x + 5$

(1) = (2): $2x - 1 = -x + 5$

$x = 2$

Einsetzen in (1) ergibt

$y = 3$

L = {(2 ; 3)}

Additionsverfahren

Man formt beide Gleichungen so um, dass beim Addieren oder **Subtrahieren** beider Gleichungen eine Variable wegfällt. So entsteht eine Gleichung mit einer Variablen.

(1) $3x + 5y = 10$

(2) $4x - 5y = 4$

(1) + (2): $7x = 14$

$x = 2$

$y = 0{,}8$ L = {(2 ; 0,8)}

Modellieren mit linearen Gleichungssystemen

Preise und Angebote können in vereinfachter Form mit linearen Gleichungssystemen verglichen und Entscheidungen vorbereitet werden. Bei diesem Vorgehen spricht man von **mathematischem Modellieren**.

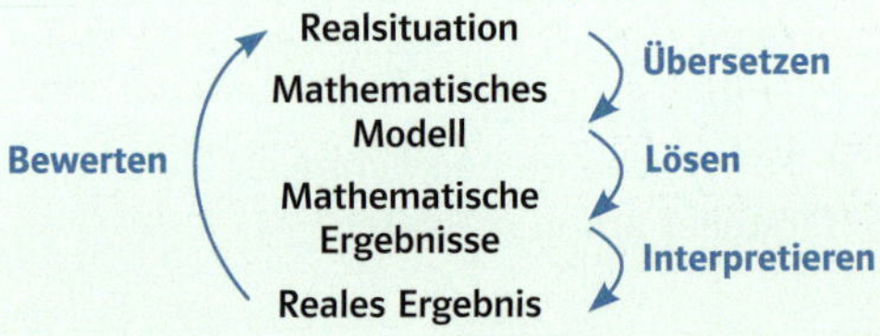

Üben • Anwenden • Nachdenken

1 Zeichne die drei Geraden in ein Koordinatensystem, lies die Schnittpunkte ab und prüfe rechnerisch nach.
$f(x) = \frac{1}{2}x + 3$; $g(x) = -\frac{1}{4}x + 1{,}5$; $h(x) = 2x - 3$

2 Löse das Gleichungssystem zeichnerisch und überprüfe deine Lösung durch Rechnung.
a) $y = 2x - 4$
$y = -3x + 6$
b) $y = \frac{1}{2}x - 2$
$y = -2x + 3$
c) $y = -\frac{3}{2}x + 3$
$y = \frac{1}{2}x - 5$
d) $y + 2x + 6 = 0$
$y - x + 3 = 0$

3 Löse das Gleichungssystem. Überlege dir vorher, welches Verfahren am besten geeignet ist.
a) $y = 2x + 1$
$y = -x + 10$
b) $2x - y = 4$
$3x + y = 1$
c) $y = 3x - 15$
$2y = x + 10$
d) $3y + x = -1$
$y = x + 3$
e) $13x - 2y = 20$
$2x + y = 7$
f) $2x + 1 = 3y$
$4x - 5y = 0$
g) $2x + 3y = 0$
$x = 4y - 11$
h) $3x + 4y = 21$
$2x + 2y = 13$

4 a) Zwei Nebenwinkel verhalten sich wie 7:3. Wie viel Grad hat jeder Winkel?
b) In einem rechtwinkligen Dreieck verhalten sich die spitzen Winkel wie 4:5.
c) In einem Dreieck ist $\alpha = 46°$. Die Differenz von $\beta - \gamma$ beträgt 30°.

5 Konstruiere das Dreieck.
a) Eine Seite ist 10 cm lang. Die beiden anderen Seiten sind zusammen 12 cm lang, eine davon ist 5 cm länger als die andere.
b) Der Umfang eines Dreiecks beträgt 18 cm. Die längste Seite ist 7 cm lang. Die beiden anderen unterscheiden sich um 1 cm in der Länge.

6 Bronze ist eine Legierung aus Kupfer und Zinn. Wie viel Gramm Kupfer und wie viel Gramm Zinn enthält ein 21,2 g schweres und 2,5 cm^3 großes Bronzeschmuckstück, wenn 1 cm^3 Kupfer 8,8 g und 1 cm^3 Zinn 7,2 g wiegt?

Schnitt oder nicht?

7 Stelle durch Zeichnung und Rechnung fest, ob das Gleichungssystem eine, keine oder unendlich viele Lösungen hat.
a) $y = 3x - 4$
$y = 3x + 1$
b) $y = \frac{1}{2}x - 3$
$y = -\frac{1}{2}x + 3$
c) $2x + 3y = 9$
$y = -\frac{2}{3}x + 3$
d) $y = \frac{2}{5}x + 4$
$y = -\frac{2}{5}x + 4$
e) $2y = 3x - 5$
$y = \frac{2}{3}x + 1$
f) $8x - 6y + 12 = 0$
$-3y + 6 + 4x = 0$

8 Ersetze die Variablen m und b in dem Gleichungssystem $y = mx + 5$ und $y = -2x + b$ durch geeignete Zahlen.
a) Die zugehörigen Geraden haben genau einen Schnittpunkt.
b) Die zugehörigen Geraden haben keinen Schnittpunkt.
c) Die zugehörigen Geraden fallen zusammen.

9 Die Gerade der Funktion $f(x) = 2x + 3$ wird von der Geraden der Funktion $g(x)$ im Punkt $S(1|5)$ geschnitten. Finde eine passende Funktionsgleichung für $g(x)$ und zeichne beide Funktionen in ein Koordinatensystem.

10 Löst in Partnerarbeit.
Der Erste gibt eine lineare Funktion mit zwei Variablen vor, der Zweite gibt dazu eine passende Lösung an. Anschließend versucht jeder eine zweite lineare Gleichung mit zwei Variablen zu finden, die die gleiche Lösung hat. Wer ist schneller?

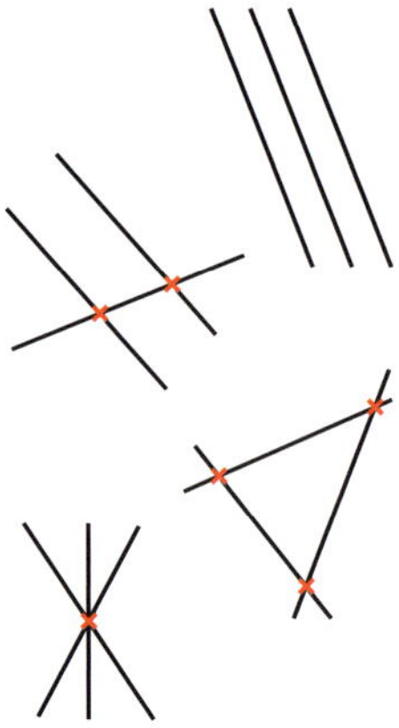

11 Drei verschiedene Geraden können keinen, einen, zwei oder drei Schnittpunkte haben. Zeichne und stelle fest, welcher der vier Fälle vorliegt.
Bestätige dein Ergebnis durch Rechnung.

a) $f(x) = 2x - 2$
$g(x) = -x + 4$
$h(x) = \frac{1}{2}x + 1$

b) $f(x) = \frac{1}{2}x + 3$
$g(x) = \frac{1}{2}x - 2$
$h(x) = \frac{1}{2}x$

c) $f(x) = -\frac{2}{3}x + 8$
$g(x) = \frac{3}{5}x + \frac{2}{5}$
$h(x) = \frac{5}{2}x - \frac{3}{2}$

d) $f(x) = 1{,}5x + 2$
$g(x) = -\frac{1}{2}x + 4$
$h(x) = 1{,}5x - 2$

12 Entnimm der Zeichnung die Gleichungen der parallelen Geraden. Übertrage die Schaubilder in dein Heft und lies die Schnittpunktkoordinaten auf eine Nachkommastelle genau ab.

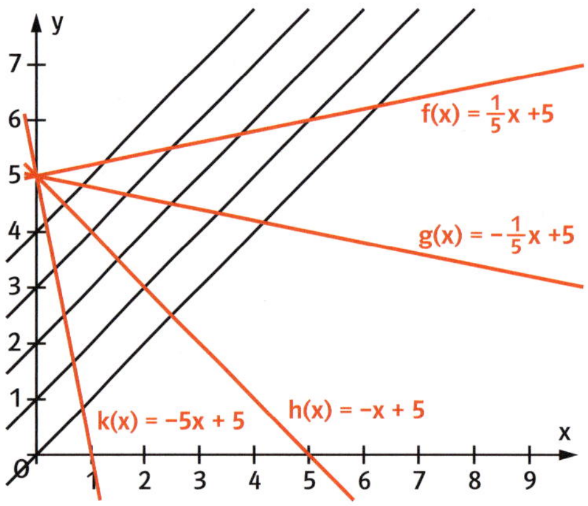

Überprüfe durch Rechnung.

13 Löse rechnerisch.

a) $\frac{1}{2}x - 2 = \frac{1}{4}y$
$\frac{1}{3}x + 6 = 2y$

b) $\frac{1}{3}x + 3y = 29$
$3x - \frac{1}{5}y = -11$

c) $\frac{x}{3} + \frac{y}{5} = 260$
$5x - 3y = 150$

d) $\frac{2x}{7} - \frac{3y}{5} = 5$
$\frac{x}{5} + \frac{2y}{25} = 1$

e) $2(y - 2) = 4(x - 3)$
$3(y + 4) = 4(x + 1)$

f) $(x + 5)(y + 2) = xy + 130$
$(x + 3)(y - 2) = xy + 14$

g) $(x + 3)(y - 4) + 3 = x(y - 2)$
$(2x + 5)(y - 1) + 10 = 2y(x + 3) - 6$

h) $x - y = 37$
$\frac{x - 1}{y} = 3$

i) $x + y = 45$
$\frac{x}{y} = \frac{2}{3}$

Noch mehr Variablen ?!

Es gibt auch Gleichungssysteme mit drei Variablen. Um sie lösen zu können, benötigt man auch drei Gleichungen. Die Lösung findet man durch geschicktes Einsetzen oder Addieren, ähnlich den bisherigen Verfahren. Auf diese Weise werden die Variablen dann der Reihe nach bestimmt.

Versuche es einmal. Beschreibe genau, wie du vorgehst.

- Es fängt ganz einfach an.

(1) $2x + 3y + z = 17$
(2) $2y + 3z = 13$
(3) $z = 3$

- Versuche es noch einmal.

(1) $2x + 3y + 4z = 9$
(2) $x + 2y = 10$
(3) $3x = 12$

- Wir steigern uns.

(1) $2x + 3y - z = 20$
(2) $y + z = 6$
(3) $2y - z = 9$

- Jetzt erreichen wir den Gipfel.

(1) $x + y + z = 24$
(2) $x - y + z = 8$
(3) $x + y - z = 2$

Die Art der Lösungen erinnert an viele aneinandergestellte Dominosteine, die alle umkippen, wenn man den ersten Stein umwirft.

- Finde drei natürliche Zahlen, bei denen sich die Summen 8, 10 und 12 ergeben, wenn man je zwei der drei Zahlen addiert. Vielleicht findest du die Lösung durch Raten. Bestätige deine Vermutung durch das entsprechende Gleichungssystem.

14 Erfinde einen Text, der zu dem Gleichungssystem passt.
Löse das Gleichungssystem rechnerisch und überprüfe die Lösung an deinem Text.

a) $x - y = 5$
$x + y = 5$

b) $3x + 4y = 36$
$x + y = 10$

15 Bilde aus den vorgegebenen Gleichungen je zwei Gleichungssysteme mit einer Lösung, mit keiner Lösung und mit unendlich vielen Lösungen.
Zeichne und rechne.

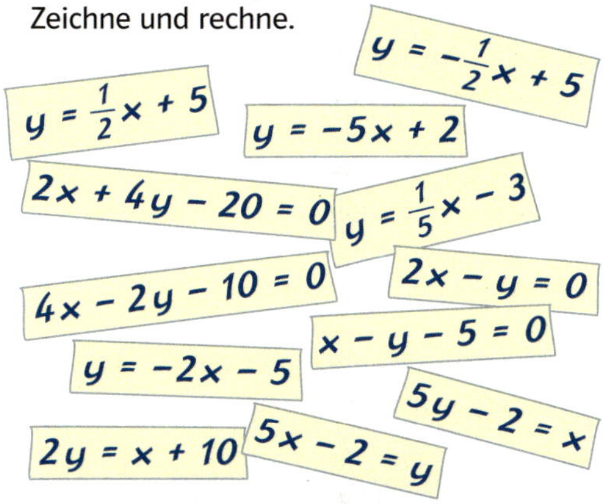

16 Legt man vier kongruente gleichschenklige Dreiecke zu einem großen Dreieck zusammen, so hat dies 46 cm Umfang. Legt man sie zu einem Parallelogramm zusammen, ist der Umfang 38 cm.
Wie lang sind die Seiten des Dreiecks?

17 a) Eine Badewanne fasst 120 Liter. Das Badewasser soll eine Temperatur von 36 °C haben. Es steht Wasser mit 15 °C und mit 60 °C zur Verfügung.
b) Ein Spirituosenhändler soll 100 Liter 75%igen Spiritus liefern. Er besitzt nur 50%igen und 90%igen Spiritus.

Geradengleichung aus zwei Punkten

Mithilfe der Koordinaten zweier Punkte einer Geraden kann man deren Gleichung bestimmen.
Wenn man die Koordinaten der Punkte P und Q in die Geradengleichung $f(x) = mx + b$ einsetzt, erhält man ein lineares Gleichungssystem mit den Variablen m und b.

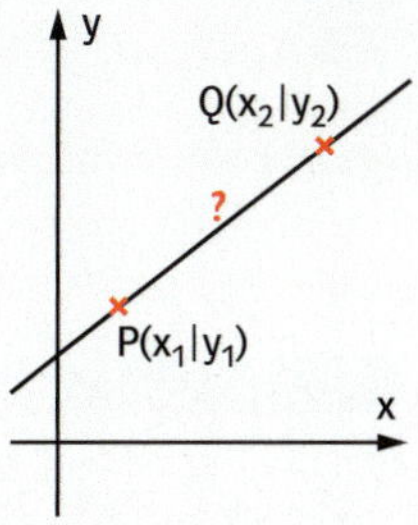

Beispiel: P(2|2) und Q(4|3)
P(2|2) ergibt: (1) $2 = 2m + b$
Q(4|3) ergibt: (2) $3 = 4m + b$
Man erhält $m = \frac{1}{2}$ und $b = 1$.
Damit ergibt sich die Gleichung der Geraden: $f(x) = \frac{1}{2}x + 1$.

- Finde die Gleichung der Geraden, die durch P und Q verläuft.
P(1|2) und Q(5|6)
P(3|4) und Q(6|1)
P(−1|2) und Q(3|7)

- Prüfe ohne zu zeichnen, ob der Punkt Q auf der Geraden liegt, die durch P und R verläuft.
P(2|3); Q(3|4) und R(5|7)
P(1|5); Q(3|3) und R(5|1)

Mit der Formel $\frac{y - y_1}{x - x_1} = \frac{y_2 - y_1}{x_2 - x_1}$
kann man schnell die Gleichung einer Geraden mithilfe der Koordinaten zweier Punkte bestimmen. Man bezeichnet dies als **Zwei-Punkte-Form** der Geradengleichung.
Jeder der beiden Terme der Gleichung kann als Steigung der Geraden interpretiert werden.

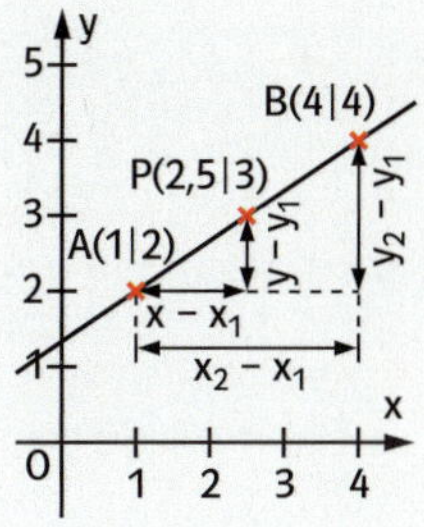

- Bestimme mit der Zwei-Punkte-Form zunächst die Steigung m und anschließend die Gleichung der Geraden, die durch die Punkte P und Q verläuft.
P(1|2); Q(5|4)
P(2|4); Q(4|2)
P(−1,5|−1,5); Q(6|1)
Forme die Gleichung um in die Form $f(x) = mx + b$.

Grafische Lösung mit dem Computer

Mit einem Computerprogramm, in das ein Computer-Algebra-System (CAS) integriert ist, lassen sich lineare Gleichungssysteme mit zwei Variablen grafisch und rechnerisch lösen.

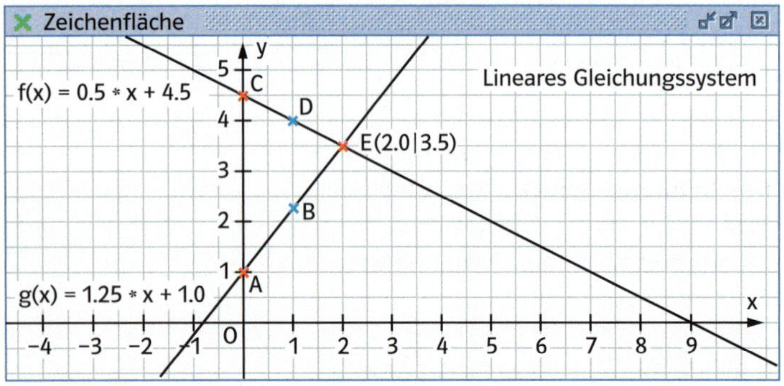

Die beiden Geraden lassen sich beliebig verändern. Die Punkte A und C auf der y-Achse bestimmen den y-Achsenabschnitt der jeweiligen Gerade.
Die Punkte B und D liegen auf einer Parallelen zur y-Achse mit dem Abstand 1 LE. Aus der Differenz der y-Koordinaten von B und A bzw. D und C ergibt sich die Steigung der Gerade.

- Überprüfe die Lösungen einiger Aufgaben, die du zeichnerisch oder rechnerisch gelöst hast, mit dem Computer.
- Die Gerade g geht durch die Punkte P(0 | −3) und Q(1 | 0), die Gerade h durch R(0 | 3) und T(1 | 2).

Ermittle die Koordinaten des Schnittpunkts S der beiden Geraden.

? *Wo schneiden sich die beiden Geraden?*

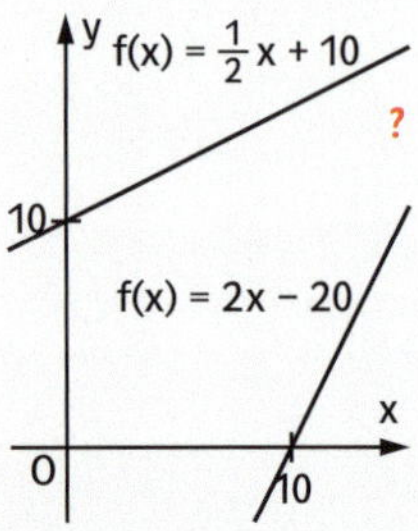

- Es lassen sich auch Gleichungssysteme grafisch lösen, bei denen der Schnittpunkt weit entfernt vom Nullpunkt liegt. Durch Verschieben des Ursprungs oder eine andere Skalierung kann man am Computer den Schnittpunkt sichtbar machen. Dies geht nicht unbegrenzt.
- Löse die Aufgabe vom Rand.
- Löse die beiden Gleichungssysteme:

$f(x) = 10x + 1$ $\qquad$ $f(x) = -\frac{1}{10}x + 10$

$f(x) = 11x - 1$ $\qquad$ $f(x) = \frac{1}{5}x - 5$

18 In einem Basketballspiel der NBA hat Dirk Nowitzki in einem Spiel 43 Punkte erzielt. Neun Punkte davon waren Freiwürfe. Freiwürfe zählen einen Punkt, aus dem Spiel heraus gibt es zwei oder drei Punkte, das ist von der Wurfentfernung abhängig. Wie viele Dreier hatte Nowitzki in diesem Spiel, wenn er die Feldpunkte mit 15 Würfen erreicht hat?

19 Sarah arbeitet am Wochenende in einem Café als Kellnerin. Sie arbeitet täglich sechs Stunden. Der Cafébesitzer macht ihr zwei verschiedene Angebote. Entweder erhält sie 8 € pro Stunde und 5 % vom Umsatz oder 5 € pro Stunde und 8 % vom Umsatz. Beurteile die beiden Angebote. Was muss Sarah bei ihrer Entscheidung berücksichtigen?

20 Der Elektroladen bietet Glühbirnen und Energiesparleuchten an.

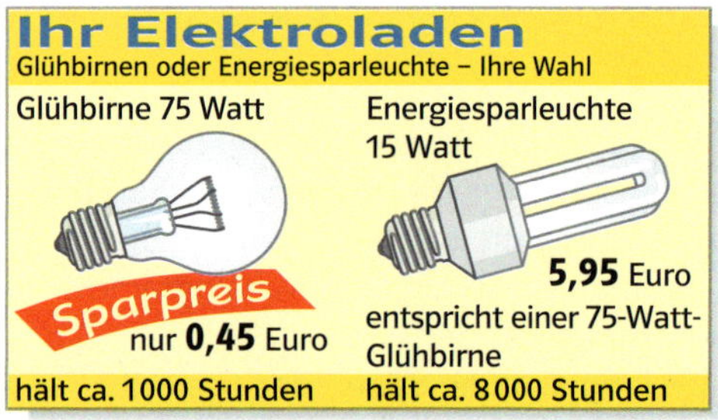

a) Stelle für die Gesamtkosten der beiden Angebote zwei Gleichungen auf.
b) Wie lange müssen eine 75-Watt-Glühbirne und eine 15-Watt-Energiesparleuchte eingeschaltet sein, damit die jeweiligen Gesamtkosten gleich hoch sind?
c) Stelle in einem Schaubild die Gesamtkosten der Glühbirne und der Energiesparleuchte im Vergleich dar.
Was lässt sich aus dem Schaubild ablesen?
d) Überprüfe in eurer Wohnung, wie viele Glühbirnen durch Energiesparleuchten ersetzt werden könnten.
Wenn du überschlägig ermittelst, wie lange die Birnen im Jahr brennen, kannst du ausrechnen, wie groß die Ersparnis in einem Jahr wäre.
Gib die Ersparnis auch in Prozent an.

Rückspiegel

1 Finde den Schnittpunkt zeichnerisch.

a) $f(x) = -3x + 7$
$g(x) = -\frac{1}{3}x - 1$

b) $f(x) = -\frac{1}{2}x + 4$
$g(x) = x - 2$

2 Forme die Gleichungen um und löse das Gleichungssystem zeichnerisch.

a) $y + \frac{1}{2}x = 5$
$y + 1 = x$

b) $3y - 9x = 9$
$x - 2y = 4$

3 Löse das Gleichungssystem rechnerisch. Wähle ein geeignetes Verfahren.

a) $y = -x + 5$
$y = 2x - 1$

b) $2x - 3y = 4$
$4x + 3y = 2$

4 Löse das Gleichungssystem. Rechne.

a) $2x + 1 = 6y$
$x - 2y = 1$

b) $4x + 5y = 31$
$22 = 4x + 2y$

c) $4(x + 2) = 3(y + 2)$
$5(x + 5) = 4(y + 5)$

5 Die Gerade g geht durch die Punkte P(0 | 2) und Q(1 | 3), die Gerade h durch R(0 | 5) und S(1 | 4,5).
Bestimme die Funktionsgleichungen der beiden Geraden und berechne die Koordinaten ihres Schnittpunkts.

6 Stelle das Gleichungssystem grafisch dar und gib an, ob es eine oder keine Lösung hat.

a) $y = \frac{2}{3}x - 3$
$y = \frac{2}{3}x + 3$

b) $y = \frac{3}{4}x - 1$
$y = \frac{4}{3}x - 1$

7 Im Museum zahlen drei Erwachsene und zwei Kinder 19 € Eintritt. Ein Erwachsener mit drei Kindern zahlt 11 €.
Was müssen zwei Erwachsene und zwei Kinder bezahlen?

8 Familie Mann will sich ein Wohnmobil leihen. Sie bekommen zwei Angebote:

A: Grundgebühr 120 € und
für jeden Tag der Nutzung 25 €.
B: Grundgebühr 100 € und
für jeden Tag der Nutzung 30 €.

Was muss die Familie berücksichtigen und wofür soll sie sich dann entscheiden?

Rückspiegel

1 Finde den Schnittpunkt zeichnerisch.

a) $f(x) = \frac{4}{3}x - 2$
$g(x) = -\frac{2}{3}x + 4$

b) $f(x) = -\frac{3}{4}x + 3$
$g(x) = \frac{5}{4}x - 1$

2 Forme die Gleichungen um und löse das Gleichungssystem zeichnerisch.

a) $y - \frac{1}{2}x - 1 = 0$
$2y + 6x - 16 = 0$

b) $2x + 5y = -4$
$5x + 2y = 11$

3 Löse das Gleichungssystem rechnerisch. Wähle ein geeignetes Verfahren.

a) $6y = 5x + 17$
$4 - 8x = 6y$

b) $2x + 3y - 12 = 0$
$6x - 3y + 12 = 0$

4 Löse das Gleichungssystem. Rechne.

a) $4x + 5y = 2$
$7x + 5y = 11$

b) $5x + 8y = 248$
$8x + 5y = 272$

c) $3(x + 7) - 2(y + 7) = 0$
$4(x + 21) - 3(y + 20) = 0$

5 Die Punkte P(0 | 2) und Q(3 | 3) liegen auf der Geraden g, die Punkte R(0 | 4) und S(4 | 0) auf der Geraden h.
Wie heißen die Funktionsgleichungen der beiden Geraden? Bestimme zeichnerisch und rechnerisch ihren Schnittpunkt.

6 Prüfe durch Rechnung, wie viele Lösungen das Gleichungssystem hat.
Begründe mithilfe des Schaubildes.

a) $3x - y = 4$
$2y + 8 = 6x$

b) $2x + 5y - 5 = 0$
$5y + 2x + 5 = 0$

7 Für einen Blumenstrauß mit 3 Rosen und 5 Tulpen zahlt Mara 8,50 €. Ihr Bruder zahlt für 5 Rosen und 3 Tulpen 9,90 €.
Wie viel Euro kosten 8 Rosen und 7 Tulpen?

8 Familie Munz liegen zwei Angebote für die Stromversorgung vor.

Tarif A: Grundgebühr 45,50 €
Kosten pro kWh 16,5 ct
Tarif B: Grundgebühr 75,25 €
Kosten pro kWh 15,5 ct

Für welchen Tarif soll sich Familie Munz entscheiden?
Welche Bedingungen sollen bei der Entscheidung berücksichtigt werden?

Stein – Schere – Papier

Das Spiel „Stein, Schere, Papier" kennst du bestimmt.

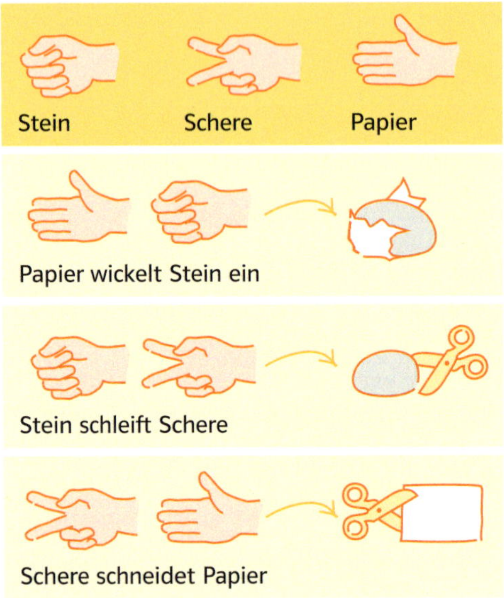

Spielt mit eurem Partner oder eurer Partnerin das Spiel dreißigmal und notiert die Anzahl eurer Siege, Niederlagen und der unentschiedenen Ausgänge. Wie häufig erwartet ihr einen Sieg, wie häufig ein Unentschieden? Begründet.

Fasst die Ergebnisse der ganzen Klasse zusammen. Welche relative Häufigkeit hat jedes der möglichen Ergebnisse? Stimmen die in der Klasse berechneten relativen Häufigkeiten mit eurer Vermutung überein?

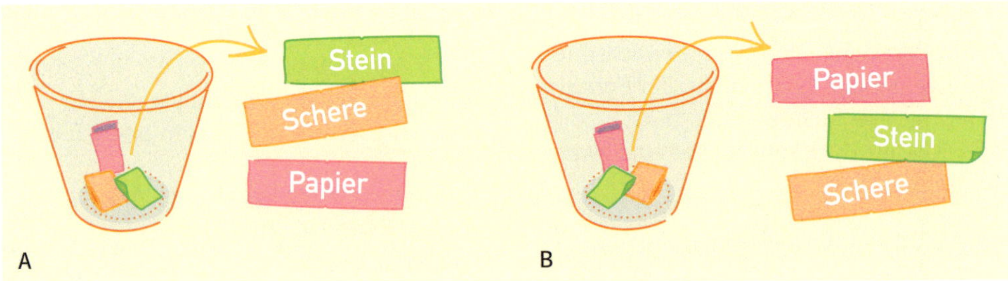

Die Ergebnisse des Spiels „Stein, Schere, Papier" können auch mit anderen Zufallsgeräten ermittelt werden.

Ersetzt der Zufallsversuch das Spiel „Stein, Schere, Papier" korrekt?

Ein Spieler zieht aus Behälter A einen Zettel, der andere Spieler aus Behälter B.

Die Zettel aus den beiden Behältern werden in einen Behälter C gelegt. Nun müssen die beiden Spieler bzw. Spielerinnen nacheinander einen Zettel ziehen.
Muss der erste gezogene Zettel wieder zurückgelegt werden, bevor der zweite Zettel gezogen wird, oder darf man ihn behalten? Spielt in Partnerarbeit beide Möglichkeiten je zehnmal und notiert die Anzahl der unentschiedenen Ergebnisse.
Fasst die Ergebnisse der ganzen Klasse zusammen.
Welche der beiden möglichen Zufallsversuche ersetzt das Spiel „Stein, Schere, Papier“ korrekt?

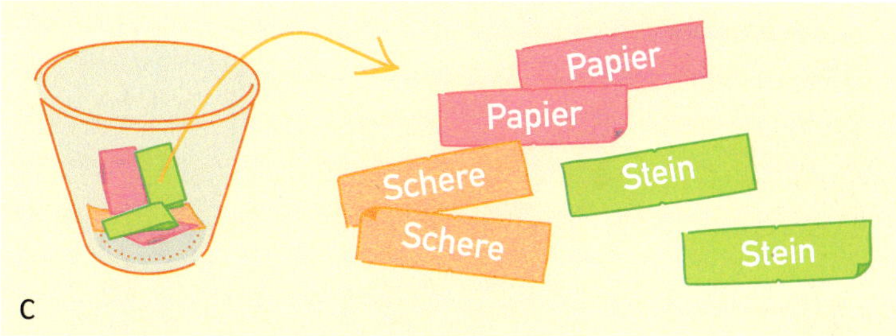

C

Lässt sich das Spiel „Stein, Schere, Papier“ auch nachahmen, wenn im Becher D nur die drei Zettel „Stein“, „Schere“ und „Papier“ liegen? Beschreibt, wie ihr vorgehen müsst.

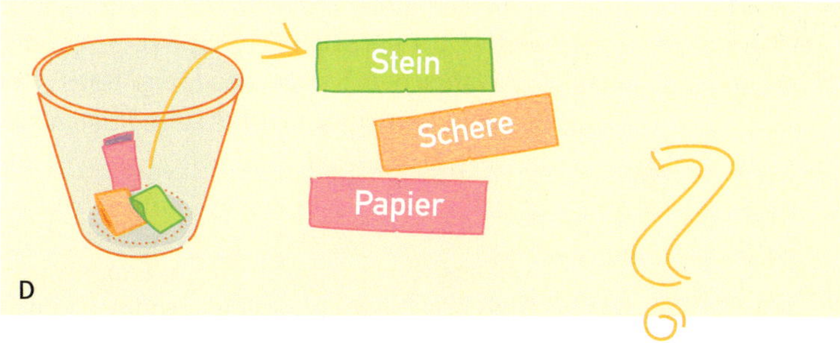

D

Eignen sich die abgebildeten Zufallsgeräte, um das Spiel „Stein, Schere, Papier“ korrekt zu ersetzen? Beschreibt für jedes Zufallsgerät genau, wie der Zufallsversuch durchgeführt werden muss.

In diesem Kapitel lernst du,

- wie man Wahrscheinlichkeiten bestimmt,
- dass man Ergebnisse eines Zufallsversuchs zusammenfassen kann,
- dass ein Zufallsversuch auch zweimal hintereinander ausgeführt werden kann,
- wie man die Wahrscheinlichkeit eines zweimal hintereinander ausgeführten Zufallsversuchs bestimmt.

1 Ereignisse

Bei dem Spiel „Zahlen ziehen“ kann man sich einen Becher aussuchen, aus dem dann blind eine Kugel gezogen wird.
→ Gib für jede einzelne Ereigniskarte an, welchen Becher du wählen würdest, um die größere Gewinnchance zu haben. Begründe.

Beim Wurf eines Würfels gibt es die sechs **möglichen Ergebnisse** 1; 2; 3; 4; 5 und 6, von denen jedes mit der **gleichen Wahrscheinlichkeit** eintritt. Die Wahrscheinlichkeit für ein Ergebnis, z.B. die Augenzahl 2, beträgt deshalb $\frac{1}{6}$.
Stellt sich die Frage nach der Wahrscheinlichkeit, eine Zahl größer als 2 zu würfeln, werden die **günstigen Ergebnisse** 3; 4; 5 und 6 zu einem **Ereignis** zusammengefasst. Die Wahrscheinlichkeit des Ereignisses „eine Zahl größer als 2 würfeln“ ist dann die Summe der Wahrscheinlichkeiten der zugehörigen günstigen Ergebnisse:
$\frac{1}{6} + \frac{1}{6} + \frac{1}{6} + \frac{1}{6} = \frac{4}{6} = \frac{2}{3}$.

Alle Ergebnisse, die zu einem **Ereignis** gehören, heißen **günstige Ergebnisse**.
Sind alle Ergebnisse gleich wahrscheinlich, so gilt:

Wahrscheinlichkeit eines Ereignisses $= \frac{\text{Anzahl der günstigen Ergebnisse}}{\text{Anzahl der möglichen Ergebnisse}}$

Ist m die Anzahl der günstigen und n die Anzahl der möglichen Ergebnisse, so schreibt man kurz: $P(E) = \frac{m}{n}$.

***P**robability englisch: Wahrscheinlichkeit*

Bemerkungen

a) Ein Ereignis kann auch aus allen möglichen Ergebnissen bestehen. Dieses Ereignis tritt in jedem Fall ein und heißt deshalb **sicheres Ereignis**. Seine Wahrscheinlichkeit ist $\frac{n}{n} = 1$.
b) Hat ein Ereignis kein mögliches Ergebnis, so tritt dieses Ereignis nie ein und heißt deshalb **unmögliches Ereignis**. Seine Wahrscheinlichkeit ist $\frac{0}{n} = 0$.
c) Die Wahrscheinlichkeit eines Ereignisses kann nie kleiner als 0 und nie größer als 1 sein.

Beispiel

Aus einem Elfer-raus-Spiel mit 80 Karten soll einer der vier Elfer gezogen werden.

Ereignis:	eine Elf ziehen
Anzahl der möglichen Ergebnisse:	$n = 80$
Anzahl der günstigen Ergebnisse:	$m = 4$
Wahrscheinlichkeit des Ereignisses:	$P(\text{eine Elf ziehen}) = \frac{m}{n} = \frac{4}{80} = \frac{1}{20} = 0{,}05 = 5\,\%$

Aufgaben

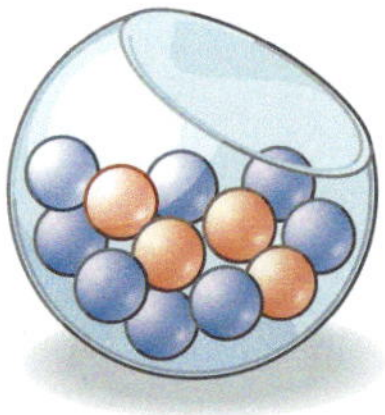

1 Wie groß ist die Wahrscheinlichkeit, aus dem nebenstehenden Behälter eine blaue Kugel zu ziehen? Wie sieht es für eine rote Kugel aus?

2 Ein Glücksrad hat 18 gleich große Felder. Davon sind zwei rot, fünf blau und der Rest weiß gefärbt. Mit welcher Wahrscheinlichkeit treten die Farben auf?

3 Bei einer Tombola soll ein Trostpreis mit 40 %, eine Taschenlampe mit 10 % und eine CD mit 5% Wahrscheinlichkeit gewonnen werden.
Färbe ein Glücksrad zur Auslosung der Gewinne. Denke dabei auch an eine attraktive Farbaufteilung.

4 An einer Ampel beobachtet Conny das Nummernschild des ersten haltenden Autos. Wie groß ist die Wahrscheinlichkeit für folgendes Ereignis?
a) eine gerade Zahl
b) eine Zahl mit der Endziffer fünf
c) eine durch vier teilbare Zahl
d) Führe eine solche Beobachtung durch und notiere 20 Kennzeichen. Fasst eure Ergebnisse in der Klasse zusammen und vergleicht sie mit der berechneten Wahrscheinlichkeit.

5 Anne besitzt ein Los mit der Nummer 3577261. Wie groß ist jeweils die Wahrscheinlichkeit, dass die letzte Ziffer,
die beiden letzten Ziffern,
die drei letzten Ziffern richtig sind?

6 In jedem siebten Schokoladenei befindet sich eine Sammelfigur.
a) Bestimme die Wahrscheinlichkeit für den Erhalt einer Figur.
b) Arno kauft sieben Schokoladeneier und sagt, er müsse genau eine Sammelfigur bekommen. Was meinst du?

7 In einer Schublade befinden sich unsortiert 5 Paar schwarze, 7 Paar blaue und 3 Paar beige Socken. Wie groß ist die Wahrscheinlichkeit, dass Peter im Dunkeln ein passendes Paar Socken zieht, wenn er
a) bereits eine einzelne schwarze Socke gezogen hat?
b) bereits eine beige Socke gezogen hat?

8 Während der Fußball-WM 2006 gab es Sammelbilder zu kaufen. Die 597 verschiedenen Bilder wurden in Tütchen mit je fünf Bildern verkauft. Laura hofft, beim Kauf des ersten Tütchens, den Spieler Miroslav Klose unter den fünf Bildern zu haben.

9 Wie groß ist die Wahrscheinlichkeit, dass die rote Spielfigur beim nächsten Wurf
- die andere Spielfigur schlägt?
- ins Haus gelangt?
- weder eine Spielfigur schlägt noch ins Haus gelangt?

Addiere die drei berechneten Wahrscheinlichkeiten. Was fällt dir auf? Erkläre das Ergebnis.

10 In welchen Fällen ist ein sicheres Ereignis beschrieben?
a) Es wird eine gerade Zahl oder eine Zahl größer 2 gewürfelt.
b) Es wird eine ungerade oder eine gerade Zahl gewürfelt.
c) Entweder gewinnt oder verliert Bayer Leverkusen.

11 In welchen Fällen wird ein unmögliches Ereignis beschrieben?
a) Es wird eine durch 4 teilbare Zahl gewürfelt.
b) Es wird keine Zahl kleiner 7 gewürfelt.
c) Der 1. FC Köln gewinnt.

12 Nadine und Uli stehen mit ihren Spielsteinen kurz vor dem Ziel. Sie dürfen nur entlang der Wege ziehen, die nicht durch eine andere Figur verstellt sind. Die gewürfelte Augenzahl muss genau der Schrittzahl entsprechen.
a) Wer hat als erste Spielerin bzw. erster Spieler beim nächsten Wurf die größere Chance das Spiel zu gewinnen?
b) Nadine wirft als erste Spielerin eine Vier. Verändert sich dadurch die Gewinnchance für Uli?

2 Zusammengesetzte Ereignisse

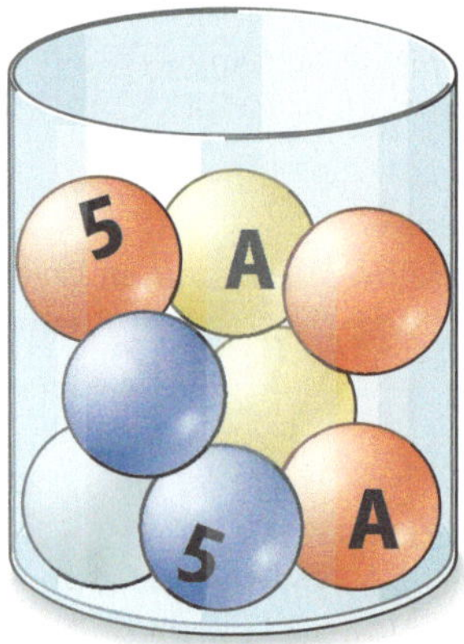

→ Welche Ergebnisse können beim Ziehen einer Kugel erzielt werden? Gib die Wahrscheinlichkeiten eines Ergebnisses an.
→ Nenne Ereignisse, die eintreten können.
→ Bestimme die Wahrscheinlichkeit des Ereignisses „gelbe Kugel oder blaue Kugel" und des Ereignisses „gelbe Kugel oder Nummernkugel".
→ Bestimme die Wahrscheinlichkeit des Ereignisses „unbeschriftete Kugel oder rote Kugel". Was musst du dabei beachten?
→ Bestimme P(gelbe Kugel) und P(nicht gelbe Kugel). Was stellst du fest?

In einer Lotterie befinden sich unter 1000 Losen 100 Trostpreise und 20 Hauptgewinne. Das Ereignis „einen Gewinn ziehen" setzt sich aus den beiden Ereignissen „einen Trostpreis ziehen" oder „einen Hauptgewinn ziehen" mit den Wahrscheinlichkeiten $\frac{100}{1000}$ und $\frac{20}{1000}$ zusammen.
Da es kein Los gibt, auf das man sowohl einen Trostpreis als auch einen Hauptgewinn erhält, kommt kein Ergebnis in beiden Ereignissen vor. Deshalb kann man die günstigen Ergebnisse zu einem Ereignis zusammenfassen.
Das Ereignis „einen Gewinn" ziehen hat also 100 + 20 = 120 günstige Ergebnisse.
Die Wahrscheinlichkeit dieses **zusammengesetzten Ereignisses** beträgt demnach $\frac{120}{1000} = \frac{100}{1000} + \frac{20}{1000}$.
Das Ereignis „eine Niete ziehen" ist das zugehörige **Gegenereignis**. Einen Gewinn oder keinen Gewinn zu erzielen ist sicher. Die Wahrscheinlichkeit dafür beträgt 1.
Damit ist die Wahrscheinlichkeit für das Gegenereignis $1 - \frac{120}{1000} = \frac{880}{1000}$.

! *Es können auch mehr als zwei Ereignisse zu einem neuen Ereignis zusammengefasst werden. Auch in diesem Fall werden die Wahrscheinlichkeiten der Ereignisse addiert, falls sie jeweils voneinander verschiedene Ergebnisse haben.*

Summenregel
Zwei Ereignisse E_1 und E_2 können zu einem neuen Ereignis E zusammengefasst werden. Haben zwei Ereignisse E_1 und E_2 kein Ergebnis gemeinsam, so gilt:
$P(E) = P(E_1 \text{ oder } E_2) = P(E_1) + P(E_2)$

Alle ungünstigen Ergebnisse eines Ereignisses E bilden das **Gegenereignis** $\overline{E}$.
Wahrscheinlichkeit des Gegenereignisses: $P(\overline{E}) = 1 - P(E)$

Beispiel
Für ein Glücksrad sind folgende Ereignisse mit den zugehörigen Wahrscheinlichkeiten bekannt: $P(\text{Rot}) = \frac{1}{36}$; $P(\text{Blau}) = \frac{7}{36}$; $P(\text{Gelb}) = \frac{21}{36}$.
Die restlichen Felder des Glücksrades sind transparent.
Das Ereignis „eine Farbe" setzt sich aus den drei Ereignissen „Rot", „Blau" und „Gelb" zusammen und hat die Wahrscheinlichkeit: $\frac{1}{36} + \frac{7}{36} + \frac{21}{36} = \frac{29}{36}$.
Das Ereignis „transparent" ist das Gegenereignis von „eine Farbe". Die Wahrscheinlichkeit dafür beträgt $1 - \frac{29}{36} = \frac{7}{36}$.

Aufgaben

1 In einem Sack befinden sich 10 blaue, 8 rote, 12 gelbe, 15 weiße und 5 grüne Murmeln. Es wird eine Murmel gezogen. Gib die folgenden Wahrscheinlichkeiten P(E) in Prozent an.
a) P(rote oder blaue Murmel)
b) P(gelbe, grüne oder weiße Murmel)
c) P(keine blaue Murmel)
d) P(weder weiße noch gelbe Murmel)

2 Du würfelst mit einem Dodekaeder.

Gib die Wahrscheinlichkeit an.
a) Eine Zahl kleiner als 5 oder größer als 9 werfen.
b) Eine durch 4 teilbare oder eine Primzahl werfen.
c) Keine 12 werfen.
d) Keine ungerade Zahl werfen.

3 In einem Hut befinden sich 400 Lose. Zu gewinnen gibt es 100 Kugelschreiber, 30 CDs, 10 Discmen und einen Fernseher. Bestimme für folgende Ereignisse die Wahrscheinlichkeit:
- wenigstens etwas gewinnen,
- etwas gewinnen, ausgenommen einen Kugelschreiber,
- nichts gewinnen,
- den Fernseher oder nichts gewinnen.

4 In einem Loseimer mit 120 Losen sind 38 Gewinnlose. Es gibt drei Hauptgewinne, der Rest sind Trostpreise. Bestimme die Wahrscheinlichkeit, einen Trostpreis zu gewinnen.

5 In der Regel werfen beim Korbball 12% der Spielerinnen drei Körbe, 17% zwei Körbe und 26% einen Korb. Aus dem Team wird eine Spielerin willkürlich gewählt. Mit welcher Wahrscheinlichkeit wirft sie mindestens zwei Körbe?

6 Bei einer Tombola gibt es Toaster, MP3-Player und Fahrräder zu gewinnen. Darüber hinaus gibt es noch Trostpreise. Wie sind die 2000 Lose im Loseimer verteilt, wenn folgende Wahrscheinlichkeiten bekannt sind?
P(Gewinn) = 60%
P(Trostpreis) = 35%
P(Trostpreis oder Toaster) = 50%
P(Toaster oder MP3-Player) = 20%

7 Der Fischbestand in einem Teich besteht zu 15% aus Karpfen, zu 25% aus Forellen und zu 20% aus Barschen. Katharina möchte die Situation des Anglers zu Hause mit bunten Kugeln und einem Topf nachahmen. Wie muss sie vorgehen?

8 In einer Tasche befinden sich 15 schwarze und fünf gelbe Kugeln.
a) Bestimme P(gelbe Kugel) sowie P(schwarze Kugel).
b) Wie viele weiße Kugeln müssen hinzugefügt werden, damit P(schwarze Kugel) = 60% gilt?
Könnte man statt der weißen auch gelbe Kugeln hinzufügen?
c) Wie viele schwarze Kugeln müssen herausgenommen werden, damit P(gelbe Kugel) = $\frac{1}{3}$ gilt?
d) Wie viele weiße Kugeln müssen hinzugefügt werden, damit P(schwarze oder gelbe Kugel) = 0,4 gilt?

9 In einen Behälter sollen rote, gelbe und blaue Kugeln gefüllt werden. Die Verteilung der Kugeln soll so sein, dass P(rote oder gelbe Kugel) = 0,4 und P(gelbe oder blaue Kugel) = 0,85 beträgt.
Wie viele Kugeln jeder Farbe müssen in den Behälter?
Es gibt mehrere Lösungen.

10 Finde das Gegenereignis.
a) eine gerade Zahl würfeln
b) eine Zahl größer als 4 würfeln
c) keine 1 würfeln
d) eine 1 oder 6 würfeln
e) eine Zahl größer als 6 würfeln

? *In einer Lostrommel befinden sich dreimal so viele Nieten wie Gewinne. Bestimme die Gewinnwahrscheinlichkeit.*

Vorsicht bei zusammengesetzten Ereignissen!

?!

Aus einem Skat-Spiel soll eine rote Karte oder eine Karte mit einem Zahlenwert gezogen werden.
Leo berechnet dafür die Wahrscheinlichkeit:

Eine der 16 roten Karten wird mit der Wahrscheinlichkeit $\frac{16}{32} = \frac{1}{2}$ gezogen.

Eine der 16 Zahlkarten wird mit der Wahrscheinlichkeit $\frac{16}{32} = \frac{1}{2}$ gezogen.

Leo: Also hat das Ereignis „rote Karte oder Karte mit Zahlenwert" die Wahrscheinlichkeit $\frac{1}{2} + \frac{1}{2} = 1$. Somit ist das Ereignis sicher.
Anne gibt zu bedenken, dass man doch z. B. eine schwarze Dame ziehen kann.
Diskutiere mit deinem Nachbarn oder deiner Nachbarin über dieses Problem.
Zu welchem Resultat kommt ihr?

♣	7	8	9	10	B	D	K	A
♠	7	8	9	10	B	D	K	A
♥	7	8	9	10	B	D	K	A
♦	7	8	9	10	B	D	K	A

Obwohl P(rote Karte) + P(Karte mit Zahlenwert) = 1 ist, lässt sich aus der Grafik leicht entnehmen, dass die Wahrscheinlichkeit eine rote Karte oder eine Karte mit Zahlenwert zu ziehen $\frac{3}{4}$ beträgt.
Erkläre diesen Wert mithilfe der Grafik.
Formuliere eine Regel.

Werden zwei Ereignisse E_1 und E_2 zu einem neuen Ereignis E zusammengefasst, so ist darauf zu achten, ob die beiden Ereignisse einige Ergebnisse gemeinsam haben oder nicht.

1. Fall
E_1 und E_2 haben kein Ergebnis gemeinsam:
$P(E) = P(E_1) + P(E_2)$

2. Fall
E_1 und E_2 haben einige Ergebnisse gemeinsam, die zusammen das Ereignis E_g bilden:
$P(E) = P(E_1) + P(E_2) - P(E_g)$

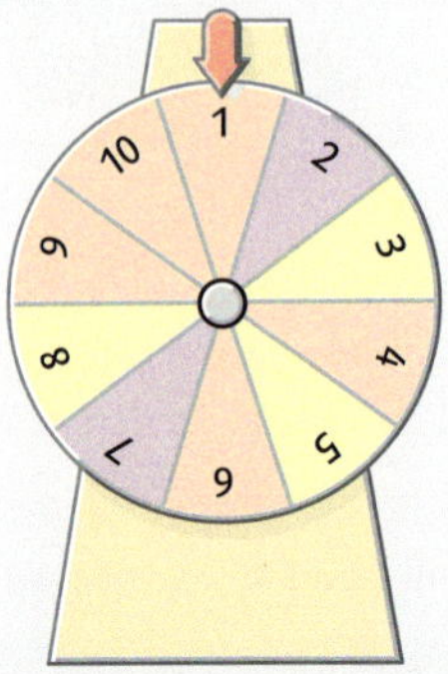

■ Bestimme für das Glücksrad folgende Wahrscheinlichkeiten:
- P(Rot oder Gelb),
- P(gerade Zahl oder Primzahl),
- P(Lila oder gerade Zahl),
- P(Gelb oder Rot oder ungerade Zahl).

■ Es wird ein Würfel geworfen.
Bestimme die Wahrscheinlichkeit für folgende Ereignisse:
- eine gerade Zahl oder eine Primzahl werfen,
- eine ungerade Zahl oder eine Zahl größer zwei werfen,
- eine durch zwei oder durch drei teilbare Zahl werfen.

3 Zweistufige Zufallsversuche mit Reihenfolge

Aus der Urne wird eine Kugel gezogen, deren Farbe notiert und zurückgelegt. Dann wird noch eine Kugel gezogen und deren Farbe notiert.

➔ Gib mögliche Ergebnisse an.

➔ Worin unterscheiden sich die beiden Ergebnisse (Gelb, Rot) und (Rot, Gelb)? Was haben sie gemeinsam?

➔ Timo behauptet, die Wahrscheinlichkeit für das Ergebnis (Gelb, Rot) sei $\frac{1}{25}$. Wie kommt er darauf?

➔ Sonja sagt, dann ist die Wahrscheinlichkeit für das Ereignis „(Gelb, Rot) oder (Rot, Gelb)" $\frac{2}{25}$.

Wird eine Münze zweimal hintereinander geworfen, so bezeichnet man diesen Zufallsversuch als **zweistufigen Zufallsversuch**. Sowohl beim 1. als auch beim 2. Wurf kann Wappen W oder Zahl Z geworfen werden. Die möglichen Ergebnisse dieses zweistufigen Zufallsversuchs sind deshalb die **geordneten Paare** (W,W), (W,Z), (Z,W), (Z,Z).
Mit einem **Baumdiagramm** können die möglichen Ergebnisse und die Wahrscheinlichkeit jedes Ergebnisses ermittelt werden.

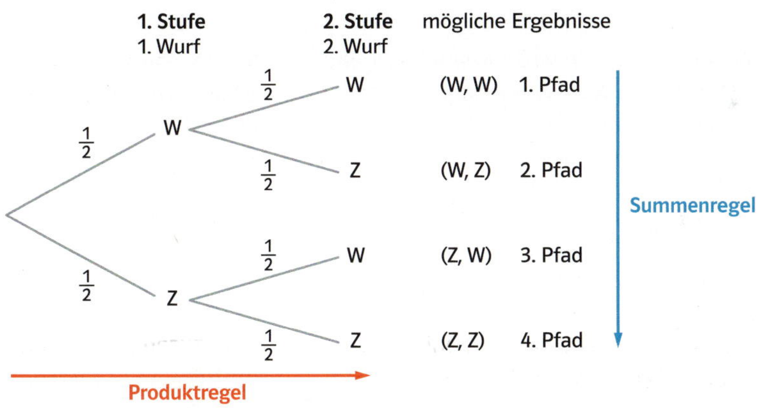

Jeder **Pfad** des Baumdiagramms führt auf ein mögliches Ergebnis des zweistufigen Zufallsversuchs. Die Wahrscheinlichkeit für „Zahl" bzw. „Wappen" beträgt bei jedem Wurf $\frac{1}{2}$ und ist an den Ästen des Pfades vermerkt. Es gibt vier mögliche, gleich wahrscheinliche Ergebnisse. Die Wahrscheinlichkeit jedes Ergebnisses ist somit $\frac{1}{4}$. Das Produkt $\frac{1}{2} \cdot \frac{1}{2}$ entlang des Pfades ist ebenfalls $\frac{1}{4}$.

Produktregel
Bei einem zweistufigen Zufallsversuch ist die Wahrscheinlichkeit eines Ergebnisses gleich dem Produkt der Wahrscheinlichkeiten entlang des zugehörigen Pfades.
P(Ergebnis) = P(Ergebnis 1. Stufe) · P(Ergebnis 2. Stufe)

Beispiel

Das Glücksrad wird zweimal gedreht.

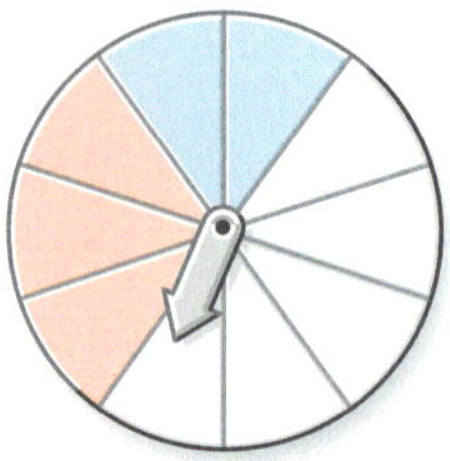

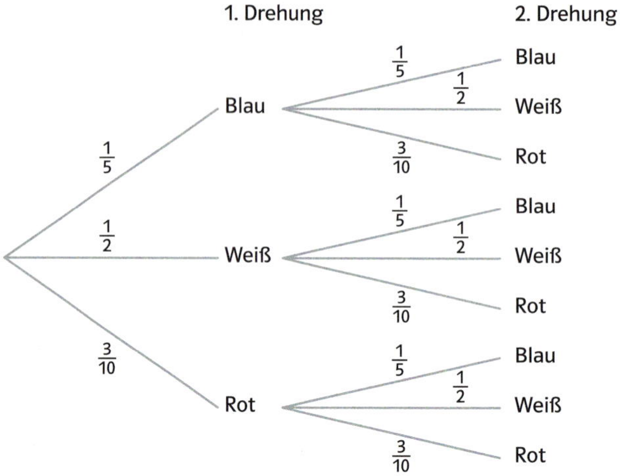

$P(\text{Blau, Blau}) = \frac{1}{5} \cdot \frac{1}{5} = \frac{1}{25} = 4\%$

$P(\text{Blau, Weiß}) = \frac{1}{5} \cdot \frac{1}{2} = \frac{1}{10} = 10\%$

$P(\text{Blau, Rot}) = \frac{1}{5} \cdot \frac{3}{10} = \frac{3}{50} = 6\%$

$P(\text{Weiß, Blau}) = \frac{1}{2} \cdot \frac{1}{5} = \frac{1}{10} = 10\%$

$P(\text{Weiß, Weiß}) = \frac{1}{2} \cdot \frac{1}{2} = \frac{1}{4} = 25\%$

$P(\text{Weiß, Rot}) = \frac{1}{2} \cdot \frac{3}{10} = \frac{3}{20} = 15\%$

$P(\text{Rot, Blau}) = \frac{3}{10} \cdot \frac{1}{5} = \frac{3}{50} = 6\%$

$P(\text{Rot, Weiß}) = \frac{3}{10} \cdot \frac{1}{2} = \frac{3}{20} = 15\%$

$P(\text{Rot, Rot}) = \frac{3}{10} \cdot \frac{3}{10} = \frac{9}{100} = 9\%$

Das Ereignis „zweimal die gleiche Farbe" setzt sich aus den Ergebnissen (Blau, Blau), (Weiß, Weiß) und (Rot, Rot) zusammen. Somit ist die Wahrscheinlichkeit

$P(\text{zweimal gleiche Farbe}) = \frac{1}{25} + \frac{1}{4} + \frac{9}{100} = \frac{38}{100} = 38\%$.

Aufgaben

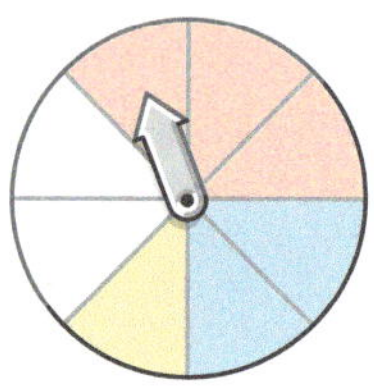

1 Das Glücksrad wird zweimal gedreht. Bestimme die Wahrscheinlichkeit.

a) zweimal hintereinander Rot

b) erst Rot, dann Blau

c) erst Rot, dann Gelb oder erst Gelb und dann Rot

2 Ein Würfel wird zweimal geworfen. Bestimme die Wahrscheinlichkeit.

a) zwei gleiche Zahlen werfen

b) im ersten Wurf eine Zahl kleiner als 3, im zweiten Wurf eine 6 werfen

c) die erste geworfene Zahl ist kleiner als die zweite geworfene Zahl

Vokale

Konsonanten

3 Der erste Buchstabe wird aus dem Topf der Vokale, der zweite aus dem Topf der Konsonanten gezogen. Mit welcher Wahrscheinlichkeit können folgende Wörter gebildet werden?

a) ah b) oh

c) im d) in

e) um f) ab

g) au h) if

4 In einem Topf befinden sich fünf blaue, drei gelbe, acht rote und vier grüne Kugeln. Es wird eine Kugel gezogen, die Farbe notiert und zurückgelegt. Dann wird wieder eine Kugel gezogen und deren Farbe notiert.
Bestimme die Wahrscheinlichkeit.

a) P(erst Rot, dann Blau)

b) P(erst Blau, dann Rot)

c) P(zweimal Rot)

d) P(Die erste Kugel ist rot.)

e) P(Die zweite Kugel ist rot.)

f) P(Keine Kugel ist rot.)

5 Gib für jedes der fünf möglichen Ergebnisse die Wahrscheinlichkeit an.

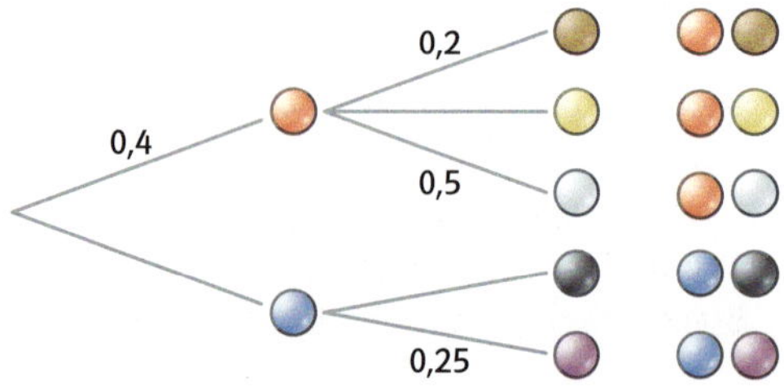

Ziehen mit und ohne Zurücklegen ?!

In einem Behälter befinden sich zwei rote und drei blaue Kugeln. Nachdem eine Kugel gezogen wurde, kann sie behalten oder zurückgelegt werden, bevor die zweite Kugel gezogen wird.

■ Zeichne für beide Fälle ein Baumdiagramm. Vergleiche die Wahrscheinlichkeiten für jedes mögliche Ergebnis mit und ohne Zurücklegen.

■ Wann ist es besser zurückzulegen, wann nicht?

■ Aus einem Strumpf mit acht weißen und vier roten Kugeln werden zwei Kugeln gezogen. Wer zwei weiße Kugeln zieht, gewinnt. Ist es besser die erste gezogene Kugel zurückzulegen oder zu behalten? Beantworte, ohne zu rechnen.

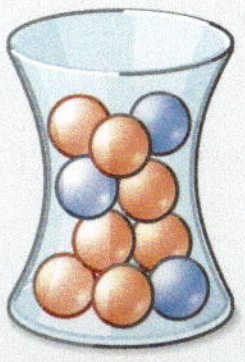

■ Aus der Vase werden nacheinander zwei Kugeln gezogen. Gib die Wahrscheinlichkeit für alle möglichen Ergebnisse an. Die erste Kugel wird

- zurückgelegt
- nicht zurückgelegt.

■ Setzt euch in Dreiergruppen zusammen. Jeder löst eine der folgenden Aufgaben. Zwei Kugeln werden einmal mit und einmal ohne Zurücklegen gezogen. In der Vase befinden sich

- 30 rote und 70 blaue Kugeln
- 300 rote und 700 blaue Kugeln
- 3000 rote und 7000 blaue Kugeln.

Vergleicht eure Ergebnisse und formuliert eine allgemeine Regel. Welche Bedeutung hat eure gefundene Regel für die Wahrscheinlichkeitsrechnung?

■ Gilt eure gefundene Regel auch, wenn sich in der Vase neben den roten und blauen noch gelbe Kugeln befinden?

6 Aus 20 Fußballmannschaften sollen 10 Paare per Losverfahren gebildet werden. Fünf Mannschaften sind aus Amerika, drei aus Afrika, acht aus Europa und vier aus Asien. Bestimme für die erste Paarung

a) P(erst Europa, dann Amerika)
b) P(erst Amerika, dann Europa)
c) P(zweimal Europa)
d) P(erste Mannschaft nicht aus Europa)
e) P(zweite Mannschaft aus Europa)
f) P(keine Mannschaft aus Europa).

7 In einer Lostrommel befinden sich Kugeln. Jede Kugel ist mit einer der Zahlen 0 bis 9 beschriftet. Jede Zahl kommt genau zweimal vor. Es werden zwei Kugeln gezogen. Die erste gezogene Zahl bildet die Zehnerziffer und die zweite gezogene Zahl die Einerziffer der zu bildenden Zahl.

a) Wie groß ist die Wahrscheinlichkeit die Zahl 21 zu bilden, wenn die erste gezogenen Zahl

- nicht zurückgelegt wird?
- wieder zurückgelegt wird?

b) Beantworte die Aufgaben a) für die Zahl 22. Was stellst du fest?

8 Im Lande Kalibund erhalten die Bürger einmal im Jahr die Gelegenheit, von der Steuer befreit zu werden.
Dazu müssen sie zunächst mit verbundenen Augen einen Behälter wählen und anschließend aus dem gewählten Behälter eine Kugel ziehen.
Wer eine weiße Kugel zieht, wird von der Steuer befreit.

a) Berechne die Chance, von der Steuer befreit zu werden, wenn die Kugeln wie abgebildet verteilt sind.
b) Wie ändert sich die Chance, wenn die zwei schwarzen Kugeln aus dem ersten Behälter in den zweiten Behälter gelegt werden?
c) Ein Bürger bittet darum, vor dem Ziehen die Kugeln selbst auf die drei Behälter verteilen zu dürfen. Wie muss er die Kugeln verteilen, damit er eine möglichst große Chance hat, von der Steuer befreit zu werden? Gib für diesen Fall die Wahrscheinlichkeit an.

(1)

(2)

(3)

4 Zweistufige Zufallsversuche ohne Reihenfolge

Aus der Urne werden zwei Kugeln gleichzeitig gezogen.

→ Nenne die möglichen Ergebnisse dieses Zufallsversuchs.

→ Bestimme die Wahrscheinlichkeit des Ergebnisses „eine rote und eine gelbe Kugel ziehen".

Statt die beiden Kugeln gleichzeitig zu ziehen, können sie auch nacheinander gezogen werden, wobei die erste gezogene Kugel nicht zurückgelegt wird.

→ Worin unterscheidet sich dieser Zufallsversuch von dem Versuch, die beiden Kugeln gleichzeitig zu ziehen?

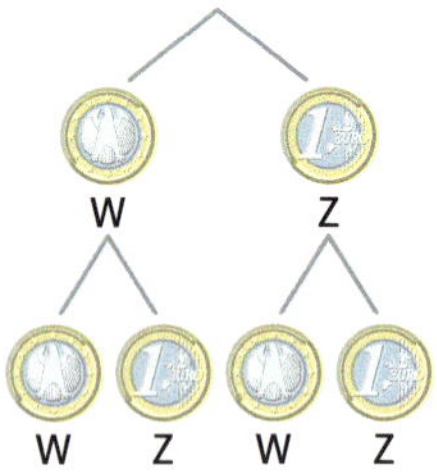

Werden zwei Münzen gleichzeitig geworfen, so ist das Ergebnis kein geordnetes Paar mehr, da man zwischen der ersten und der zweiten Münze nicht unterscheiden kann. Da jedes der Ergebnisse „zweimal Wappen" bzw. „zweimal Zahl" die Wahrscheinlichkeit $\frac{1}{4}$ hat, hat das Ergebnis „einmal Wappen, einmal Zahl" die Wahrscheinlichkeit $1 - \frac{1}{4} - \frac{1}{4} = \frac{1}{2}$.
Dies wird auch deutlich, wenn man zwei Münzen nacheinander wirft, sodass man nach dem Wurf zwischen erster und zweiter Münze unterscheiden kann. Auf diese Weise erhält man geordnete Paare.

P(einmal Zahl, einmal Wappen) = P(Zahl, Wappen) + P(Wappen, Zahl) = $\frac{1}{4} + \frac{1}{4} = \frac{1}{2}$.

Führt man zwei Zufallsversuche gleichzeitig durch, so erhält man als Ergebnis kein geordnetes Paar. Um die Wahrscheinlichkeit eines Ergebnisses zu bestimmen, betrachtet man den **zugehörigen zweistufigen Versuch** und addiert die Wahrscheinlichkeiten der entsprechenden geordneten Paare.

Beispiele

a) Die beiden Würfel werden gleichzeitig geworfen. Wie groß ist die Wahrscheinlichkeit, die Augensumme 3 zu erhalten?

1. Möglichkeit
erst roter Würfel, dann blauer Würfel

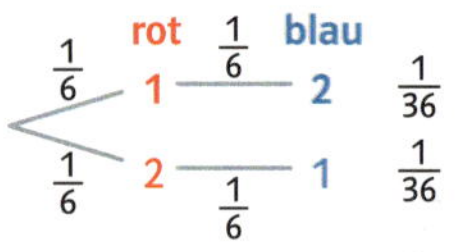

P (Augensumme 3) = $\frac{2}{36} = \frac{1}{18}$

2. Möglichkeit
erst blauer Würfel, dann roter Würfel

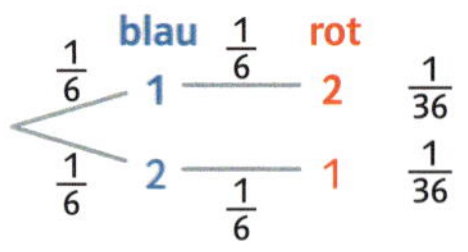

P (Augensumme 3) = $\frac{2}{36} = \frac{1}{18}$

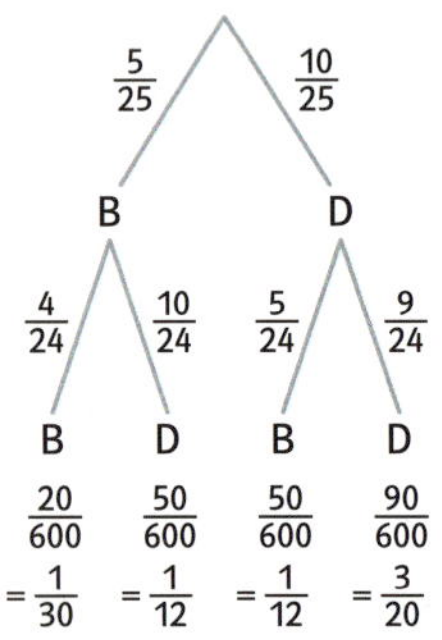

b) In einer Kasse befinden sich 25 Ein-Euro-Münzen, darunter zehn aus Deutschland und fünf aus Belgien. Es werden mit einem Griff zwei Münzen entnommen. Wie groß ist die Wahrscheinlichkeit, eine deutsche und eine belgische Münze zu haben?

P(eine deutsche und eine belgische Münze) = P(D,B) + P(B,D) = $\frac{1}{12} + \frac{1}{12} = \frac{2}{12} = \frac{1}{6}$

Aufgaben

1 Aus der Schale werden zwei Gummibärchen gleichzeitig gezogen. Bestimme die Wahrscheinlichkeit.

a) Beide Bärchen haben die gleiche Farbe.
b) Ein Bärchen ist rot, das andere gelb.
c) Kein Bärchen ist rot.

2 In einem Loseimer befinden sich 70 Nieten und fünf Gewinne. Kelly zieht mit einem Griff zwei Lose. Sie möchte mindestens einen Gewinn ziehen.

3 Zwei Münzen werden gleichzeitig geworfen. Dirk versucht sich als Hellseher. Welches Ergebnis sollte Dirk vorhersagen, damit er als Hellseher einen möglichst großen Erfolg hat?

4 Auf einem Wühltisch befinden sich schwarze und blaue Küchentücher. Frau Heger zieht unbesehen zwei Tücher. Mit welcher Wahrscheinlichkeit hat sie zwei gleichfarbige Tücher gezogen?
a) Von jeder Farbe befindet sich genau ein Paar auf dem Tisch.
b) Von jeder Farbe befinden sich zehn Paare auf dem Tisch.
c) Vergleiche die Ergebnisse der Aufgaben a) und b). Was stellst du fest? Formuliere eine Aussage über die Anzahl der Paare auf dem Tisch und die Wahrscheinlichkeit, ein passendes Paar zu ziehen.
d) Es befinden sich drei Paare schwarze und fünf Paare blaue Küchentücher auf dem Tisch.
e) Es befinden sich drei Paare schwarze und 50 Paare blaue Küchentücher auf dem Wühltisch.
f) Vergleiche die Ergebnisse von Aufgabe d) und e). Was stellst du fest? Formuliere eine Aussage über die Anzahl der Paare auf dem Tisch und die Wahrscheinlichkeit, zwei gleichfarbige Tücher zu ziehen.

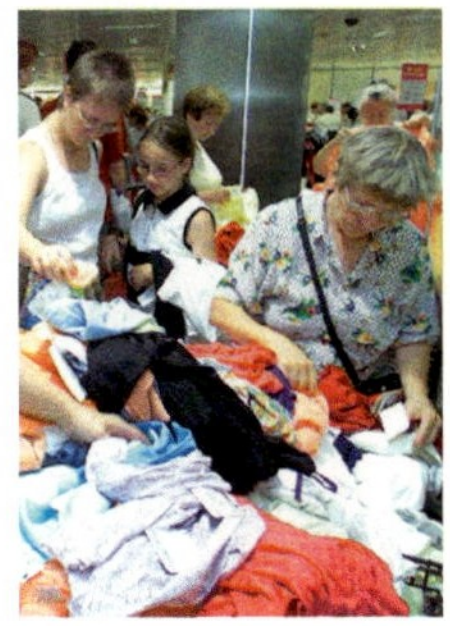

Tabelle statt Baum

Für einen zweistufigen Zufallsversuch können die Ergebnisse auch in einer Tabelle statt in einem Baumdiagramm dargestellt werden. Sind alle Ergebnisse gleich wahrscheinlich, lässt sich mithilfe der Tabelle die Wahrscheinlichkeit für ein Ereignis durch Auszählen schneller ermitteln als mit einem Baumdiagramm.

	1	2	3	4	5	6
1	(1,1)	(1,2)	(1,3)	(1,4)	(1,5)	(1,6)
2	(2,1)	(2,2)	(2,3)	(2,4)	(2,5)	(2,6)
3	(3,1)	(3,2)	(3,3)	(3,4)	(3,5)	(3,6)
4	(4,1)	(4,2)	(4,3)	(4,4)	(4,5)	(4,6)
5	(5,1)	(5,2)	(5,3)	(5,4)	(5,5)	(5,6)
6	(6,1)	(6,2)	(6,3)	(6,4)	(6,5)	(6,6)

Die Tabelle zeigt die 36 möglichen Ergebnisse für zwei Würfel. Das Ereignis „Pasch" besteht aus den sechs Ergebnissen (1,1); (2,2); (3,3); (4,4); (5,5) und (6,6).
P(zwei gleiche Augenzahlen) = $\frac{6}{36} = \frac{1}{6}$

■ Es werden zwei Würfel geworfen und die Augenzahlen miteinander multipliziert. Bestimme P(Produkt größer 20).

■ Beim Teilerspiel hat man zwei Würfe, den ersten Wurf mit einem Dodekaeder, den zweiten mit einem herkömmlichen Würfel. Lässt sich die Augenzahl des ersten Wurfs durch die Augenzahl des zweiten Wurfs teilen, so erhält man einen Punkt. Wie groß ist die Wahrscheinlichkeit, einen Punkt zu bekommen?

■ Auf einem Glücksrad mit acht gleich großen Feldern stehen die Zahlen 1 bis 8. Das Rad wird zweimal gedreht. Dann wird die kleinere von der größeren Zahl abgezogen. Sind beide Zahlen gleich groß, so ist das Ergebnis 0.
Stelle eine Tabelle auf und bestimme die Wahrscheinlichkeit, als Differenz den Wert null zu erhalten.

Üben · Anwenden · Nachdenken

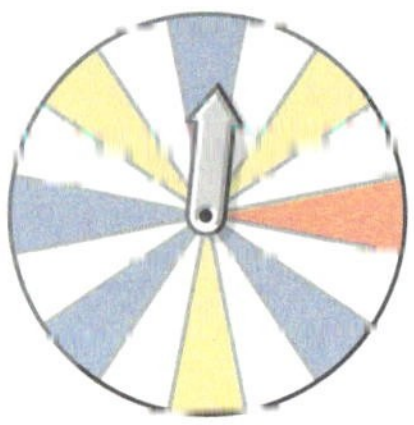

1 Gib für das abgebildete Glücksrad zwei verschiedene Ereignisse, ein sicheres Ereignis und ein unmögliches Ereignis an.

2 Für eine Lotterie werden farbige Kugeln in eine Urne gefüllt. Die Gewinnwahrscheinlichkeit soll wie folgt verteilt sein.

gelb: Trostpreis	40 %
blau: kleiner Preis	20 %
grün: großer Preis	8 %
rot: Hauptgewinn	2 %
schwarz:	Niete

a) In der Urne sollen sich insgesamt 300 Kugeln befinden.
b) Wie viele Kugeln jeder Farbe müssen sich mindestens in der Urne befinden?
c) Es stehen sechs Hauptgewinne zur Verfügung. Wie muss die Verteilung der Kugeln in der Urne sein? Es gibt mehrere Lösungen.

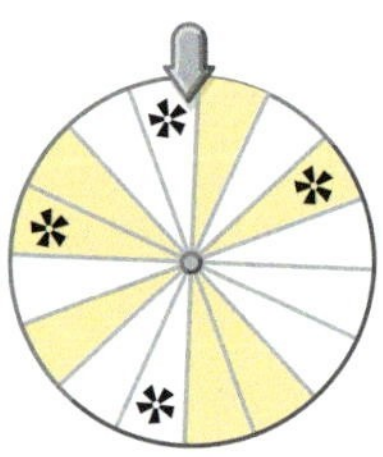

3 Das Autohaus „Fahrgut“ veranstaltet zum 25-jährigen Jubiläum eine Tombola. Wer mit dem Glücksrad ein gelbes Feld trifft, erhält einen Trostpreis, wer auf einen Stern trifft, nimmt an einer Auslosung teil, bei der ein Auto gewonnen werden kann. Bestimme die Wahrscheinlichkeit des Ereignisses.
a) einen Trostpreis gewinnen
b) an der Autoverlosung teilnehmen
c) einen Trostpreis erhalten und zusätzlich an der Autoverlosung teilnehmen
d) an der Autoverlosung teilnehmen, obwohl man keinen Trostpreis erhält
e) weder einen Trostpreis erhalten, noch an der Autoverlosung teilnehmen

4 Wie lautet das Gegenereignis?
a) Mit dem Würfel wird eine gerade Zahl geworfen.
b) Bei der nächsten Ziehung der Lottozahlen werden nur gerade Zahlen gezogen.
c) Beim nächsten Spiel des FC Schalke 04 werden mehr als drei Tore geschossen.
d) In einem Test wird keine Frage richtig beantwortet.

5 Aus der Urne werden nacheinander zwei Kugeln gezogen.

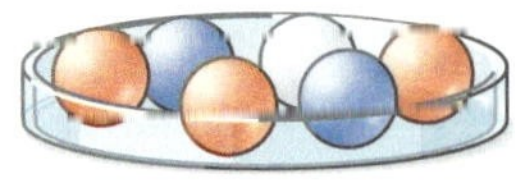

a) Bestimme die Wahrscheinlichkeit folgender Ereignisse, wenn die erste gezogene Kugel zurückgelegt wird.
- Es werden zwei rote Kugeln gezogen.
- Es werden zwei weiße Kugeln gezogen.
- Es werden zwei gleichfarbige Kugeln gezogen.
- Erst wird eine rote, dann eine weiße Kugel gezogen.
- Erst wird eine weiße, dann eine rote Kugel gezogen.
- Es wird eine rote und eine weiße Kugel gezogen.
- Es werden zwei verschiedenfarbige Kugeln gezogen.
- Unter den gezogenen Kugeln ist mindestens eine weiße Kugel.

b) Bestimme die Wahrscheinlichkeit der obigen Ereignisse, wenn die erste gezogene Kugel nicht zurückgelegt wird.

6 Beim Basketballspiel hat Kelly eine Trefferwahrscheinlichkeit von 80 % und Tim von 50 %. Sie werfen je einmal.
a) Wie groß ist die Wahrscheinlichkeit, dass sie zusammen 0, 1 oder 2 Treffer erzielen?
b) Suche geeignete Zufallsgeräte, um die Situation nachzuahmen. Führe den Versuch 20-mal durch und vergleiche dein Ergebnis mit dem aus Aufgabe a).
c) Fasst eure Ergebnisse aus Aufgabe b) in der Klasse zusammen. Was stellt ihr fest?

7 Auf einem Glücksrad sind die 12 gleich großen Felder von 1 bis 12 nummeriert. Das Glücksrad wird zweimal gedreht. Stelle in einer Tabelle alle möglichen Ergebnisse dar und ermittle mithilfe der Tabelle die Wahrscheinlichkeit, mit der beide erhaltenen Zahlen jeweils durch drei teilbar sind.

Verkürzte Baumdiagramme

Ein Baumdiagramm kann schnell sehr umfangreich werden. Um die Wahrscheinlichkeit eines bestimmten Ereignisses zu ermitteln, genügt ein **verkürztes Baumdiagramm**, bei dem nur die Pfade gezeichnet werden, die zu den Ergebnissen des betrachteten Ereignisses führen.

Wie groß ist die Wahrscheinlichkeit, bei einem zweifachen Wurf mit einem Würfel ein Augenprodukt größer als 20 zu werfen? Beim ersten Wurf muss eine Augenzahl größer als 3 geworfen werden, da sonst ein Augenprodukt größer als 20 nicht mehr möglich ist. Ähnliche Überlegungen zum zweiten Wurf führen zum abgebildeten verkürzten Baumdiagramm. In dem Baumdiagramm ist die Wahrscheinlichkeit für jeden Ast $\frac{1}{6}$ und somit für jeden Pfad $\frac{1}{36}$.

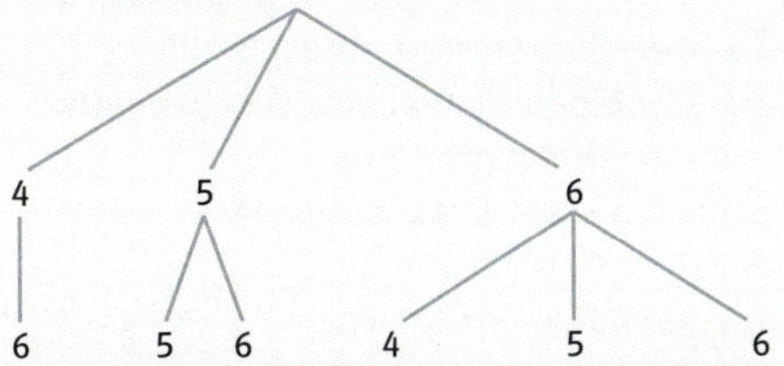

Alle Pfade führen zu Ergebnissen, die zum betrachteten Ereignis „Augenprodukt größer 20“ führen.

P(Augenprodukt größer 20) = $\frac{6}{36} \approx 16{,}7\%$

Die Wahrscheinlichkeit, eine 6 zu würfeln, wenn man höchstens zwei Versuche hat, soll bestimmt werden. Die fünf Möglichkeiten, keine 6 zu würfeln, sind in nur einem Pfad dargestellt. Dieser Pfad beschreibt das Gegenereignis.

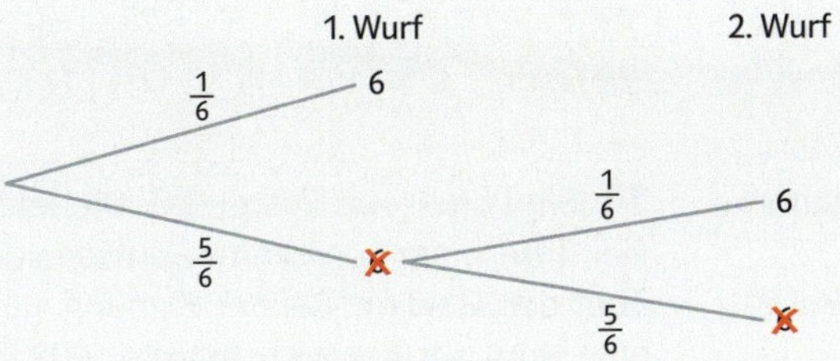

$P(6) = \frac{1}{6}$

$P(\not{6},6) = \frac{5}{6} \cdot \frac{1}{6} = \frac{5}{36}$

$P(\not{6},\not{6}) = \frac{5}{6} \cdot \frac{5}{6} = \frac{25}{36}$

P(6 im ersten oder zweiten Versuch) = $\frac{1}{6} + \frac{5}{36} = \frac{11}{36} \approx 30{,}6\%$

- Das Dodekaeder wird zweimal geworfen.

Bestimme die Wahrscheinlichkeit
- eine Augensumme größer als 21 erzielen.
- bei höchstens zwei Versuchen einmal eine 1 oder 12 werfen.

- Ein Glücksrad hat 30 gleich große Felder, die von 1 bis 30 beschriftet sind.

Wie groß ist die Wahrscheinlichkeit, bei zwei Drehungen
- jedes Mal eine durch 10 teilbare Zahl zu erhalten?
- eine Summe kleiner als 5 zu erzielen?

- In einer Vase befinden sich 12 rote, 24 weiße, 15 grüne, 21 gelbe, 30 blaue und 18 schwarze Kugeln. Es werden zwei Kugeln nacheinander gezogen, wobei die erste gezogene Kugel wieder zurückgelegt wird.

Mit welcher Wahrscheinlichkeit hat man zwei Kugeln gleicher Farbe gezogen?

COPD (chronic obstructive pulmonary disease) Ist eine Atemwegserkrankung, die umgangssprachlich als Raucherlunge bezeichnet wird.

8 An der Atemwegserkrankung COPD leiden ca. 6 % der Bevölkerung. Die Wahrscheinlichkeit zu erkranken ist für einen Raucher 14-mal höher als für einen Nichtraucher. Als Raucher gilt, wer über einen längeren Zeitraum hinweg geraucht hat Dies sind 35 % der Bevölkerung.
a) Stelle den Sachverhalt in einem Baumdiagramm dar
b) Bestimme die Wahrscheinlichkeit mit der ein Raucher bzw. ein Nichtraucher erkrankt.
c) Wie viel Prozent der Bevölkerung erkrankt auch als Nichtraucher?
d) Stelle dir weitere Fragen und beantworte sie mithilfe des Baumdiagramms.

9 Auf einem Glücksrad sind die vier Kreisausschnitte mit den Farben Weiß, Rot, Blau und Gelb wie folgt verteilt:

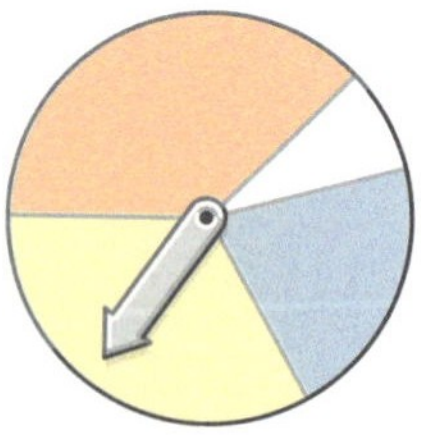

Farbe des Kreisausschnitts	Mittelpunktswinkel
Weiß	30°
Rot	135°
Blau	75°
Gelb	120°

a) Das Rad wird einmal gedreht. Bestimme die Wahrscheinlichkeiten.
P(Weiß), P(Weiß oder Rot), P(nicht Blau)
b) Das Rad wird zweimal gedreht. Bestimme die Wahrscheinlichkeiten.
P(zweimal Blau),
P(erst Blau, dann Gelb),
P(einmal Blau, einmal Gelb),
P(genau einmal Blau),
P(höchstens einmal Blau),
P(nicht Blau)

10 Die Wahrscheinlichkeit, mit der beim abgebildeten Körper eine der vier Flächen oben liegt, ist in der Tabelle angegeben.

Fläche	1	2	3	4
Wahrsch.	40 %	10 %	10 %	40 %

Tim wirft den Körper zweimal.
Mit welcher Wahrscheinlichkeit wird er die Augensumme 5 erzielen?

11 Marina spielt in zwei Lotterien. Bei der ersten Lotterie hat sie eine Gewinnchance von 30 %, bei der zweiten von 25 %. Mit welcher Wahrscheinlichkeit hat sie mindestens einen Gewinn?

12 Bei einer Lotterie werden 1000 Lose mit den Nummern 000 bis 999 verkauft. Berechne mit dem Gegenereignis die Wahrscheinlichkeit des Ereignisses.
a) als erste Ziffer keine 0 oder 9
b) nicht alle Ziffern gleich
c) keine Null unter den drei Ziffern

13 Den Ergebnissen eines Zufallsversuchs werden die in der Tabelle angegebenen Zahlenwerte zugeordnet.
Bestimme den Erwartungswert.
a)

Wert	0	2	3	5	8	9
Wahrsch.	$\frac{1}{5}$	$\frac{1}{8}$	$\frac{1}{6}$	$\frac{1}{4}$	$\frac{1}{8}$	$\frac{2}{15}$

b)

Wert	3	10	20	25	40	60
Wahrsch.	30 %	15 %	18 %	12 %	10 %	15 %

14 Ein Lotterielos kostet 2 €. Die letzten vier Ziffern der Losnummer entscheiden über den Gewinn. Bei der Ziehung wird eine Nummer gezogen, auf die 1000 € entfallen und 20 Nummern, auf die 100 € entfallen. Die weiteren Gewinne von 20 € und 5 € werden mithilfe von Endziffern ermittelt.

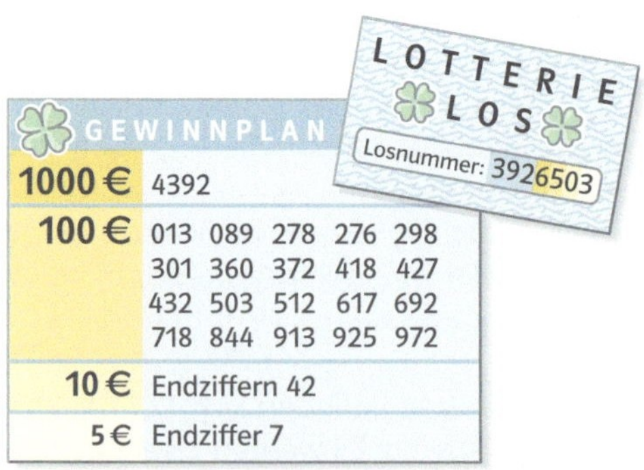

Berechne den Erwartungswert für den Spieler.

Mehrstufiger Zufallsversuch

Wird ein Zufallsversuch mehrfach hintereinander ausgeführt, so spricht man von einem **mehrstufigen Zufallsversuch**. Wie beim zweistufigen Zufallsversuch hilft das Baumdiagramm, die möglichen Ergebnisse und deren Wahrscheinlichkeit zu ermitteln.

Ein Reißnagel wird dreimal geworfen. Die Wahrscheinlichkeit für die Kopflage ( ) beträgt $\frac{3}{5}$, für die Seitenlage ( ) $\frac{2}{5}$. Das Baumdiagramm zeigt die möglichen Ergebnisse und die Wahrscheinlichkeit für diese Ergebnisse.

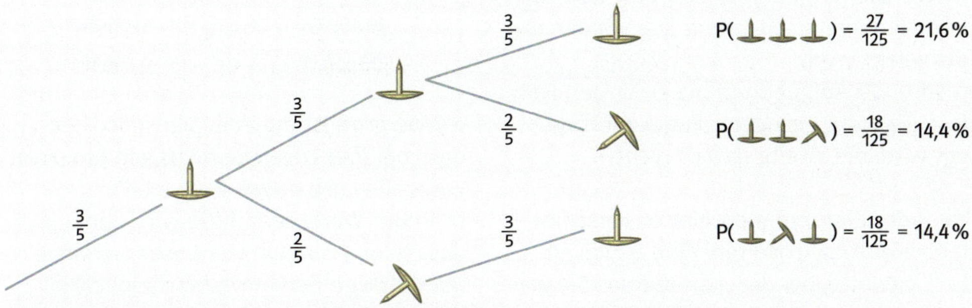

- Übertrage das angefangene Baumdiagramm in dein Heft und vervollständige es.
Wie kannst du feststellen, ob du alle Ergebnisse und deren Wahrscheinlichkeiten richtig gefunden hast?
Bestimme folgende Wahrscheinlichkeiten:
  - P(mindestens zweimal Kopflage)
  - P(genau einmal Seitenlage)
  - P(zweimal Seitenlage, einmal Kopflage)

- Das Glücksrad wird dreimal gedreht.
Gib die Wahrscheinlichkeit für folgende Ereignisse an:
  - Weiß, Blau und Rot je einmal
  - kein Weiß
  - mindestens zweimal Blau
  - dreimal Weiß
  - die Farben Weiß, Blau und Rot in genau dieser Reihenfolge.

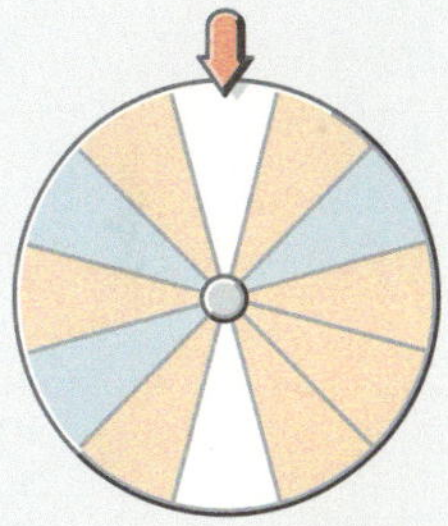

- Ein beliebtes Losverfahren ist das „Hölzchen ziehen“. Soll z. B. unter drei Kindern gelost werden, so werden drei Streichhölzer mit den Enden verdeckt in der Hand gehalten. Eines der drei Streichhölzer ist kürzer als die anderen zwei. Wer das kürzere zieht, hat verloren. Ist es günstiger als Erster oder als Letzter zu ziehen? Ist es vielleicht sogar egal, wann man zieht? Stelle eine Vermutung auf und begründe sie.
Zeichne ein passendes Baumdiagramm. Was stellst du fest?

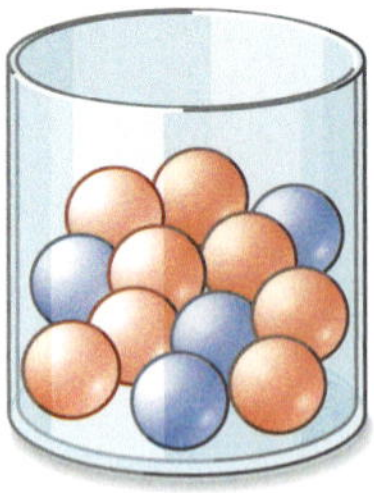

15 Aus dem abgebildeten Behälter werden drei Kugeln nacheinander ohne Zurücklegen gezogen.
Mit welcher Wahrscheinlichkeit tritt das folgende Ereignis ein?
Benutze verkürzte Baumdiagramme.
a) drei rote Kugeln
b) erst eine rote Kugel, dann zwei blaue
c) eine rote und zwei blaue Kugeln in beliebiger Reihenfolge
d) Löse die Aufgaben a) bis c) für den Fall, dass die Kugel nach jedem Zug wieder zurückgelegt wird.
e) Löse die Aufgaben a) bis c) für den Fall, dass die erste gezogene Kugel zurückgelegt wird, die zweite jedoch nicht.

16 Beim Pferderennen gibt es verschiedene Wettmöglichkeiten. Eine davon ist die Siegwette, bei der man auf das Siegerpferd setzt.
Nun hat aber jedes Pferd unterschiedliche Gewinnchancen, die vorher abgeschätzt werden können.
Für ein Rennen liegen folgende Schätzungen der Gewinnwahrscheinlichkeit vor:
Acapulco: $\frac{1}{12}$; Adlerflug: $\frac{1}{4}$; Blessi: $\frac{1}{45}$;
Dimpli: $\frac{7}{180}$; Falke: $\frac{1}{24}$; Inka: $\frac{3}{20}$;
Latus: $\frac{1}{8}$; Pegasus: $\frac{1}{5}$; Wirbel: $\frac{4}{45}$.

a) Das Pferderennen soll mit einer Urne simuliert werden. Dazu werden in die Urne Namenskarten der Pferde gelegt. Wie viele Karten müssen für die einzelnen Pferde in die Urne gelegt werden?
b) Wie groß ist die Gewinnwahrscheinlichkeit, wenn auf folgende Pferde gesetzt wird?
- Adlerflug, Falke und Latus
- Dimpli, Inka, Pegasus und Wirbel

c) Man möchte auf drei Pferde setzen und mit der größtmöglichen Wahrscheinlichkeit gewinnen.

17 Eine Maschine produziert Schrauben mit 10 % Ausschuss. Wie viele Schrauben muss man mindestens entnehmen, damit mit 99,5%iger Wahrscheinlichkeit mindestens eine Schraube einwandfrei ist?

18 Eine Lotterie wirbt damit, dass mehr als jedes zweite Los gewinnt. Der Lospreis beträgt 10 €.

Gewinnhöhe	Wahrscheinlichkeit
10 €	35 %
20 €	13 %
50 €	1,5 %
100 €	0,5 %
1000 €	0,01 %
10 000 €	0,005 %
100 000 €	0,0001 %

a) Wie groß ist die Wahrscheinlichkeit, dass bei drei Losen kein Los, ein Los, zwei Lose, alle Lose etwas gewinnen?
b) In der Werbebroschüre wird behauptet, dass beim Kauf von vier Losen bereits eine über 90%ige Gewinnwahrscheinlichkeit besteht. Bestimme den Erwartungswert. Warum ist die Werbung irreführend?

19 Ein Test enthält eine Frage mit drei Items. Wie groß ist die Wahrscheinlichkeit, die richtige Antwort zu erraten?
a) Es ist genau ein Item richtig.
b) Es können ein, zwei oder drei Items richtig sein, wobei die Wahrscheinlichkeit für jede dieser Möglichkeiten gleich groß ist. Wie sollte man immer ankreuzen?
c) Neben ein, zwei oder drei Items kann auch kein Item richtig sein. Die Wahrscheinlichkeit für jede dieser Möglichkeiten soll gleich groß sein. Wie sollte man immer ankreuzen?
d) Die Wahrscheinlichkeit, dass ein Item richtig ist, betrage 30 %, dass zwei Items richtig sind 60 % und dass alle drei Items richtig sind 10 %.
- Wie soll man ankreuzen, wenn man nichts weiß und nur rät?
- Wie soll man ankreuzen, wenn man ein Item weiß?

20 Für Mittwoch wird eine Regenwahrscheinlichkeit von 20 % und für Donnerstag von 60 % angegeben. Bestimme die Wahrscheinlichkeit, dass es mindestens an einem der beiden Tage regnet.

Rückspiegel

1 Karin hat beim „Mensch ärgere Dich nicht“ zwei Möglichkeiten, einen Spielstein zu schlagen und eine Möglichkeit, ins Haus zu gelangen. Mit welcher Wahrscheinlichkeit gelingt ihr beides nicht?

2 Aus der rechts abgebildeten Urne werden zwei Kugeln gezogen. Mit welcher Wahrscheinlichkeit werden zwei blaue Kugeln gezogen?
a) Die erste gezogene Kugel wird wieder zurückgelegt.
b) Die erste gezogene Kugel wird nicht zurückgelegt.

3 Es werden zwei Würfel nacheinander geworfen.
a) Stelle alle möglichen Ergebnisse in einer Tabelle dar.
b) Welche Wahrscheinlichkeit hat das Ereignis „Pasch“?

4 Das rechts abgebildete Glücksrad wird zweimal gedreht.
a) Mit welcher Wahrscheinlichkeit erhält man einmal Rot und einmal Blau?
b) Mit welcher Wahrscheinlichkeit bleibt das Glücksrad auf unterschiedlichen Farben stehen?

5 An einem Spielautomaten beträgt die Wahrscheinlichkeit etwas zu gewinnen 20%. Doris spielt zweimal. Bestimme P.
a) P(mindestens ein Gewinn)
b) P(genau ein Gewinn)
c) P(kein Gewinn)
d) P(höchstens ein Gewinn)

6 In einem Spiel befinden sich unter den 100 Buchstaben 20-mal „e“ und 5-mal „F“. Mit welcher Wahrscheinlichkeit wird das Wort „Fee“ gezogen?
a) Die gezogenen Buchstaben werden nicht zurückgelegt, aber umsortiert.
b) Die gezogenen Buchstaben werden zurückgelegt, müssen aber in der richtigen Reihenfolge gezogen werden.

Rückspiegel

1 In einer Lostrommel befinden sich 450 Lose. Darunter sind 18 Hauptgewinne, 12% große Preise und 135 Trostpreise. Berechne, wie groß die Wahrscheinlichkeit ist, etwas zu gewinnen.

2 Aus der rechts abgebildeten Urne werden zwei Kugeln gezogen. Mit welcher Wahrscheinlichkeit ist mindestens eine der Kugeln rot?
a) Die erste gezogene Kugel wird wieder zurückgelegt.
b) Die erste gezogene Kugel wird nicht zurückgelegt.

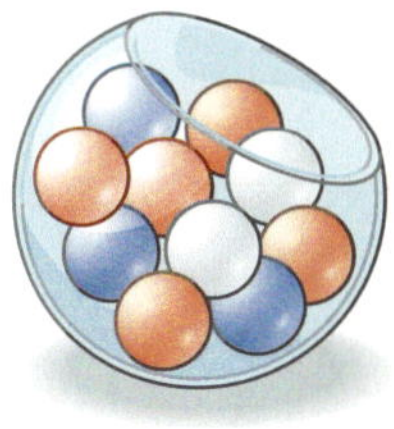

3 Es werden zwei Würfel nacheinander geworfen und die Augensumme gebildet.
a) Stelle alle möglichen Ergebnisse in einer Tabelle dar.
b) Welche Wahrscheinlichkeit hat das Ereignis „Augensumme größer als 9“?

4 Das rechts abgebildete Glücksrad wird zweimal gedreht. Bestimme die Wahrscheinlichkeit für folgende Ereignisse:
- genau zweimal Rot,
- mindestens einmal Rot,
- höchstens einmal Rot,
- kein Rot.

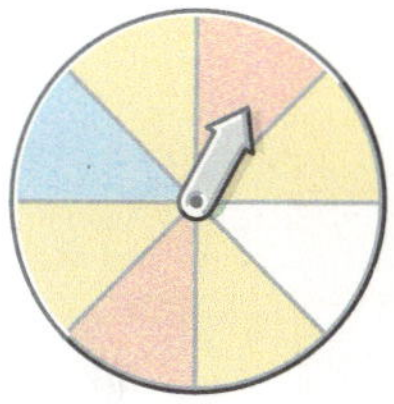

5 Auf einem Schulfest befinden sich sechs Gewinne in einem Eimer mit 50 Losen.
a) Bestimme die Wahrscheinlichkeit mit zwei Losen
- keinen Gewinn zu haben,
- zwei Gewinne zu haben,
- genau einen Gewinn zu haben.

b) Addiere die Wahrscheinlichkeiten von Aufgabe a). Erkläre das Ergebnis.

6 Eine Münze wird viermal geworfen. Wie groß ist die Wahrscheinlichkeit,
a) genau vier Wappen zu werfen?
b) mindestens drei Wappen zu werfen?
c) als Erstes keine Zahl zu werfen?
d) dass zwei gleiche Ergebnisse nie aufeinander folgen?

Wetten, dass …

Wetten, dass …
ihr den Bogen einer Tageszeitung nicht mehr als achtmal auf die Hälfte falten könnt?
Notiert, wie viele Lagen Papier bei jeder Faltung übereinander liegen.
Nach wie vielen Faltvorgängen wäre theoretisch die Dicke eines etwa 1000-seitigen Buches erreicht?

Wetten, dass …
ihr ein Blatt Papier (0,1 mm stark) nicht mehr als 42-mal falten müsstet, um mit den übereinander liegenden Papierlagen die mittlere Entfernung von der Erde zum Mond (386 000 km) zu überbrücken?
Prüft mit dem Taschenrechner nach.

Wetten, dass ...
ihr eine Eins mit 30 Nullen nicht in 10 Sekunden schreiben könnt?

Für große Zahlen aus einer Eins und angehängten Nullen gibt es die Potenzschreibweise. Sie spart Zeit und Platz.

- Wie viel Zeit spart ihr, wenn ihr die Eins mit 30 Nullen als Zehnerpotenz schreibt?
- Wievielmal länger dauert es, eine Eins mit 90 Nullen zu schreiben als eine Eins mit 30 Nullen?
  Schreibt die Zahlen auch als Zehnerpotenzen und vergleicht.

1 000 000 000 000 000 000 000 000 000 000

$\underbrace{100}_{2} = 10 \cdot 10 = 10^2$

$\underbrace{1000}_{3} = 10 \cdot 10 \cdot 10 = 10^3$

Wetten, dass ...
ihr eine Zahl schreiben könnt, die mehr als einmal um die Erde reicht?
Das sind immerhin 40 000 km.

Die Zahl 10^{10} ist ausgeschrieben eine Eins mit 10 Nullen.
Wie viele Nullen hat dann $10^{(10^{10})}$?
Sind es 100 000, 1 Million, 10 Millionen oder noch mehr?
Ins Heft geschrieben passt eine Null gerade in ein Kästchen.

In diesem Kapitel lernst du,

- wie man mit Potenzen rechnet, wenn sie die gleiche Basis oder den gleichen Exponenten haben,
- dass auch Potenzen mit negativen Exponenten sinnvoll sind,
- wie man sehr große und sehr kleine Zahlen übersichtlich darstellt,
- dass die Potenzschreibweise für sehr große und sehr kleine Zahlen in vielen Anwendungen nützlich ist.

1 Potenzen

Katrin verbreitet in der Schule ein Gerücht. Sie erzählt ihrem Freund Marius vor dem Unterricht um 8 Uhr erstmals davon. Jede Stunde gibt jede Mitwisserin und jeder Mitwisser das Gerücht an eine neue Mitschülerin oder einen neuen Mitschüler weiter.

→ Wie viele Schülerinnen und Schüler wissen um 12 Uhr mittags davon?

→ Nach wie vielen Stunden kennen alle 512 Schülerinnen und Schüler der Schule das Gerücht?

→ Wie schnell verbreitet sich das Gerücht an der Schule, wenn jeder es innerhalb von 15 Minuten an eine neue Schülerin oder einen neuen Schüler weitergibt?

Ein Produkt aus lauter gleichen Faktoren lässt sich vereinfacht in der Potenzschreibweise angeben: $2 \cdot 2 \cdot 2 = 2^3$ $(-3) \cdot (-3) \cdot (-3) \cdot (-3) = (-3)^4$

Dabei benutzt man folgende Bezeichnungen: Basis Exponent

$5 \cdot 5 \cdot 5 \cdot 5 = 5^4 = 625$

Potenz Potenzwert

Die Potenz a^n ist ein Produkt aus n gleichen Faktoren a.

$a^n = \underbrace{a \cdot a \cdot a \cdot a \cdot \ldots \cdot a}_{n \text{ Faktoren}}$

Dabei ist a eine rationale Zahl und n eine positive natürliche Zahl.

Beispiele

a) $3^4 = 3 \cdot 3 \cdot 3 \cdot 3 = 81$ **b)** $0{,}5^3 = 0{,}5 \cdot 0{,}5 \cdot 0{,}5 = 0{,}125$ **c)** $(-2)^1 = -2$

d) Das Produkt aus einer **geraden** Anzahl **negativer** Zahlen ist **positiv**.
$(-2)^4 = (-2) \cdot (-2) \cdot (-2) \cdot (-2) = 16$

e) Das Produkt aus einer **ungeraden** Anzahl **negativer** Zahlen ist **negativ**.
$(-2)^5 = (-2) \cdot (-2) \cdot (-2) \cdot (-2) \cdot (-2) = -32$

Bemerkung

Potenzen mit dem Exponenten 1 haben denselben Wert wie ihre Basis: $a^1 = a$.
Potenzen mit dem Exponenten 2 nennt man **Quadratzahlen**, Potenzen mit dem Exponenten 3 **Kubikzahlen**.

! *Quadratzahlen, die du auswendig wissen solltest:*
$11^2 = 121$
$12^2 = 144$
$13^2 = 169$
$14^2 = 196$
$15^2 = 225$
$16^2 = 256$
$17^2 = 289$
$18^2 = 324$
$19^2 = 361$
$20^2 = 400$
$25^2 = 625$
$35^2 = 1225$
$45^2 = 2025$

Aufgaben

1 Wofür steht 4^3?
$3 + 3 + 3 + 3$ $4 + 4 + 4$
$3 \cdot 3 \cdot 3 \cdot 3$ $4 \cdot 4 \cdot 4$

2 Rechne im Kopf.
a) 2^3 b) 2^5 c) 2^7 d) 2^9
e) 3^4 f) 4^3 g) 5^3 h) 6^3

3 Rechne im Kopf.
a) $1{,}1^2$ b) $1{,}6^2$ c) $2{,}5^2$ d) $4{,}5^2$
e) 140^2 f) 200^2 g) $0{,}1^2$ h) $0{,}01^2$

4 Berechne ohne Taschenrechner.
a) $0{,}5^2$ b) $0{,}2^2$ c) $0{,}2^3$ d) $0{,}3^3$
e) $\left(\frac{1}{2}\right)^3$ f) $\left(\frac{1}{2}\right)^4$ g) $\left(\frac{2}{3}\right)^3$ h) $\left(\frac{3}{4}\right)^3$

5 a) Gib den Potenzwert an und benenne ihn.
10^1; 10^2; 10^3; … ; 10^{12}
b) Schreibe als Zehnerpotenz und als Zahl:
1 Milliarde; 10 Millionen; 10 Billionen; 100 Milliarden; 100 Trillionen

6 Gib den Potenzwert ohne Taschenrechner an.
a) $(-1)^5$ b) $(-2)^6$ c) $(-3)^4$
d) $(-0{,}2)^3$ e) $(-0{,}1)^6$ f) $(-5)^3$
g) $(-0{,}01)^2$ h) $\left(-\frac{1}{2}\right)^7$ i) $\left(-\frac{3}{4}\right)^2$
j) $\left(-\frac{3}{4}\right)^3$ k) $\left(-\frac{2}{5}\right)^4$ l) $\left(-\frac{3}{10}\right)^5$

7 Schreibe als Potenz. Es gibt mehrere Möglichkeiten.
a) 64 b) 81 c) 512
d) 625 e) $\frac{1}{16}$ f) $\frac{1}{81}$
g) $\frac{16}{625}$ h) $\frac{1}{10\,000}$ i) $\frac{81}{256}$

8 Vergleiche die Potenzwerte.
a) -2^4 und 2^4
b) $(-3)^3$ und -3^3
c) -4^2 und $(-4)^2$
d) $-(-5)^3$ und $-(-5^3)$

9 Was muss eingesetzt werden?
a) $4^{\square} = 64$ b) $\square^4 = 625$
c) $\square^4 = 81$ d) $\square^5 = -32$
e) $\square^{\square} = 128$ f) $\square^{\square} = \frac{8}{125}$

10 Bestimme durch Probieren mit dem Taschenrechner den größtmöglichen ganzzahligen Exponenten für n.
a) $2^n < 1000$ b) $3^n < 10\,000$
c) $1{,}5^n < 200\,000$ d) $0{,}4^n < 0{,}0005$

11 Probiere mit dem Taschenrechner.
a) Welche Potenz mit der Basis 3 liegt erstmals über dem Potenzwert von 1 000 000?
b) Welche Zweierpotenz liegt am dichtesten bei 10 000 000?
c) Welches Produkt braucht weniger Faktoren, um 1 000 000 000 zu übertreffen:
$1 \cdot 2 \cdot 3 \cdot 4 \cdot 5 \cdot \ldots$
oder $5 \cdot 5 \cdot 5 \cdot 5 \cdot \ldots$?

12 a) Wie viele Nachkommaziffern haben die folgenden Potenzen?
$0{,}123^5$ $0{,}12^5$
$0{,}123^6$ $0{,}123^5$
$0{,}123^7$ $0{,}1234^5$
b) Wie heißt die letzte Ziffer des genauen Potenzwertes?
$1{,}23^5$ $1{,}23^6$
$2{,}34^5$ $1{,}23^7$
$3{,}45^5$ $1{,}23^8$

13 Überlege
a) wie viele Urgroßeltern du hast.
b) wie viele Ur-Ur-Urgroßeltern du hast.
c) wie viele Vorfahren du vor sechs Generationen hattest.
d) wie viele Vorfahren du im Jahre 1650 gehabt haben musst, wenn man für den Abstand von zwei Generationen 25 Jahre annimmt.

14 Untersuchungen haben ergeben, dass sich die Anzahl der Keime in frisch gemolkener Kuhmilch etwa jede halbe Stunde verdoppelt.
Zu Beginn wurden 700 Keime gezählt.
a) Wie viele Keime sind nach sechs Stunden vorhanden?
b) Wie lange dauert es, bis sich eine Milliarde Keime gebildet haben?

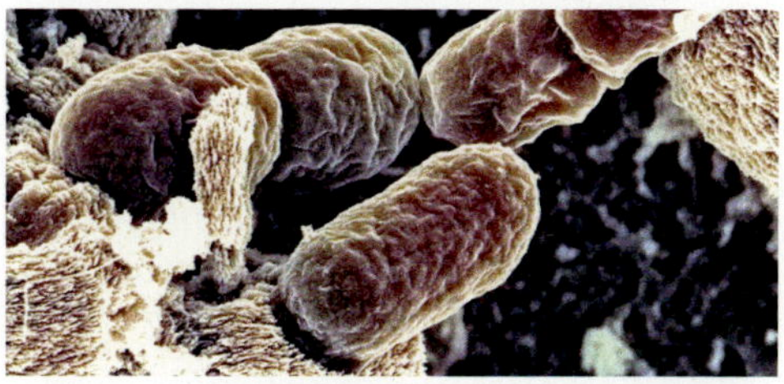

15 Die Erdbevölkerung wird bei gleich bleibendem Wachstum bis 2015 auf schätzungsweise 8,5 Mrd. Menschen anwachsen.
Zu diesem Zeitpunkt wird jemand diese Zahl als Information per E-Mail an zwei Personen weitergeben und diese am folgenden Tag wiederum an jeweils zwei Personen usw. Wie lange würde es dauern, bis diese Information jeden Erdbewohner erreicht? Schätze zuerst.

! Potenzen, die du auswendig wissen solltest:
$2^1 = 2$
$2^2 = 4$
$2^3 = 8$
$2^4 = 16$
$2^5 = 32$
$2^6 = 64$
$2^7 = 128$
$2^8 = 256$
$2^9 = 512$
$2^{10} = 1024$

$3^2 = 9$
$3^3 = 27$
$3^4 = 81$
$3^5 = 243$

$5^2 = 25$
$5^3 = 125$
$5^4 = 625$

? Aus dem Papyrus Rhind (ca. 1700 v. Chr.): 7 Personen besitzen je 7 Katzen, jede Katze frisst 7 Mäuse, jede Maus frisst 7 Ähren Gerste, aus jeder Ähre können 7 Maß Körner wachsen. Wie viel Maß sind das?

2 Potenzen mit gleicher Basis

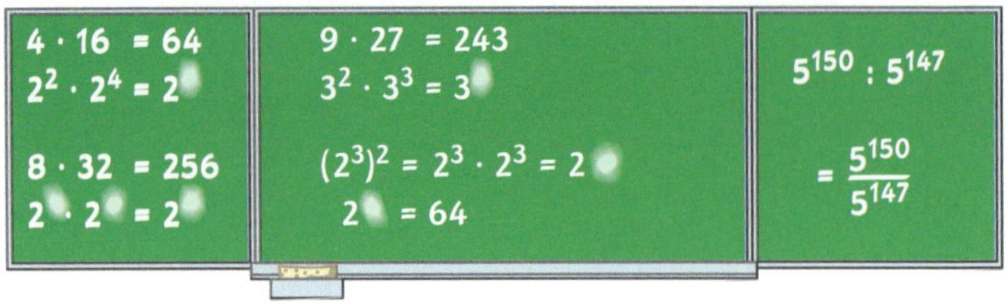

➔ Ergänze die Lücken auf dem linken und auf dem mittleren Tafelbild.
Dein Taschenrechner kann die Divisionsaufgabe auf der rechten Tafelseite nicht lösen.
➔ Hast du eine Idee?
➔ Überprüfe deine Vermutung mit kleineren Exponenten.

Bei der **Multiplikation** bzw. **Division** von Potenzen mit gleicher Basis lassen sich die einzelnen Potenzen zunächst wieder als Produkte darstellen.

$$a^6 \cdot a^4 = \underbrace{(a \cdot a \cdot a \cdot a \cdot a \cdot a)}_{\text{6 Faktoren}} \cdot \underbrace{(a \cdot a \cdot a \cdot a)}_{\text{4 Faktoren}}$$
$$= \underbrace{a \cdot a \cdot a \cdot a \cdot a \cdot a \cdot a \cdot a \cdot a \cdot a}_{\text{10 Faktoren}}$$
$$= a^{10}$$

$$\frac{a^6}{a^4} = \frac{a \cdot a \cdot a \cdot a \cdot a \cdot a}{a \cdot a \cdot a \cdot a}$$
$$= a \cdot a$$
$$= a^2$$

Für das Multiplizieren bzw. das Dividieren ergibt sich also folgender Zusammenhang:

$a^6 \cdot a^4 = a^{6+4} = a^{10}$ $\qquad \frac{a^6}{a^4} = a^{6-4} = a^2$

Ebenso gilt für beliebige Exponenten:

$a^m \cdot a^n = a^{m+n}$ $\qquad \frac{a^m}{a^n} = a^{m-n}$

Das **Potenzieren** von Potenzen lässt sich als Multiplikation von Potenzen mit gleicher Basis darstellen.

$$(a^3)^2 = a^3 \cdot a^3 = \underbrace{(a \cdot a \cdot a)} \cdot \underbrace{(a \cdot a \cdot a)} = a \cdot a \cdot a \cdot a \cdot a \cdot a$$

3 Faktoren + 3 Faktoren = 2·3 Faktoren = 3·2 Faktoren = 6 Faktoren

$= a^6$

Für beliebige Exponenten gilt: $(a^m)^n = a^{m \cdot n}$

Multiplikation:
Exponenten addieren!

Division:
Exponenten subtrahieren!

Potenzgesetze für Potenzen mit gleicher Basis

Potenzen mit gleicher Basis können **multipliziert** werden, indem man die Exponenten addiert und die Basis beibehält:
$a^m \cdot a^n = a^{m+n}$

Potenzen mit gleicher Basis können **dividiert** werden, indem man die Exponenten subtrahiert und die Basis beibehält: $\frac{a^m}{a^n} = a^{m-n}$
Für $a = 0$ gibt es keine Division.

Potenzen können **potenziert** werden, indem man ihre Exponenten multipliziert und die Basis beibehält:
$(a^m)^n = a^{m \cdot n} = a^{mn}$

Beispiele

a) $2^5 \cdot 2^4 = 2^{5+4}$
$= 2^9$

b) $x^{2n} \cdot x^n = x^{2n+n}$
$= x^{3n}$

c) $\frac{0{,}7^{11}}{0{,}7^5} = 0{,}7^{11-5}$
$= 0{,}7^6$

d) $\frac{y^{n+5}}{y^3} = y^{(n+5)-3}$
$= y^{n+2}$

e) $(3^2)^4 = 3^{2 \cdot 4}$
$= 3^8$

f) $a^{2n+1} \cdot a^{n-3} = a^{(2n+1)+(n-3)}$
$= a^{3n-2}$

g) $\frac{a^{3m+1}}{a^{m-2}} = a^{(3m+1)-(m-2)}$
$= a^{2m+3}$

Aufgaben

1 Schreibe als Produkt von Potenzen. Es gibt mehrere Möglichkeiten.
a) $3 \cdot 3 \cdot 3 \cdot 3 \cdot 3$
b) $5 \cdot 5 \cdot 5 \cdot 5 \cdot 5 \cdot 5$
c) $6 \cdot 6 \cdot 6 \cdot 6$
d) $2 \cdot 2 \cdot 2 \cdot 2 \cdot 2 \cdot 2 \cdot 2 \cdot 2 \cdot 2$
e) $10 \cdot 10 \cdot 10 \cdot 10 \cdot 10$
f) $1 \cdot 1 \cdot 1 \cdot 1 \cdot 1 \cdot 1 \cdot 1 \cdot 1$

2 Stell dir vor, jede Benutzung der Potenztaste kostet 100 €. Rechne sparsam und doch schnell.
a) $5^4 \cdot 5^3$ b) $6^3 \cdot 6^8$ c) $2^{10} \cdot 2^{10}$
d) $5^7 : 5^3$ e) $6^8 : 6^2$ f) $2^{15} : 2^8$

3 Achte auf den Unterschied.

Beispiel: $3^2 + 3^3 = 9 + 27 = 36$
$3^2 \cdot 3^3 = 3^{2+3} = 3^5 = 243$

a) $2^2 + 2^4$
$2^2 \cdot 2^4$
b) $2^3 + 2^3$
$2^3 \cdot 2^3$
c) $3^4 - 3^2$
$3^4 : 3^2$
d) $5^5 - 5^2$
$5^5 : 5^2$

4 Schreibe mit einer Potenz.
a) $2^3 \cdot 2^5$ b) $7^9 \cdot 7^3$ c) $5 \cdot 5^4 \cdot 5^5$
d) $a^1 \cdot a^2 \cdot a^3 \cdot a^4$ e) $b^k \cdot b^m \cdot b^n$
f) $(-x)^x \cdot (-x)^y$ g) $\left(-\frac{x}{2}\right)^m \cdot \left(-\frac{x}{2}\right)$

5 Schreibe mit einer Potenz.
a) $8^7 : 8^3$ b) $9^{12} : 9^6$ c) $\frac{a^{13}}{a^{11}}$
d) $m^{10} : m^9$ e) $(3^p : 3^q) : 3^r$
f) $\frac{y^m}{y^n}$ g) $\frac{(-b)^{2m}}{(-b)^m}$ h) $\frac{(-0{,}05)}{(-0{,}05)^p}$

6 Zerlege die Potenz auf verschiedene Arten in ein Produkt von Potenzen.
a) 3^8 b) 5^7 c) 11^4 d) 10^{10}

7 Dein Taschenrechner kann $5^{200} : 5^{197}$ nicht berechnen. Kannst du ihm helfen? Überfordere deinen Taschenrechner mit ähnlichen Aufgaben und löse sie.

8 Berechne im Kopf.
a) $5^{13} : 5^{11}$ b) $2^{100} : 2^{90}$ c) $3^{333} : 3^{330}$
d) $4^{32} : 4^{28}$ e) $10^{259} : 10^{247}$ f) $\frac{6^{37}}{6^{34}}$

9 Vereinfache.
a) $a^2 \cdot a^3 \cdot a^4$
b) $x^3 \cdot x^3 \cdot x^5$
c) $5^a \cdot 5^b \cdot 2^c \cdot 2^d$
d) $x^m \cdot y^n \cdot z^p \cdot x^q \cdot y^r \cdot z$
e) $a \cdot b^y \cdot c^m \cdot a^x \cdot b^{2y} \cdot c^7 \cdot a^y \cdot b^{3y}$

10 Was musst du einsetzen?
a) $3^{\square} \cdot 3^4 = 3^7$ b) $\square^2 \cdot 4^3 = 4^5$
c) $0{,}5^4 \cdot \square^7 = 0{,}5^{11}$ d) $12^{\square} : 12^9 = 12^3$
e) $2^{\square} : 2^{\square} = 1024$ f) $3^4 \cdot 243 = 3^{\square}$
g) Stellt euch gegenseitig solche Aufgaben und löst sie.

11 Ordne die Lösungskärtchen zu.
a) $2^5 \cdot 2^7$ b) 9^3 c) $(2x^2)^3$ d) $3^2 + 3^3$

Zeit ist Geld

Rechnen kostet Zeit, und Zeit kostet Geld. Firma Mcmath bietet Rechenleistungen an.

- Wie viel kostet die Berechnung von 17^{18}; $(17^9)^2$; $17^6 \cdot 17^6 \cdot 17^6$?
- Sucht nach möglichst billigen Rechenwegen für 5^6; 7^8; 8^9; 9^{10}; …
- Bildet Vierergruppen. Die Gruppe, die innerhalb von fünf Minuten die zehn günstigsten Preise herausfindet, für die man 23^{24} berechnen lassen kann, darf die nächste Aufgabe stellen. Die Gruppe, die als erste dreimal gewonnen hat, ist Sieger.
- Ihr könnt euch selbst eine Preisliste ausdenken.

Leistung	Preis
1 Multiplikation	2 €
Potenzierung mit Exponenten 2; 3; 4 usw.	2; 3; 4 € usw.

Ab einer Rechnungssumme von 20 € gewähren wir 10 % Rabatt. Kreditkarten werden akzeptiert.

12 Schreibe so, dass du für die Berechnung der Potenzen nur die Multiplikations- und die „x^2"-Taste deines Taschenrechners brauchst.

a) 6^3 b) 3^4 c) 2^{10} d) 8^9 e) 7^{11}

13 Für die folgenden Rechnungen brauchst du keinen Taschenrechner.

Beispiel: $2 \cdot 10^3 \cdot 4 \cdot 10^4 = 2 \cdot 4 \cdot 10^3 \cdot 10^4$
$= 8 \cdot 10^7$
$= 80\,000\,000$

a) $5 \cdot 10^5 \cdot 7 \cdot 10^4$ b) $(-2) \cdot 10^6 \cdot 9 \cdot 10^7$
c) $1{,}2 \cdot 10^7 \cdot 1{,}2 \cdot 10^5$
d) $0{,}5 \cdot 10^3 \cdot (-1{,}6) \cdot 10^8$
e) $\frac{20 \cdot 10^5}{4 \cdot 10^3}$ f) $\frac{42 \cdot 8^5}{14 \cdot 8^3}$
g) $\frac{(-2)^5 \cdot 4^{11}}{(-2)^2 \cdot 4^9}$ h) $\frac{(-4)^7 \cdot (-7)^5}{(-7)^4 \cdot (-4)^4}$

14 Vereinfache.

a) $6a^5 \cdot 3a^3$ b) $6a^5 : 3a^3$
c) $x^4 \cdot 5x^2$ d) $x^4 : 5x^2$
e) $a^1 \cdot 2a^2 \cdot 3a^3 \cdot 4a^4 \cdot 5a^5$
f) $10x^{10} \cdot 10x^{10}$

15 Vereinfache.

a) $2 \cdot a^2 + 6 \cdot a^2$ b) $7 \cdot 2^5 - 3 \cdot 2^5$
c) $8 \cdot 3^2 - 2 \cdot 3^2$ d) $12 \cdot 5^3 + 8 \cdot 5^3$
e) $6 \cdot 7^3 - 5 \cdot 7^3$ f) $3 \cdot 5^6 + 7 \cdot 5^6$
g) $4 \cdot a^3 - 2 \cdot a^3$ h) $7 \cdot x^5 + 3 \cdot x^5$

16 Welche Terme gehören zusammen?

$6x^{2n}$	$x^{2n+5n+2}$	$3x^{3n}$
$6x^{5n}$	x^{n+n}	$2x^{3n+3}$
$2x^{3n}$	x^{4n}	$7x^{2n}$

$x^n \cdot x^{3n}$	$2x^n \cdot x^{2n}$
$2x^{2n} \cdot 3x^{3n}$	$x^{n+1} \cdot x^n$
$6x^{n+1} \cdot x^{n-1}$	$x^{2n+1} \cdot x^{n+2}$

17 Was gehört zusammen?

$\frac{y^{6m}}{y^{2m}}$	$\frac{y^{m+2}}{y^2}$	$\frac{y^m}{y^2}$
$\frac{y^{2m+1}}{y}$	$\frac{y^{5m}}{y^{2m}}$	$\frac{y^{m-1}}{y^{2m-1}}$
$\frac{y^{2m+1}}{y^{-2m-1}}$	$\frac{y^{-m+1}}{y^{3m-1}}$	

y^{-m}	y^{3m}	y^m
y^{4m+2}	y^{m+1}	
y^{2m}	y^{4m}	

18 Vereinfache und achte auf die Unterschiede.

a) $3 \cdot (2x)^3$ b) $3 \cdot 2^3 \cdot x$
c) $3 \cdot 2x^3$ d) $(3 \cdot 2)^3 x$
e) $3^3 \cdot 2x^3$ f) $(-3)^2 \cdot 2x$
g) $-3 \cdot (2x)^2$ h) $(-3 \cdot 2x)^2$
i) $(-3 \cdot 2)^2 \cdot x$ j) $(-3)^2(2x)^2$

19 Multipliziere die Klammern.

a) $(x^2 + 1)(x^3 + 1)$
b) $(x - 1)(x^2 - x - 1)$
c) $(x^3 - x^2 + x - 1)(x + 1)$

20 Forme um.

a) $2a^{2n} \cdot 3a^{3n}$ b) $a^{n+3} \cdot a^{2n+1}$
c) $2x^{4m+4} \cdot x^m$ d) $\frac{1}{3}x \cdot 3x^{1+n}$
e) $2y^{2n+2} \cdot 3y^{3n+3}$ f) $y^{2n-5} \cdot y^{6-n}$

21 Vereinfache.

a) $\frac{a^{2n+1}}{a}$ b) $\frac{a^{3m+4}}{a^{2m+3}}$
c) $\frac{8a^{3n}}{2a^{3n-1}}$ d) $\frac{a^{2m+1} \cdot a^{n+1}}{a^{3n+1}}$

22 Welches Lösungskärtchen passt?

a) $2a^2 \cdot \square = 6a^6$ b) $\frac{a^6}{a^2} = \square$
c) $6a^5 : \square = 2a$
d) die Hälfte von 2^{22}

$3a^4$ | 4 | 2^{11} | a^4 | 2^{21} | $4a^3$ | 3 | $4a^4$ | 1^{22} | a^3

23 Überprüfe die Rechnungen.

$2^2 + 2^2 = 2^3$
$3^3 + 3^3 + 3^3 = 3^4$
$4^4 + 4^4 + 4^4 + 4^4 = 4^5$
...

Kannst du die begonnene Reihe fortsetzen und die Regel erklären?

24 a) Prüfe nach, ob für Potenzen gilt:
$a^b = b^a$ $(a; b \neq 0)$
b) Überprüfe, ob die Gleichung
$2 \cdot 2^n + 2n = 2n^2 + 4$
für alle n gilt.

25 Forme um und berechne.

a) $(2^2)^3$ b) $(2^2)^2$ c) $(2^3)^3$
d) $(3^2)^2$ e) $(3^2)^3$ f) $(5^2)^3$
g) $(10^2)^3$ h) $(10^3)^3$ i) $(10^3)^4$

26 Forme zuerst um.

a) $(2{,}5^4)^5$ b) $(1{,}2^6)^4$ c) $(3{,}3^3)^3$
d) $\left(\left(\frac{2}{3}\right)^3\right)^4$ e) $\left(\left(\frac{4}{5}\right)^6\right)^8$ f) $\left(\left(\frac{4}{3}\right)^5\right)^6$
g) $((-2)^2)^2$ h) $(-2^2)^2$ i) $((-3)^2)^3$

27 Fülle im Heft die Lücken.

a) $(5^2)^3 = 5^{\square}$ b) $(4^3)^5 = 4^{\square}$
c) $(3^{\square})^5 = 3^{10}$ d) $(9^3)^{\square} = 9^{27}$
e) $(-2^3)^{\square} = -2^{15}$ f) $((-3)^2)^{\square} = 3^8$

28 Schreibe die Potenz mit der kleinstmöglichen Basis.

Beispiel: $25^3 = (5^2)^3$
$= 5^{2 \cdot 3}$
$= 5^6$

a) 16^5 b) 49^4 c) 100^3
d) 27^2 e) 81^4 f) 64^3
g) 128^5 h) 125^6 i) 1024^7

29 Forme um.

a) $(x^2)^3$ b) $(a^3)^4$ c) $(y^7)^2$
d) $((-x)^2)^2$ e) $(-z^2)^3$ f) $-(k^3)^4$

30 Berechne und vergleiche.

a) $(a^2)^3$ und $a^{(2^3)}$
b) $(x^5)^4$ und $x^{(5^4)}$
c) $((2y)^3)^4$ und $(2y^3)^4$
d) $(-a^3)^2$ und $-a^{(3^2)}$
e) $(-2x^2)^2$ und $(-(2x)^2)^2$

31 Welche Terme sind gleichwertig?

$(y^2)^3$ $-y^{(2^3)}$ $-y^{(3^2)}$ $(y^3)^2$
y^{2^3} $y^{(2^3)}$ $((-y)^3)^2$
$((-y)^2)^3$ $(-y^2)^3$ $y^{(3^2)}$

32 Bildet mit den Karten Potenzen. Findet den größten und den kleinsten Potenzwert.

2 (2) 3

33 Ordne die Potenzwerte nach ihrer Größe. Unterscheide genau.

$((-2)^2)^3$ $((-2)^3)^2$ $(-2^2)^3$
$(-2^3)^2$ $-(2^3)^2$ $-(2^2)^3$
$-2^{(3^2)}$ $-2^{(2^3)}$ -2^{2^3}

! *Unterscheide:*
$(a^3)^4 = a^{12}$
$a^{(3^4)} = a^{81}$
$a^{3^4} = a^{81}$

34 Schreibe ohne Klammern.

a) $(2x)^{x+1}$ b) $(2^{x+1})^{x+1}$ c) $(2^{x-1})^{x+1}$
d) $(2^{x+2})^{x-2}$ e) $(2^{2x-2})^{2x-2}$ f) $(2^{2x-2})^{x+1}$
g) $\left(\frac{x^2}{y^3}\right)^4$ h) $\left(\frac{a^2b}{c}\right)^3$ i) $\left(\frac{x^2 \cdot y^3}{z^4}\right)^3$
j) $\left(\frac{2a^2}{b^2c}\right)^3$ k) $\left(\left(\frac{3x}{4y^2z}\right)^2\right)^2$ l) $\left(\left(\frac{-2a^4}{3b^2c^3}\right)^3\right)^2$

35 a) Könntest du die Ziffernfolge der Zahl $(10^{10})^{10}$ auf einer Heftseite unterbringen?
b) Könntest du den Potenzwert von $10^{(10^{10})}$ auf einer Heftseite unterbringen?

Potenzen würfeln

Würfelt in Gruppen mit zwei verschiedenfarbigen Würfeln. Die Augenzahl des ersten gibt die Zeile an, die des zweiten die Spalte. Wer gewürfelt hat, löst die Aufgabe im Kreuzungsfeld und erklärt den Lösungsweg. Gewonnen hat, wer zuerst eine ganze Spalte oder Zeile ausgefüllt hat. Beim Joker muss man pausieren.

$(a^m)^n$	$(b^2a)^3$	$(3a^2b^3)^2$	$x^{2n}x^{3n}$	☺	$(2x^2)^3$
☺	$(x^2 \cdot x^3):x^2$	$(4^3)^2$	$2(x^2)^3$	$((x^2)^3)^2$	$(a^2bc^3)^4$
$a^{2x} : a$	$(xy^2z^3)^n$	☺	$\left(\left(\frac{2}{3}\right)^2\right)^{-3}$	$(2x^4 \cdot 3y^5)^3$	$(-x^2)^3$
$(2a^2b^4)^3$	$(2^{x+1})^{x+1}$	$(2^{x+1})^{x-1}$	☺	$(x^2 \cdot x^3)^n$	$((-3)^m)^n$
$a^x : (a^2)^x$	☺	$-x^{2^3}$	$((x^x)^x)^x$	$(10^x : 5^x)^{2x}$	$(0{,}2x^2y^3)^2$
$(2a^2)(a^3)^2$	$-x^{(2^3)}$	$(a^{2n+1})^3$	$(a^{m+2})^{m+1}$	$(2^x)^{x-1}$	☺

3 Potenzen mit gleichen Exponenten

$3^2 \cdot 4^2 = 9 \cdot 16 = 144$

$15^3 \cdot 2^3 = \square \cdot \square = \square$

$\frac{10^5}{2^5} = \frac{100\,000}{32} = 3125$

$\frac{20^3}{5^3} = \frac{\square}{\square} = \square$

$3^2 \cdot 4^2 = 12^2 = 144$

$15^3 \cdot 2^3 = \square = \square$

$\frac{10^5}{2^5} = \left(\frac{10}{2}\right)^5 = 5^5 = 3125$

$\frac{20^3}{5^3} = \square = \square = \square$

Lars und Sarah haben unterschiedliche Wege gewählt.

➔ Ergänze die Lücken auf ihren Zetteln.

➔ Beschreibe die Rechenwege der beiden und vergleiche sie.

Beim **Multiplizieren** bzw. **Dividieren** von Potenzen mit **gleichen Exponenten** lassen sich die einzelnen Potenzen in Produkte verwandeln und neu zusammenfassen.

$a^3 \cdot b^3 = \underbrace{(a \cdot a \cdot a) \cdot (b \cdot b \cdot b)}_{\text{jeweils 3 Faktoren}}$

$= \underbrace{(a \cdot b) \cdot (a \cdot b) \cdot (a \cdot b)}_{\text{3 gleiche Produkte als Faktoren}}$

$= (a \cdot b)^3$

$\frac{a^4}{b^4} = \underbrace{\frac{a \cdot a \cdot a \cdot a}{b \cdot b \cdot b \cdot b}}_{\text{jeweils 4 Faktoren}}$

$= \underbrace{\left(\frac{a}{b}\right) \cdot \left(\frac{a}{b}\right) \cdot \left(\frac{a}{b}\right) \cdot \left(\frac{a}{b}\right)}_{\text{4 Quotienten als Faktoren}}$

$= \left(\frac{a}{b}\right)^4$

Für das Multiplizieren bzw. Dividieren ergibt sich folgender Zusammenhang:

$a^3 \cdot b^3 = (a \cdot b)^3$ $\qquad \frac{a^4}{b^4} = \left(\frac{a}{b}\right)^4$

Für beliebige Exponenten gilt:

$a^m \cdot b^m = (a \cdot b)^m$ $\qquad \frac{a^m}{b^m} = \left(\frac{a}{b}\right)^m$

Multiplikation:
Basen multiplizieren!

Division:
Basen dividieren!

Potenzgesetze für Potenzen mit gleichen Exponenten

Potenzen mit gleichen Exponenten können **multipliziert** werden, indem man ihre Basen multipliziert und den Exponenten beibehält:

$a^n \cdot b^n = (a \cdot b)^n$

Potenzen mit gleichen Exponenten können **dividiert** werden, indem man ihre Basen dividiert und den Exponenten beibehält:

$\frac{a^n}{b^n} = \left(\frac{a}{b}\right)^n; \; b \neq 0$

Beispiele

a) $2{,}5^5 \cdot 4^5 = (2{,}5 \cdot 4)^5 = 10^5$

b) $\frac{45^3}{9^3} = \left(\frac{45}{9}\right)^3 = 5^3$

c) $56^2 : 8^2 = (56 : 8)^2 = 7^2$

d) $\left(\frac{2}{3}\right)^4 = \frac{2^4}{3^4} = \frac{16}{81}$

e) $\left(\frac{3}{4}\right)^5 \cdot \left(\frac{4}{3}\right)^5 = \left(\frac{3}{4} \cdot \frac{4}{3}\right)^5 = 1^5 = 1$

f) $2^n \cdot 3^n = (2 \cdot 3)^n = 6^n$

g) $\frac{56^y}{14^y} = \left(\frac{56}{14}\right)^y = 4^y$

h) Eine Potenz lässt sich als Produkt von Potenzen schreiben:

$12^3 = (2 \cdot 6)^3 = 2^3 \cdot 6^3$

$12^3 = (3 \cdot 4)^3 = 3^3 \cdot 4^3$

i) Eine Potenz lässt sich als Quotient von Potenzen schreiben:

$2^4 = \left(\frac{6}{3}\right)^4 = \frac{6^4}{3^4}$

$2^4 = \left(\frac{10}{5}\right)^4 = \frac{10^4}{5^4}$

Aufgaben

1 Rechne im Kopf.

a) $2^3 \cdot 5^3$ b) $5^4 \cdot 20^4$
c) $1{,}5^2 \cdot 4^2$ d) $1{,}25^3 \cdot 8^3$
e) $(-2)^5 \cdot 50^5$ f) $2{,}5^4 : 0{,}5^4$
g) $22^6 : 11^6$ h) $36^4 : 12^4$

2 Der Taschenrechner braucht deine Hilfe.

a) $\frac{16\,384^{25}}{8192^{25}}$ b) $\frac{370\,368^{20}}{123\,456^{20}}$
c) $\frac{28\,572^{30}}{9524^{30}}$ d) $\frac{55\,555^{55}}{11\,111^{55}}$

3 Unterscheide.

Beispiel: $2^3 + 5^3 = 8 + 125 = 133$
$2^3 \cdot 5^3 = (2 \cdot 5)^3 = 10^3 = 1000$

a) $3^2 + 4^2$; $3^2 \cdot 4^2$ b) $2^4 + 5^4$; $2^4 \cdot 5^4$ c) $3^2 + 10^2$; $3^2 \cdot 10^2$

4 Für das Produkt $2^3 \cdot 5^4$ gilt kein Potenzgesetz. Rechne dennoch im Kopf.

Beispiel:
$2^3 \cdot 5^3 \cdot 5 = (2 \cdot 5)^3 \cdot 5 = 10^3 \cdot 5 = 5000$

a) $2^4 \cdot 5^3$ b) $2^3 \cdot 5^2$ c) $3^3 \cdot 2^5$
d) $4^4 \cdot 5^3$ e) $5^4 \cdot 2^5$ f) $6^2 \cdot 5^4$

5 Berechne im Kopf.

a) $\frac{60^5}{30^5}$ b) $\frac{36^3}{12^3}$
c) $\frac{44^6}{(-22)^6}$ d) $\frac{(-85)^3}{17^3}$
e) $\frac{72^4}{6^2 \cdot 6^2}$ f) $\frac{16^3 \cdot 16^4}{(-64)^7}$

6 Berechne ohne Taschenrechner.

a) $12{,}5^3 \cdot 8^3$ b) $0{,}25^9 \cdot 4^9$
c) $2^4 \cdot \left(\frac{1}{2}\right)^4$ d) $(0{,}75)^2 \cdot 4^2$
e) $(-0{,}2)^6 \cdot 10^6$ f) $\left(\frac{1}{3}\right)^4 \cdot 9^4$

7 Forme um.

a) $x^2 \cdot y^2$ b) $a^5 \cdot b^5$
c) $2^3 \cdot z^3$ d) $10^4 \cdot x^4$
e) $m^7 \cdot n^7$ f) $y^6 \cdot 0{,}5^6$
g) $\frac{c^5}{d^5}$ h) $\frac{x^{10}}{y^{10}}$
i) $\frac{(3m)^2}{(2m)^2}$ j) $\frac{(8a)^4}{(2a)^4}$

8 Löse die Klammern auf.

a) $(3a)^2$ b) $(5x^2)^2$
c) $\left(\frac{3}{a}\right)^2$ d) $\left(\frac{x^2}{5}\right)^2$
e) $(3 + a)^2$ f) $(x^2 + 5)^2$
g) $(3 - a)^2$ h) $(x^2 - 5)^2$

9 Vereinfache.

a) $2^m \cdot 3^m$ b) $5^n \cdot 3^n$
c) $3^{2n} \cdot 4^{2n}$ d) $2^{n+1} : 4^{n+1}$
e) $a^{x-3} : (3a)^{x-3}$ f) $a^{2x-1} : (0{,}5a)^{2x-1}$

10 Forme um.

a) $a^{n+1} \cdot b^{n+1}$ b) $\left(\frac{3}{4}\right)^y \cdot \left(\frac{1}{2}\right)^y$
c) $s^{n+2} \cdot (s+1)^{n+2}$ d) $\left(-\frac{4}{7}\right)^{n+1} \cdot \left(-\frac{21}{2}\right)^{n+1}$
e) $(x+1)^n \cdot (x-1)^n$ f) $\frac{(x^2-9)^n}{(x-3)^n}$
g) $\frac{(2x+2)^3}{(x+1)^3}$ h) $\frac{(9y-6)^4}{(3y-2)^4}$

11 Die Aufgabe in der Multiplikationsmauer hat mehrere Lösungen.

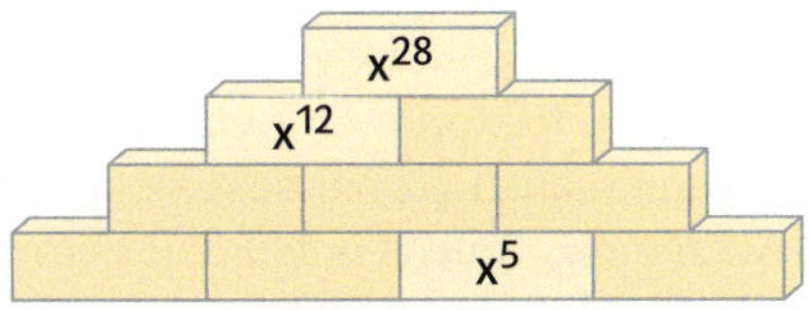

12 Zerlege alle roten Teilwürfel.

a) Wie viele kleine Würfel sind es dann insgesamt?
b) Ist das Produkt zweier Kubikzahlen wieder eine Kubikzahl? Überprüfe dies an Beispielen und weise es allgemein nach.

13 Zerlege den Quader.

a) In wie viele kleine Würfel lässt sich der Quader aufteilen? Schreibe in Potenzschreibweise.
b) Lege einen Quader mit eigener Würfelaufteilung fest. Lass deine Partnerin oder deinen Partner das Ergebnis überprüfen.

? *Potenzen mit der Basis 20 lassen sich leicht im Kopf rechnen:*
$20^4 = (2 \cdot 10)^4$
$= 2^4 \cdot 10^4$
$= 16 \cdot 10\,000$
$= 160\,000$

Berechne ebenso:
20^5
20^6
20^7
20^8
20^9
20^{10}

4 Potenzen mit negativen Exponenten

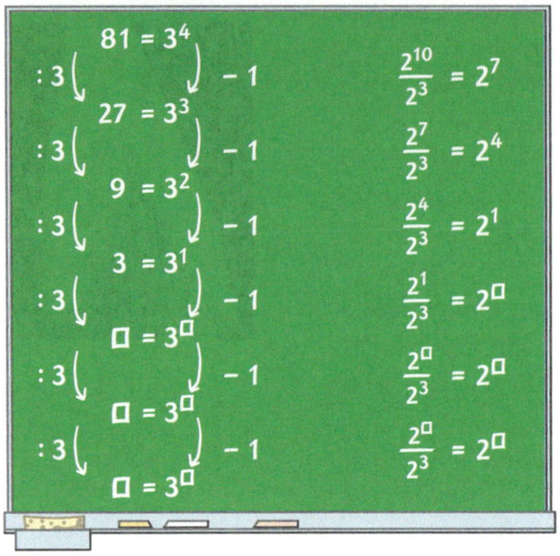

➔ Setze die Dreierreihe fort.
➔ Was bedeutet 3^{-4}?
➔ Stelle dir die Zweierreihe noch 20 Schritte fortgesetzt vor. Wie lautet dann die letzte Zeile?
➔ Bilde selbst solche Reihen.
➔ Was könnte der seltsame Ausdruck 10^0 bedeuten?

Der Exponent m der Potenz a^m zählt die Anzahl der Faktoren a. Für Potenzen mit negativen Exponenten ist es notwendig, eine neue Zählregel einzuführen.

Für $\frac{a^m}{a^n}$ schreibt man a^{m-n}.
Die Zahl m zählt die Faktoren im Zähler, die Zahl n die Faktoren im Nenner.
Dabei kann n auch größer sein als m.
Das Kürzen des Bruchs entspricht dem Ausrechnen des Exponenten.

5 − 3 … … = 2
$$a^{5-3} = \frac{a \cdot a \cdot a \cdot a \cdot a}{a \cdot a \cdot a} = a \cdot a = a^2$$

3 − 5 … … = −2
$$a^{3-5} = \frac{a \cdot a \cdot a}{a \cdot a \cdot a \cdot a \cdot a} = \frac{1}{a \cdot a} = \frac{1}{a^2} = a^{-2}$$

Die Zählregel erklärt auch, was a^{-n} und a^0 bedeuten.

$a^{-n} = a^{0-n} = \frac{1}{a^n}$;

$a^0 = a^{n-n} = \frac{a^n}{a^n} = 1$

Potenzen mit **negativen ganzen Zahlen im Exponenten** sind erklärt durch
$a^{-n} = \frac{1}{a^n}$.
Potenzen mit Exponent 0 sind erklärt durch $a^0 = 1$.
In beiden Fällen muss gelten: $a \neq 0$.

Bemerkung
Die Voraussetzung $a \neq 0$ ist nötig, weil der Term 0^0 nicht sinnvoll definiert werden kann.
Die Reihe $4^0 = 1$; $3^0 = 1$; $2^0 = 1$; $1^0 = 1$ müsste nämlich mit $0^0 = 1$ fortgesetzt werden, die Reihe $0^4 = 0$; $0^3 = 0$; $0^2 = 0$; $0^1 = 0$ aber mit $0^0 = 0$.
Diese zwei Fortsetzungen passen nicht zusammen.

Beispiele

a) $2^{-4} = \frac{1}{2^4} = \frac{1}{16} = 0{,}0625$

b) $0{,}3^{-2} = \frac{1}{0{,}3^2} = \frac{1}{0{,}09}$

c) $x^{-3} = \frac{1}{x^3}$

d) $a^3 \cdot b^{-3} = \frac{a^3}{b^3} = \left(\frac{a}{b}\right)^3$

Aufgaben

1 Schreibe die Potenz als Bruch.

a) 2^{-3} b) 2^{-4} c) 5^{-2}
d) 1^{-8} e) $1{,}5^{-2}$ f) $0{,}05^{-4}$
g) $(-5)^{-2}$ h) $(-6)^{-5}$ i) $(-10)^{-10}$

2 Schreibe den Bruch als Potenz mit negativem Exponenten.

a) $\frac{1}{2^5}$ b) $\frac{1}{5^3}$ c) $\frac{1}{7^9}$ d) $\frac{1}{10^{10}}$

3 Berechne.

a) 2^{-6} b) 3^{-4} c) 4^{-3} d) $0{,}2^{-3}$
e) 1^{-7} f) 11^{-2} g) 2^{-10} h) $0{,}5^{-2}$

4 Berechne jeweils für
$n = 10; 9; 8; \ldots; 0; -1; \ldots; -10$:

a) 2^n b) 3^n c) $0{,}1^n$
d) $(-3)^n$ e) $(-0{,}01)^n$ f) $(-1)^n$

5 Schreibe das Produkt als Bruch und berechne es mit dem Taschenrechner.

a) $4^{-3} \cdot 3^4$ b) $2^{-6} \cdot 5^{-1}$ c) $2^{-3} \cdot 5^{-3}$
d) $3^{-4} \cdot 9^2$ e) $8^5 \cdot 5^{-8}$ f) $12^{-6} \cdot 1728^3$

6 Lies genau. $(-3)^2 = (-3) \cdot (-3) = 9$;
aber $-3^2 = -(3 \cdot 3) = -9$.
Ordne die Potenzen der Größe nach.

a) 3^{-3}; 2^{-3}; 3^2; 2^3; $(-2)^3$; $(-3)^2$; -2^3; -3^2
b) 3^{-4}; $(-4)^3$; $(-4)^{-3}$; -3^4; $(-3)^{-4}$

7 Berechne mit dem Taschenrechner.

a) $4^{-3} \cdot 5^{-2}$ b) $2^{-2} \cdot 8^{-1}$ c) $5^{-3} \cdot 7^{-4}$
d) $4^{-3} \cdot 7^3$ e) $8^{-2} \cdot 3^4$ f) $6^{-3} \cdot 6^8$
g) $2^{10} \cdot 5^{-3}$ h) $2^7 \cdot 3^4$ i) $4^{-5} \cdot 13^2$

8 Ausklammern spart Zeit. Runde, falls nötig, auf fünf Stellen nach dem Komma.

a) $2^{-3} \cdot 5^{-2} + 2^{-3} \cdot 3^{-4}$
b) $4^{-3} \cdot 5^{-1} + 4^{-3} \cdot 5^2$
c) $7^{-2} \cdot 9^{-2} + 7^{-2} \cdot 12^{-2}$
d) $11^{-3} \cdot 3^5 + 11^{-3} \cdot 5^3$

9 a) Schreibe mit positivem Exponenten.
x^{-5}; x^{-10}; y^{-4}; z^{-100}; x^{-1}
b) Schreibe mit negativem Exponenten.
$\frac{1}{x^3}$; $\frac{1}{x^7}$; $\frac{1}{y^6}$; $\frac{1}{z^{10}}$

10 Berechne 2^{20} und $2^{20} + 2^{-20}$. Erkläre.

Noch mehr Potenzgesetze

■ Vergleiche
$\left(\frac{1}{2}\right)^{-4}$ und 2^4; $\left(\frac{1}{5}\right)^{-3}$ und 5^3; $\left(\frac{1}{7}\right)^{-4}$ und 7^4.
Suche weitere solche Beispiele.

■ Vergleiche
$\left(\frac{2}{3}\right)^{-4}$ und $\left(\frac{3}{2}\right)^4$.
Suche weitere solche Beispiele.

■ Schreibe in Worten eine Regel auf, wie man Brüche mit negativen Potenzen in Brüche mit positiven Potenzen umwandelt.

Potenzieren von Brüchen
$\left(\frac{1}{a}\right)^{-n} = a^n$ und $\left(\frac{b}{a}\right)^{-n} = \left(\frac{a}{b}\right)^n$
Dabei muss $a \neq 0$ und $b \neq 0$ gelten.

■ Rechne im Kopf.
$\left(\frac{1}{2}\right)^{-1}$; $\left(\frac{1}{5}\right)^{-2}$; $\left(\frac{1}{2}\right)^{-3}$; $\left(\frac{1}{3}\right)^{-2}$; $\left(\frac{2}{5}\right)^{-1}$; $\left(\frac{10}{3}\right)^{-2}$

■ Tanja berechnet mit dem Taschenrechner $\left(\frac{1}{2}\right)^{-20}$ und muss 10-mal tippen.
Jana denkt erst nach und tippt dann nur halb so oft.

■ Kannst du $6^5 \cdot 6^{-7}$ und $6^{-5} \cdot 6^{-7}$ ausrechnen und dabei nur einmal auf die Potenzier-Taste drücken? Rechne weitere solche Beispiele. Was vermutest du?

Potenzen gleicher Basis mit positiven oder negativen Exponenten kann man multiplizieren, indem man die Exponenten addiert. Es gilt:

$a^m \cdot a^n = a^{m+n}$ $\quad a^m \cdot a^{-n} = a^{m-n}$
$a^{-m} \cdot a^n = a^{-m+n}$ $\quad a^{-m} \cdot a^{-n} = a^{-m-n}$

! *Subtraktion ist Addition der Gegenzahl:*
$m - n = m + (-n)$

■ Begründe
$a^m \cdot a^{-n} = a^{m-n}$ und $a^{-m} \cdot a^{-n} = a^{-m-n}$
für $a = 5$; $m = 3$; $n = 4$.

■ Fasse zu einer einzigen Potenz zusammen und berechne.
$2^{-3} \cdot 2^5$; $2^3 \cdot 2^{-5}$; $2^{-3} \cdot 2^{-5}$; $2^{-7} \cdot 2^{-6}$
$5^{-4} \cdot 5^{-3}$; $4^8 \cdot 4^{-10}$; $25^{-3} \cdot 25^{-2}$; $125^{12} \cdot 125^{-13}$
$2^{-3} \cdot 2^5 \cdot 2^{-6}$; $4^2 \cdot 4^{-12} \cdot 4^{13}$; $5^{-9} \cdot 5^8 \cdot 5^{-6} \cdot 5^7$

5 Sehr groß – sehr klein

➔ Schreibe die Angaben zu den Himmelskörpern ausführlich.
➔ Hast du eine Idee, wie du die Angaben mit möglichst wenig Ziffern schreiben kannst?

Um **große Zahlen** übersichtlich zu schreiben, trennt man Zehnerpotenzen ab. Das kann man noch fortsetzen, wenn alle Endnullen verbraucht sind. Sehr **kleine** positive **Zahlen** werden übersichtlich, wenn man Zehnerpotenzen mit negativem Exponenten abtrennt.

$$\begin{aligned} 6\,780\,000 &= 6\,780\,000 \cdot \tfrac{1}{10} \cdot 10 \\ &= 678\,000 \cdot 10^1 \\ &= 67\,800 \cdot 10^2 \\ &= 6\,780 \cdot 10^3 \\ &= 678 \cdot 10^4 \\ &= 67{,}8 \cdot 10^5 \\ &= \mathbf{6{,}78 \cdot 10^6} \end{aligned}$$

Erhöht man den Exponenten um 1; 2; 3; …, muss man zum Ausgleich das Komma um 1; 2; 3; … Stellen nach links verschieben, denn: Erhöhen des Exponenten um 1 bedeutet Multiplikation mit 10; Kommaverschiebung um 1 Stelle nach links bedeutet Division durch 10.

$$\begin{aligned} 0{,}000\,0123 &= 0{,}000\,0123 \cdot 10 \cdot \tfrac{1}{10} \\ &= 0{,}000\,123 \cdot 10^{-1} \\ &= 0{,}001\,23 \cdot 10^{-2} \\ &= 0{,}0123 \cdot 10^{-3} \\ &= 0{,}123 \cdot 10^{-4} \\ &= \mathbf{1{,}23 \cdot 10^{-5}} \end{aligned}$$

Hat die abgetrennte Zehnerpotenz den Exponenten −n, verschiebt sich das Komma um n Stellen nach rechts.

In dieser **Zehnerpotenzschreibweise** erkennt man die Größe einer Zahl besonders gut, wenn vor dem Komma nur eine einzige Ziffer steht, die aber nicht die Null ist.

Natürliche Zahlen und positive Dezimalzahlen kann man unwandeln in Produkte aus
- einer Dezimalzahl mit genau einer Ziffer vor dem Komma, die nicht Null ist, und
- einer Zehnerpotenz.

Diese Darstellung heißt **wissenschaftliche Schreibweise**. Sie ist besonders nützlich, um sehr große und sehr kleine Zahlen übersichtlich und vergleichbar zu machen.

Bemerkungen

Auch die Zahl 1 lässt sich in wissenschaftlicher Notation schreiben: $1 = 1 \cdot 10^0$
Im Englischen heißt die wissenschaftliche Schreibweise „scientific notation“.

Beispiele

a) $98\,765{,}4 = 9{,}876\,54 \cdot 10^4$
4 Stellen nach **links**

b) $0{,}000\,0123 = 1{,}23 \cdot 10^{-5}$
5 Stellen nach **rechts**

c) $6759{,}2 \cdot 10^{-7} = 6{,}7592 \cdot 10^{3} \cdot 10^{-7}$

3 Stellen nach **links**

also $6759{,}2 \cdot 10^{-7} = 6{,}7592 \cdot 10^{-4}$

d) $0{,}000\,158 \cdot 10^{6} = 1{,}58 \cdot 10^{-4} \cdot 10^{6}$

4 Stellen nach **rechts**

also $0{,}000\,158 \cdot 10^{6} = 1{,}58 \cdot 10^{2}$

Aufgaben

1 Wandle in die wissenschaftliche Schreibweise um.

a) 789,461 b) 88 236,124
c) 765 000 000 d) 6000,0234
e) 0,000 068 f) 0,000 100 01
g) 0,010 020 03 h) 900 800 700 600

2 Schreibe ohne Zehnerpotenz.

a) $9{,}8 \cdot 10^{3}$ b) $7{,}58 \cdot 10^{5}$
c) $19{,}67 \cdot 10^{6}$ d) $19{,}67 \cdot 10^{-6}$
e) $6{,}75 \cdot 10^{-3}$ f) $81{,}8181 \cdot 10^{-5}$
g) $0{,}000\,51 \cdot 10^{4}$ h) $0{,}000\,51 \cdot 10^{-4}$

3 a) Schreibe die Zehnerpotenzen aus.
10^{6}; 10^{10}; 10^{-8}; 10^{-12}; 10^{-1}; 10^{1}
b) Wandle die ausgeschriebenen Zahlen in Zehnerpotenzen um.
100 000; 0,01; 0,000 0001; 10 000 000

4 Wandle in die wissenschaftliche Schreibweise um.

a) $76{,}09 \cdot 10^{3}$ b) $551{,}879 \cdot 10^{5}$
c) $12\,345{,}6789 \cdot 10^{5}$ d) $0{,}068\,78 \cdot 10^{3}$
e) $4456{,}98 \cdot 10^{-4}$ f) $0{,}068\,78 \cdot 10^{6}$
g) $12\,345{,}6789 \cdot 10^{8}$ h) $0{,}068\,78 \cdot 10^{9}$
i) $0{,}125 \cdot 10^{-2}$ j) $56{,}04 \cdot 10^{-3}$
k) $94\,767{,}886 \cdot 10^{-5}$ l) $0{,}000\,8761 \cdot 10^{-2}$

5 Ordne die sechs Zahlen nach Größe.

a) $0{,}000\,0001 \cdot 10^{6}$
$90 \cdot 10^{-2}$
$70\,000\,000 \cdot 10^{-8}$
$110\,000 \cdot 10^{-5}$
$120\,000\,000 \cdot 10^{-8}$
$0{,}000\,008 \cdot 10^{5}$

b) $1{,}234 \cdot 10^{2}$
$123{,}4 \cdot 10^{1}$
$0{,}1234 \cdot 10^{2}$
$0{,}000\,1234 \cdot 10^{9}$
$1\,234\,000 \cdot 10^{-8}$
$1{,}234 \cdot 10^{0}$

6 a) Der Taschenrechner zeigt für $2{,}5^{12}$ das Ergebnis 59 604,644 78.
Warum kann dieses Ergebnis nicht richtig sein?
b) Wie viele Stellen nach dem Komma hat $1{,}2^{2}$; $1{,}2^{3}$; … ; $1{,}2^{10}$; … $1{,}2^{n}$?

7 Der Taschenrechner gibt für 13^{12} das gerundete Ergebnis $2{,}329\,808\,512 \cdot 10^{13}$ aus.
Man schreibt trotzdem das Gleichheitszeichen $13^{12} = 2{,}329\,808\,512 \cdot 10^{13}$.
Bereche ebenso.

a) 13^{20} b) 21^{9} c) $0{,}089^{6}$
d) $0{,}000\,000\,6^{7}$ e) $0{,}0157^{5}$
f) $0{,}0078^{4}$ g) $\left(\frac{2}{7}\right)^{8}$ h) $\left(\frac{11}{111}\right)^{11}$

8 Auch solche Produkte kannst du mit dem Taschenrechner berechnen.

a) $0{,}000\,000\,000\,75 \cdot 0{,}000\,345\,67$
b) $123\,456\,789\,000\,000\,000 \cdot 987\,654\,321\,000$
c) $0{,}000\,000\,000\,724 \cdot 169\,875\,557\,000$
d) $0{,}000\,000\,000\,765 \cdot 995\,200\,000\,000$
e) $0{,}000\,000\,000\,475 : 25\,000\,000\,000$

Welche der Ergebnisse sind genau, welche nur gerundet richtig?

9 Berechne mit dem Taschenrechner.
Erkläre die Ergebnisse, indem du umformst und ein Rechengesetz anwendest.

a) $3{,}5 \cdot 10^{7} + 6{,}5 \cdot 10^{7}$
b) $0{,}45 \cdot 10^{5} + 55 \cdot 10^{3}$
c) $2{,}7 \cdot 10^{-4} + 7{,}3 \cdot 10^{-4}$
d) $36 \cdot 10^{-7} + 0{,}64 \cdot 10^{-5}$

Nullen zählen?

- Vergleiche die Zahlen:
10^{100} und 100^{10}; 10^{1000} und 1000^{10}; 100^{1000} und 1000^{100}.
Wie musst du vorgehen, damit du schnell zum Ergebnis kommst?
- Unterscheide: $10^{(10^{100})}$ und $10^{(100^{10})}$.
- Du hast vier Einsen und vier Nullen. Schreibe damit eine Riesenzahl.
- Schreibe eine möglichst kleine Zahl aus drei Nullen, zwei Einsen und einem Komma. Gib die Zahl auch in der Potenzschreibweise an.

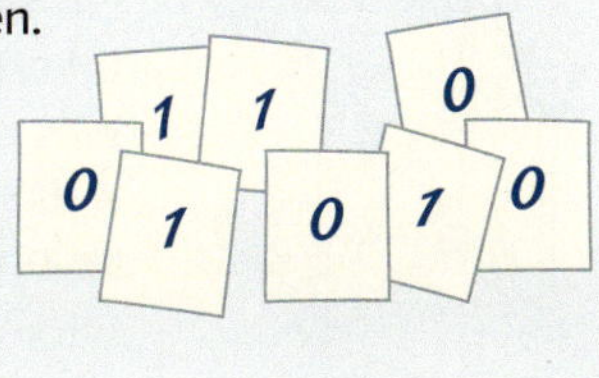

Maßeinheiten für Riesen und Zwerge

Große natürliche Zahlen werden in Tausenderschritten gestuft und benannt (technische Notation). In Zehnerpotenzen geschrieben haben sie Vielfache von 3 als Exponenten. Nach diesem Muster bildet man auch sehr große und sehr kleine Maßeinheiten. Dadurch erreicht man, dass die Maßzahlen nicht unnötig lang werden. Die Stufen der Maßeinheiten haben besondere Namen. Die Liste zeigt als Beispiel die Längeneinheiten.

- *altgriechisch: gigas = Riese nanos = Zwerg*
- *μ ist der griechische Buchstabe für m, gelesen „mü“.*

Einheit Meter	
große Längeneinheiten	kleine Längeneinheiten
1 **Kilo**meter = 1 km = $\mathbf{10^3}$ m	1 **Milli**meter = 1 mm = $\mathbf{10^{-3}}$ m
1 **Mega**meter = 1 Mm = $\mathbf{10^6}$ m	1 **Mikro**meter = 1 μm = $\mathbf{10^{-6}}$ m
1 **Giga**meter = 1 Gm = $\mathbf{10^9}$ m	1 **Nano**meter = 1 nm = $\mathbf{10^{-9}}$ m
1 **Tera**meter = 1 Tm = $\mathbf{10^{12}}$ m	1 **Pico**meter = 1 pm = $\mathbf{10^{-12}}$ m
1 **Peta**meter = 1 Pm = $\mathbf{10^{15}}$ m	1 **Femto**meter = 1 fm = $\mathbf{10^{-15}}$ m
1 **Exa**meter = 1 Em = $\mathbf{10^{18}}$ m	1 **Atto**meter = 1 am = $\mathbf{10^{-18}}$ m

Auch andere Einheiten werden auf diese Art gestuft:

1 Megahertz = 1 MHz = 10^6 Hz
1 Terawatt = 1 TW = 10^{12} W
1 Nanosekunde = 1 ns = 10^{-9} s
1 Femtogramm = 1 fg = 10^{-15} g

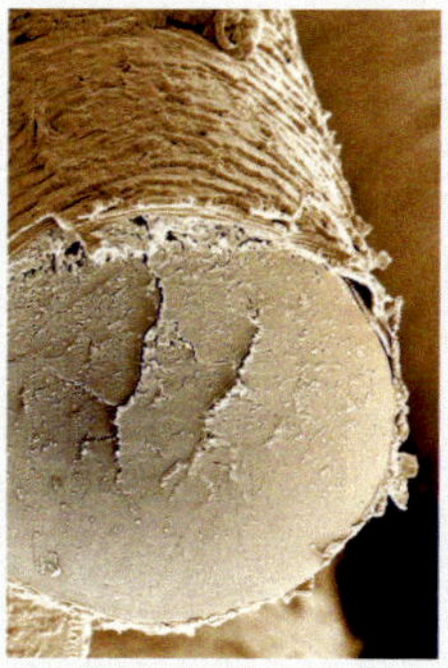

- Schreibe in technischer Notation:
0,001 234 mg; 0,0538 ms; 0,000 007 mm; 1 500 000 kW; 0,000 000 012 s.
- Violettes Licht hat eine Wellenlänge von etwa 400 nm. Schreibe diese Länge in m. Rotes Licht hat die Wellenlänge 700 nm. Welche Wellenlängen haben die anderen Farben?
- Ein Haar ist etwa $\frac{1}{10}$ mm dick. Wie oft müsste man es der Länge nach spalten, um Fasern von 1 nm Dicke zu bekommen?
- Die Erde ist von der Sonne etwa 150 Millionen km entfernt. Rechne diese gigantische Entfernung in m um und schreibe sie in technischer Notation. Wirklich große astronomische Entfernungen misst man aber in Lichtjahren. Informiere dich darüber.
- Die Bohrplattform Statfjord ist 271 m hoch und 840 kt schwer.
Ein Eisenatom hat einen Radius von 140 pm und eine Masse von $1{,}7 \cdot 10^{-6}$ ag.
In welchem Verhältnis stehen die Längenmaße?
Was bedeutet das Verhältnis zwischen der riesigen und der winzigen Masse?
- Erstellt in Gruppen Lernplakate über große und kleine Maßeinheiten. Bei der Präsentation sollt ihr euren Mitschülerinnen und Mitschülern die technische Notation erläutern. Verwendet für den Vortrag auch die Aufgaben dieser Seite als Beispiele.

Eisenatome im Gitter

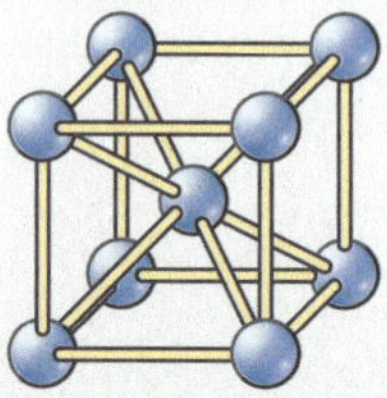

Zusammenfassung

Potenzen

Ein Produkt aus n gleichen Faktoren schreibt man kürzer als Potenz.
$a \cdot a \cdot a \cdot \ldots \cdot a = a^n$
a ist die Basis, n der Exponent.
Es gilt: $a^1 = a$

Basis
Exponent
$5^4 = 625$
Potenz Potenzwert

Potenzgesetze für Potenzen mit gleicher Basis

Potenzen mit gleicher Basis können multipliziert bzw. dividiert werden, indem man ihre Exponenten addiert bzw. subtrahiert und ihre Basis beibehält:
$a^m \cdot a^n = a^{m+n}$
$a^m : a^n = a^{m-n}; \; a \neq 0$

$2^5 \cdot 2^4 = 2^{5+4} = 2^9 = 512$
$10^7 : 10^3 = 10^{7-3} = 10^4 = 10\,000$

Potenzen können potenziert werden, indem man ihre Exponenten multipliziert und ihre Basis beibehält:
$(a^m)^n = a^{m \cdot n} = a^{mn}$

$(3^2)^3 = 3^{2 \cdot 3} = 3^6 = 729$

Potenzgesetze für Potenzen mit gleichen Exponenten

Potenzen mit gleichen Exponenten können multipliziert bzw. dividiert werden, indem man ihre Basen multipliziert bzw. dividiert und den Exponenten beibehält:
$a^m \cdot b^m = (a \cdot b)^m$
$\frac{a^m}{b^m} = \left(\frac{a}{b}\right)^m; \; b \neq 0$

$4^3 \cdot 5^3 = (4 \cdot 5)^3 = 20^3 = 8000$
$8^5 : 4^5 = (8 : 4)^5 = 2^5 = 32$

Potenzen mit negativen Exponenten

Potenzen mit einer negativen ganzen Zahl im Exponenten sind erklärt durch
$a^{-n} = \frac{1}{a^n}; \; a \neq 0.$

Potenzen mit Exponent 0 sind erklärt durch $a^0 = 1; \; a \neq 0.$

$2^{-5} = \frac{1}{2^5} = \frac{1}{32}$
$0{,}4^{-5} = \frac{1}{0{,}4^5} = \frac{1}{0{,}010\,24}$

Zahlen in wissenschaftlicher Schreibweise

Natürliche Zahlen und positive Dezimalzahlen kann man in Produkte der Form
$a \cdot 10^n$ oder $a \cdot 10^{-n}$
umwandeln. Hierbei ist a eine Dezimalzahl mit genau einer Ziffer vor dem Komma, die nicht die Null ist.

$9182{,}73 = 9{,}182\,73 \cdot 10^3$
$0{,}000\,034 = 3{,}4 \cdot 10^{-5}$
$9182{,}73 \cdot 10^{-4} = 9{,}182\,73 \cdot 10^{-1}$
$0{,}000\,034 \cdot 10^7 = 3{,}4 \cdot 10^2$

Üben • Anwenden • Nachdenken

1 Berechne ohne Taschenrechner.

a) 4^3 b) -4^4
c) $(-3)^1$ d) $(-3)^4$
e) $(-6)^3$ f) $(-2 \cdot 6)^3$

2 Vereinfache die Terme.

a) $a^2 \cdot a^3$ b) $x^4 \cdot x$
c) $b \cdot b^1 \cdot b^2$ d) $2x \cdot 3x^2$
e) $5c \cdot 2c^3$ f) $x^3 \cdot (-x^2)$
g) $-2x^2 \cdot 14x^6$ h) $25b^3 \cdot 4b \cdot b^2$

3 Gegeben sind drei Potenzen:
$4{,}3^4$; $1{,}23^6$; $3{,}456^5$
a) Wie viele Nachkommaziffern hat jeder Potenzwert? Erkläre.
b) Bestimme die letzte Ziffer ohne Taschenrechner.

4 Wladimir behauptet:
a) Die letzte Ziffer bei Potenzen mit dem Exponenten 10 lautet wie die Endziffer der Quadratzahl mit gleicher Basis.
$2^{10} = 1024$; $2^2 = 4$
Überprüfe an weiteren Beispielen.
b) Beim Vergleich der fünften Potenz gibt es auch einen erstaunlichen Zusammenhang mit der zugehörigen Basis.

5 Vereinfache die Terme.

Beispiel: $2 \cdot 10^3 \cdot 4 \cdot 10^4 = 2 \cdot 4 \cdot 10^3 \cdot 10^4$
$= 8 \cdot 10^7$
$= 80\,000\,000$

a) $5 \cdot 10^5 \cdot 7 \cdot 10^4$
b) $(-2) \cdot 10^6 \cdot 9 \cdot 10^7$
c) $1{,}2 \cdot 10^7 \cdot 1{,}2 \cdot 10^5$
d) $0{,}5 \cdot 10^3 \cdot (-1{,}6) \cdot 10^8$
e) $\frac{20 \cdot 10^5}{4 \cdot 10^3}$ f) $\frac{42 \cdot 8^5}{14 \cdot 8^3}$
g) $\frac{(-2)^5 \cdot 4^{11}}{(-2)^2 \cdot 4^9}$ h) $\frac{(-4)^7 \cdot (-7)^5}{(-7)^4 \cdot (-4)^4}$

6 Ergänze.

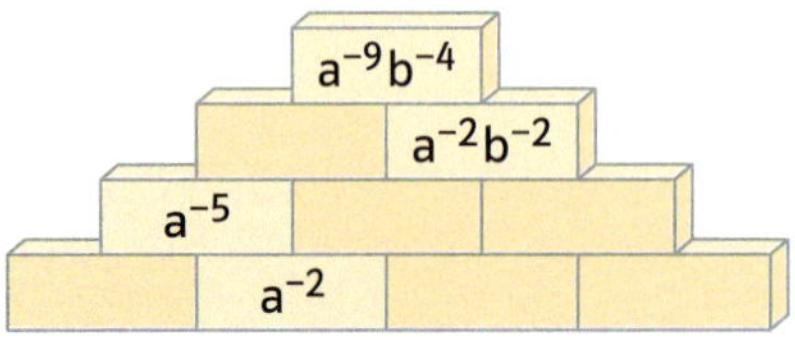

7 Erkläre den Unterschied

a) zwischen $x^5 \cdot x^3$ und $(x^5)^3$.
b) zwischen ab^2 und $(ab)^2$.
c) zwischen $a^2 + a^2$ und a^4.
d) zwischen $a^2 \cdot b^{-3}$ und $\frac{a^2}{b^{-3}}$.

8 Vereinfache die Terme.

a) $\frac{10a^3}{4a^5}$ b) $\frac{8m^3n^3}{12m^2}$ c) $\frac{(6x)^4}{(3x)^2}$
d) $\frac{(x \cdot y)^5}{x \cdot y^5}$ e) $\frac{(4x)^4}{(12x^2)^2}$ f) $\frac{-(ab)^3}{(-2ab)^2}$

9 Ergänze die Exponenten.

a) $(2^2)^{\square} = 2^8$ b) $(2^{\square})^4 = 256$
c) $(4^2)^2 = 4 \cdot 4^{\square}$ d) $2^{\square} \cdot 2^8 = 32$
e) $(x^{2r})^{\square} = x^{8r}$ f) $a^{\square} \cdot b^3 = \frac{b^3}{a^{-5}}$

10 Welche Terme gehören zusammen? Welche Terme haben keinen Partner?

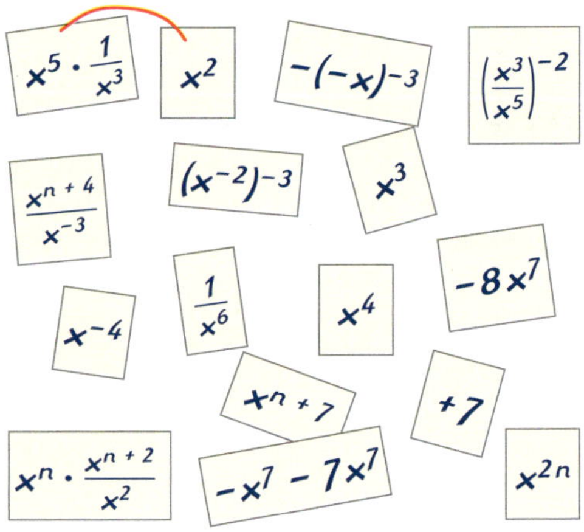

11 Kleine Unterschiede, große Auswirkungen – erkläre.

a) 3^4; -3^4; $(-3)^4$; $(-3)^{-4}$; -3^{-4}
b) x^4; $-x^4$; $(-x)^4$; x^{-4}; $(-x)^{-4}$; $-x^{-4}$
c) x^n; $-x^n$; $(-x)^n$; $(-x)^{-n}$; $-x^{-n}$

12 Probiere mit dem Taschenrechner. Wie heißt die größte Potenz, die du mit dem Taschenrechner berechnen kannst

a) mit der Basis 5?
b) mit der Basis 3?
c) mit der Basis 2?
d) mit der Basis 10?

13 Forme um.

a) $(x^2 + x^3)^2$ b) $(x^2 - x^4)^2$
c) $(x^3 + x^5)(x^3 - x^5)$ d) $(3y - 4y^4)^2$
e) $y^3 \cdot (y^2 + y^4)^2$ f) $y^3 \cdot (y^2 - y^4)^2$

14 Vereinfache.

a) $a^{-4} \cdot a^{-5}$ b) $a^{-3} : a^7$
c) $a^9 \cdot a^{-12}$ d) $x^6 \cdot x^{-7} \cdot x^{-5}$
e) $(x^{-1} \cdot x^{-5} \cdot x^{-9}) : (x^{-5} \cdot x^{-5} \cdot x^{-5})$

15 Schreibe ohne negative Exponenten.

a) $\frac{a^2 \cdot a^{-2}}{a^2}$ b) $\frac{x^2 \cdot y^4}{x \cdot y^5}$ c) $-a^{-1} \cdot a^{-2}$
d) $\frac{3x^2 \cdot y^{-3}}{12x^3 \cdot y^{-2}}$ e) $\frac{18x^{-3}y^{-1}}{9x^{-1}y^{-3}}$

16 Vereinfache.

a) $x^{a+2} \cdot x^{-2}$ b) $y^{-2x} \cdot y^{3x}$
c) $5^{2a-2} \cdot 5^{a+3}$ d) $3 \cdot x^0 \cdot y^{-2}$
e) $2^{-a+1} \cdot 2^a$ f) $(x^{-2})^{-y}$
g) $\frac{x^{2y+2}}{x^{-2y}}$ h) $\frac{a^3 \cdot b^{-4}}{a^{-4} \cdot b^3}$

17 a) Welche Zahl liegt genau in der Mitte zwischen den beiden Zahlen
0 und 10^3; 0 und 10^{-3}; 10^1 und 10^3?
b) Welcher Abschnitt des Zahlenstrahls ist länger?
Von 10^{-3} bis 10^3 oder von 10^{-9} bis 10^3;
von 10^1 bis 10^5 oder von 10^{-1} bis 10^{-5}?

18 Unterscheide die beiden Potenzen, indem du sie als Quotienten schreibst.
10^3 und 10^{-3}
10^6 und 10^{-6}
10^n und 10^{-n}
10^{n+1} und 10^{-n-1}
10^{m-n} und 10^{n-m}

19 Nach einer Legende soll sich der indische Erfinder des Schachspiels folgende Belohnung ausgedacht haben: Für das erste Feld des Schachbretts ein Reiskorn und für jedes weitere doppelt so viele Körner wie auf dem vorherigen.
a) Wie groß ist die Anzahl der Körner auf dem 5.; 10.; 20. Feld?
b) Schätze das Gewicht der Reiskörner auf dem 64. Feld. Nimm an, dass 40 Reiskörner zusammen etwa 1g wiegen. Vergleiche mit der Weltjahresernte 2005 von 618 Mio. t.

20 Die folgende Zahl gibt an, wie viele verschiedene Möglichkeiten bestehen, die ersten 10 Züge beim Schach zu spielen:
169 518 829 100 544 000 000 000 000 000 000
a) Schreibe die Zahl in Zehnerpotenzschreibweise.
b) Ein Schachcomputer benötigt pro Zug eine millionstel Sekunde. Wie lange würde er brauchen, um alle diese Züge zu spielen? Vergleiche mit dem Alter der Erde von ca. 4,5 Milliarden Jahren.

21 Eine sehr kleine positive Zahl, die man in einen 10-stelligen Taschenrechner eingeben kann, lautet $1 \cdot 10^{-99}$.
a) Mit welcher Zahl muss man $1 \cdot 10^{-99}$ multiplizieren, um 1 zu erhalten?
b) Wie heißt die kleinste positive Zahl, die sich eingeben lässt?
Welches ist die zweitkleinste positive Zahl? Kann der Taschenrechner die Differenz der beiden Zahlen ermitteln?

22 Stelle die Durchmesser in Zehnerpotenzschreibweise in der Einheit m dar.

Herpesvirus	180 nm
Rotes Blutkörperchen	7,5 µm
Maul- und Klauenseuchevirus	14 nm
Tuberkelbazillus	1 µm
Zuckermolekül	700 pm
Atomkern	10 fm

23 Die Wasserhyazinthe in Ostafrika wächst so schnell, dass sich die von ihr bedeckte Fläche in zwölf Tagen verdoppelt. Sie kommt vor allem auch im Viktoriasee vor, dem mit 68 000 km² größten See Afrikas. Wie lange bräuchte eine 1 m² große Wasserhyazinthe, bis sie den See vollständig bedeckt? Schätze zuerst.

? *Der Turmbau zu Babel*

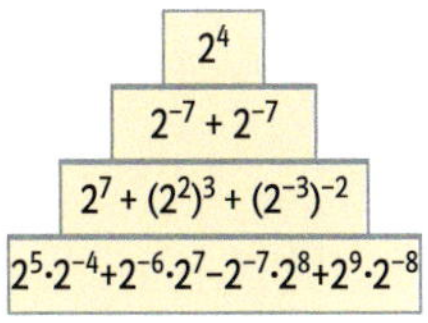

Die waagerechten Striche gelten als Bruchstriche. Rechne von oben nach unten.

Mega und Nano

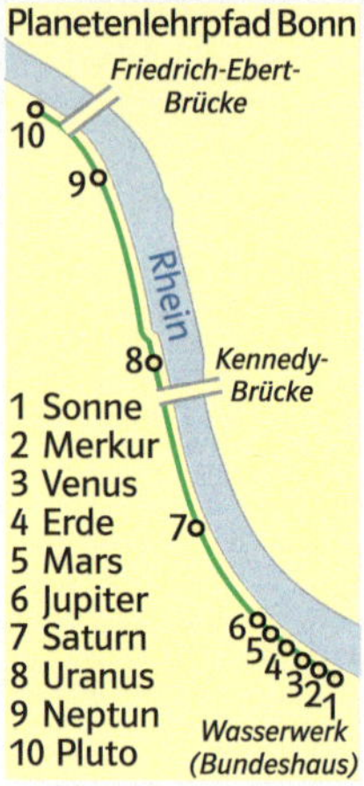

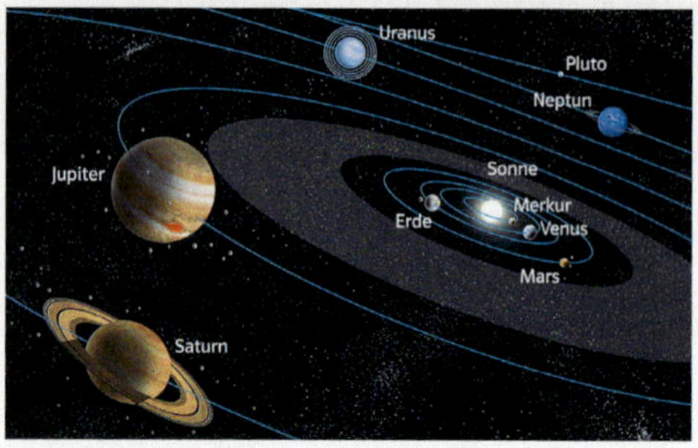

Das mittlere Bild zeigt den Rand der Sonne und die zum Größenvergleich daneben gesetzten Planeten. Das rechte Bild zeigt die Sonne und die Planetenbahnen. Vielerorts gibt es Planetenwege (Bild links). Sie sollen die Maße unseres Sonnensystems erfahrbar machen. Dazu muss man die Maße verkleinern.

Die Planetenbahnen sind nicht genau Kreise und die Planeten sind nicht genau Kugeln. Die Maße sind daher Mittelwerte.

Planet	Merkur	Venus	Erde	Mars
Entfernung zur Sonne in km	57 909 175	108 208 930	149 597 890	227 936 640
Durchmesser in km	4879	12 103	12 756	6794

Planet	Jupiter	Saturn	Uranus	Neptun	Pluto
Entfernung zur Sonne in km	778 412 010	1 426 725 400	2 870 972 200	4 498 252 900	5 906 376 200
Durchmesser in km	142 985	120 534	51 115	49 533	2296

Für die folgenden Rechnungen solltest du die Zahlen runden und in wissenschaftliche Schreibweise umwandeln.
Von einem Planetenweg könnte man verlangen:
Er soll die größte Entfernung auf 1 km
und den größten Durchmesser auf 2 m verkleinern,
und die kleinste Entfernung und der kleinste Durchmesser sollen noch erkennbar sein.

- Lassen sich alle diese Forderungen erfüllen oder nur einige? Sind Kompromisse nötig?
- Vor dem Bau eines Planetenwegs braucht man eine maßstäbliche Planskizze.

Das Licht legt in einem Jahr $9{,}46 \cdot 10^{12}$ km zurück. Diese Entfernung heißt 1 Lichtjahr, abgekürzt 1 Lj.

Gegenüber den kosmischen Entfernungen ist unser Sonnensystem mit zwölf Milliarden km Durchmesser sehr klein. Es gehört zur Milchstraße mit 100 000 Lj Durchmesser. Der unserer Sonne nächste Stern heißt Proxima-Centauri. Er ist 4,28 Lj entfernt.

*Seit neuestem zählt Pluto nicht mehr zu den Planeten. Der Merkspruch: „**M**ein **V**ater **e**rklärt **m**ir **j**eden **S**amstag **u**nsere **n**eun **P**laneten." gilt also nicht mehr. Fällt dir ein Merkspruch für unsere acht Planeten ein?*

Der Andromeda-Nebel ist das am weitesten entfernte Himmelsobjekt, das mit bloßem Auge sichtbar ist. Sein Durchmesser ist 150 Milliarden Lichtjahre, seine Entfernung vom Sonnensystem 2,7 Millionen Lj.

- Stelle die Entfernungen in wissenschaftlicher Schreibweise in der Einheit km dar.
- Wie oft passt das Sonnensystem in die Milchstraße, wie oft in den Andromeda-Nebel?

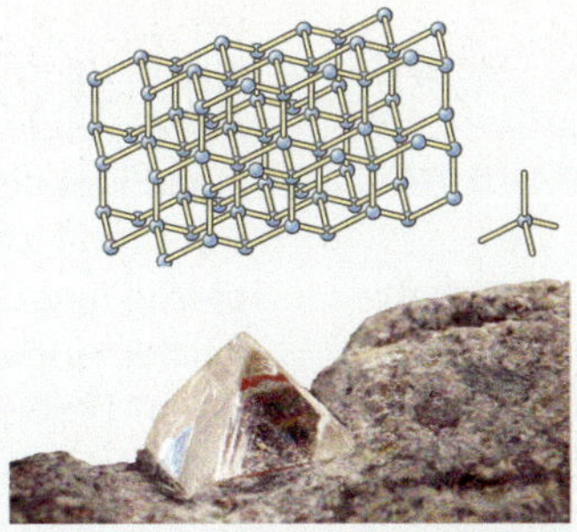
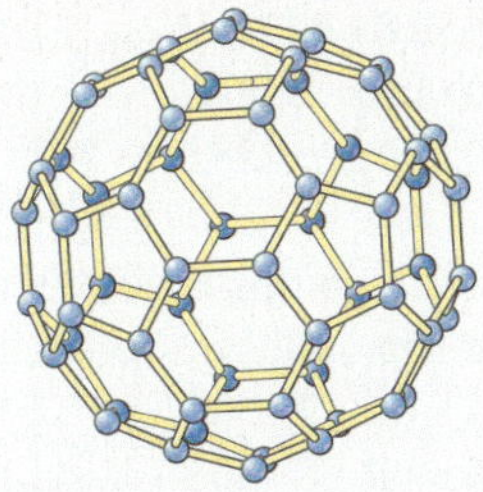

Kohlenstoff ist ein Grundbaustein des Lebens. In reiner Form kommt er als Graphit und als Diamant vor. Diese zwei Stoffe unterscheiden sich nur in der Anordnung der Atome. Erst 1985 entdeckte man, dass sich Kohlenstoffatome auch kugelförmig verbinden können. Die Entdecker nannten diese Kugeln Buckyballs oder Fullerene. Sie wollten damit den Architekten Richard Buckminster Fuller ehren, der für die Weltausstellung (Expo) 1967 in Montreal (Kanada) ein kugelförmiges Gebäude konstruiert hatte.
Der kleinste Buckyball besteht aus 60 Atomen und ist etwa 1 nm dick. Man nennt ihn und verwandte Moleküle deshalb **Nano-Teilchen**. Es gibt auch Nano-Rohre aus Kohlenstoff. Sie sind etwa 1,5 nm dick und 1 mm lang.

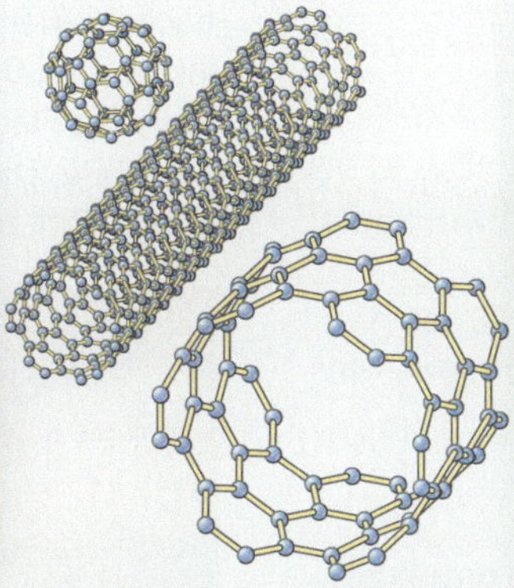

- Ein Fußball hat etwa 22 cm Durchmesser. Wie viele Buckyball-Moleküle müsste man aneinanderlegen, um eine 22 cm lange Strecke zu bekommen?
- Denke dir statt des Buckyballs einen Würfel mit der Kantenlänge 1 nm und statt des Fußballs einen Würfel mit der Kantenlänge 22 cm. Wie viele kleine Würfel passen in einen großen?
- Die Expo-Kugel hat etwa 63 m Durchmesser. Vergleiche sie mit dem Fußball und dem Buckyball.
- Rohre für Öl-Pipelines haben etwa 0,85 m Durchmesser und sind 25 m lang. Denke dir ein Nano-Rohr so vergrößert, dass es gleich dick bzw. gleich lang wie ein Pipeline-Rohr ist. Wie viel länger bzw. wie viel dicker wäre es dann?

Von Nanomaterialien versprechen sich die Forscher sehr viel. Bereits jetzt gibt es Nano-Beschichtungen, von denen der Schmutz abperlt wie vom Blatt der Lotuspflanze. In einigen Jahren wird man extrem dünne hochfeste Drähte, energiesparende Stromleiter, winzige Zahnräder herstellen können. Arzneimittel können vielleicht in Buckyballs gefüllt und so durch die Blutbahn zu erkrankten Organen transportiert werden.

flops:
***f**loating point **o**perations **p**er **s**econd*
Anzahl der Rechenoperationen pro Sekunde

24 Berechne das Produkt. Wandle das Ergebnis in wissenschaftliche Schreibweise um.

a) $450{,}8 \cdot 800{,}4$ b) $2{,}896 \cdot 9997{,}4$
c) $0{,}0089 \cdot 0{,}068$ d) $0{,}000\,04 \cdot 0{,}0012$
e) $0{,}000\,67 \cdot 123{,}9$ f) $8888{,}1 \cdot 0{,}075$

25 Bringe das Ergebnis in wissenschaftliche Darstellung. Versuche es im Kopf.

a) $4 \cdot 10^2 \cdot 2 \cdot 10^5$ b) $3 \cdot 10^3 \cdot 3 \cdot 10^8$
c) $6 \cdot 10^5 \cdot 3 \cdot 10^2$ d) $8 \cdot 10^5 : (2 \cdot 10^3)$
e) $12 \cdot 10^2 \cdot 5 \cdot 10^{-4}$ f) $24 \cdot 10^{-6} : (2 \cdot 10^5)$

Zahlen vor dem Rechnen in Speicher eingeben!

26 Berechne $x \cdot y$ und $x : y$ und wandle das Ergebnis in wissenschaftliche Schreibweise um.

	a)	b)	c)
x	$3{,}5 \cdot 10^6$	$0{,}09 \cdot 10^7$	$1{,}502 \cdot 10^{-5}$
y	$7{,}33 \cdot 10^4$	$0{,}008 \cdot 10^3$	$12{,}5 \cdot 10^4$

	d)	e)	f)
x	$0{,}57 \cdot 10^4$	$12{,}5 \cdot 10^{-8}$	$81{,}32 \cdot 10^5$
y	$0{,}013 \cdot 10^{-9}$	$0{,}002 \cdot 10^5$	$0{,}0026 \cdot 10^6$

27 Welche der Zahlen liegen zwischen 1 und 10?

a) $5634{,}99 \cdot 10^{-3}$ b) $13\,456 \cdot 10^{-6}$
c) $0{,}000\,05 \cdot 10^7$ d) $0{,}000\,0015 \cdot 10^6$
e) $1200{,}007 \cdot 10^{-4}$
f) $0{,}000\,000\,0011 \cdot 10^9$

28 Nach der 3. binomischen Formel gilt

$$\frac{a^2 - b^2}{a - b} = a + b.$$

a) Setze $a = 1{,}000\,000\,01$ und $b = 1$ und vergleiche die zwei Werte. Was beobachtest du? Welches Ergebnis ist das richtige?
b) Probiere die Formel für ähnliche Zahlen wie in a) aus und versuche den Fehler zu erklären.

29 Der Taschenrechner kann positive Zahlen von $1 \cdot 10^{-99}$ bis $9{,}999\,999\,999 \cdot 10^{99}$ anzeigen. Zahlen wie $5{,}6 \cdot 10^0$; $5{,}6 \cdot 10^1$; $5{,}6 \cdot 10^2$; … sind größer als 1, und Zahlen wie $5{,}6 \cdot 10^{-1}$; $5{,}6 \cdot 10^{-2}$; … sind kleiner als 1. Welcher Prozentsatz aller positiven Taschenrechner-Zahlen ist kleiner 1?

30 Im Jahr 2005 kam der schnellste deutsche Großrechner auf eine Rechenleistung von 12,7 Teraflops. Was Flops sind, kannst du am Rand lesen.
a) Wie lange bräuchte der Computer, um eine Einmaleins-Tabelle für die Zahlen von 1 bis 1 Million zu berechnen?
b) Wie lange bräuchte er, um alle reinen Rechenaufgaben in diesem Kapitel zu lösen? Du brauchst nicht zwischen den Grundrechenarten zu unterscheiden. Potenzieren mit n entspricht n − 1 Multiplikationen.
Überlegt, wie ihr zusammen die Aufgaben überschlägig zählen könnt.
c) Umfangreiche Rechnungen können auch auf dem Super-Rechner 24 Stunden lang dauern. Wie viele Rechenoperationen führt die Maschine dann aus?

31 Der Mensch hat 25 Billionen rote Blutkörperchen. Sie nehmen durch ihre Oberfläche Sauerstoff auf und transportieren ihn zu den Organen.
Welchen Flächeninhalt haben sie insgesamt? Die Dicke brauchst du bei der Rechnung nicht zu berücksichtigen.

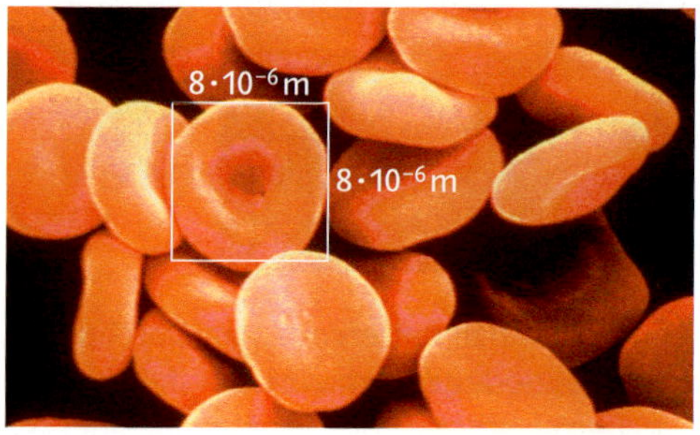

32 Schwebeteilchen mit einer Korngröße bis zu 10 µm nennt man Feinstaub. Dieser ist gesundheitsschädlich. Durch Filter und Belastungsgrenzwerte versucht man die Gefahr zu beschränken.
a) Welche Vergrößerung muss ein Mikroskop haben, damit man ein solches Korn sehen kann?
b) Stell dir die Körner als Würfel vor.
Wie viele Körner müsste man zusammenpacken, um einen Würfel mit 1 cm Kantenlänge zu bekommen?

Rückspiegel

Rückspiegel

1 Berechne ohne Taschenrechner.

a) $2^3 \cdot 2^5$ b) $(-3)^2 \cdot (-3)^3$
c) $3^{-4} \cdot 3^7$ d) $20^{-4} \cdot 0{,}5^{-4}$
e) $(2^5)^2$ f) $((-3)^2)^2$

2 Berechne ohne Taschenrechner.

a) $\frac{(-3)^8}{(-3)^5}$ b) $\frac{20^{-4}}{5^{-4}}$
c) $\frac{4^{-3}}{4^{-6}}$ d) $\frac{0{,}2^{-4}}{0{,}1^{-4}}$

3 Bestimme mit dem Taschenrechner die größt- bzw. kleinstmögliche Zahl n.

a) $2^n < 10\,000$ b) $20^n < 500\,000$
c) $0{,}2^n < 0{,}0001$ d) $0{,}9^n < 0{,}1$

4 Ergänze durch Multiplizieren.

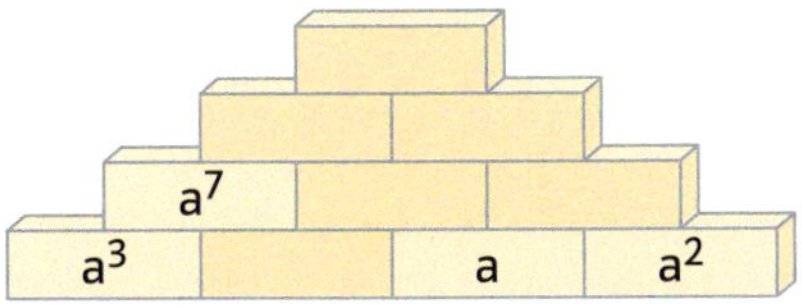

5 Wende ein Potenzgesetz an.

a) $5^n \cdot 5^{2-n}$ b) $2^{m-1} \cdot 3^{m-1}$
c) $y^{n-2} \cdot y^{n+3}$ d) $(x^m)^{2n}$
e) $\frac{a^{m-3}}{2a^{m+3}}$ f) $\left(\frac{1}{3}\right)^{-n}$

6 Klammere aus und berechne. Runde auf fünf Stellen nach dem Komma.

a) $2^{-5} \cdot 3^{-4} + 2^{-5} \cdot 5^{-2}$
b) $2{,}5^{-4} \cdot 5^{-3} + 2{,}5^{-4} \cdot 3^{-5}$

7 Schreibe in wissenschaftlicher Schreibweise.

a) 198 766 987 b) 10 000 000 001
c) 0,000 67 d) 0,000 000 100 002

8 Blaues Licht hat die Wellenlänge $4{,}8 \cdot 10^{-7}$ m. Wie viele Wellen passen in eine Strecke von 1 m?

1 Forme um.

a) $x^a \cdot x^b$ b) $y^n \cdot 3y^n$
c) $2a^m b \cdot ab^m$ d) $(x^{n+2})^3$
e) $(-8x)^{m-n} \cdot (-0{,}25)^{m-n}$
f) $((-x)^{2m})^{3n}$

2 Vereinfache.

a) $\frac{x^a}{2x^a}$ b) $\frac{(3y)^{-x}}{(9y)^{-x}}$
c) $\frac{t^{-m}}{t^{-2m}}$ d) $\frac{ab^{n-1}}{ba^{n-1}}$

3 Gib die Anzahl der Nachkommaziffern ohne Taschenrechner an.

$0{,}4^2$	$0{,}45^3$	$0{,}2^3$
$0{,}4^3$	$0{,}456^3$	$0{,}02^4$
$0{,}4^4$	$0{,}4567^3$	$0{,}002^5$

4 Ergänze. Es gibt mehrere Lösungen.

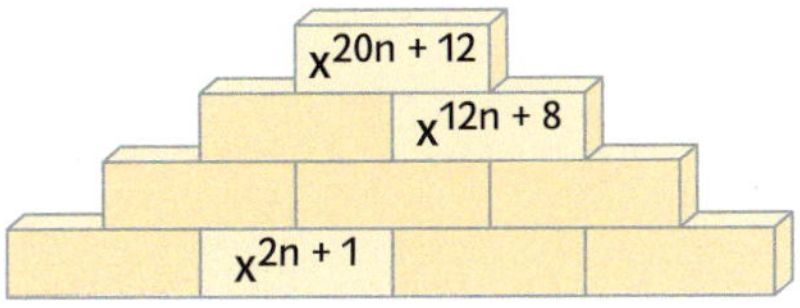

5 Wende ein Potenzgesetz an.

a) $\frac{x^{n+1}}{x}$ b) $\frac{x^{3m+2}}{x^{2m+1}}$
c) $\frac{y^{3n}}{2y^{n-1}}$ d) $\frac{y^{2m+1} \cdot y^{4m-2}}{y^{m-6}}$

6 Bestimme die kleinste natürliche Zahl n, für die $1{,}7^{-n} < 0{,}01$ gilt.

7 Berechne das Produkt. Gib seinen Wert in wissenschaftlicher Schreibweise an.

a) $6{,}89 \cdot 0{,}075 \cdot 10^8$
b) $0{,}48 \cdot 10^3 \cdot 0{,}021 \cdot 10^{-9}$
c) $0{,}0087 \cdot 10^{-5} \cdot 9{,}01 \cdot 10^{-12}$

8 Wie viele Schnupfen-Viren mit einer Breite von 0,02 µm passen nebeneinander in einem 2 mm breiten Wassertropfen?

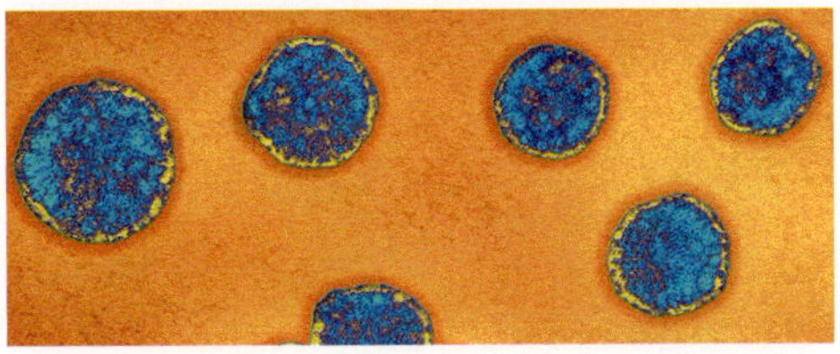

Who's perfect?

Das unten abgebildete gelbe Quadrat hat die Seitenlänge 7 cm.
Kann es mit den neun Quadraten, deren Seitenlängen 4 cm; 3 cm; 2 cm und 1 cm betragen, vollständig abgedeckt werden?
Lässt sich das gelbe Quadrat auch mit weniger Quadraten abdecken?

Aufzeichnen und Ausschneiden kann euch helfen.
Zeichnet ein Quadrat mit 11 cm Seitenlänge und überdeckt es mit möglichst wenigen Quadraten.
Wie hoch ist die geringste Anzahl von Teilquadraten?

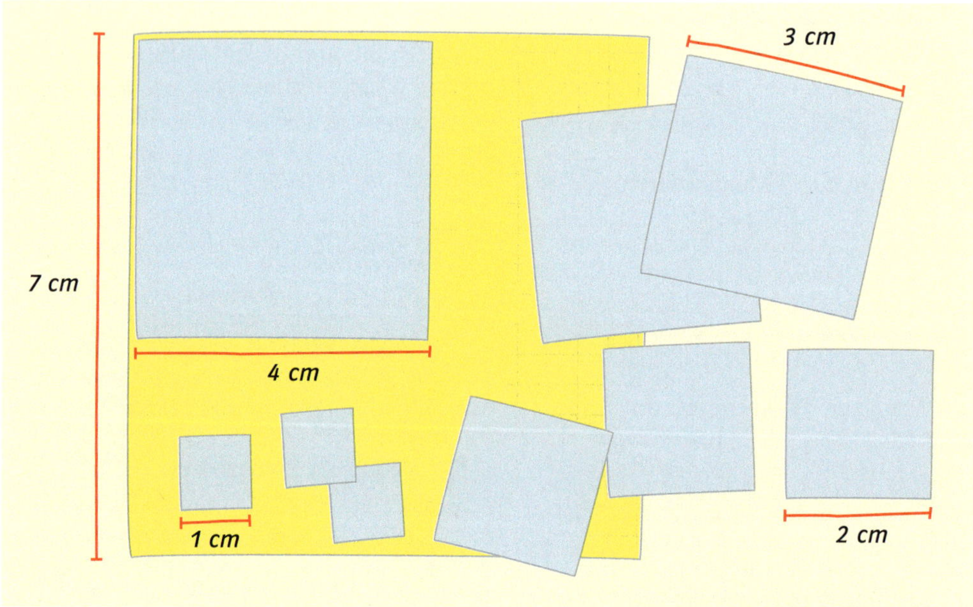

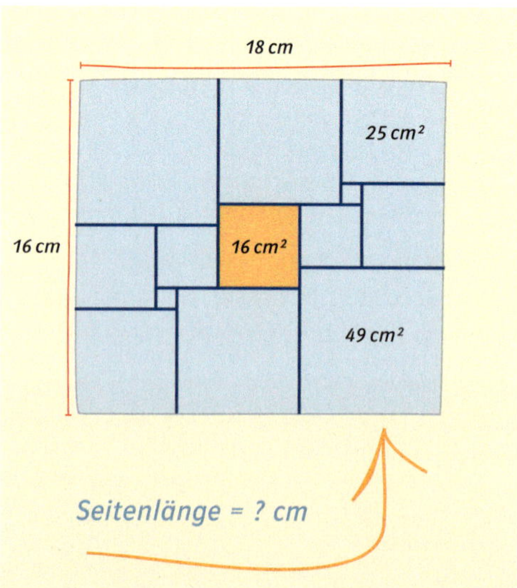

Das nebenstehende Rechteck ist 18 cm lang und 16 cm breit. Es wird in 13 Quadrate zerlegt.
Das orange gefärbte Quadrat kommt dreimal vor, alle anderen jeweils zweimal.
Bestimmt die Seitenlängen aller Quadrate.

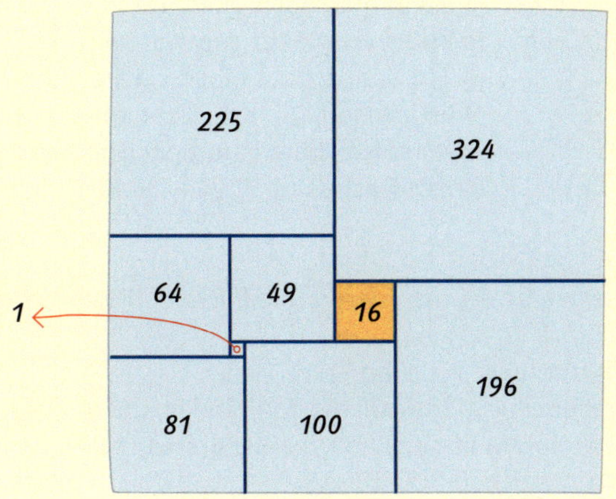

Rechtecke bzw. Quadrate, die in lauter verschiedene Quadrate unterteilt werden können, heißen perfekte Rechtecke bzw. perfekte Quadrate.

Das abgebildete Rechteck besteht aus neun Quadraten. Es ist das Rechteck mit der geringsten Anzahl von unterschiedlichen Teilquadraten.
In den einzelnen Quadraten stehen jeweils die Maßzahlen der Flächeninhalte.
Bestimmt durch Probieren die Seitenlängen der eingezeichneten Quadrate.
Berechnet den Umfang des gesamten Rechtecks.

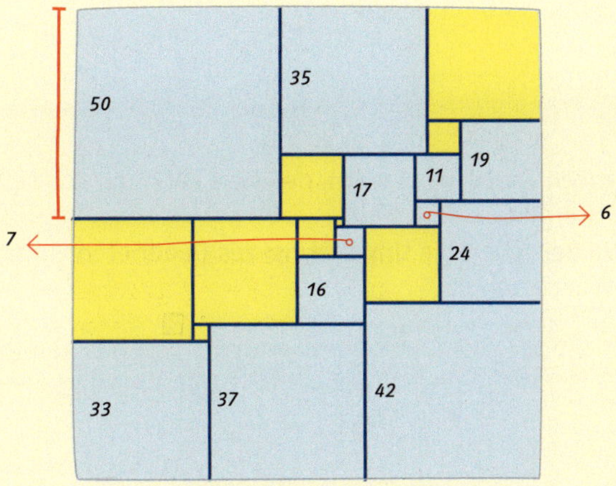

Links seht ihr ein perfektes Quadrat. Es hat die geringste Anzahl von unterschiedlichen Teilquadraten und wurde 1948 vom Engländer T. H. Willcocks entdeckt.

Einige Seitenlängen der Teilquadrate sind eingetragen.
In wie viele Teilquadrate wurde das Quadrat unterteilt?
Weist nach, dass die gelben Teilflächen auch wirklich Quadrate sind.

In diesem Kapitel lernst du,

- was Quadratwurzeln sind und wie man sie näherungsweise bestimmen kann,
- wie man mit Quadratwurzeln rechnet,
- wie man Quadratwurzeln umformt und vereinfacht,
- was n-te Wurzeln sind und wozu man sie verwendet.

1 Quadratwurzeln

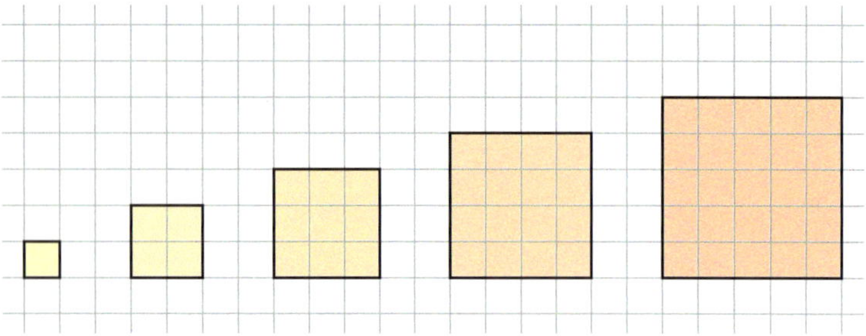

Die Quadrate werden größer.
➔ Setze die Reihe fort. Notiere alle Möglichkeiten bis 100 Kästchen Flächeninhalt.
➔ Kann man auch Quadrate mit zwei oder drei Kästchen Flächeninhalt zeichnen?
➔ Ein Quadrat hat einen Flächeninhalt von 144 Kästchen. Gib die Seitenlänge an.
➔ Welchen Umfang hat ein Quadrat mit einem Flächeninhalt von 100 Kästchen?

Radikand

Zahl unter dem Wurzelzeichen $\sqrt{49}$

Multipliziert man eine Zahl mit sich selbst, erhält man deren **Quadratzahl**. Dieser Vorgang heißt **Quadrieren**.
$15 \cdot 15 = 15^2 = 225$ Allgemein schreibt man: $a \cdot a = a^2$
Umgekehrt lässt sich zu einer vorgegebenen Quadratzahl die Zahl finden, die mit sich selbst multipliziert diese Quadratzahl ergibt. Man bestimmt die **Quadratwurzel**.
Diesen Vorgang bezeichnet man als **Wurzelziehen** (**Radizieren**).
Für die Zahl 49 erhält man die Zahl 7 als Quadratwurzel, denn $7 \cdot 7 = 49$.

! *Für den Radikanden 0 gilt:*
$\sqrt{0} = 0$, da $0^2 = 0$

Die **Quadratwurzel** einer positiven Zahl b ist die positive Zahl a, die mit sich selbst multipliziert die Zahl b ergibt: $a^2 = b$
Man verwendet die Schreibweise $a = \sqrt{b}$ und sagt:
„a ist die Quadratwurzel von b."

Bemerkungen

a) Die Quadratwurzel einer negativen Zahl gibt es nicht, da keine Zahl mit sich selbst multipliziert einen negativen Wert ergibt.
b) Bei positiven Zahlen ist das Wurzelziehen die Umkehrung des Quadrierens und das Quadrieren die Umkehrung des Wurzelziehens.
Allgemein gilt: $\sqrt{a^2} = a$ und $(\sqrt{a})^2 = \sqrt{a} \cdot \sqrt{a} = a$.

Beispiele

a) $\sqrt{36} = 6$; da $6^2 = 36$
b) $\sqrt{121} = 11$; da $11^2 = 121$
c) $\sqrt{0{,}25} = 0{,}5$; da $0{,}5^2 = 0{,}25$
d) $\sqrt{\frac{1}{4}} = \frac{1}{2}$; da $\left(\frac{1}{2}\right)^2 = \frac{1}{4}$
e) $\sqrt{8^2} = \sqrt{64} = 8$
f) $(\sqrt{0{,}81})^2 = 0{,}9^2 = 0{,}81$

12 1,5 $\frac{1}{10}$ 0,2
5 17
30
7 10 0,5
0,02

298 4 0,25
144 99
2,5 0,04
900 49
289 $\frac{1}{100}$ 2,25

? *Wie kann man die Zahlen auf dem oberen und unteren Notizzettel einander sinnvoll zuordnen?*

Aufgaben

1 Welche Zahl passt nicht in die Reihe?
a) 1; 25; 49; 55; 64; 81; 121; 196
b) 144; 169; 225; 325; 400; 625; 900
c) 0,04; 0,16; 0,36; 0,50; 0,81; 1,21; 2,56
d) $\frac{1}{4}$; $\frac{4}{9}$; $\frac{16}{27}$; $\frac{9}{25}$; $\frac{49}{64}$; $\frac{16}{81}$

2 Bestimme die Quadratwurzel im Kopf.
a) $\sqrt{16}$ b) $\sqrt{49}$ c) $\sqrt{100}$
d) $\sqrt{225}$ e) $\sqrt{121}$ f) $\sqrt{169}$
g) $\sqrt{256}$ h) $\sqrt{400}$ i) $\sqrt{625}$
j) $\sqrt{900}$ k) $\sqrt{289}$ l) $\sqrt{1600}$

3 Berechne.

a) $\sqrt{1{,}44}$ b) $\sqrt{0{,}81}$ c) $\sqrt{2{,}25}$
d) $\sqrt{2{,}89}$ e) $\sqrt{0{,}49}$ f) $\sqrt{4{,}41}$
g) $\sqrt{0{,}04}$ h) $\sqrt{6{,}25}$ i) $\sqrt{0{,}0004}$

4 Berechne diese Wurzeln im Kopf.

a) $\sqrt{\frac{16}{49}}$ b) $\sqrt{\frac{4}{81}}$ c) $\sqrt{\frac{36}{121}}$
d) $\sqrt{\frac{196}{144}}$ e) $\sqrt{\frac{169}{225}}$ f) $\sqrt{\frac{400}{729}}$
g) $\sqrt{\frac{5}{20}}$ h) $\sqrt{\frac{12}{27}}$ i) $\sqrt{\frac{44}{99}}$

5 Fülle die Lücken.

a) $\sqrt{\square 1} = 9$ b) $\sqrt{14\square} = 12$
c) $\sqrt{1\square 9} = 13$ d) $\sqrt{\square 21} = 11$
e) $\sqrt{\frac{81}{\square}} = \frac{9}{11}$ f) $\sqrt{\frac{\square}{25}} = \frac{2}{\blacksquare}$

6 Welche Ziffern muss man einsetzen?

Beispiel: $\sqrt{2\square 6} = \blacksquare 6$
Für $\square$ wird 5, für $\blacksquare$ wird 1 eingesetzt: $\sqrt{256} = 16$

a) $\sqrt{1\square 1} = 11$ b) $\sqrt{32\square} = \blacksquare 8$
c) $\sqrt{6\square\blacksquare} = 2\blacksquare$ d) $\sqrt{\square 76} = 2\blacksquare$
e) $\sqrt{\square 89} = \blacksquare 7$ f) $\sqrt{\square\square 1} = \blacksquare 1$

7 Die Summe der eingesetzten Ziffern ergibt 41.

a) $\sqrt{\square 4} = 8$ b) $\sqrt{1\square\blacksquare} = 13$
c) $\sqrt{2\square 9} = \blacksquare 7$ d) $\sqrt{3 + \square\blacksquare} = 4$
e) $\sqrt{54 - \square} = 7$ f) $\sqrt{72 \cdot \square} = 12$

8 Ergänze die Tabelle. Wann gibt es keine oder mehrere Lösungen?

$(\ )^2$ → $\sqrt{\ }$ →

3		
		1,2
−4		
	6,25	

$\sqrt{\ }$ → $(\ )^2$ →

121		
	$\frac{3}{5}$	
		0,04
	−9	

9 Welche Rechnungen sind falsch? Begründe.

a) $30^2 = 900$ b) $1{,}4^2 = 19{,}6$
c) $0{,}9^2 = 8{,}1$ d) $0{,}04^2 = 0{,}016$
e) $25^2 = 625$ f) $\sqrt{2{,}5} = 0{,}5$
g) $\sqrt{490} = 70$ h) $\sqrt{1{,}6} = 0{,}4$
i) $\sqrt{3600} = 60$ j) $\sqrt{0{,}4} = 0{,}2$

10 Der Pariser Platz in Berlin ist quadratisch und ungefähr 144 a groß.
Pia geht einmal um den Platz.

11 Ein Rechteck hat die Länge a und die Breite b. Berechne die Seitenlänge eines dazu flächengleichen Quadrats.

a) a = 18 m; b = 8 m
b) a = 30 m; b = 7,5 m
c) a = 20 m; b = 3,2 m

Wurzelzauber? ?!

Es gibt besonders interessante Wurzeln. Teilt euch in Gruppen auf und versucht zusammen eine Regel zu entdecken. Stellt sie der Klasse vor.

- Symmetrische Radikanden?

$\sqrt{1}$
$\sqrt{121}$
$\sqrt{12\,321}$
$\sqrt{1\,234\,321}$

Setzt die Reihe fort.
Gibt es eine Grenze?

- Immer das Gleiche?

$\sqrt{16}$ $\sqrt{81}$ $\sqrt{49}$
$\sqrt{1156}$ $\sqrt{9801}$ $\sqrt{4489}$
$\sqrt{111\,556}$ $\sqrt{998\,001}$ $\sqrt{444\,889}$

Überprüft eure Vermutung mithilfe von weiteren Beispielen.

- Schnapszahlen oder Zahlendreher?

$\sqrt{121}$ $\sqrt{484}$
$\sqrt{10\,201}$ $\sqrt{40\,804}$
$\sqrt{1\,002\,001}$ $\sqrt{4\,008\,004}$

Findet eine weitere Aufgabe.

- Eine weitere Besonderheit.

$\sqrt{6561}$ $\sqrt{32\,761}$ $\sqrt{78\,961}$ $\sqrt{145\,161}$

Wie kommt es zu dieser Besonderheit?
Tipp: Mithilfe einer binomischen Formel könnt ihr sie erklären.

- Der Mathematiker Hill fand heraus, dass 139 854 276 eine Quadratzahl ist, die alle Ziffern von 1 bis 9 benutzt.
Was er nicht wusste: es gibt noch mehr davon. Überprüft.

$\sqrt{152\,843\,769}$ $\sqrt{597\,362\,481}$

12 Die Figuren bestehen aus aneinandergereihten Quadraten. Der Flächeninhalt der Quadratreihe ist gegeben.
Berechne den Umfang der Quadratreihe.

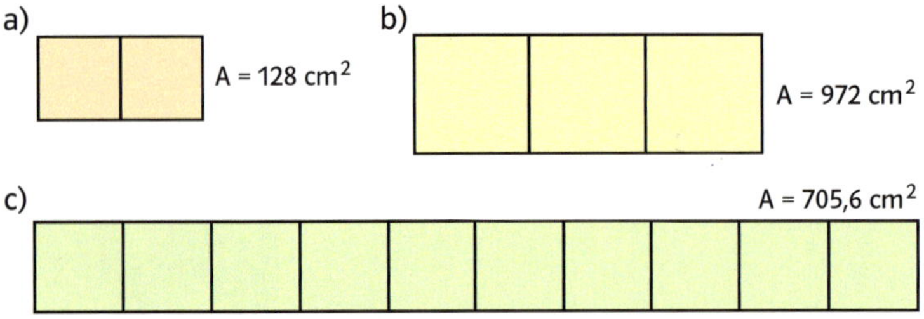

13 Die Oberfläche ist gegeben. Berechne die Kantenlänge a eines Würfels.

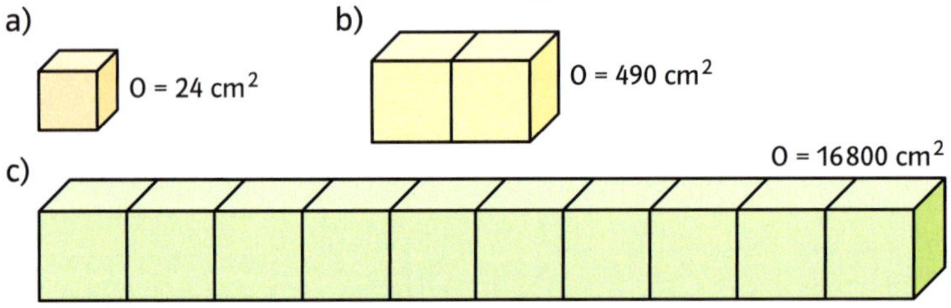

d) Ein Quader besteht aus 100 in Reihe aneinandergesetzten Würfeln und hat eine Oberfläche von $1608\,cm^2$.
Welches Volumen hat der Körper?

14 Berechne das Volumen für die vorgegebene Oberfläche.

a)

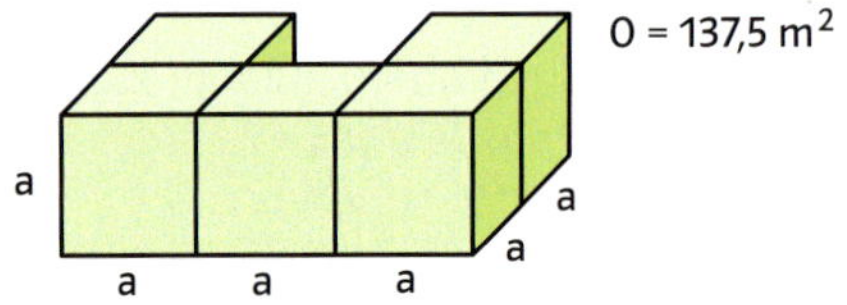

b)

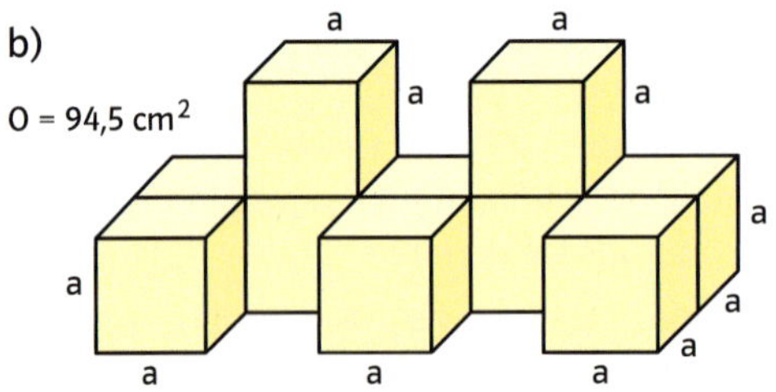

15 Ohne Taschenrechner geht es schneller.

a) $\sqrt{1\,234\,567\,890\,987\,654\,321^2}$

b) $\sqrt{122\,333\,444\,455\,555\,666\,666^2}$

16 Berechne mit dem Taschenrechner.
Was meinst du zu den Ergebnissen?

$$\sqrt{15{,}9} + \sqrt{16{,}1}$$
$$\sqrt{15{,}99} + \sqrt{16{,}01}$$
$$\sqrt{15{,}999} + \sqrt{16{,}001}$$
$$\sqrt{15{,}9999} + \sqrt{16{,}0001}$$

17 Berechne.

a) $(\sqrt{81})^2$ b) $\sqrt{7{,}5^2}$ c) $(\sqrt{0{,}36})^2$

d) $\left(\sqrt{\frac{1}{4}}\right)^2$ e) $\sqrt{\left(\frac{2}{5}\right)^2}$ f) $\left(\sqrt{\frac{37}{74}}\right)^2$

18 Natascha behauptet: „Vier der sechs Quadratwurzeln sind keine natürlichen Zahlen. Dies kann ich ohne Taschenrechner nachweisen."
Hast du eine Idee, wie Natascha vorgeht?

$\sqrt{765\,432}$ $\sqrt{7\,531\,357}$ $\sqrt{344\,569}$

$\sqrt{12\,345\,678}$ $\sqrt{852\,743}$ $\sqrt{23\,503\,104}$

Wurzeln und Variablen

Wir vereinbaren: Wird aus einem quadratischen Term die Wurzel gezogen, benutzen wir nur die Werte, für die der Term positiv ist oder den Wert null hat.

- Vereinfache.

a) $\sqrt{x^2}$ b) $(\sqrt{2a})^2$ c) $(\sqrt{5xy})^2$

d) $\sqrt{4z^2}$ e) $\sqrt{9a^2b^2}$ f) $(\sqrt{5rs})^2$

- Schreibe ohne Wurzelzeichen.

a) $\sqrt{(a+b)^2}$ b) $\sqrt{(x-y)^2}$

c) $\sqrt{(2v+w)^2}$ d) $\sqrt{(0{,}1a-0{,}9b)^2}$

- Vereinfache. Nenne einen Wert, den man für x nicht einsetzen darf.

a) $(\sqrt{3+x})^2$ b) $(\sqrt{x-5})^2$

c) $(\sqrt{0{,}5-x})^2$ d) $\left(\sqrt{y+\frac{1}{4}}\right)^2$

- Verwandle zuerst in ein Binom.

Beispiel: $\sqrt{x^2-6x+9} = \sqrt{(x-3)^2} = x-3$

a) $\sqrt{x^2+2x+1}$ b) $\sqrt{a^2+10a+25}$

c) $\sqrt{4y^2+20y+25}$ d) $\sqrt{100-20x+x^2}$

- Ergänze den Radikanden. Ziehe dann die Wurzel.

a) $\sqrt{x^2+6x+\square}$

b) $\sqrt{2{,}25s^2-15s+\square}$

2 Bestimmen von Quadratwurzeln

Durch Zerschneiden und Umlegen der beiden Quadrate lässt sich ein neues größeres Quadrat bilden.

➔ Wie groß ist der Flächeninhalt des neuen Quadrats?

➔ Warum ist der Umfang der ursprünglichen Quadrate viel leichter zu bestimmen als der des neuen?

➔ Bestimme die Seitenlänge des großen Quadrats. Miss so genau wie möglich.

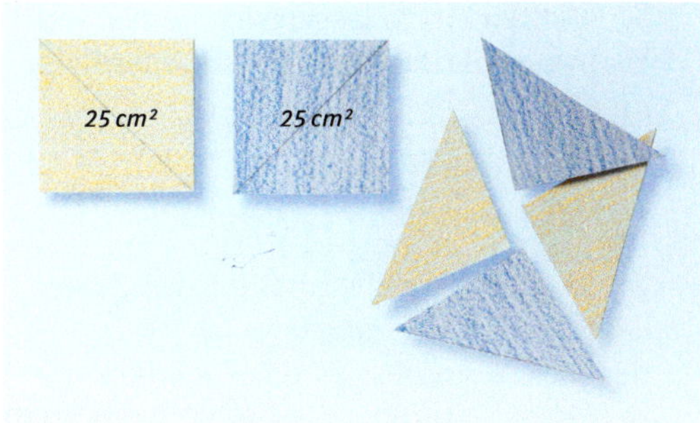

Quadratwurzeln wie z. B. $\sqrt{3}$ oder $\sqrt{7{,}4}$ lassen sich zunächst nur abschätzen. Bei der Quadratwurzel der Zahl 2 erkennt man, dass sie zwischen 1 und 2 liegen muss, da für die Quadrate die Eingrenzung $1^2 < 2 < 2^2$ gilt. Der Bereich der Eingrenzung heißt **Intervall**. $\sqrt{2}$ liegt zwischen den natürlichen Zahlen 1 und 2, das heißt $\sqrt{2}$ liegt im Intervall [1; 2]. Durch Probieren lässt sich eine größere Genauigkeit mit mehr Dezimalen erreichen:
Wegen $1{,}4^2 < 2 < 1{,}5^2$ liegt $\sqrt{2}$ zwischen 1,4 und 1,5; also im Intervall [1,4; 1,5].
Wegen $1{,}41^2 < 2 < 1{,}42^2$ liegt $\sqrt{2}$ zwischen 1,41 und 1,42; also im Intervall [1,41; 1,42].

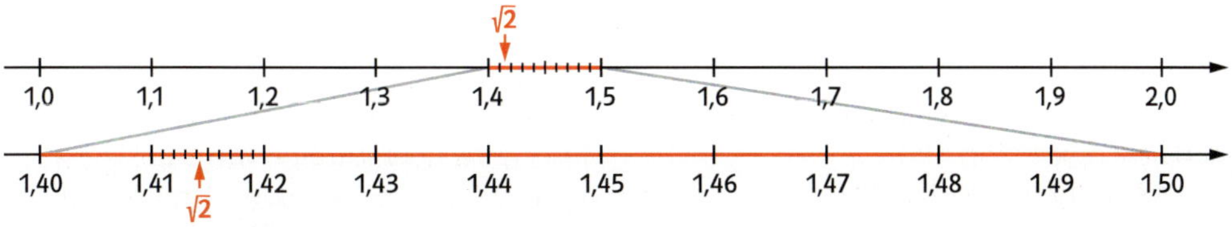

Auf diese Weise gelangt man zu immer mehr Nachkommaziffern. Beispielsweise lauten die ersten 40 Ziffern von $\sqrt{2}$ so: 1,414 213 562 373 095 048 801 688 724 209 698 078 569 ...
Diese Dezimalbrüche mit unendlich vielen Nachkommaziffern kann man nicht als Bruchzahl darstellen. Man nennt sie deshalb **irrationale Zahlen**.

Quadratwurzeln aus positiven Zahlen, die keine Quadratzahlen sind, haben unendlich viele Nachkommaziffern mit nicht periodischer Abfolge. Sie heißen **irrationale Zahlen**.

Beispiele

a) Näherung für $\sqrt{30}$: $5 < \sqrt{30} < 6$; da $5^2 < 30 < 6^2$
Durch systematisches Probieren erhält man eine bessere Näherung.
$5{,}1^2 = 26{,}01$; $5{,}2^2 = 27{,}04$; $5{,}3^2 = 28{,}09$; $5{,}4^2 = 29{,}16$; $5{,}5^2 = 30{,}25$
Damit gilt: $5{,}4 < \sqrt{30} < 5{,}5$. Auf diese Art und Weise kann man zu immer mehr Nachkommastellen gelangen.

b) Näherung für $\sqrt{\frac{3}{4}}$: $0{,}8 < \sqrt{\frac{3}{4}} < 0{,}9$; da $0{,}64 < 0{,}75 < 0{,}81$
$0{,}86 < \sqrt{\frac{3}{4}} < 0{,}87$; da $0{,}7396 < 0{,}75 < 0{,}7569$
$0{,}866 < \sqrt{\frac{3}{4}} < 0{,}867$; da $0{,}749\,956 < 0{,}75 < 0{,}751\,689$

Auch bei diesem Beispiel kann man unendlich viele Nachkommastellen berechnen.
$\sqrt{\frac{3}{4}}$ ist eine irrationale Zahl. Auf zwei Nachkommastellen gerundet gilt: $\sqrt{\frac{3}{4}} \approx 0{,}87$.

Wie heißt die 37. Nachkommastelle von $\frac{1}{3}$? Wie die von $\sqrt{3}$? Welche Frage ist unfair?

Aufgaben

1 Welche Werte lassen sich genau, welche nur näherungsweise bestimmen?
a) $\sqrt{20}$ b) $\sqrt{144}$ c) $\sqrt{80}$
d) $\sqrt{4{,}5}$ e) $\sqrt{6{,}25}$ f) $\sqrt{10{,}24}$
g) $\sqrt{0{,}4}$ h) $\sqrt{0{,}09}$ i) $\sqrt{0{,}081}$

2 Zwischen welchen natürlichen Zahlen liegt die Quadratwurzel?
Beispiel: $6 < \sqrt{40} < 7$; da $6^2 < 40 < 7^2$
a) $\sqrt{20}$ b) $\sqrt{50}$ c) $\sqrt{70}$ d) $\sqrt{120}$
e) $\sqrt{190}$ f) $\sqrt{350}$ g) $\sqrt{500}$ h) $\sqrt{700}$

3 Fülle die Lücken. Manchmal sind auch mehrere Lösungen möglich.
a) $7 < \sqrt{\square 5} < 8$ b) $6 < \sqrt{4\square} < 7$
c) $12 < \sqrt{1\square 8} < 13$ d) $13 < \sqrt{\square\square 7} < 14$

4 Welche der Quadratwurzeln lassen sich exakt bestimmen?
a) $\sqrt{9}$; $\sqrt{0{,}9}$; $\sqrt{900}$; $\sqrt{90}$; $\sqrt{0{,}09}$
b) $\sqrt{4}$; $\sqrt{0{,}04}$; $\sqrt{0{,}4}$; $\sqrt{4000}$; $\sqrt{0{,}0004}$

5 Erkläre die Entstehungsregel der irrationalen Zahl.
a) 1,121 231 234 123 45 …
b) 1,010 010 001 000 01 …
c) 9,898 998 999 899 99 …
d) Denkt euch selbst solche Zahlen aus und erklärt die Entstehungsregel.

6 Welche der folgenden Zahlen sind irrational, welche rational? Gib das Bildungsgesetz an.
a) 0,232 323 … b) 1,491 625 364 9 …
c) 0,122 333 … d) 0,714 285 714 285 7 …

7 Welcher Wurzelwert gehört zu welcher Quadratzahl? Schätze ab.

21,7485… 217,9449… 746
473 23,7697…
565 20,1494… 406
27,3130… 47 500

8 Corinna behauptet, der Bruch $\frac{665\,857}{470\,832}$ habe den Wert $\sqrt{2}$.
Christian sagt: „Wenn ich den Bruch quadriere und die Endziffern des Zählers und Nenners betrachte, kann das Ergebnis nicht die Zahl 2 sein."
Wer von beiden hat Recht? Begründe.

9 Vergleiche die Brüche mit der Taschenrechner-Anzeige von $\sqrt{2}$.
$\frac{1}{1}$; $\frac{3}{2}$; $\frac{7}{5}$; $\frac{17}{12}$; $\frac{41}{29}$; $\frac{99}{70}$; $\frac{239}{169}$; $\frac{577}{408}$
Wie heißen die nächsten drei Brüche? Berechne für diese Brüche $\frac{a}{b}$ den Term $a^2 - 2b^2$. Was bemerkst du?

Oberbegriffe – Unterbegriffe

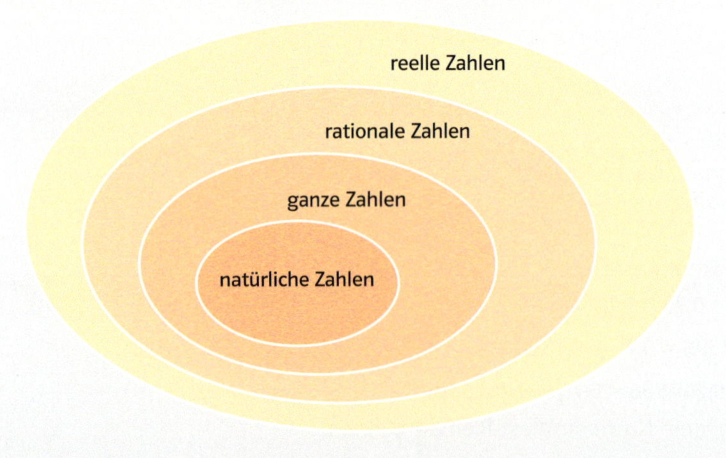

Diese Abbildung zeigt den Zusammenhang zwischen den Zahlenbereichen.
- Erkläre die Wörter Oberbegriff und Unterbegriff anhand von Beispielen und allgemein.
- Mithilfe eines Baumdiagramms kann man die Begriffe gut veranschaulichen. Setze das Baumdiagramm fort.

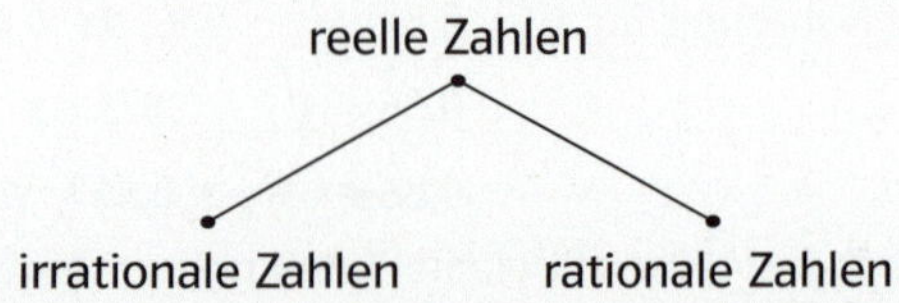

Zahlen ohne Verhältnis – die irrationalen Zahlen

$\sqrt{2}$ ist eine irrationale Zahl, das heißt ein nicht abbrechender, nicht periodischer Dezimalbruch. Das kann man zeigen.

Berechnet man mit dem Taschenrechner $\sqrt{2}$, dann erscheint in der Anzeige 1,4142113562.

Multipliziert man diese Zahl schriftlich mit sich selbst, erhält man nicht die Zahl 2.

```
1,414213562 · 1,414213562
  1,414213562
          ... 8
          ...
             ... 4
-------------------------
             ... 4
```

Die letzte Ziffer in der Taschenrechneranzeige ist eine 2 und damit erhält das Quadrat dieser Zahl an der letzten Stelle die Ziffer 4. Diese Überlegung gilt für alle Endziffern von 1 bis 9. Stünde an der nächsten Stelle eine Null, wäre das Quadrat dieser Zahl ebenfalls von 2 verschieden. Damit kann $\sqrt{2}$ kein abbrechender Dezimalbruch sein.

Man kann zeigen, dass $\sqrt{2}$ auch kein periodischer Dezimalbruch ist:
Wenn $\sqrt{2}$ ein periodischer Dezimalbruch wäre, könnte man $\sqrt{2}$ als vollständig gekürzten, echten Bruch $\frac{p}{q}$ darstellen, wobei p und q natürliche Zahlen sind. Das heißt $\sqrt{2}$ wäre das *Verhältnis* zweier natürlicher Zahlen.
Durch Quadrieren entsteht aus

$\sqrt{2} = \frac{p}{q}$ die Gleichung

$$2 = \frac{p^2}{q^2} \text{ bzw. } 2 = \frac{p \cdot p}{q \cdot q}$$

Auch für den Bruch $\frac{p \cdot p}{q \cdot q}$ gilt: Zähler und Nenner besitzen keinen gemeinsamen Teiler; man kann also nicht kürzen.
Der Wert des Quotienten $\frac{p \cdot p}{q \cdot q}$ kann daher nicht die Zahl 2 sein.

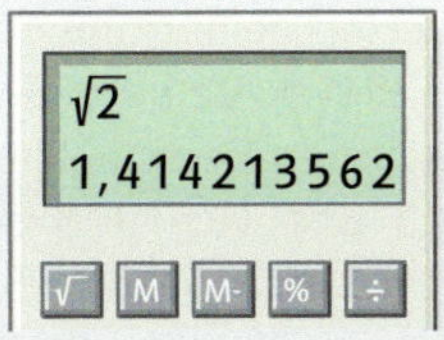

Neben einigen Wurzeln gibt es auch noch andere irrationale Zahlen wie beispielsweise 0,123 456 789 101 112 13 … mit der Folge der natürlichen Zahlen. Die Zahl ist weder abbrechend noch periodisch.

- Suche im Lexikon oder im Internet nach weiteren irrationalen Zahlen.

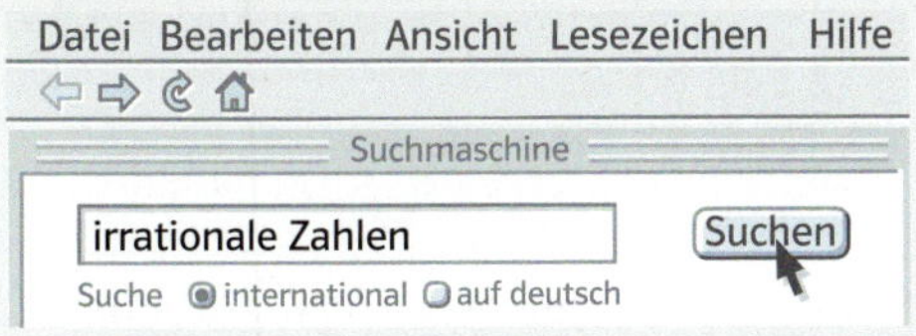

Obwohl irrationale Zahlen nicht abbrechende, nicht periodische Dezimalbrüche sind, kann man sie auf der Zahlengeraden darstellen.

- Die Skizze zeigt, wie $\sqrt{2}$ konstruiert werden kann. Überlege mit deinem Partner oder deiner Partnerin, warum man auf diese dargestellte Weise $\sqrt{2}$ erhält.

Tipp: Denke an den Flächeninhalt des Quadrats.

- Konstruiere in gleicher Weise.

$\sqrt{8}$ $\quad \sqrt{50}$ $\quad \sqrt{72}$

- Überlege, welche weiteren Wurzeln man zeichnersich darstellen kann. Begründe.

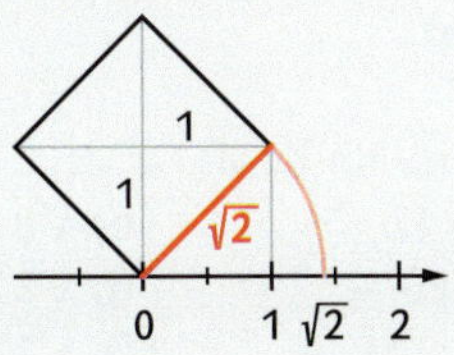

3 Multiplikation und Division

$\sqrt{9} \cdot \sqrt{16} = 3 \cdot 4 = 12$

$\frac{\sqrt{81}}{\sqrt{9}} = \frac{9}{3} = 3$

$\sqrt{36} \cdot \sqrt{9} = 6 \cdot 3 = 18$

$\frac{\sqrt{400}}{\sqrt{16}} =$

$\sqrt{50} \cdot \sqrt{2} =$

$\frac{\sqrt{75}}{\sqrt{3}} =$

Anja

$\sqrt{9} \cdot \sqrt{16} = \sqrt{9 \cdot 16} = \sqrt{144} = 12$

$\frac{\sqrt{81}}{\sqrt{9}} = \sqrt{81 : 9} = \sqrt{9} = 3$

$\sqrt{36} \cdot \sqrt{9} =$

$\frac{\sqrt{400}}{\sqrt{16}} =$

$\sqrt{50} \cdot \sqrt{2} =$

$\frac{\sqrt{75}}{\sqrt{3}} =$

Mirco

Anja und Mirco überlegen, ob man mit Wurzeln auch rechnen kann. Sie haben die Multiplikations- und Divisionsaufgaben unterschiedlich bearbeitet.

➔ Was stellst du fest?
➔ Beschreibe die Rechenwege der beiden.
➔ Führe die fehlenden Rechnungen durch.

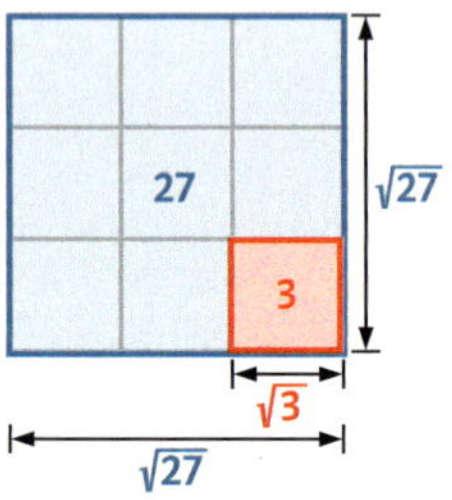

$\sqrt{3} \cdot \sqrt{27} = 9$

Werden die Quadratwurzeln von Quadratzahlen multipliziert bzw. dividiert, kann man das Produkt bzw. den Quotienten sehr leicht bestimmen:

$\sqrt{49} \cdot \sqrt{36} = 7 \cdot 6 = 42$ $\qquad$ $\sqrt{\frac{225}{9}} = \frac{15}{3} = 5$

$\sqrt{49 \cdot 36} = \sqrt{1764} = 42$ $\qquad$ $\sqrt{\frac{225}{9}} = \sqrt{25} = 5$

Also gilt: $\sqrt{49} \cdot \sqrt{36} = \sqrt{49 \cdot 36}$ bzw. $\frac{\sqrt{225}}{\sqrt{9}} = \sqrt{\frac{225}{9}}$

Im folgenden Beispiel ist das Produkt der Radikanden eine Quadratzahl. Mit geeigneten Näherungswerten gelangt man zu derselben Vermutung.

$\sqrt{27} \cdot \sqrt{3} \approx 5{,}196 \cdot 1{,}732 = 8{,}999\,472 \approx 9$ $\qquad$ $\sqrt{27 \cdot 3} = \sqrt{81} = 9$

Mit einem weiteren Beispiel lässt sich dies begründen.

Aus $(\sqrt{3})^2 = 3$ und $(\sqrt{5})^2 = 5$ sowie $(\sqrt{15})^2 = 15$ erhält man

$(\sqrt{3} \cdot \sqrt{5})^2 = (\sqrt{3})^2 \cdot (\sqrt{5})^2 = 3 \cdot 5 = 15 = (\sqrt{15})^2 = (\sqrt{3 \cdot 5})^2$.

Zieht man links und rechts die Quadratwurzel, erhält man: $\sqrt{3} \cdot \sqrt{5} = \sqrt{3 \cdot 5}$.

Ersetzt man die Zahlen 3 und 5 durch die Variablen a und b, erhält man eine allgemein gültige Regel. Für die Division gilt entsprechendes.

Quadratwurzeln kann man multiplizieren bzw. dividieren, indem man die Radikanden miteinander multipliziert bzw. dividiert und dann die Wurzel zieht.

$\sqrt{a} \cdot \sqrt{b} = \sqrt{a \cdot b}$; $a, b \geqq 0$ $\qquad$ $\frac{\sqrt{a}}{\sqrt{b}} = \sqrt{\frac{a}{b}}$; $a \geqq 0$; $b > 0$

Beispiele

a) $\sqrt{5} \cdot \sqrt{20} = \sqrt{5 \cdot 20} = \sqrt{100} = 10$

b) $\sqrt{64 \cdot 81} = \sqrt{64} \cdot \sqrt{81} = 8 \cdot 9 = 72$

c) $\frac{\sqrt{175}}{\sqrt{7}} = \sqrt{175 : 7} = \sqrt{25} = 5$

d) $\sqrt{\frac{9}{121}} = \frac{\sqrt{9}}{\sqrt{121}} = \frac{3}{11}$

Aufgaben

? $\sqrt{ROT} \cdot \sqrt{ORT} = TOR$
Erkläre.

1 Rechne im Kopf.

a) $\sqrt{3} \cdot \sqrt{12}$
b) $\sqrt{8} : \sqrt{2}$
c) $\sqrt{36 \cdot 25}$
d) $\sqrt{32} \cdot \sqrt{2}$
e) $\sqrt{99} : \sqrt{11}$
f) $\sqrt{121 \cdot 49}$

2 Berechne.

a) $\sqrt{0{,}49 \cdot 100}$
b) $\sqrt{10} \cdot \sqrt{3{,}6}$
c) $\sqrt{2{,}5} \cdot \sqrt{0{,}9}$
d) $\sqrt{400 \cdot 0{,}64}$
e) $\sqrt{\frac{1}{2}} \cdot \sqrt{\frac{9}{8}}$
f) $\sqrt{\frac{4}{25} \cdot \frac{49}{9}}$

3 Rechne auch mit mehr als zwei Faktoren.

a) $\sqrt{2}\cdot\sqrt{6}\cdot\sqrt{12}$
b) $\sqrt{49\cdot 25\cdot 9}$
c) $\sqrt{81\cdot 36\cdot 4}$
d) $\sqrt{7}\cdot\sqrt{21}\cdot\sqrt{3}$
e) $\sqrt{24}\cdot\sqrt{8}\cdot\sqrt{2}\cdot\sqrt{6}$
f) $\sqrt{144\cdot 25}\cdot\sqrt{3}\cdot\sqrt{12}$

4 Fülle die Lücken.

a) $\sqrt{14}\cdot\sqrt{126}=\square$
b) $\sqrt{396}:\sqrt{11}=\square$
c) $\sqrt{\square}\cdot\sqrt{289}=34$
d) $\sqrt{675}:\sqrt{\square}=15$
e) $\sqrt{117}\cdot\sqrt{\square}=39$
f) $\sqrt{\square 80}:\sqrt{5}=14$
g) $\sqrt{14\square}\cdot\sqrt{3}=21$
h) $\sqrt{50\square}:\sqrt{3}=13$
i) $\sqrt{92}\cdot\sqrt{\square 3}=46$
j) $\sqrt{396}:\sqrt{\square 4}=3$

5 Am besten ohne Taschenrechner.

a) $\sqrt{25\cdot 4\cdot 100}$
b) $\sqrt{100}\cdot\sqrt{400}\cdot\sqrt{25}$
c) $\sqrt{10\,000\cdot 400\cdot 9\,000\,000}$
d) $\sqrt{200}\cdot\sqrt{5}\cdot\sqrt{2}\cdot\sqrt{5}$

6 Setze für $\square$ und $\square$ die richtigen Werte ein.

a) $\sqrt{5}\cdot\sqrt{\square}=10$
b) $\sqrt{36}\cdot\sqrt{\square 6}=24$
c) $\sqrt{6}\cdot\sqrt{2\square}=1\square$
d) $\sqrt{19\square}:\sqrt{4}=7$
e) $\sqrt{\square 76}:\sqrt{\square 4}=3$

7 Vervollständige die Wurzelpyramide durch Multiplizieren bzw. Dividieren. In der Spitze steht die Kontrollzahl.

a)

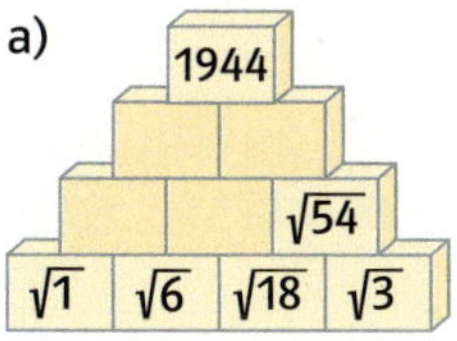

b)

8 Vervollständige das Rechennetz. Wie heißen die fehlenden Zahlen? Rechne mit Wurzeln.

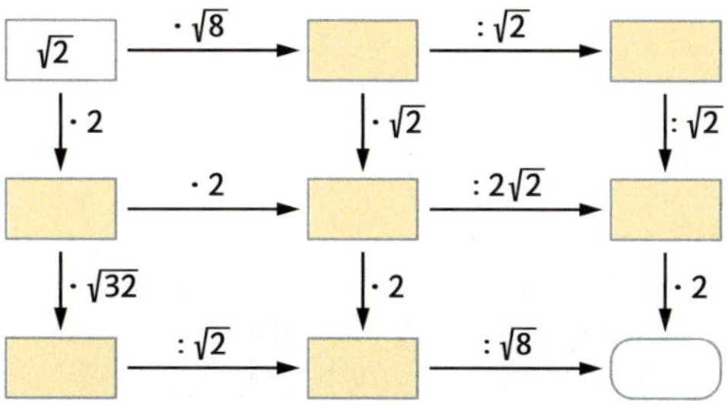

9 Lege aus den Dominosteinen eine geschlossene Kette.

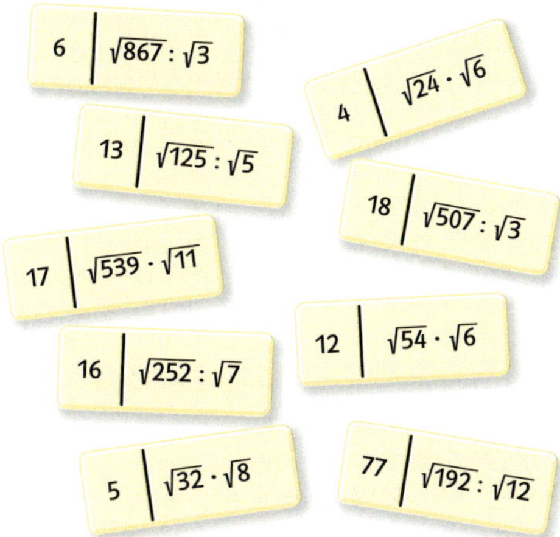

10 Löse ohne Taschenrechner.

a)
$\sqrt{400}$
$\sqrt{40\,000}$
$\sqrt{4\,000\,000}$
$\sqrt{400\,000\,000}$
$\sqrt{40\,000\,000\,000}$
$\sqrt{4\,000\,000\,000\,000}$

b)
$\sqrt{12\,100}$
$\sqrt{1\,210\,000}$
$\sqrt{121\,000\,000}$
$\sqrt{12\,100\,000\,000}$
$\sqrt{1\,210\,000\,000\,000}$
$\sqrt{121\,000\,000\,000\,000}$

11 Geht das auch ohne Taschenrechner?

a) $\sqrt{6\,400\,000\,000\,000\,000}$
b) $\sqrt{3\,000\,000\,000}\cdot\sqrt{1\,200\,000\,000\,000}$
c) $\sqrt{144\,000\,000\,000\,000\,000\,000\,000\,000}$

12 Berechne.

$\cdot$	$\sqrt{4}$	$\sqrt{8a}$	$\sqrt{3t}$	$\sqrt{5a^2}$
$\sqrt{y}$				
$\sqrt{2a}$				
$\sqrt{4t}$				

13 Berechne.

:	$\sqrt{2}$	$\sqrt{6x}$	$\sqrt{4x^2}$	$\sqrt{9x^3}$
$\sqrt{18x}$				
$\sqrt{30x^2}$				
$\sqrt{42x^3}$				

14 Vereinfache die Terme.

a) $\sqrt{\frac{36y^4}{169x^2}}$
b) $\sqrt{\frac{x^3}{75}}\cdot\sqrt{\frac{3}{x}}$
c) $\sqrt{\frac{12}{a}}:\sqrt{\frac{3}{a}}$
d) $\sqrt{\frac{2a}{27b^2}}:\sqrt{\frac{8a^3}{3}}$

? *Löse das Rechenpuzzle mit vier Kärtchen.*

$\frac{\square}{\square}:\frac{\square}{\square}=1$

? *Der Radikand ist eine 9 mit 100 Nullen.*
$\sqrt{90\,000\,000\ldots}$
Ist die Quadratwurzel eine natürliche Zahl?
Was ändert sich, wenn der Radikand eine 9 mit 101 Nullen ist?

4 Addition und Subtraktion

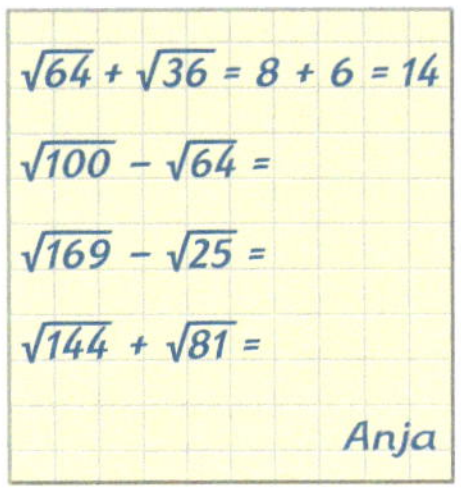

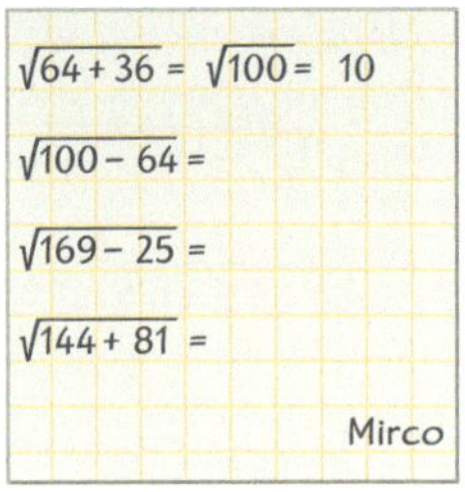

Anja und Mirco haben sich mit der Addition und Subtraktion von Wurzeln befasst. Sie sind allerdings sehr erstaunt.

➔ Was bemerkst du?

➔ Beschreibe die Rechenwege der beiden.

Im Gegensatz zur Multiplikation und Division von Quadratwurzeln lassen sich bei der Addition bzw. Subtraktion zweier Quadratwurzeln die Radikanden nicht unter einer Wurzel zusammenfassen.

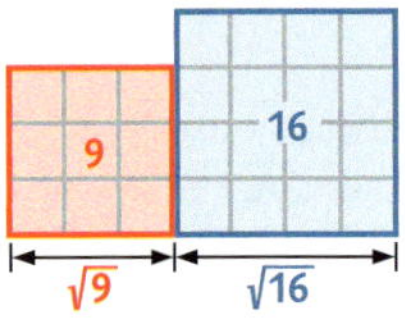

$\sqrt{9} + \sqrt{16} = 3 + 4 = 7$

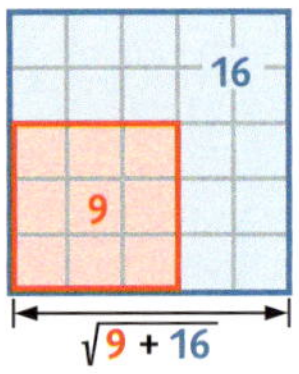

$\sqrt{9 + 16} = \sqrt{25} = 5$

Diese Überlegungen gelten auch für die Subtraktion.

$\sqrt{25} - \sqrt{16} = 5 - 4 = 1$ $\qquad$ $\sqrt{25 - 16} = \sqrt{9} = 3$

Quadratwurzeln mit gleichen Radikanden lassen sich mithilfe des **Verteilungsgesetzes** (**Distributivgesetzes**) zusammenfassen.

$5 \cdot \sqrt{3} + 2 \cdot \sqrt{3} = (5 + 2) \cdot \sqrt{3} = 7 \cdot \sqrt{3}$

oder

$7 \cdot \sqrt{3} - 2 \cdot \sqrt{3} = (7 - 2) \cdot \sqrt{3} = 5 \cdot \sqrt{3}$

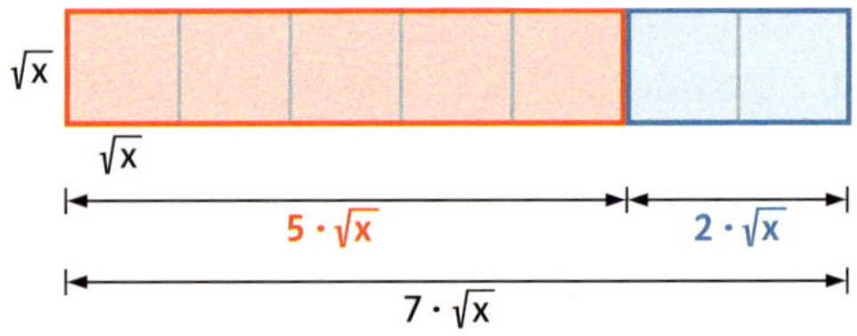

Summen bzw. Differenzen, in denen Quadratwurzeln mit gleichen Radikanden vorkommen, können durch **Ausklammern** zusammengefasst werden.

Beispiele

a) $2 \cdot \sqrt{5} + 3 \cdot \sqrt{5} = (2 + 3) \cdot \sqrt{5}$
$= 5 \cdot \sqrt{5}$

b) $7 \cdot \sqrt{2} - 3 \cdot \sqrt{2} = (7 - 3) \cdot \sqrt{2}$
$= 4 \cdot \sqrt{2}$

c) $6 \cdot \sqrt{a} + 9 \cdot \sqrt{b} - 5 \cdot \sqrt{a} - 8 \cdot \sqrt{b} = 6 \cdot \sqrt{a} - 5 \cdot \sqrt{a} + 9 \cdot \sqrt{b} - 8 \cdot \sqrt{b} = \sqrt{a} + \sqrt{b}$

Aufgaben

1 Rechne im Kopf.

a) $4\sqrt{2} + 3\sqrt{2}$ $\qquad$ b) $7\sqrt{3} - 4\sqrt{3}$

c) $12\sqrt{7} - \sqrt{7}$ $\qquad$ d) $\sqrt{5} + 5\sqrt{5}$

e) $3\sqrt{11} - 4\sqrt{11}$ $\qquad$ f) $-2\sqrt{3} + \sqrt{3}$

2 Fasse zusammen.

a) $2\sqrt{3} + 3\sqrt{3} + 4\sqrt{3}$

b) $5\sqrt{7} - 4\sqrt{7} + \sqrt{7}$

c) $10\sqrt{3} - 5\sqrt{3} - 2\sqrt{3} - \sqrt{3}$

3 Schreibe so einfach wie möglich.
a) $4\sqrt{5} + 3\sqrt{5} + 8\sqrt{3} + 2\sqrt{3}$
b) $2\sqrt{3} + 3\sqrt{2} - 2\sqrt{2} + \sqrt{3}$
c) $8\sqrt{7} - 5\sqrt{11} - 5\sqrt{7} + 4\sqrt{11}$
d) $13\sqrt{17} - 8\sqrt{23} - \sqrt{23} - 11\sqrt{17}$
e) $-\sqrt{13} - 6\sqrt{19} - 6\sqrt{13} + 5\sqrt{19} - \sqrt{19}$

4 Vereinfache.
a) $10\sqrt{6} + (3\sqrt{7} - 2\sqrt{6}) - 5\sqrt{7}$
b) $\sqrt{5} - (3\sqrt{8} - 4\sqrt{5}) + (\sqrt{8} - 5\sqrt{5})$
c) $3\sqrt{3} - (3\sqrt{2} - 4\sqrt{3}) - (6\sqrt{3} - 2\sqrt{2})$
d) $9(\sqrt{5} - \sqrt{7}) - 2(\sqrt{7} + 4\sqrt{5})$

5 Die Lösungen sind ganzzahlig.
a) $\sqrt{3}(\sqrt{27} + \sqrt{3})$
b) $\sqrt{5}(\sqrt{125} - 2\sqrt{5})$
c) $2\sqrt{3}(\sqrt{12} - \sqrt{3})$
d) $2\sqrt{5}(4\sqrt{5} - \sqrt{20} + \sqrt{80})$

6 Fülle die Lücken.
a) $\square(\sqrt{5} + \sqrt{3}) = \sqrt{35} + \sqrt{21}$
b) $\sqrt{7}(\square + \sqrt{2}) = \sqrt{21} + \sqrt{14}$
c) $3\sqrt{11}(4 - \square) = \square - 3\sqrt{22}$

7 Berechne.
a) $(19\sqrt{2} - 11\sqrt{2}) : 4$
b) $(20\sqrt{5} + 5\sqrt{5}) : \sqrt{5}$
c) $7\sqrt{3} - 12\sqrt{6} : 4\sqrt{2}$
d) $3\sqrt{5} - \sqrt{2} \cdot \sqrt{5} - 2\sqrt{5}$

8 Fasse zusammen.
a) $4\sqrt{x} + 5\sqrt{x}$
b) $17\sqrt{y} - 16\sqrt{y}$
c) $11\sqrt{a} - 10\sqrt{a}$
d) $12\sqrt{t} - 13\sqrt{t}$
e) $3\sqrt{5x} - 2\sqrt{5x}$
f) $-2\sqrt{2a} - \sqrt{2a}$

9 Vereinfache.
a) $\sqrt{x}(\sqrt{9x} + \sqrt{16x})$
b) $(\sqrt{81a} - \sqrt{36a}) \cdot \sqrt{a}$
c) $(\sqrt{18y} + \sqrt{2y}) \cdot \sqrt{2y}$
d) $\sqrt{3x}(\sqrt{48x} - \sqrt{75x})$
e) $\sqrt{m}(\sqrt{m} + \sqrt{n}) - \sqrt{mn}$
f) $\sqrt{x^3y}\left(\sqrt{xy} - \sqrt{\frac{x}{y}}\right)$

10 Die Ergebnisse lauten 1; 2; 3 und 4.
a) $\frac{7\sqrt{3} + 12\sqrt{5} - 10\sqrt{3} + 3\sqrt{3}}{4\sqrt{5}}$
b) $\frac{5\sqrt{2} - \sqrt{3} - 9\sqrt{2} + 5\sqrt{3}}{\sqrt{3} - \sqrt{2}}$
c) $\frac{3(\sqrt{6} - \sqrt{2}) - (\sqrt{2} - \sqrt{6})}{2\sqrt{6} - 2\sqrt{2}}$
d) $\frac{(2\sqrt{2} - 1)(3\sqrt{2} + 1)}{11 - \sqrt{2}}$

Besondere Wurzeln ?!

Auch du kannst zusammen mit einem Partner oder einer Partnerin besondere Wurzeln entwerfen.
Ihr entdeckt Regelmäßigkeiten, die ihr in Worten und als Terme notiert. Zur Sicherheit erstellt ihr weitere solche Wurzeln und berechnet ihre Werte.
Bei der Präsentation könnt ihr euren Mitschülerinnen und Mitschülern weitere Aufgaben stellen.

■ Immer weiterzählen.

$\sqrt{1 \cdot 2 \cdot 3 \cdot 4 + 1}$
$\sqrt{2 \cdot 3 \cdot 4 \cdot 5 + 1}$
$\sqrt{3 \cdot 4 \cdot 5 \cdot 6 + 1}$
Berechnet $\sqrt{7 \cdot 8 \cdot 9 \cdot 10 + 1}$ ohne Taschenrechner.

■ Wie geht's jeweils weiter?

$\sqrt{1 \cdot 3 + 1}$	$\sqrt{1 \cdot 5 + 4}$
$\sqrt{2 \cdot 4 + 1}$	$\sqrt{2 \cdot 6 + 4}$
$\sqrt{3 \cdot 5 + 1}$	$\sqrt{3 \cdot 7 + 4}$
…	…

$\sqrt{1 \cdot 4 + 5}$
$\sqrt{2 \cdot 5 + 6}$
$\sqrt{3 \cdot 6 + 7}$
$\sqrt{4 \cdot 7 + 8}$
…

■ Der Radikand ist immer eine Quadratzahl.

$\sqrt{1 + 4 \cdot 2}$	$\sqrt{1^2 + 1 + 2}$
$\sqrt{4 + 4 \cdot 3}$	$\sqrt{2^2 + 2 + 3}$
$\sqrt{9 + 4 \cdot 4}$	$\sqrt{3^2 + 3 + 4}$
…	…

■ Was fällt euch auf?
Binomische Formeln helfen hier weiter.

$\sqrt{676}$	$\sqrt{2601}$	$\sqrt{5776}$
$\sqrt{576}$	$\sqrt{2401}$	$\sqrt{5476}$

■ Berechnet.
$\sqrt{1 \cdot 3 \cdot 5 \cdot 7 + 16}$
$\sqrt{2 \cdot 4 \cdot 6 \cdot 8 + 16}$
$\sqrt{3 \cdot 5 \cdot 7 \cdot 9 + 16}$
…
Für diese Folge von Quadratwurzeln gilt:
$\sqrt{n(n+2)(n+4)(n+6) + 16} = n(n+6) + 4.$
Führt den allgemeinen Nachweis, indem ihr die rechte Seite quadriert und mit dem Radikanden vergleicht.

5 Umformen von Wurzeltermen

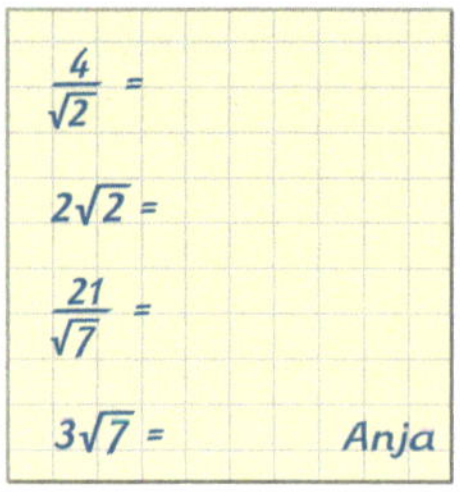

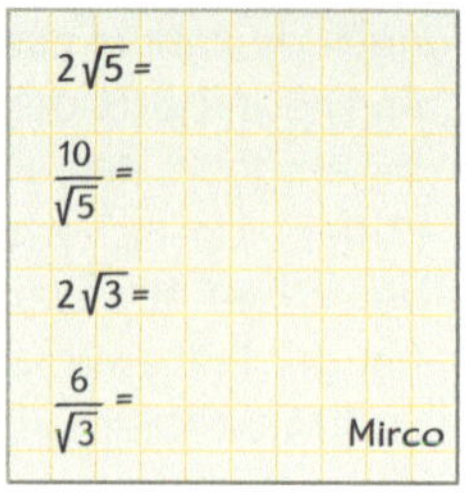

Anja und Mirco berechnen alle Wurzelwerte mithilfe des Taschenrechners. Sie machen dabei eine interessante Entdeckung.

➔ Was haben Anja und Mirco entdeckt?

➔ Finde weitere Wurzelausdrücke, die genauso aufgebaut sind.

➔ Welche der Terme lassen sich ziemlich leicht bestimmen, welche nur mit Mühe?

Durch **teilweises Wurzelziehen** lassen sich die Werte von Quadratwurzeln auch ohne die Verwendung eines Taschenrechners leichter eingrenzen und abschätzen.
Überschlägt man $\sqrt{3}$ mit 1,732, kann nach der Regel zur Multiplikation gerechnet werden:
$\sqrt{300} = \sqrt{100 \cdot 3} = \sqrt{100} \cdot \sqrt{3} = 10 \cdot \sqrt{3} \approx 10 \cdot 1{,}732 = 17{,}32$
Der Radikand wird dabei in ein Produkt mit einer Quadratzahl als Faktor zerlegt.

Beim **teilweisen Wurzelziehen** wird der Radikand so in ein Produkt zerlegt, dass einer der Faktoren eine Quadratzahl ist.
$\sqrt{a^2 b} = \sqrt{a^2} \cdot \sqrt{b} = a \cdot \sqrt{b};\ a, b \geqq 0$

Beispiele

a) $\sqrt{75} = \sqrt{25 \cdot 3} = \sqrt{25} \cdot \sqrt{3} = 5 \cdot \sqrt{3}$

b) $\sqrt{80} = \sqrt{4} \cdot \sqrt{20} = 2 \cdot \sqrt{20} = 2 \cdot \sqrt{4} \cdot \sqrt{5} = 2 \cdot 2 \cdot \sqrt{5} = 4 \cdot \sqrt{5}$ oder $\sqrt{80} = \sqrt{16 \cdot 5} = \sqrt{16} \cdot \sqrt{5} = 4 \cdot \sqrt{5}$

! Eine Näherungsrechnung von $\frac{6}{\sqrt{3}}$ gelingt im Kopf nur schwer.
6 : 1,7 = ☐
Probiere es aus.

Tritt bei einem Bruch wie $\frac{6}{\sqrt{3}}$ eine Quadratwurzel im Nenner auf, kann eine Abschätzung des Werts mühsam sein. Durch geschicktes Erweitern lässt sich die Division mit einer Quadratwurzel vermeiden. Aus dem Quotient kann ein Produkt werden, dessen Wert sich leichter abschätzen lässt. Der Nenner wird dadurch **rational**.

$\frac{6}{\sqrt{3}} = \frac{6 \cdot \sqrt{3}}{\sqrt{3} \cdot \sqrt{3}} = \frac{6 \cdot \sqrt{3}}{3} = 2 \cdot \sqrt{3} \approx 2 \cdot 1{,}732 = 3{,}454$

Eine Quadratwurzel im Nenner eines Bruchs kann durch Erweitern beseitigt werden. Man spricht vom **Rationalmachen des Nenners**.

? Wie groß sind die Maßzahlen der Seitenlängen des inneren und des äußeren Quadrats?

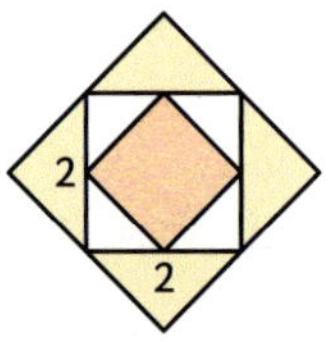

Beispiele

c) $\frac{28}{\sqrt{7}} = \frac{28 \cdot \sqrt{7}}{\sqrt{7} \cdot \sqrt{7}} = \frac{28 \cdot \sqrt{7}}{7} = 4 \cdot \sqrt{7}$

d) $\frac{25}{3 \cdot \sqrt{5}} = \frac{25 \cdot \sqrt{5}}{3 \cdot \sqrt{5} \cdot \sqrt{5}} = \frac{25 \cdot \sqrt{5}}{3 \cdot 5} = \frac{5 \cdot \sqrt{5}}{3}$

Aufgaben

1 Ziehe teilweise die Wurzel.
a) $\sqrt{50}$ b) $\sqrt{8}$ c) $\sqrt{18}$ d) $\sqrt{32}$
e) $\sqrt{48}$ f) $\sqrt{20}$ g) $\sqrt{45}$ h) $\sqrt{98}$

2 Bringe einen Faktor vor die Wurzel.
a) $\sqrt{0{,}02}$ b) $\sqrt{0{,}08}$ c) $\sqrt{0{,}72}$
d) $\sqrt{1{,}08}$ e) $\sqrt{2{,}88}$ f) $\sqrt{11{,}25}$

3 Bringe den Faktor unter die Wurzel.

Beispiel: $3 \cdot \sqrt{2} = \sqrt{3^2 \cdot 2} = \sqrt{9 \cdot 2} = \sqrt{18}$

a) $4 \cdot \sqrt{3}$ b) $2 \cdot \sqrt{5}$ c) $6 \cdot \sqrt{8}$
d) $0{,}3 \cdot \sqrt{2}$ e) $5 \cdot \sqrt{0{,}4}$ f) $10 \cdot \sqrt{0{,}07}$

4 Welche der Terme haben den gleichen Wert? Rechne ohne Taschenrechner.

$6 \cdot \sqrt{2}$, $2 \cdot \sqrt{18}$, $\sqrt{32}$, $4 \cdot \sqrt{27}$, $12 \cdot \sqrt{3}$, $4 \cdot \sqrt{2}$, $\sqrt{72}$, $3 \cdot \sqrt{8}$, $3 \cdot \sqrt{48}$, $\sqrt{432}$, $2 \cdot \sqrt{8}$, $2 \cdot \sqrt{108}$, $6 \cdot \sqrt{12}$

5 Ziehe die Wurzel so weit wie möglich.
a) $\sqrt{9x}$ b) $\sqrt{5a^2}$ c) $\sqrt{81z}$
d) $\sqrt{15y^2}$ e) $\sqrt{18x^2}$ f) $\sqrt{27s^2t^3}$
g) $\sqrt{\frac{2y^2}{18}}$ h) $\sqrt{\frac{3x^3}{12x^2}}$ i) $\sqrt{\frac{12x^3}{27x}}$

6 Vereinfache und ziehe teilweise die Wurzel.
a) $\sqrt{\frac{2a}{3b}} \cdot \sqrt{\frac{24}{3b}}$ b) $\sqrt{\frac{11}{3y^2}} \cdot \sqrt{\frac{12x^2}{99}}$
c) $\sqrt{\frac{5}{9x^2}} : \sqrt{\frac{12}{5y}}$ d) $\sqrt{\frac{7a}{3b^2}} : \sqrt{21a^2}$

7 Rechne wie im Beispiel.

$\sqrt{70\,000} = \sqrt{10\,000} \cdot \sqrt{7} = 100 \cdot \sqrt{7}$

a) $\sqrt{300}$ b) $\sqrt{500}$
c) $\sqrt{28\,800}$ d) $\sqrt{8\,000\,000}$

8 Vereinfache.
a) $6 \cdot \sqrt{12} + 4 \cdot \sqrt{27}$ b) $3\sqrt{48} - 11\sqrt{3}$
c) $\sqrt{54} - \sqrt{24}$ d) $5\sqrt{28} - 3\sqrt{63}$
e) $\sqrt{32x^2} - \sqrt{8x^2}$ f) $\sqrt{80x} - \sqrt{20x}$
g) $\sqrt{125x^2y} - \sqrt{45x^2y}$ h) $\sqrt{108x^3} + \sqrt{147x^3}$

9 Vereinfache.
a) $(\sqrt{8} + \sqrt{18})^2$ b) $(\sqrt{6} + \sqrt{8})^2$
c) $(\sqrt{12} - \sqrt{3})^2$ d) $(\sqrt{2} + 2\sqrt{50})^2$
e) $(10\sqrt{2} - 2\sqrt{54})^2$ f) $(7\sqrt{7} + \sqrt{63})^2$

10 Welche Terme haben hier denselben Wert?

$2\sqrt{2}$	$\frac{15}{\sqrt{5}}$	$\frac{21}{\sqrt{7}}$	$\frac{30\sqrt{3}}{\sqrt{60}}$
$3 \cdot \sqrt{5}$	$\frac{7\sqrt{45}}{\sqrt{35}}$	$\frac{12}{\sqrt{18}}$	$2\sqrt{3}$
$\frac{6}{\sqrt{3}}$	$3\sqrt{7}$	$\frac{4}{\sqrt{2}}$	$\frac{24}{2\sqrt{12}}$

11 Mache den Nenner rational.
a) $\frac{1}{\sqrt{3}}$ b) $\frac{1}{\sqrt{7}}$ c) $\frac{2}{\sqrt{5}}$
d) $\frac{3}{\sqrt{2}}$ e) $\frac{4}{\sqrt{2}}$ f) $\frac{9}{\sqrt{3}}$
g) $\frac{10}{\sqrt{5}}$ h) $\frac{16}{\sqrt{20}}$ i) $\frac{22}{\sqrt{33}}$

12 Schreibe ohne Wurzel im Nenner.
a) $\frac{4}{3\sqrt{2}}$ b) $\frac{1}{2\sqrt{3}}$ c) $\frac{15}{4\sqrt{5}}$
d) $\frac{21}{4\sqrt{7}}$ e) $\frac{25}{6\sqrt{10}}$ f) $\frac{16}{2\sqrt{8}}$
g) $\frac{3 + \sqrt{2}}{\sqrt{2}}$ h) $\frac{\sqrt{2} - 1}{\sqrt{2}}$ i) $\frac{\sqrt{14} + \sqrt{21}}{\sqrt{7}}$

13 Beseitige die Wurzel im Nenner.
a) $\frac{2}{\sqrt{x}}$ b) $\frac{y}{\sqrt{y}}$ c) $\frac{x}{3\sqrt{x}}$
d) $\frac{x + 1}{\sqrt{x}}$ e) $\frac{xy - y}{x\sqrt{y}}$ f) $\frac{2y - y\sqrt{2}}{\sqrt{2y}}$
g) $\frac{\sqrt{128a} + \sqrt{8a}}{\sqrt{a}}$
h) $\frac{\sqrt{12x} + \sqrt{75x}}{\sqrt{3x}}$

Täuschung? ?!

Kann das wirklich sein?

$2 \cdot \sqrt{\frac{2}{3}} = \sqrt{2\frac{2}{3}}$ $3 \cdot \sqrt{\frac{3}{8}} = \sqrt{3\frac{3}{8}}$

$4 \cdot \sqrt{\frac{4}{15}} = \sqrt{4\frac{4}{15}}$

- Prüfe nach.
- Die Strategie „Versuch und Irrtum“ hilft dir, weitere solche Gleichungen zu finden.

Tipp: Betrachte den quadrierten Faktor vor der Wurzel und den Nenner unter der Wurzel.

- Formuliere eine Regel.

6 n-te Wurzel

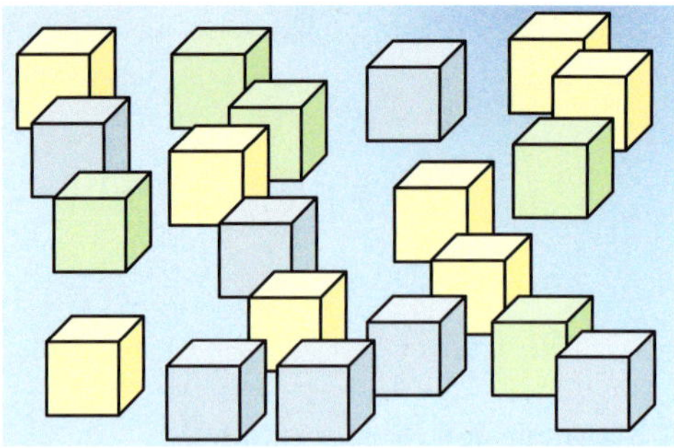

Aus den kleinen Würfeln soll ein großer Würfel gebaut werden.

➔ Wie viele kleine Würfel würdest du verwenden – 26; 27 oder 28?

➔ Aus 125 kleinen Würfeln soll ein großer Würfel gebildet werden. Geht das?

➔ Du hast 1000 kleine Würfel zur Verfügung. Wie viele verschiedene, aus kleinen Würfeln zusammengesetzte große Würfel lassen sich bauen?

Zahlen der Form a^3 wie z.B. $5 \cdot 5 \cdot 5 = 5^3 = 125$ heißen **Kubikzahlen.**
Will man umgekehrt zu einer vorgegebenen Kubikzahl die Zahl bestimmen, die dreimal mit sich selbst multipliziert wieder die Kubikzahl ergibt, sucht man die **3. Wurzel** oder die **Kubikwurzel** der Zahl. $\sqrt[3]{27} = 3$; da $3 \cdot 3 \cdot 3 = 27$.

Von Zahlen, die keine Kubikzahlen sind, lassen sich Kubikwurzeln näherungsweise bestimmen. Durch Probieren gelangt man beispielsweise so zur Kubikwurzel der Zahl 50:
Wegen $3^3 < 50 < 4^3$ liegt $\sqrt[3]{50}$ zwischen 3 und 4; also im Intervall [3; 4].
Wegen $3{,}6^3 < 50 < 3{,}7^3$ liegt $\sqrt[3]{50}$ zwischen 3,6 und 3,7; also im Intervall [3,6; 3,7].

Wurzelexponent
$\sqrt[8]{6561}$
Radikand

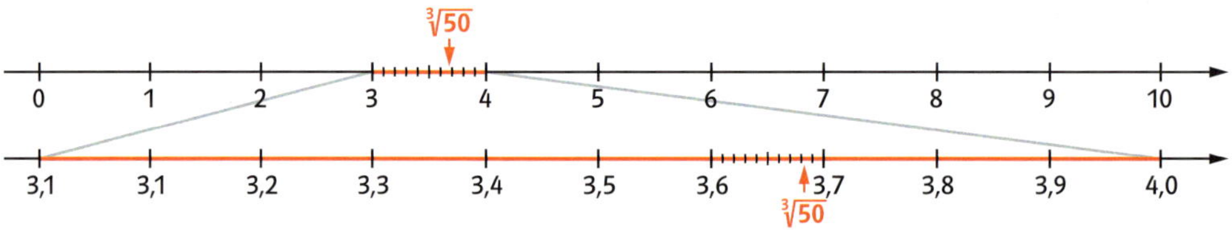

In gleicher Weise lässt sich auch eine 4. Wurzel, 5. Wurzel usw. bestimmen. Allgemein bezeichnet man solche Wurzeln als **n-te Wurzeln**.

Die **Kubikwurzel** einer nicht negativen Zahl b ist die positive Zahl a, deren 3. Potenz gleich der Zahl b ist: $\sqrt[3]{b} = a$, wenn $a^3 = b$ und $a, b \geqq 0$.
Die **n-te Wurzel** einer nicht negativen Zahl b ist die positive Zahl a, deren n-te Potenz gleich der Zahl b ist: $\sqrt[n]{b} = a$, wenn $a^n = b$ und $a, b \geqq 0$; $n \in \mathbb{N} \setminus \{0\}$

! *Bei Quadratwurzeln schreibt man den Wurzelexponenten in der Regel nicht:* $\sqrt[2]{49} = \sqrt{49}$.

Beispiele

a) $\sqrt[3]{125} = 5$; da $5^3 = 125$
b) $\sqrt[3]{0{,}343} = 0{,}7$; da $0{,}7^3 = 0{,}343$
c) $\sqrt[4]{81} = 3$; da $3^4 = 81$
d) $\sqrt[7]{128} = 2$; da $2^7 = 128$

Aufgaben

1 Berechne im Kopf.
a) $\sqrt[3]{8}$ b) $\sqrt[3]{64}$ c) $\sqrt[3]{216}$
d) $\sqrt[3]{343}$ e) $\sqrt[3]{1000}$ f) $\sqrt[3]{512}$
g) $\sqrt[3]{0{,}001}$ h) $\sqrt[3]{0{,}027}$ i) $\sqrt[3]{0{,}125}$

2 Zwischen welchen natürlichen Zahlen liegt die Kubikwurzel? Schätze zuerst.
a) $\sqrt[3]{20}$ b) $\sqrt[3]{60}$ c) $\sqrt[3]{90}$
d) $\sqrt[3]{170}$ e) $\sqrt[3]{300}$ f) $\sqrt[3]{700}$

3 Berechne die Kubikwurzeln der Zahlen. Was fällt dir auf?
a) 8; 80; 800; 8000; 80 000; 800 000
b) 0,027; 0,27; 2,7; 27; 270; 2700; 27 000

4 Ergänze.
a) $\sqrt[3]{\square} = 3$ b) $\sqrt[3]{\square} = 12$
c) $\sqrt[3]{\square 12} = 8$ d) $\sqrt[3]{\square 2 \square} = 9$
e) $\sqrt[3]{64 + \square} = 5$ f) $\sqrt[3]{72 \cdot \square} = 6$

5 Bestimme die Kantenlänge und die Oberfläche für das vorgegebene Volumen.
a) $V = 512\ cm^3$
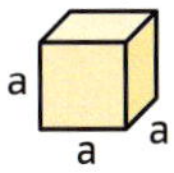

b) $V = 843{,}75\ cm^3$
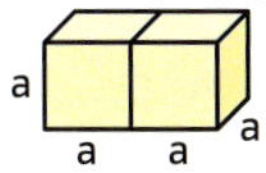

c) $V = 40960\ cm^3$
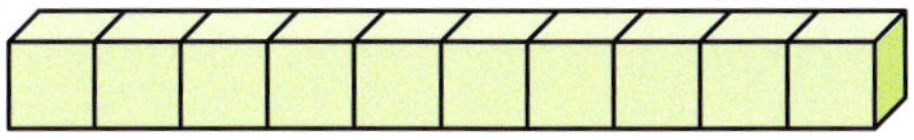

6 Der zusammengesetzte Körper hat ein Volumen von $896\,cm^3$. Die Kantenlänge eines Einzelwürfels ist ganzzahlig. Berechne die Oberfläche.

7 a) Die Würfeltreppe besteht aus drei Stufen. Das Volumen der Treppe beträgt $93{,}75\,m^3$. Berechne die Oberfläche.

b) Eine Würfeltreppe mit zehn Stufen hat ein Volumen von $3{,}52\,m^3$. Wie groß ist deren Oberfläche?

8 Bestimme ohne Taschenrechner.
a) $\sqrt[4]{16}$ b) $\sqrt[4]{81}$ c) $\sqrt[5]{32}$
d) $\sqrt[5]{243}$ e) $\sqrt[4]{10\,000}$ f) $\sqrt[5]{1024}$
g) $\sqrt[6]{64}$ h) $\sqrt[7]{128}$ i) $\sqrt[7]{1}$
j) $\sqrt[10]{1024}$ k) $\sqrt[3]{729}$ l) $\sqrt[11]{2048}$

9 Welche Wurzeln haben denselben Wert?

$\sqrt[3]{512}$ $\sqrt[3]{64}$ $\sqrt[6]{729}$
$\sqrt{64}$ $\sqrt[5]{243}$ $\sqrt[5]{1024}$
$\sqrt[4]{256}$ $\sqrt[7]{2187}$ $\sqrt[4]{4096}$ $\sqrt[3]{27}$

10 Ziehe teilweise die Wurzel.
a) $\sqrt[3]{16}$ b) $\sqrt[3]{54}$ c) $\sqrt[3]{81}$
d) $\sqrt[3]{250}$ e) $\sqrt[3]{320}$ f) $\sqrt[3]{7000}$
g) $\sqrt[4]{32}$ h) $\sqrt[5]{160}$ i) $\sqrt[7]{256}$

? *Welche der vorgegebenen Zahlen lösen die Gleichungen?*

0 10 3 1
7 4 8 12
6
5 9 2 16

$x^3 = 343$
$x^4 = 256$
$x^6 = 64$
$x^7 = 1$
$x^9 = 512$
$x^9 = 0$

? $\sqrt[3]{2\frac{2}{7}} = 2 \cdot \sqrt[3]{\frac{2}{7}}$
$\sqrt[3]{3\frac{3}{26}} = 3 \cdot \sqrt[3]{\frac{3}{26}}$
$\sqrt[3]{4\frac{4}{63}} = 4 \cdot \sqrt[3]{\frac{4}{63}}$

Setze die Reihe fort. Beschreibe die Gesetzmäßigkeit.

Kubikwurzeln immer genauer

Die Kubikwurzel einer Zahl a lässt sich näherungsweise durch folgendes Verfahren bestimmen:
1. Wähle einen Schätzwert von $\sqrt[3]{a}$ als Startwert x_1. Notfalls kannst du 1 wählen.
2. Berechne $x_2 = \frac{1}{3} \cdot \left(2 \cdot x_1 + \frac{a}{x_1^2}\right)$
3. Berechne $x_3 = \frac{1}{3} \cdot \left(2 \cdot x_2 + \frac{a}{x_2^2}\right)$

Rechne so lange weiter, bis sich das Ergebnis nicht mehr ändert.

C9 f_x =(1/3)*(2*C8+$D$5/C8^2)

	A	B	C	D
1	Berechnung der Kubikwurzel $\sqrt[3]{a}$			
2				
3	Iterationsverfahren mit der Formel:		$x_{n+1} = \frac{1}{3}\left(2 \cdot x_n + \frac{a}{x_n^2}\right)$	
	Eingabe des Radikanden a der Kubikwurzel:			7
4				
5	Startwert x_n	1	Näherung	Kontrollwert
6			3	27
7			2,259259259259	11,5318295
8			1,963308018222	7,567724629
9			1,914212754166	7,014078412
10			1,912932040597	7,000009417
11			1,912931182773	7
12				

- Erstelle das Tabellenblatt und berechne Kubikwurzeln deiner Wahl.
- Verwende unterschiedliche Startwerte. Was stellst du fest?

Zusammenfassung

Quadratwurzel	Die Quadratwurzel einer positiven Zahl b ist die positive Zahl a, die mit sich multipliziert wiederum die Zahl b ergibt: $a^2 = b$. Schreibweise: $a = \sqrt{b}$ Diese Regel gilt auch für die Zahl Null.	$\sqrt{64} = 8$; da $8 \cdot 8 = 64$ $\sqrt{1{,}21} = 1{,}1$; da $1{,}1 \cdot 1{,}1 = 1{,}21$ $\sqrt{\frac{9}{49}} = \frac{3}{7}$; da $\frac{3}{7} \cdot \frac{3}{7} = \frac{9}{49}$ $\sqrt{0} = 0$; da $0 \cdot 0 = 0$
näherungsweise Bestimmung von Quadratwurzeln	Von Quadratwurzeln aus positiven Zahlen, die keine Quadratzahlen sind, lassen sich durch Eingrenzung beliebig viele Nachkommaziffern bestimmen. Jede Eingrenzung heißt **Intervall**.	$\sqrt{3}$ liegt im Intervall [1,7; 1,8], denn $1{,}7^2 < 3 < 1{,}8^2$ $\sqrt{3}$ liegt im Intervall [1,73; 1,74], denn $1{,}73^2 < 3 < 1{,}74^2$
irrationale Zahlen	Quadratwurzeln aus positiven Zahlen, die keine Quadratzahlen sind, haben unendlich viele Nachkommastellen mit nicht periodischer Abfolge. Sie heißen irrationale Zahlen.	$\sqrt{2} = 1{,}414213562\ldots$
Multiplikation und Division von Quadratwurzeln	Quadratwurzeln kann man multiplizieren bzw. dividieren, indem man die Radikanden miteinander multipliziert bzw. dividiert und dann die Wurzel zieht. $\sqrt{a} \cdot \sqrt{b} = \sqrt{a \cdot b}$ $\quad$ $a, b \geqq 0$ $\frac{\sqrt{a}}{\sqrt{b}} = \sqrt{\frac{a}{b}}$ $\quad$ $a \geqq 0, b > 0$	$\sqrt{7} \cdot \sqrt{28} = \sqrt{7 \cdot 28} = \sqrt{196} = 14$ $\frac{\sqrt{112}}{\sqrt{7}} = \sqrt{\frac{112}{7}} = \sqrt{16} = 4$
Zusammenfassen von Quadratwurzeln	Summen bzw. Differenzen, in denen Quadratwurzeln mit gleichen Radikanden vorkommen, können durch **Ausklammern** zusammengefasst werden.	$5\sqrt{3} + 2\sqrt{3} = (5 + 2)\sqrt{3} = 7\sqrt{3}$ $8\sqrt{2} - 5\sqrt{2} = 3\sqrt{2}$
teilweises Wurzelziehen	Beim **teilweisen Wurzelziehen** wird der Radikand so in ein Produkt zerlegt, dass einer der Faktoren eine Quadratzahl ist. $\sqrt{a^2 \cdot b} = \sqrt{a^2} \cdot \sqrt{b} = a \cdot \sqrt{b}$ mit $a, b \geqq 0$	$\sqrt{175} = \sqrt{25 \cdot 7} = \sqrt{25} \cdot \sqrt{7} = 5 \cdot \sqrt{7}$
Rationalmachen des Nenners	Eine Quadratwurzel im Nenner eines Bruches lässt sich durch Erweitern beseitigen.	$\frac{2\sqrt{5}}{\sqrt{2}} = \frac{2\sqrt{5} \cdot \sqrt{2}}{\sqrt{2} \cdot \sqrt{2}} = \frac{2\sqrt{5 \cdot 2}}{2} = \sqrt{10}$
Kubikwurzel	Die Kubikwurzel einer positiven Zahl b ist die positive Zahl a, deren dritte Potenz gleich der Zahl b ist: $\sqrt[3]{b} = a$; wenn $a^3 = b$ $\quad a, b \geqq 0$	$\sqrt[3]{343} = 7$; da $7^3 = 343$
n-te Wurzel	Die n-te Wurzel einer positiven Zahl b ist die positive Zahl a, deren n-te Potenz gleich der Zahl b ist: $\sqrt[n]{b} = a$; wenn $a^n = b$ $\quad a; b \geqq 0$; $n \in \mathbb{N} \setminus \{0\}$	$\sqrt[7]{279\,936} = 6$; da $6^7 = 279\,936$

Üben • Anwenden • Nachdenken

1 Welche Kärtchen gehören zusammen? Ordne zu. Mit Taschenrechner ist die Aufgabe langweilig.

$\sqrt[3]{8000}$ | 20 | $\sqrt{1936}$ | 33 | 85 | $\sqrt{576}$ | 44 | 11 | $\sqrt[4]{14641}$ | 24 | $\sqrt{1089}$ | $\sqrt{7225}$

2 Ziehe die Wurzel.

a) $\sqrt{121x^2}$
b) $\sqrt{625x^2y^2}$
c) $\sqrt{\frac{64x^2}{169}}$
d) $\sqrt{\frac{196x^2}{36y^2}}$
e) $\sqrt{\frac{153xy^3}{17xy}}$
f) $\sqrt{48ab \cdot 3ab^3}$
g) $\sqrt[3]{\frac{448s^3}{7s}}$
h) $\sqrt[4]{\frac{16a^4}{81}}$

3 Multipliziere bzw. dividiere so, dass ganzzahlige Ergebnisse entstehen. Es können auch mehr als zwei Wurzeln verwendet werden.

Beispiel: $(\sqrt{18} \cdot \sqrt{27}) : \sqrt{6} = \sqrt{81} = 9$

$\sqrt{27}$ $\sqrt{2}$ $\sqrt{6}$ $\sqrt{3}$ $\sqrt{96}$
$\sqrt{48}$ $\sqrt{12}$ $\sqrt{18}$ $\sqrt{72}$

4 Setze die fehlenden Ziffern ein und bilde das Lösungswort.
Du musst die Buchstaben zuerst noch in die richtige Reihenfolge bringen.

a) $\sqrt{\square 24} = 3^2 \cdot 2$
b) $\sqrt{2\square 6} = 8\sqrt{4}$
c) $\sqrt{\square 1} \cdot \sqrt{49} = 8^2 - 1$
d) $\sqrt{\square 15} : \sqrt{35} = \sqrt{16} - 1$
e) $\sqrt{484} - \sqrt{28\square} = 2 \cdot \sqrt{4} + 1$
f) $\sqrt{196} - \sqrt{\square 6} \cdot \sqrt{4} = 2$
g) $3\sqrt{\square} \cdot \sqrt{24} = 6^2$
h) $(\sqrt{12} + \sqrt{\square 8})^2 = 108$

A/1 | P/3 | T/8 | R/4 | O/3 | S/0 | N/2 | U/5 | C/9 | M/6 | D/7 | E/3

5 Im magischen Quadrat haben jede Zeile, Spalte und Diagonale denselben Summenwert. Diese magische Zahl lautet $15\sqrt{2}$.

$\sqrt{32}$	$\sqrt{18}$	
$\sqrt{8}$		

Bei diesem magischen Quadrat haben die Zeilen, Spalten und Diagonalen denselben Produktwert.

2		$\sqrt{6}$
		$2\sqrt{2}$
		6

Umkehroperationen

Neele meint: „Wenn man bei einer Rechnung falsch addiert hat, kann man diesen Fehler durch eine Subtraktion wieder rückgängig machen."
Christoph bestätigt sie: „Ja, richtig. Man sagt deshalb auch: Die Subtraktion ist die Umkehroperation zur Addition."
Frank fragt: „Gibt es auch noch andere Umkehroperationen?"

- Wie könnte die Diskussion weitergehen?
- Übertrage die Pyramide in dein Heft und ergänze sie.

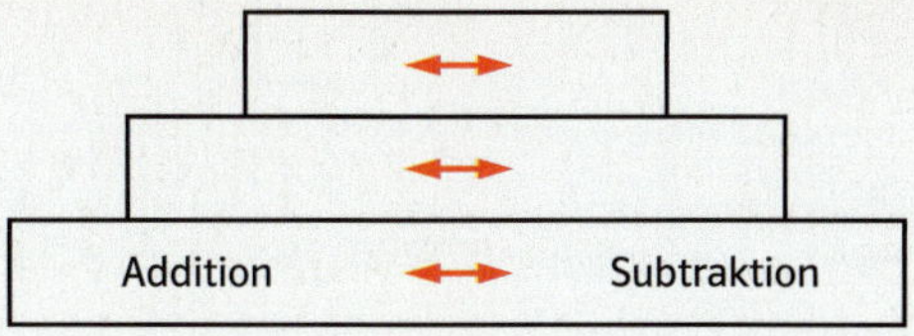

Jetzt wirft Christoph plötzlich ein: „Wozu die ganze Diskussion? Statt 2 zu subtrahieren, addiere ich einfach −2. Ich brauche gar keine Umkehroperationen."

- Kannst du dir denken, was Christoph damit meint?

Bildet Gruppen in der Klasse und stellt eure Überlegungen grafisch dar, damit ihr anschließend eure Gedanken der Klasse präsentieren könnt.

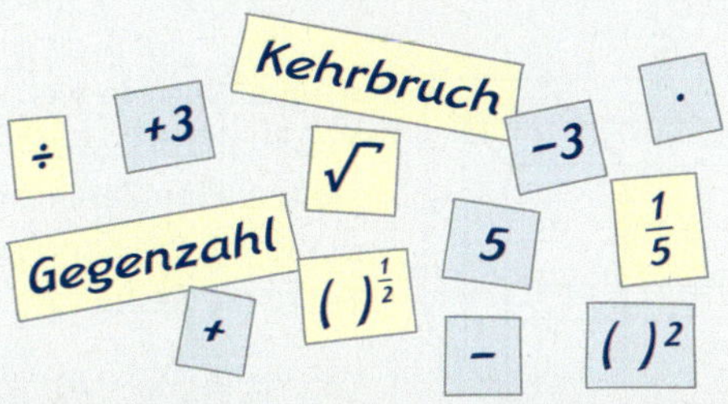

Wurzeln in der Geometrie

Durch Experimentieren wirst du herausfinden, welche Zusammenhänge zwischen Wurzeln, Quadraten, Treppen und Würfeln bestehen. Du kannst dann einen Vortrag vorbereiten und die gewonnenen Erkenntnisse deiner Klasse präsentieren.

■ Aus Quadraten werden Wurzeln.
Entdecke die Regelmäßigkeit und drücke sie in einem Term mit Variablen aus.
Was geben die Wurzeln an?
Tipp: Betrachte die Entstehung der Quadrate.

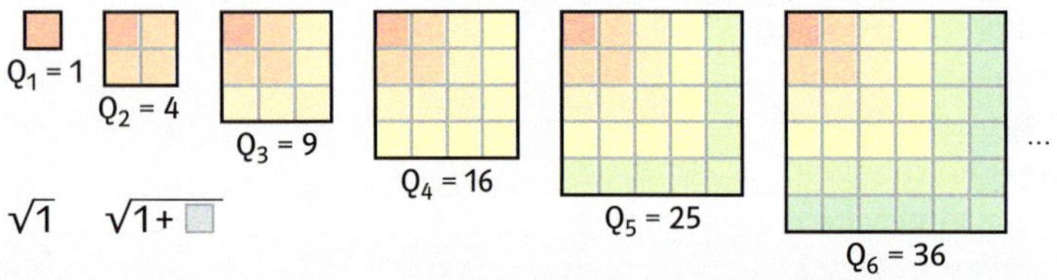

■ Aus Treppen werden Wurzeln.
Übetrage die Treppe in dein Heft und zerschneide sie dann mit einem geradlinigen Schnitt so, dass sich aus den beiden Teilen ein Quadrat legen lässt. Stelle einen Zusammenhang her, zwischen Treppenfläche, Quadratfläche, Seitenlänge des Quadrats und Länge der Unterkante der Treppe, indem du eine weitere Treppe herstellst und betrachtest.

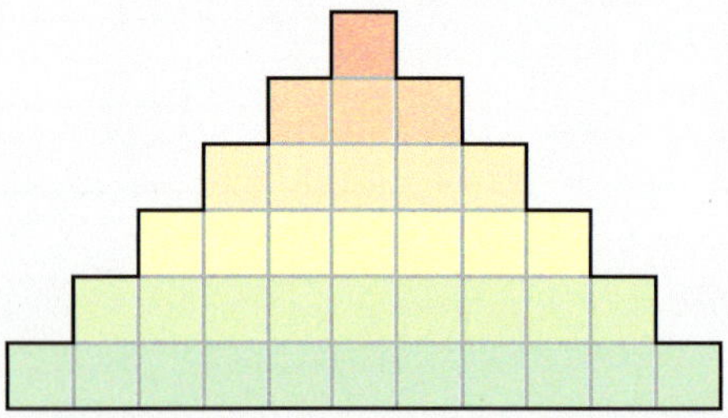

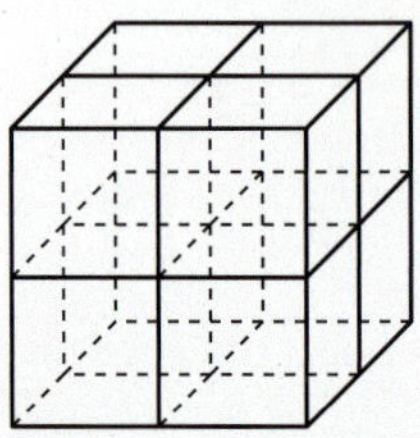

■ Aus Wurzeln werden Würfel.
Kubikzahlen lassen sich als Würfel darstellen. Eine Zahl unter der Wurzel zeigt dir sofort die Kantenlänge des Würfels. Setze die Reihe fort.

$\sqrt[3]{1 \cdot 2 \cdot 3 + 2}$; $\sqrt[3]{2 \cdot 3 \cdot 4 + 3}$; $\sqrt[3]{3 \cdot 4 \cdot 5 + 4}$

6 Welche Aufgabe gehört zu welchem Ergebnis?

$\sqrt[3]{32} \cdot \sqrt[3]{16}$	5
$\sqrt[3]{2197} - \sqrt[5]{16\,807}$	21
$\sqrt[4]{1296} : \sqrt[7]{2187}$	6
$\sqrt{1764} \cdot \sqrt{0{,}25}$	8
$\sqrt{87\,025} : \sqrt[3]{205\,379}$	2

7 Vereinfache.

a) $\sqrt{2y} \cdot \sqrt{50yz^2}$
b) $\sqrt{28xy^2} \cdot \sqrt{7x}$
c) $\sqrt{2a^2b} \cdot \sqrt{8bc^2}$
d) $\sqrt{5x \cdot 15xy \cdot 12y}$
e) $\sqrt[3]{\frac{4x}{45y^2}} \cdot \sqrt[3]{\frac{20x^4}{6x^2y}}$
f) $\sqrt{\frac{15a}{6b^2}} : \sqrt{\frac{5}{18a}}$

8 Berechne mit dem Taschenrechner. Runde auf zwei Nachkommastellen.

a) $8 \cdot \sqrt{3} - 2{,}5 \cdot \sqrt{7} + 3{,}8 \cdot \sqrt{11}$
b) $\sqrt{48{,}5} + \sqrt[3]{382{,}1} \cdot \sqrt{95{,}6}$
c) $\sqrt[6]{4\,826\,809} - \sqrt[4]{1\,185\,921}$
$: \sqrt{30{,}25} + \sqrt[7]{823\,543}$

9 Durch geschicktes Abzählen von Kästchen lassen sich Quadrate mit bestimmten Flächeninhalten darstellen. Das Beispiel zeigt, wie man die Länge $\sqrt{29}$ erhält.

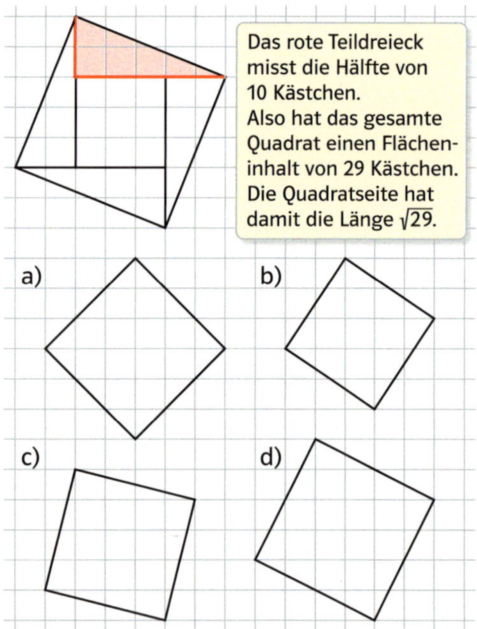

Welche Quadratwurzeln werden durch die Seitenlängen der abgebildeten Quadrate dargestellt?

10 Vereinfache.

a) $\sqrt{45x^2y} \cdot \sqrt{5y} - \sqrt{48x^3y^2} : \sqrt{3x}$

b) $\sqrt{121x^2} + 4x\sqrt{7xy} : \sqrt{7xy} - \sqrt{49x^2}$

c) $\left(\sqrt{24x^3} + \sqrt{54x^3}\right) : \sqrt{6x}$

11 Fasse gleichartige Terme zusammen.

a) $\sqrt{5} + 5\sqrt{5} - 10\sqrt{5} + 15\sqrt{5}$

b) $3\sqrt{2x} - 2\sqrt{3x} - 3\sqrt{3x} + 2\sqrt{2x}$

c) $\sqrt{ab} + a\sqrt{b} + 2\sqrt{ab} + b\sqrt{a} + 4\sqrt{ab}$

12 Ziehe die Wurzel so weit wie möglich.

a) $\sqrt{45}$ b) $\sqrt{160}$ c) $\sqrt{68}$

d) $\sqrt{176}$ e) $\sqrt{396}$ f) $\sqrt{768}$

13 Ziehe teilweise die Wurzeln und fasse dann zusammen.

a) $\sqrt{147} + \sqrt{32} + \sqrt{27} + \sqrt{128}$

b) $\sqrt{96} + \sqrt{150} - \sqrt{294} + \sqrt{384}$

c) $\sqrt{500x} - \sqrt{320x} + \sqrt{108x} - \sqrt{27x}$

14 Forme so um, dass im Nenner keine Wurzel steht.

a) $\frac{z}{3\sqrt{z}}$ b) $\frac{\sqrt{12x}}{\sqrt{3x}}$ c) $\frac{\sqrt{x^2y}}{\sqrt{xy}}$

15 Wende die binomischen Formeln an.

a) $\sqrt{x^2 + 12x + 36}$

b) $\sqrt{y^2 - 2 + \frac{1}{y^2}}$

c) $\sqrt{\frac{4}{9}a^2x + \frac{2}{3}abx + \frac{1}{4}b^2x}$

d) $\sqrt{x^3 + 2x^2 + x}$

16 Vervollständige die Wurzelpyramide.

a)

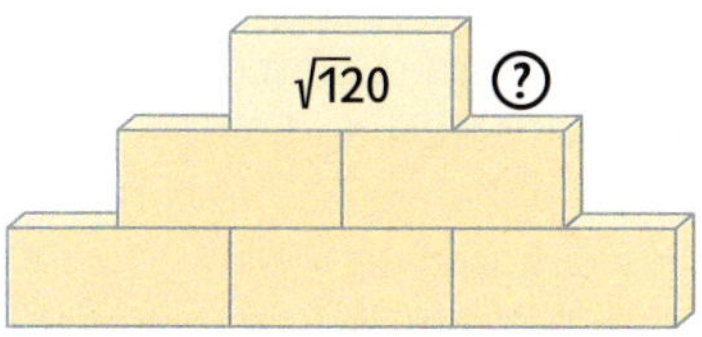

b)

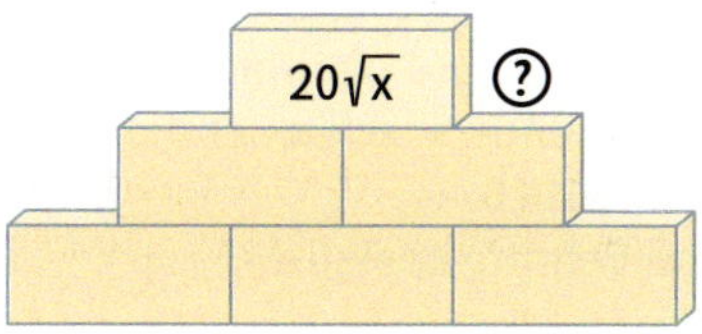

Fibonacci-Zahlen

Leonardo von Pisa (ca. 1170 – 1250), auch Leonardo Fibonacci genannt, war ein berühmter Gelehrter des Mittelalters. Nach ihm wurde die Fibonacci-Zahlenfolge benannt.

1; 1; 2; 3; 5; 8; 13; 21; …

- Nach welcher Gesetzmäßigkeit entstehen die Glieder der Zahlenfolge? Wie lautet die 11., wie die 12. Zahl?

- Mit den Gliedern der Fibonacci-Folge lassen sich auf folgende Weise Quotienten bilden:
  $\frac{1}{1}; \frac{2}{1}; \frac{3}{2}; \frac{5}{3}; \frac{8}{5}; \frac{13}{8}; \ldots$
  Setze die Folge der Quotienten um fünf weitere Glieder fort. Bestimme den Dezimalwert auf sechs Nachkommastellen genau. Was fällt dir auf?

- Vergleiche die Quotienten auch mit dem Term $\frac{1}{2} + \frac{1}{2}\sqrt{5}$.
  Diesen Zahlenwert kann man auch über die verschachtelte Wurzel
  $\sqrt{1 + \sqrt{1 + \sqrt{1 + \sqrt{1 + \ldots}}}}$ bestimmen.
  Probiere mit dem Taschenrechner. Starte zunächst mit zwei Einsen, dann mit drei Einsen usw.

- Das Tabellenblatt zeigt, wie man solche Schachtelwurzeln mit dem Computer berechnen kann. Versuche es selbst.

A6 ▾ f_x =$A$5+B$5

	A	B	C	D
1				
2	Berechnung von Schachtelwurzeln wie $\sqrt{2+\sqrt{2+\sqrt{2+\sqrt{2}}}}$ …			
3				
4	Summe	Wurzel der Summe		
5	2	1,4142135623731		
6	3,4142135623731	1,847759065		
7	3,8477590650226	1,961570561		
8	3,9615705608065	1,990369453		
9	3,9903694533444	1,997590912		
10	3,9975909124103	1,999397637		
11	3,9993976373924	1,999849404		
12	3,9998494036783	1,999962351		
13	3,9999623505652	1,999990588		
	3,9999905876192	1,999997647		

Dieser Wert ist $\sqrt{2+\sqrt{2}}$.

Dieser Wert ist $\sqrt{2\sqrt{2+\sqrt{2}}}$.

Heron-Verfahren

Mit einem Verfahren, das nach **Heron von Alexandria** (ca. 60 n. Chr.) benannt wurde, lassen sich Quadratwurzeln berechnen. Der Grundgedanke des Heron-Verfahrens ist die schrittweise Annäherung an ein Quadrat durch flächengleiche Rechtecke.

Um beispielsweise die Quadratwurzel der Zahl $R = 18$ zu bestimmen, kann man mit einem Rechteck beginnen, das die Seitenlängen $a_1 = 6\,\text{cm}$ und $b_1 = 3\,\text{cm}$ hat. Die Quadrate der Maßzahlen $3^2 = 9$ und $6^2 = 36$ schließen nämlich die Zahl 18 ein.

Da der Wert 6 zu groß und der Wert 3 zu klein ist, bildet man den Mittelwert von Länge und Breite. Damit erhält man eine neue Rechteckslänge a_2.

$\frac{a_1 + b_1}{2} = \frac{6 + 3}{2}\,\text{cm} = 4{,}5\,\text{cm}$

Die neue Rechtecksbreite b_2 bestimmt man aus dem Quotienten

$\frac{R}{a_2} = \frac{18}{4{,}5} = 4\,\text{cm}.$

Im nächsten Schritt ergibt sich:

$a_3 = \frac{a_2 + b_2}{2} = \frac{4{,}5 + 4}{2}\,\text{cm} = 4{,}25\,\text{cm}$ und

$b_3 = \frac{R}{a_3} = \frac{18}{4{,}25}\,\text{cm} \approx 4{,}24\,\text{cm}.$

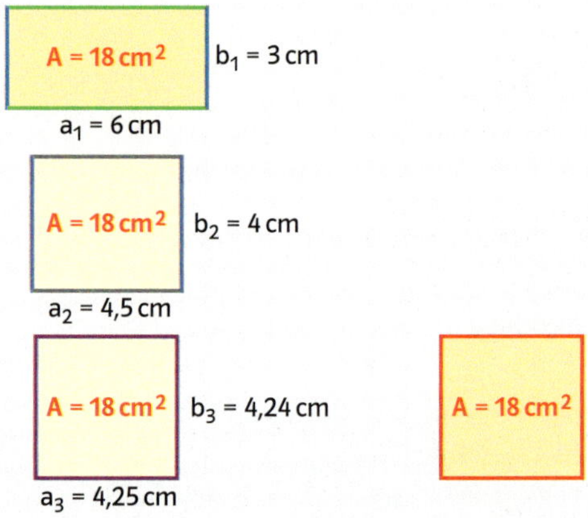

Vergleicht man die Eingrenzung $[a_3; b_3] = [4{,}25; 4{,}24]$ mit der Anzeige des Taschenrechners von $\sqrt{18} = 4{,}2426\ldots$, stellt man fest, dass man bereits eine gute Annäherung erzielt hat.
Wiederholt man diese Schritte, dann bekommt man sehr rasch noch bessere Näherungen für die zu bestimmende Quadratwurzel. Die heutigen Taschenrechner arbeiten nach einem ähnlichen Verfahren.

- Bestimme mit dem Heron-Verfahren auf drei Dezimalen genau.

$\sqrt{7}$ $\quad\sqrt{23}$ $\quad\sqrt{200}$

Mit einer Tabellenkalkulation lässt sich das Heron-Verfahren leicht durchführen.
Formel in Zelle B9: =(B8+C8)/2
Zelle C9: =$C$1/B9

C9 ▾ fx =$C$1/B9

	A	B	C	D
1	Flächeninhalt des Rechtecks:		18	
2				
3	Erster Schätzwert für die Seitenlänge des Quadrates:		6	
4				
5	Schritt	Rechtecklänge	Rechteckbreite	Flächeninhalt
6	1	6,00000000000000	3,00000000000000	18
7	2	4,50000000000000	4,00000000000000	18
8	3	4,25000000000000	4,23529411764706	18
9	4	4,24264705882353	4,24263431542461	18
10	5	4,24264068712407	4,24264068711450	18
11				
12				

- Erstelle das Rechenblatt. Füge weitere Zeilen an. Was stellst du fest?
- Wähle als ersten Schätzwert für die Länge des Quadrats den Wert 1. Wie viele Schritte braucht das Programm dann mehr?
- Bestimme $\sqrt{500}$ mit dem Schätzwert 1, anschließend mit dem Schätzwert 22.
- Bestimme $\sqrt{5\,000\,000}$ mit dem Schätzwert 1. Verwende anschließend den Schätzwert 2000. Wie viele Schritte sparst du?

Rückspiegel

Rückspiegel

1 Ziehe die Quadratwurzel.

a) $\sqrt{36}$ b) $\sqrt{121}$ c) $\sqrt{225}$
d) $\sqrt{729}$ e) $\sqrt{1089}$ f) $\sqrt{2025}$

2 Bestimme die Wurzel.

a) $\sqrt[3]{64}$ b) $\sqrt[3]{216}$ c) $\sqrt[3]{343}$
d) $\sqrt[4]{81}$ e) $\sqrt[5]{7776}$ f) $\sqrt[11]{2048}$

3 Berechne.

a) $\sqrt{6}\cdot\sqrt{24}$ b) $\sqrt{28}\cdot\sqrt{7}$
c) $\sqrt{400\cdot 289\cdot 16}$ d) $\sqrt{3}\cdot\sqrt{96}\cdot\sqrt{2}$
e) $\frac{\sqrt{3}\cdot\sqrt{7}}{\sqrt{2}}\cdot\sqrt{42}$ f) $\frac{\sqrt{294}}{\sqrt{7}}\cdot\sqrt{\frac{56}{3}}$

4 Fasse zusammen.

a) $3\sqrt{5}+2\sqrt{5}+\sqrt{5}$
b) $3\sqrt{17}-4\sqrt{19}+\sqrt{17}-\sqrt{19}$
c) $13\sqrt{31}-7\sqrt{29}-\sqrt{31}-11\sqrt{29}+19\sqrt{29}$

5 Ziehe teilweise die Wurzel.

a) $\sqrt{32}$ b) $\sqrt{72}$ c) $\sqrt{147}$
d) $\sqrt{275}$ e) $\sqrt{480}$ f) $\sqrt{432}$

6 Mache den Nenner rational.

a) $\frac{1}{\sqrt{3}}$ b) $\frac{5}{\sqrt{10}}$ c) $\frac{57}{\sqrt{19}}$
d) $\frac{91}{7\sqrt{13}}$ e) $\frac{\sqrt{2}}{2\sqrt{2}}$ f) $\frac{\sqrt{27}}{2\sqrt{3}}$

7 Vereinfache.

a) $\sqrt{18}+\sqrt{12}-\sqrt{72}+\sqrt{75}$
b) $\sqrt{108}-\sqrt{48}+\sqrt{147}+\sqrt{300}-\sqrt{3}$
c) $(3\sqrt{2}+\sqrt{98})^2$
d) $(2\sqrt{72}-\sqrt{2})^2-(5\sqrt{7}-\sqrt{28})^2$
e) $(\sqrt{6}-\sqrt{3})(\sqrt{6}+\sqrt{3})$

8 Der aus Würfeln zusammengesetzte Körper hat ein Volumen von $384\,cm^3$. Berechne die Oberfläche.

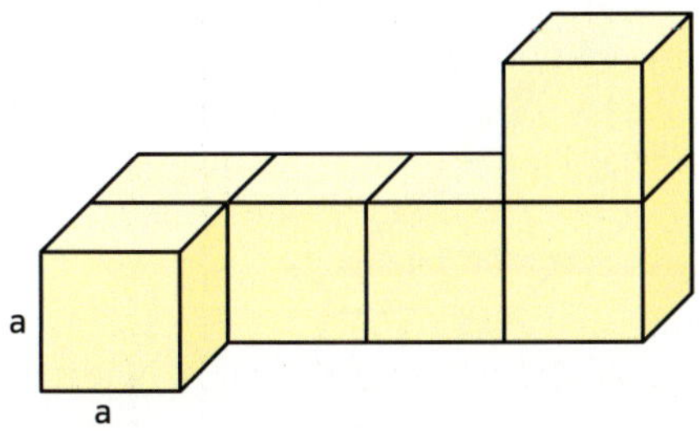

1 Ziehe die Quadratwurzel.

a) $\sqrt{0{,}04}$ b) $\sqrt{1{,}44}$ c) $\sqrt{6{,}25}$
d) $\sqrt{\frac{4}{9}}$ e) $\sqrt{\frac{121}{196}}$ f) $\sqrt{\frac{676}{841}}$

2 Bestimme die Wurzel.

a) $\sqrt[3]{3{,}375}$ b) $\sqrt[3]{13{,}824}$
c) $\sqrt[3]{0{,}343}$ d) $\sqrt[4]{39{,}0625}$
e) $\sqrt[5]{0{,}000\,32}$ f) $\sqrt[7]{0{,}000\,0128}$

3 Berechne.

a) $\sqrt{75x}\cdot\sqrt{3x}$ b) $\sqrt{20x}\cdot\sqrt{45x^3}$
c) $\sqrt{\frac{2a^2}{3b}}\cdot\sqrt{\frac{32}{3b}}$ d) $\sqrt{49x^2\cdot 225y^2}$
e) $\frac{\sqrt{48x^3}}{\sqrt{10x^2}}\cdot\sqrt{\frac{5x}{6}}$ f) $\frac{\sqrt{448x^3}}{\sqrt{42xy}}\cdot\sqrt{6y}$

4 Fasse zusammen.

a) $5\sqrt{e}+4\sqrt{e}+3\sqrt{e}+2\sqrt{e}+\sqrt{e}$
b) $3\sqrt{a}-5\sqrt{b}-4\sqrt{a}+6\sqrt{b}$
c) $x\sqrt{yz}-y\sqrt{xz}+2x\sqrt{yz}+2y\sqrt{xz}$

5 Ziehe teilweise die Wurzel.

a) $\sqrt{98x^2}$ b) $\sqrt{36x^3}$ c) $\sqrt{112x^2y}$
d) $\sqrt{\frac{a^2b^3}{4ab}}$ e) $\sqrt{\frac{144x}{75y^2}}$ f) $\sqrt{\frac{98x^3}{576xy^2}}$

6 Mache den Nenner rational.

a) $\frac{2a}{\sqrt{a}}$ b) $\frac{20y}{\sqrt{8y}}$ c) $\frac{t}{2\sqrt{t}}$
d) $\frac{y\sqrt{5}}{5\sqrt{5y}}$ e) $\frac{x+1}{2\sqrt{x}}$ f) $\frac{\sqrt{p}-\sqrt{q}}{p\cdot\sqrt{q}}$

7 Vereinfache.

a) $\sqrt{300y}-\sqrt{45y}+\sqrt{175y}-\sqrt{75y}$
b) $(\sqrt{3x}+\sqrt{12x})(\sqrt{75x}-\sqrt{12x})$
c) $(\sqrt{16a+32}-\sqrt{9a+18}):\sqrt{a+2}$
d) $\frac{\sqrt{80x^3}-x\sqrt{20x}+\sqrt{180x^3}}{x\sqrt{5x}}$
e) $\frac{(\sqrt{50x}-\sqrt{32x})^2\cdot(\sqrt{27x}+\sqrt{3x})^2}{\sqrt{9216x^4}}$

8 a) Es gibt nur eine reelle Zahl, deren Quadratwurzel gleich dem Radikand ist. Stimmt das?
b) Welche Zahl ist doppelt so groß wie ihre Quadratwurzel?
c) Die Kubikwurzel einer Zahl und die Quadratwurzel einer anderen Zahl sind gleich. Nenne zwei Beispiele.

Auf die Größe kommt es an

3

6 2

4 9 5

7 0 8 1

3 2 9 7 0

6 4 7 5 1 8

2 9 4 6 5 3 6

0 8 4 7 3 6 2 1

Aus 40 cm Entfernung
- erkennt Meike gerade noch die 7 in der vierten Zeile.
- verschwimmen für Olli schon die Zahlen in der zweiten Zeile.
- sieht Mira die 7 in der letzten Zeile noch scharf.

Olli meint: Mira sieht viermal so gut wie Meike. Wie kommt er darauf?

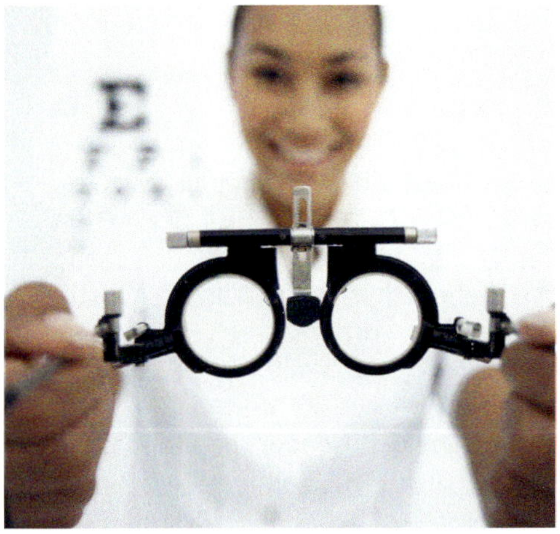

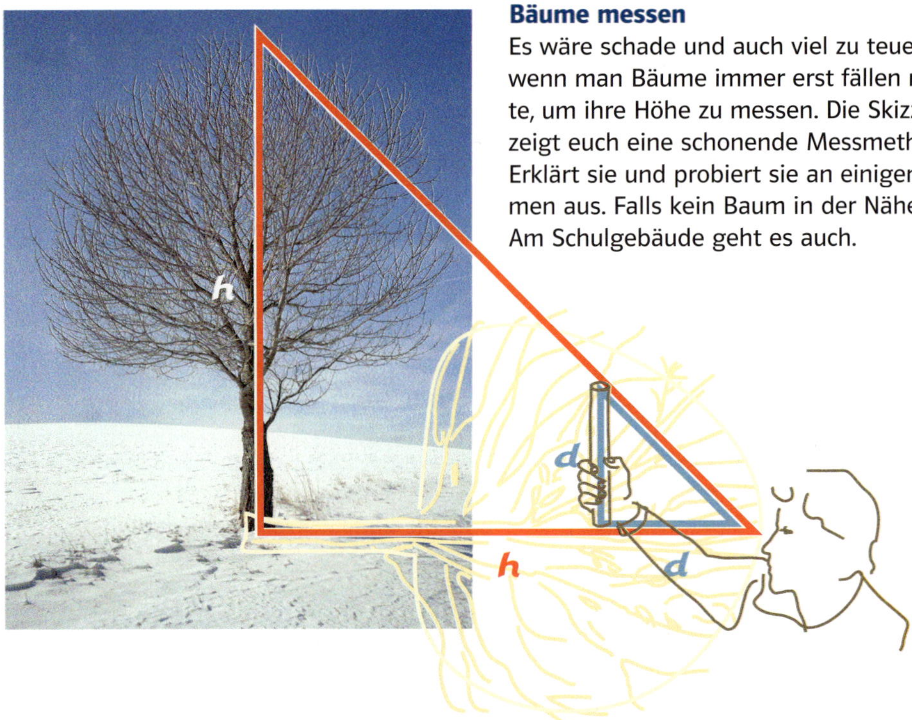

Bäume messen

Es wäre schade und auch viel zu teuer, wenn man Bäume immer erst fällen müsste, um ihre Höhe zu messen. Die Skizze zeigt euch eine schonende Messmethode. Erklärt sie und probiert sie an einigen Bäumen aus. Falls kein Baum in der Nähe ist: Am Schulgebäude geht es auch.

Vergrößern?
Konstruiert ein Dreieck mit den blauen Seiten. Dann wird jede Seite verlängert. Konstruiert wieder.
Wird das Dreieck dadurch größer?

Diskutiert gemeinsam, was „größer" bedeuten könnte.
Experimentiert auch mit anderen Zugaben.

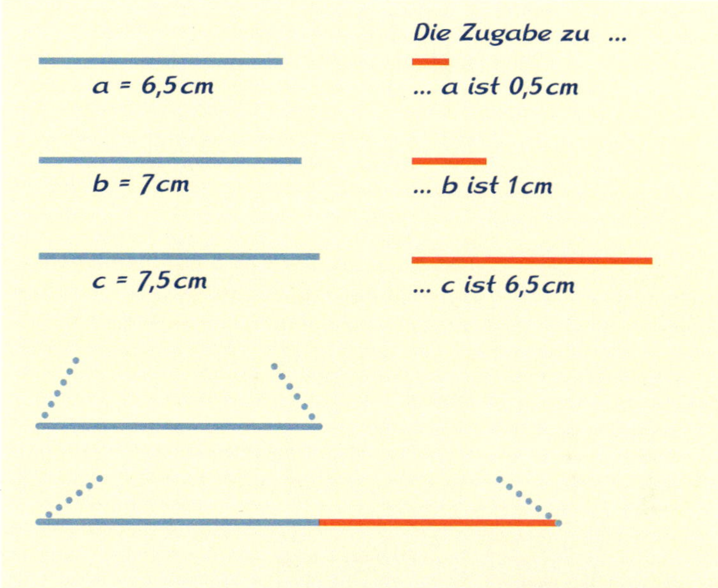

Vergrößern!
Konstruiert die drei unten abgebildeten Dreiecke sehr genau und vergleicht einige der gleich liegenden Strecken und Winkel.
Alle roten Kreuzchen sind Mittelpunkte, in jedem Dreieck sind die zwei rot markierten Winkel gleich.
Die Eckpunkte und Seiten sollt ihr selbst richtig benennen.
Welchen Zusammenhang stellt ihr fest?

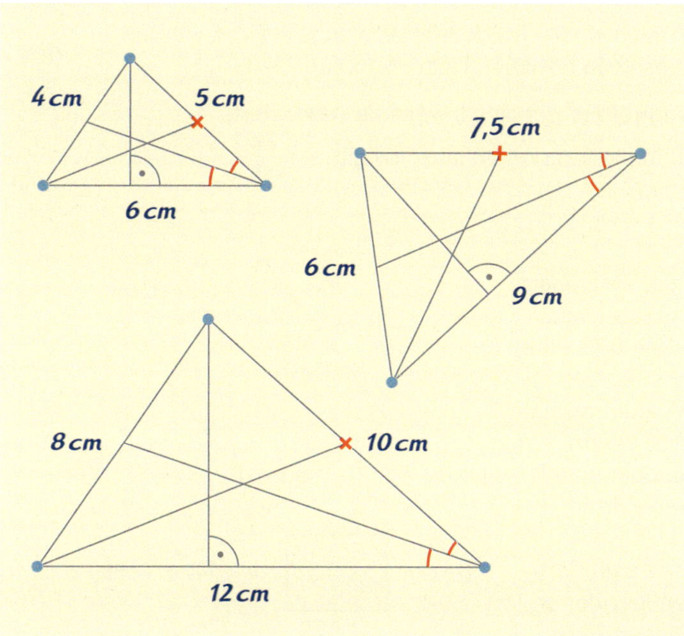

In diesem Kapitel lernst du,

- was Vergrößern und Verkleinern bedeutet,
- dass die Form von Figuren beim Vergrößern und Verkleinern gleich bleibt,
- dass Vergrößern und Verkleinern in allen Richtungen auf dieselbe Weise wirkt,
- wie man das Vergrößern und Verkleinern in der Praxis anwenden kann.

1 Vergrößern. Verkleinern

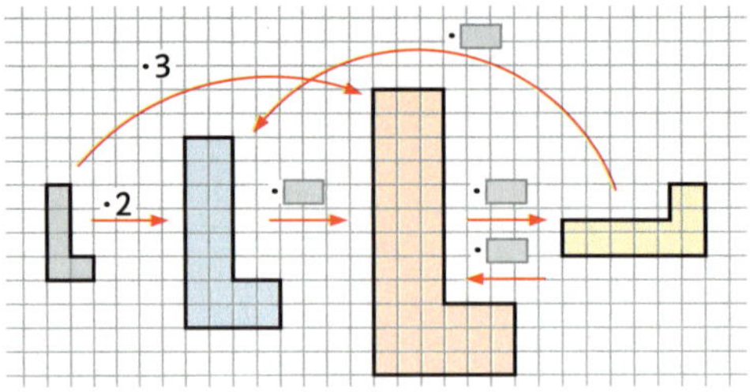

Der Druckbuchstabe L ist in vier Größen abgebildet.

➔ Wie unterscheiden sich die Größen?

Es gibt noch viel mehr Zwischenstufen als in der Figur gezeichnet sind.

➔ Zeichne die Buchstaben T, V, H oder U so, dass du sie leicht mit den Faktoren $\frac{3}{2}$; $\frac{4}{3}$ und $\frac{1}{2}$ vergrößern oder verkleinern kannst.

Das blaue Rechteck wird mit dem Faktor 3 vergrößert, ohne die Form zu ändern. Dadurch entsteht das rote Rechteck.
Auch die Diagonale des blauen Rechtecks vergrößert sich mit dem Faktor 3.
Es gilt $a' = 3a$; $b' = 3b$; $d' = 3d$
also $\frac{a'}{a} = 3$; $\frac{b'}{b} = 3$; $\frac{d'}{d} = 3$.

Der Vergrößerungsfaktor 3 ist der Quotient der Längen entsprechender Strecken.
Verkleinerung des roten Rechtecks mit dem Faktor $\frac{1}{3}$ ergibt das blaue Rechteck.

Die Eckpunkte der zwei Rechtecke muss man unterscheiden können. Deshalb schreibt man für das zweite Rechteck A′, B′, C′, D′, gelesen „A Strich" usw.

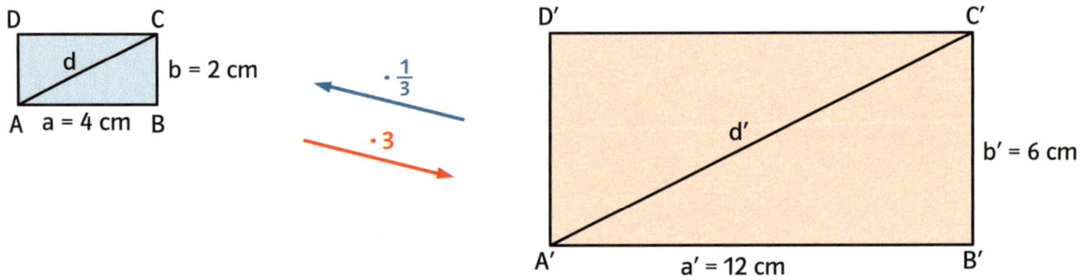

! Ganz genau müsste es eigentlich „maßstäbliches Vergrößern oder Verkleinern" heißen.

Vergrößert oder **verkleinert** man ein Rechteck oder eine andere Figur, werden alle Streckenlängen mit demselben positiven Faktor k multipliziert.

Gilt $k > 1$, wird die Figur vergrößert, gilt $k < 1$, wird sie verkleinert.
Geht dabei eine Strecke $\overline{AB}$ in die Strecke $\overline{A'B'}$ über, so gilt $k = \frac{\overline{A'B'}}{\overline{AB}}$.

Beispiele

a) Das lila Rechteck geht durch Vergrößern mit dem Faktor $k_1 = 2$ in das rote über.
Das rote Rechteck wird mit $k_2 = 0{,}75$ zum blauen verkleinert.
Vom lila Rechteck zum blauen kommt man auch in einem einzigen Schritt: Vergrößern mit k_1 und nachfolgendes Verkleinern mit k_2 ändert alle Längen mit dem Faktor $k_3 = k_1 \cdot k_2 = 2 \cdot 0{,}75 = 1{,}5$.
Das Bild zeigt auch, dass eine vergrößerte oder verkleinerte Figur gegenüber der ursprünglichen Figur gedreht liegen kann.

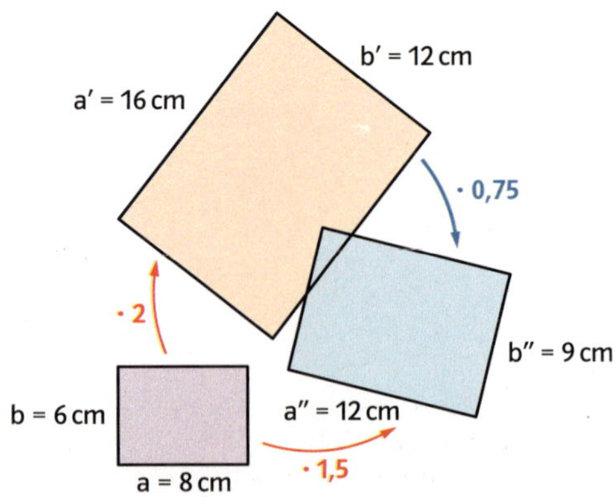

b) Um ein Dreieck zu verkleinern oder zu vergrößern, kann man es mit einem Rechteck umrahmen und das Rechteck verkleinern oder vergrößern.

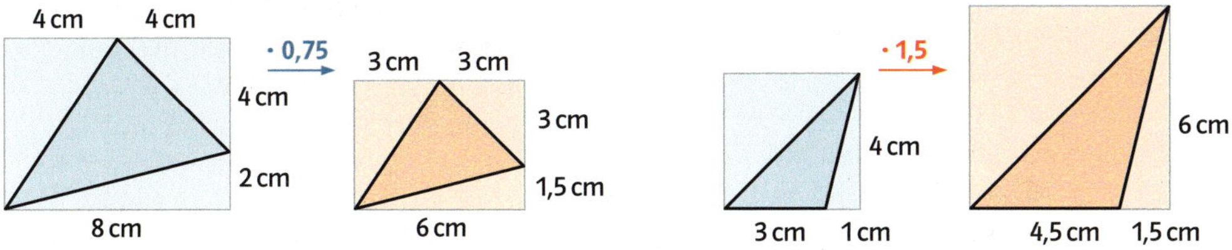

Aufgaben

1 Zeichne ein Rechteck mit den Seitenlängen a = 6 cm und b = 4 cm.
Zeichne die mit
k = 2; k = 2,5; k = 1,5; k = 0,5; k = 0,75
vergrößerten bzw. verkleinerten Rechtecke.

2 Welche der roten Rechtecke sind Vergrößerungen oder Verkleinerungen des blauen Rechtecks? Begründe.

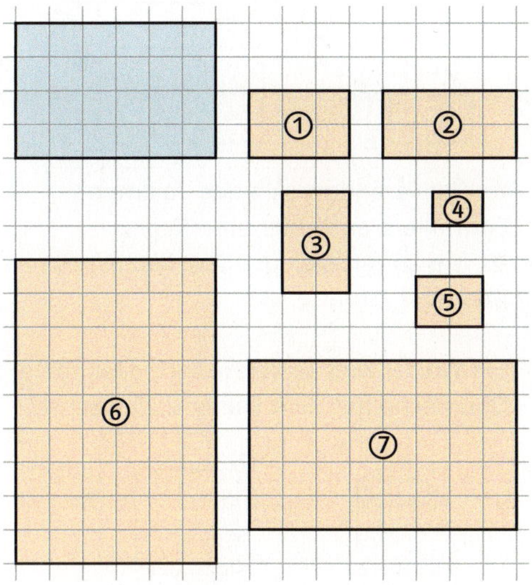

3 a) Ein Rechteck mit a = 7 cm und b = 4 cm soll vergrößert werden. Das neue Rechteck soll die Seitenlänge a′ = 10,5 cm haben. Wie groß wird k, wie groß b′?
b) Rechne wie in a) für
- a = 6 cm; b = 4,5 cm; a′ = 10 cm
- a = 6 cm; b = 4 cm; a′ = 4,5 cm
- a = 6,6 cm; b = 4,8 cm; b′ = 8 cm
- a = 12,6 cm; b = 9,8 cm; b′ = 7 cm

4 Vergrößere und verkleinere das Dreieck mit den Faktoren k_1 und k_2.

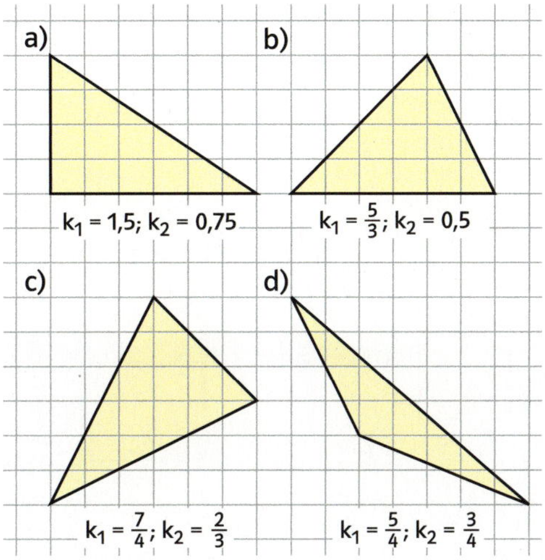

5 Vergrößere mit dem Faktor k.

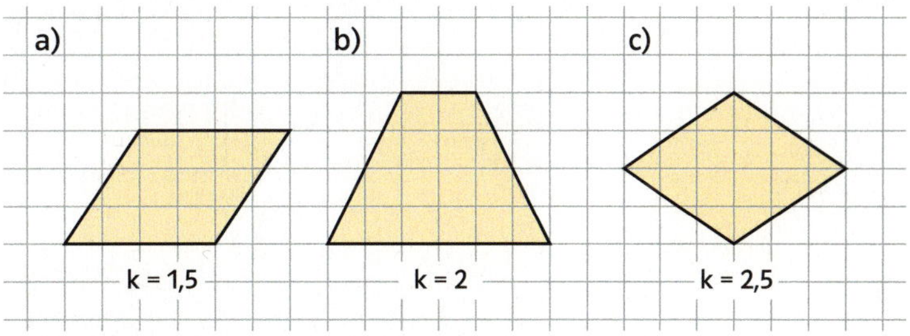

6 a) Zeichne das Viereck ABCD mit
A(1|2); B(2|1); C(4|3); D(2|4).
Vergrößere es mit dem Faktor k = 1,5.
b) Zeichne das Viereck ABCD mit
A(0|0); B(12|3); C(6|9); D(3|6).
Verkleinere es mit dem Faktor $k = \frac{2}{3}$.

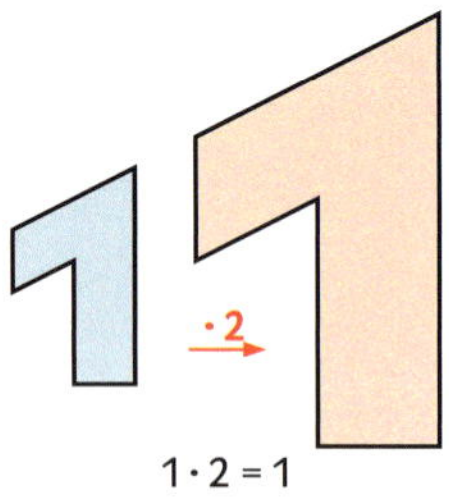

Zeichne im Quadratgitter dein persönliches Einmalzwei.

7 Ein Vieleck hat die Eckpunkte A(2|2); B(8|2); C(10|4); D(6|8); E(6|4); F(4|6).
a) Vergrößere die Figur mit k = 1,5.
b) Verkleinere die Figur mit k = 0,75.

8 Ein Fünfeck hat die Eckpunkte A(−2,5|−2); B(2,5|−2); C(3,5|2,5); D(0|5); E(−3,5|2,5).
Vergrößere es so, dass die neue Seite $\overline{A'B'}$ so lang wird wie die Diagonale $\overline{BD}$. Gib mithilfe der Zeichnung den Faktor k an.

9 Die Vergrößerungen der kleinen farbigen Figuren müssen im grauen Rechteck bleiben.
a) Mit welchem Faktor k kannst du höchstens vergrößern?
b) Wie groß kann k höchstens sein, wenn der Eckpunkt des gelben Rechtecks fest liegen bleiben muss?

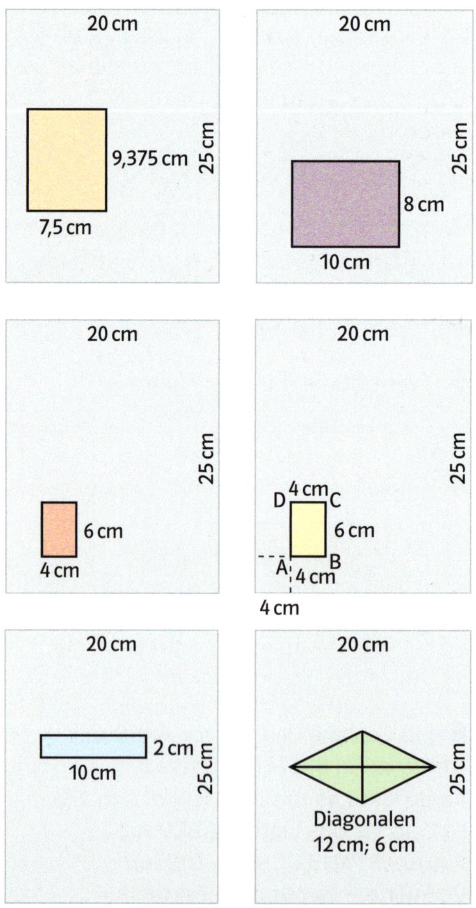

Zwei- und Dreidimensional ?!

Vergrößere die beiden Seiten eines Rechtecks nacheinander mit den Faktoren 2, 3, 4, …, n.
■ Wie ändert sich der Flächeninhalt?

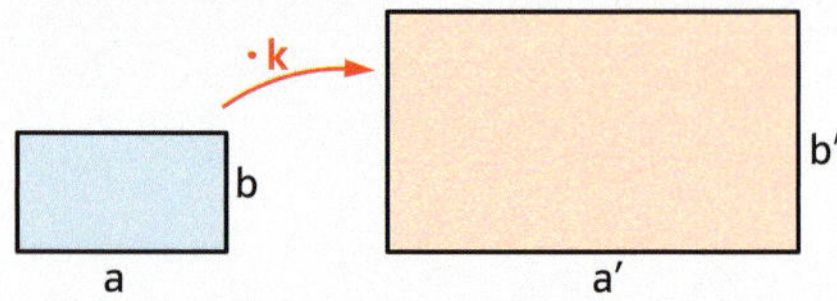

Verkleinere die Seiten eines Rechtecks nacheinander mit den Faktoren $\frac{1}{2}$, $\frac{1}{3}$, $\frac{1}{4}$, …, $\frac{1}{n}$.
■ Wie ändert sich der Flächeninhalt?
■ Formuliere eine allgemeine Regel. Du kannst z. B. so beginnen: „Ändert man die Seiten mit dem Faktor …, so ändert sich …"

Vergrößere oder verkleinere nun alle Kanten eines Quaders mit den oben genannten Faktoren.

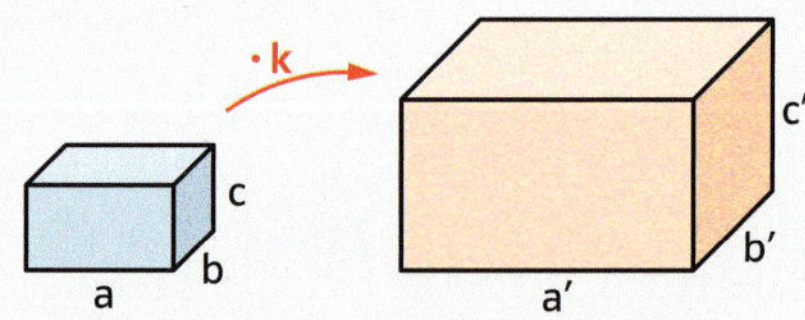

■ Wie verändert sich das Volumen? Formuliere auch hier eine Regel.
■ Wie ändert sich die Oberfläche des Quaders?

Ein Würfel wird so vergrößert, dass seine Oberfläche mit dem Faktor 2,25 wächst.

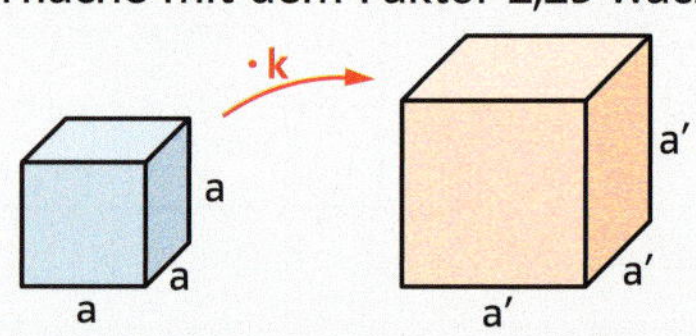

■ Mit welchem Faktor wächst sein Volumen? Eine Skizze hilft.
■ Ein kleiner Würfel hat 12,5 % des Volumens eines großen Würfels. Wie viel Prozent der Oberfläche des großen Würfels hat er?
■ „Ein Würfel wird verdoppelt." Was kann das alles bedeuten? Diskutiert in der Gruppe.

10 Mit einem Zeichenprogramm kann man Figuren vergrößern und verkleinern. Die Faktoren k werden dabei in Prozent angegeben. Der rote Smiley entspricht 100 %. Die anderen bis auf einen sind durch Verkleinern mit $k_1 = 75\,\%$; $k_2 = 50\,\%$; $k_1 \cdot k_1$; $k_1 \cdot k_2$; $k_2 \cdot k_2$ entstanden. Welche Verkleinerung gehört zu welchem Smiley? Was ist bei dem hellblauen Smiley passiert?

11 a) Eine Figur wurde mit $k = 150\,\%$ vergrößert. Mit welchem Faktor muss man sie verkleinern, dass sie wieder ihre ursprüngliche Größe bekommt?
b) Gib eine Regel an, mit der du den Rücknahmefaktor für eine Vergrößerung oder Verkleinerung berechnen kannst.

12 Eine Figur wurde mit dem Faktor 2 vergrößert. Wie groß sind die Faktoren, die diese Vergrößerung in zwei bzw. drei gleichen Schritten bewirken?

13 Am Kopierer werden die Vergrößerungs- und Verkleinerungsfaktoren k in Prozent angegeben.
a) Häufig wird $k = 71\,\%$ und $k = 141\,\%$ benutzt. Mit welchem Faktor f wird dann der Flächeninhalt verändert?
b) Eine Buchseite hat die Maße 25,8 cm × 19,0 cm. Sie soll auf das Format DIN A4 29,7 cm × 21,0 cm vergrößert werden. Wie ist der Kopierer einzustellen?

14 Welcher Quader ist durch Vergrößern oder Verkleinern des roten Quaders entstanden?

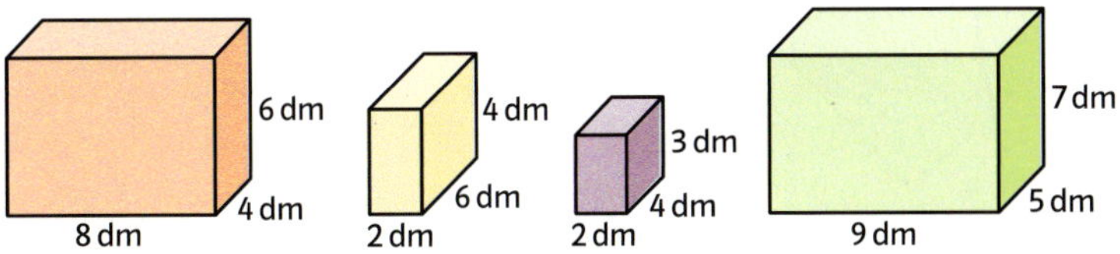

15 Straßenkarten haben häufig den Maßstab 1 : 200 000, Wanderkarten den Maßstab 1 : 50 000. Welchen Flächeninhalt hat ein 1-cm-Quadrat auf den Karten in Wirklichkeit?

16 Pakete haben meist die Form eines Quaders.
a) Die Maße der Pakete rechts entstehen durch laufende Vergrößerung mit dem gleichen Faktor. Berechne die Quotienten V : O. Was stellst du fest?
b) Das kleinste Paket in einer anderen Vergrößerungsreihe hat die Kantenlängen $a = 5\,dm$; $b = 2\,dm$; $c = 1\,dm$. Berechne V : O für die Pakete mit $V = 10\,dm^3$; $20\,dm^3$; $40\,dm^3$; $80\,dm^3$. Vergleiche mit dem Ergebnis von a).

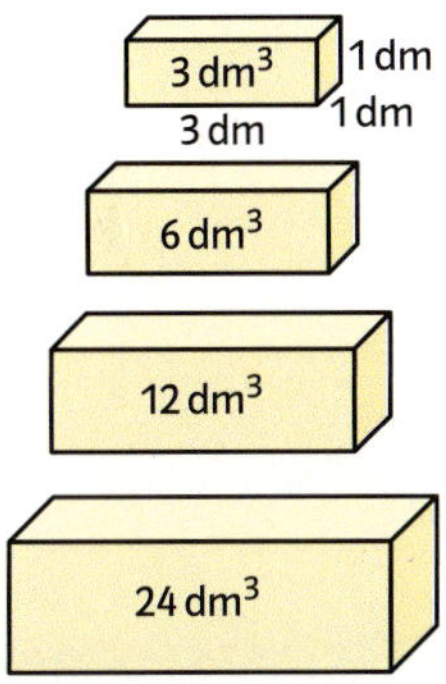

17 Modelleisenbahnen werden in unterschiedlichen Maßstäben angeboten. In der Tabelle sind die Bezeichnungen der Spurweiten mit den zugehörigen Maßstäben angegeben.

Spurweite	2	1	0	H0	TT	N	Z
Maßstab 1 :	22,5	32	45	87	120	160	220

a) Die Spurweite der Bundesbahn beträgt 1435 mm. Welche Spurweiten haben die Modelleisenbahnen?
b) Theo hat eine H0-Anlage. Er möchte auf ihr eine Meterspur-Nebenbahn (H0m) bauen. Welche Spurweite muss er kaufen? Warum kann er die Fahrzeuge dieser Spurweite nicht benutzen?
c) Helga möchte auf ihrer H0-Anlage eine 750 mm Schmalspurbahn (H0e) bauen. Kann sie geeignetes Schienenmaterial im Spielzeugladen finden?

2 Ähnliche Figuren

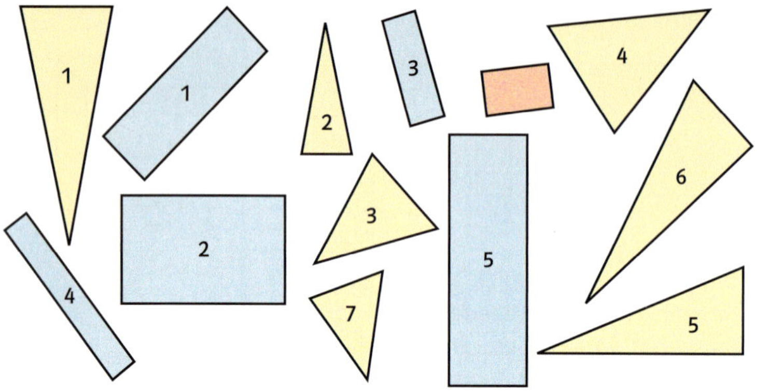

→ Welches der blauen Rechtecke gibt passend verkleinert oder vergrößert das rote Rechteck?

→ Wie gehören die übrigen Figuren zusammen? Manche haben mehr als einen Partner, eine Figur hat aber keinen.

Das blaue Dreieck wird mit dem Faktor $k = 1{,}5$ zum roten Dreieck vergrößert.
Es gilt $a' = 1{,}5 \cdot a$ und $b' = 1{,}5 \cdot b$, also
$\frac{a'}{b'} = \frac{1{,}5 \cdot a}{1{,}5 \cdot b}$ und damit $\frac{a'}{b'} = \frac{a}{b}$.

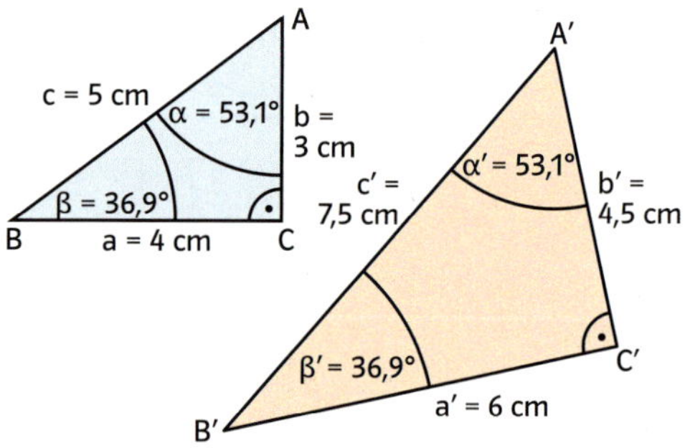

Lies:
a′ zu b′ gleich a zu b.

Diese Bruchgleichung kann man auch als Verhältnisgleichung schreiben:
$a' : b' = a : b$.
Ebenso gilt
$b' : c' = b : c$
und $c' : a' = c : a$.
Die Winkel zwischen entsprechenden Seiten der zwei Dreiecke sind gleich.

Solche Verhältnisgleichungen und Winkelgleichheiten gelten auch beim Vergrößern und Verkleinern von Vierecken und Vielecken.

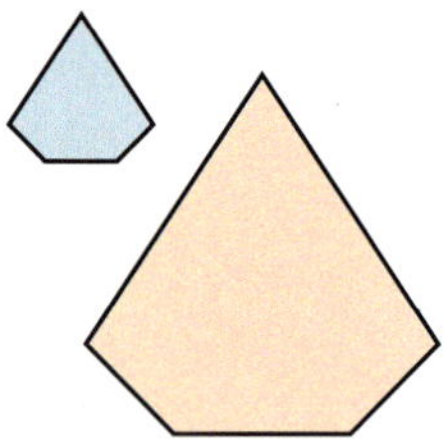

Durch Vergrößern oder Verkleinern einer Figur entsteht eine **ähnliche** Figur.
Ähnliche Figuren stimmen in den Verhältnissen entsprechender Seiten und in den Größen entsprechender Winkel überein.

Beispiele

a) Gegeben ist das Dreieck ABC mit
$a = 4\,cm$; $b = 6\,cm$; $c = 8\,cm$.
Zu konstruieren ist das dazu ähnliche Dreieck A′B′C′ mit $a' = 7\,cm$.
Es gilt:
$\frac{b'}{a'} = \frac{b}{a} = \frac{6}{4} = \frac{3}{2}$; also $b' = \frac{3}{2}a' = 10{,}5\,cm$;
$\frac{c'}{a'} = \frac{c}{a} = \frac{8}{4} = 2$; also $c' = 2a' = 14\,cm$.
Damit lässt sich $\triangle A'B'C'$ konstruieren.
Die Seiten von $\triangle A'B'C'$ lassen sich auch mithilfe des Faktors k berechnen:
$k = \frac{a'}{a} = \frac{7}{4}$; $b' = \frac{7}{4}b = 10{,}5\,cm$; $c' = \frac{7}{4}c = 14\,cm$

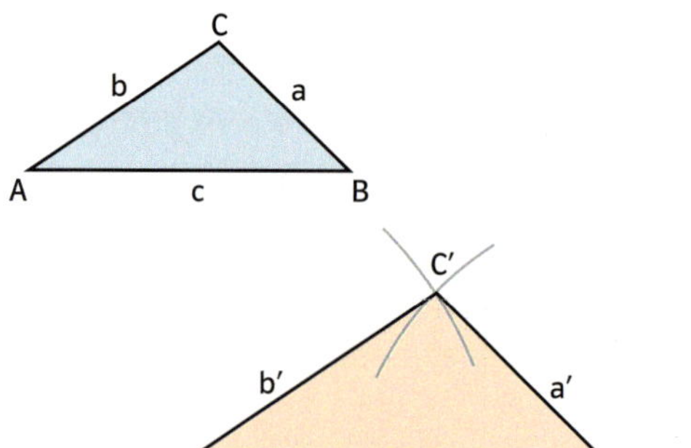

b) Nach Augenmaß könnten die drei Rechtecke R, R′ und R″ ähnlich sein. Wirklich entscheiden kann man das aber nur rechnerisch. Da $\frac{a'}{a} = \frac{b'}{b}$ mit $\frac{a'}{b'} = \frac{a}{b}$ gleichwertig ist, werden hier die Seitenverhältnisse der Rechtecke verglichen:

$\frac{a}{b} = \frac{4}{2{,}5} = 1{,}6$; $\frac{a'}{b'} = \frac{7}{4{,}2} = \frac{5}{3}$; $\frac{a''}{b''} = \frac{12{,}5}{7{,}5} = \frac{5}{3}$

Das Rechteck R′ ist also zum Rechteck R″ ähnlich. Das Rechteck R ist weder zu R′ noch zu R″ ähnlich.

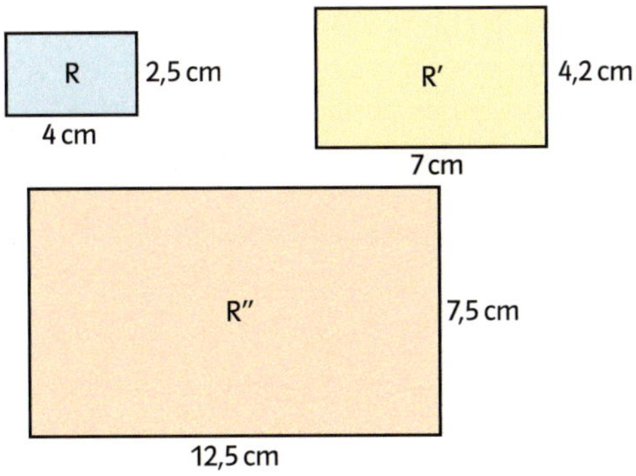

Aufgaben

1 Konstruiere das Dreieck ABC mit
a = 4 cm; b = 5 cm; c = 6 cm.
Berechne und konstruiere das dazu ähnliche Dreieck A′B′C′ mit
a) a′ = 8 cm b) a′ = 6 cm c) b′ = 7,5 cm
d) b′ = 6 cm e) c′ = 9 cm f) c′ = 5 cm

2 Das Dreieck ABC hat die Seiten
a = 8 cm; b = 9 cm; c = 10 cm.
Berechne die Seiten des dazu ähnlichen Dreiecks A′B′C′ mit den Seitenlängen.
a) a′ = 6 cm b) b′ = 27 cm c) c′ = 8 cm
d) a′ = 14 cm e) c′ = 13 cm f) b′ = 13,5 cm

3 Konstruiere das Dreieck ABC mit
a = 7 cm; b = 8,4 cm; c = 6,3 cm
und das dazu ähnliche Dreieck A′B′C′ mit den Seitenlängen.
a) a′ = 10,5 cm b) b′ = 10,5 cm
c) c′ = 10,5 cm

4 Das blaue Dreieck scheint zum roten ähnlich zu sein. Täuscht das Augenmaß?

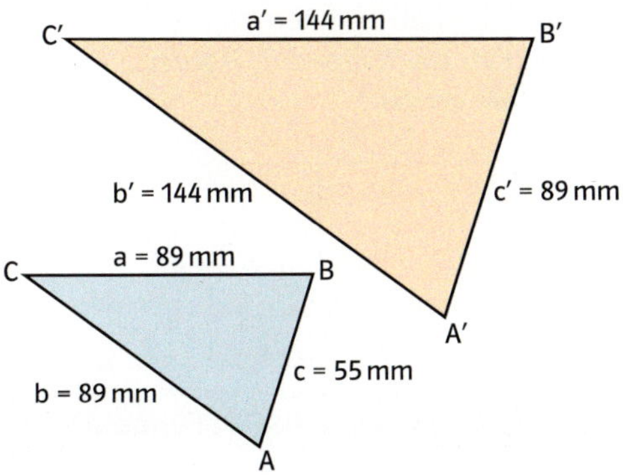

5 Vom Dreieck ABC sind a = 5 cm und b = 6 cm gegeben, vom dazu ähnlichen Dreieck A′B′C′ sind a′ = 8 cm und c′ = 9,6 cm gegeben. Konstruiere beide Dreiecke.

6 Das Dreieck ABC hat die Seiten
a = 6 cm; b = 9 cm; c = 13,5 cm.
Vom dazu ähnlichen Dreieck A′B′C′ ist a′ = 4 cm gegeben.
a) Berechne b′ und c′.
b) In wie vielen Seiten und Winkeln stimmen die zwei Dreiecke überein?

7 Das Dreieck ABC hat die Seiten
a = 7 cm; b = 3 cm; c = 6 cm.
Das zu △ABC ähnliche △A′B′C′ hat den Umfang 24 cm. Berechne seine Seiten.

8 Für △ABC gilt a = 5 cm; b = 9 cm; c = 8 cm. Das dazu ähnliche Dreieck A′B′C′ hat den 4-fachen Flächeninhalt.
Berechne a′; b′; c′.

9 Suche zueinander ähnliche Sterne. Begründe deine Antwort.

10 Das Rechteck ABCD hat die Seiten $a = 9\,cm$ und $b = 5\,cm$.
Konstruiere das ähnliche Rechteck A′B′C′D′ mit $a' = 7{,}2\,cm$.

11 Suche nach Ähnlichkeiten.

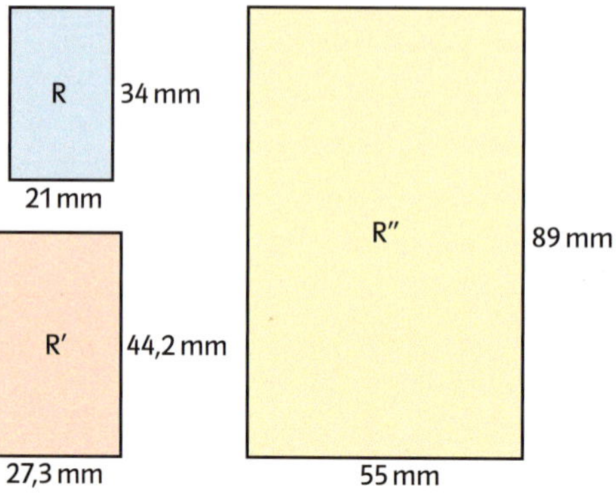

12 a) Vom großen Rechteck wird ein kleines abgetrennt. Wie groß muss x sein, damit das kleine zum großen ähnlich ist?
b) Von einem Rechteck mit $a = 16\,cm$ und $b = 12\,cm$ wird ein ähnliches abgetrennt, und von diesem wird wieder ein ähnliches abgetrennt. Welche Maße haben diese zwei Rechtecke?

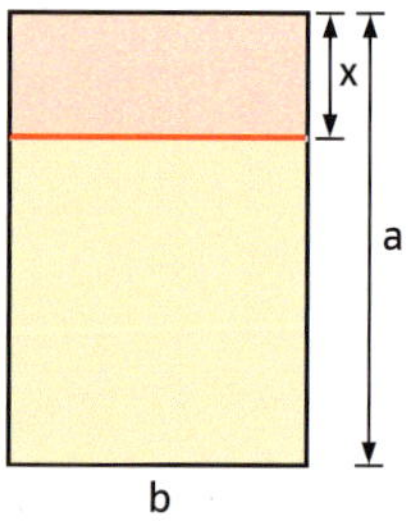

$a = 9\,cm$
$b = 6\,cm$

13 Ist das Fohlen zur Stute ähnlich?

Untersuche auch andere Bilder von jungen und ausgewachsenen Tieren – und auch von Kindern und Erwachsenen.

DIN-Formate

Papierformate sind durch eine DIN-Norm festgelegt.
Am wichtigsten sind die A-Formate. Das Ausgangsformat DIN A0 ist ein Rechteck mit $A = 1\,m^2$ und $a : b = \sqrt{2} : 1$.
Dieses Rechteck hat die Seiten
$a = \sqrt[4]{2}\,m = 1189\,mm$; $b = \frac{1}{\sqrt[4]{2}}\,m = 841\,mm$.

- Rechne nach, dass die Fläche und die Seitenverhältnisse die geforderten Werte haben.
- Berechne die Seiten und das Seitenverhältnis des halbierten Rechtecks.

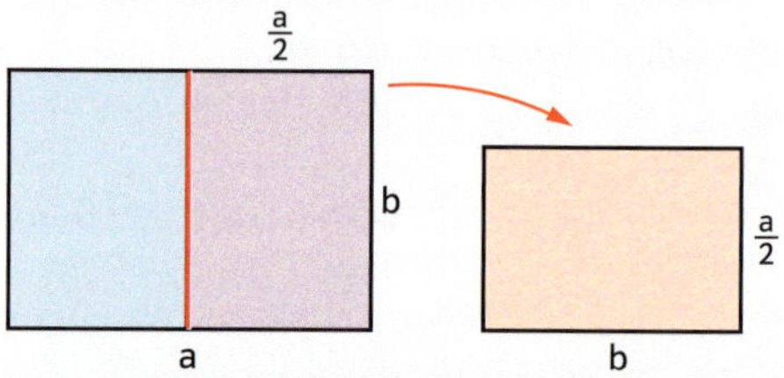

Alle DIN-A-Formate entstehen durch fortgesetzte Halbierung.

DIN A	Länge in mm	Breite in mm	Anzahl pro A0-Blatt
0	1189	841	1
1	841	594	2
2	594	420	□
3	□	□	□

- Berechne nach dem Muster der Tabelle die Maße hinunter bis zu DIN A8. Dabei wird immer auf ganze mm gerundet, und halbe mm werden weggelassen.
Beschaffe dir DIN-Bögen und bestätige einige der berechneten Werte.
- Erkläre die folgenden Figuren.
Was fällt dir auf?

- Warum gibt es wohl DIN-Formate?

3 Strahlensätze

An einem Tag im März messen Katja und Hatiçe vom Schulhof aus die Höhe des Schulgebäudes.
➔ Die Schattengrenze trifft die Messlatte in 1,80 m Höhe. Die anderen Strecken messen die Mädchen mit dem Messband.
➔ Katja zeichnet gut, Hatiçe rechnet lieber.
➔ Birgit schaut zu und sagt: Ihr habt Glück, dass die Schule ein Flachdach hat.

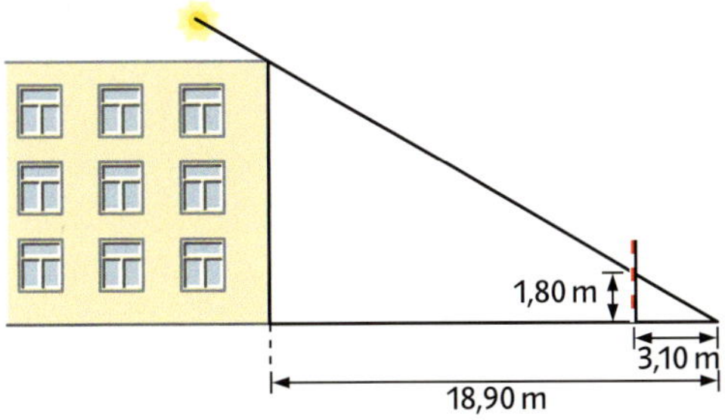

Die erste Grafik zeigt einen Winkel mit Scheitel S. Auf dem einen Schenkel liegen A und A', auf dem anderen B und B'.
Es gilt $\overline{AB} \parallel \overline{A'B'}$ und $\frac{\overline{SA'}}{\overline{SA}} = \frac{3}{2}$.

Statt von einem Winkel spricht man hier auch von einem Punkt, von dem zwei ***Strahlen*** *ausgehen.*

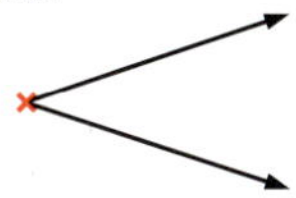

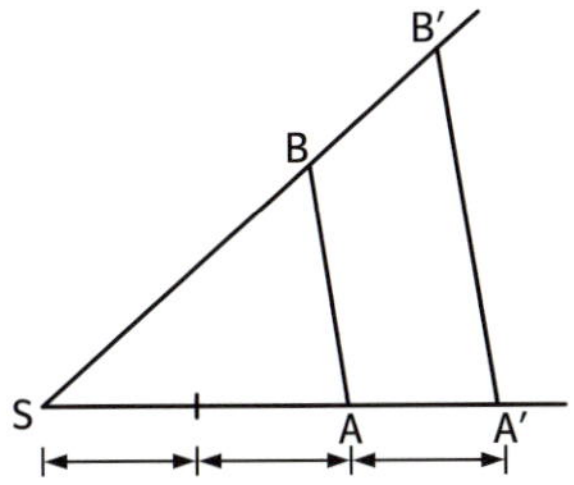

In der zweiten Grafik ist das Dreieck SA'B' in neun kongruente Teildreiecke zerlegt. Vier davon liegen im Dreieck SAB.
Daran erkennt man:
$\frac{\overline{SB'}}{\overline{SB}} = \frac{3}{2} = \frac{\overline{SA'}}{\overline{SA}}$ und $\frac{\overline{A'B'}}{\overline{AB}} = \frac{3}{2} = \frac{\overline{SA'}}{\overline{SA}}$.
Ebenso begründet man, dass sich jede beliebige andere Teilung vom einen Schenkel auf den anderen und auf die parallelen Zwischenstrecken überträgt.

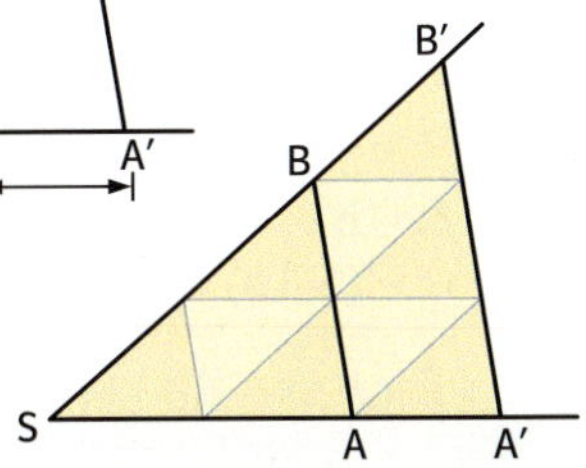

Schneiden zwei parallele Geraden die Schenkel eines Winkels, so gelten zwei **Strahlensätze**.

Erster Strahlensatz:

$\frac{\overline{SB'}}{\overline{SB}} = \frac{\overline{SA'}}{\overline{SA}}$

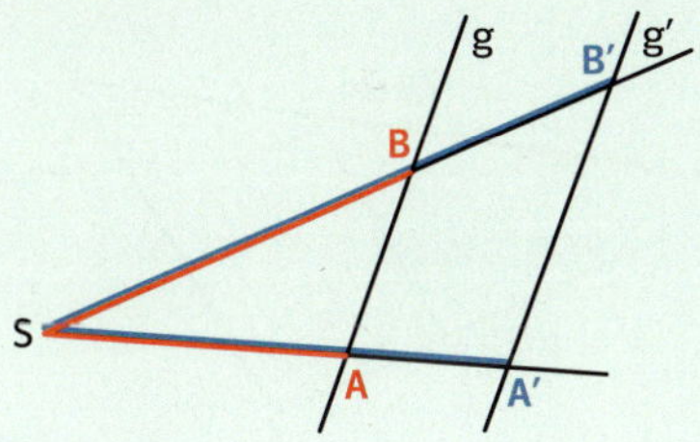

Zweiter Strahlensatz:

$\frac{\overline{A'B'}}{\overline{AB}} = \frac{\overline{SA'}}{\overline{SA}}$ und $\frac{\overline{A'B'}}{\overline{AB}} = \frac{\overline{SB'}}{\overline{SB}}$

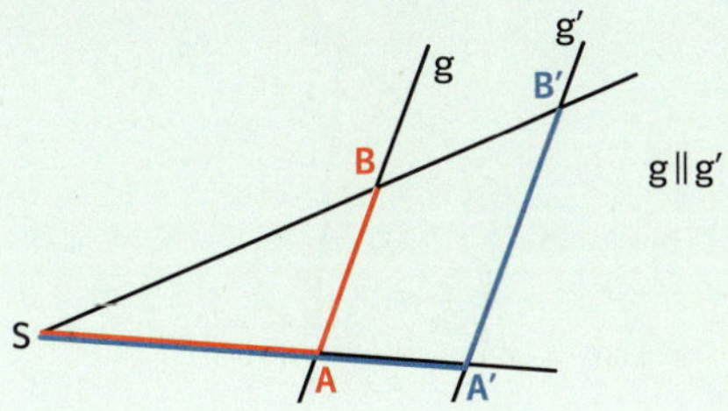

lang zu kurz *gleich* *lang zu kurz*

Bemerkung
Die Strahlensätze gelten auch, wenn eine der zwei Geraden die rückwärtigen Verlängerungen der Schenkel schneidet.

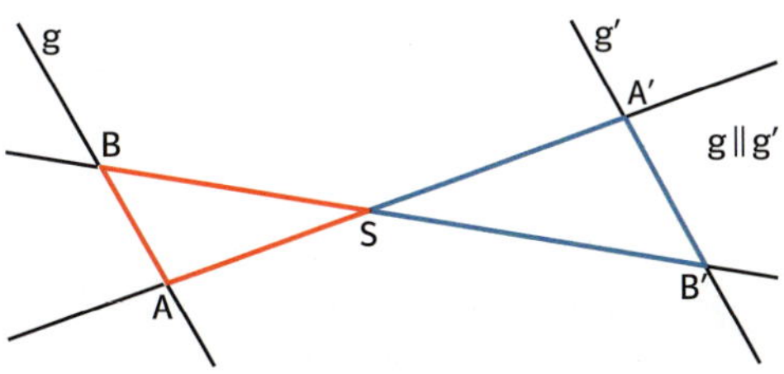

Bei Berechnungen werden im Folgenden die Maßeinheiten nicht mitgeführt. Dabei ist es jedoch notwendig, dass die Maßeinheiten aller Größen dieselbe Vorsilbe wie z. B. Milli, Zenti, Dezi usw. haben.

Beispiele

a) Die Strecke $\overline{SB'}$ wird nach dem ersten Strahlensatz berechnet:

$$\frac{\overline{SB'}}{\overline{SB}} = \frac{\overline{SA'}}{\overline{SA}} \qquad | \cdot \overline{SB}$$

$$\overline{SB'} = \frac{\overline{SA'}}{\overline{SA}} \cdot \overline{SB}$$

$$\overline{SB'} = \frac{9}{5} \cdot 6 = 10{,}8$$

$$\overline{SB'} = 10{,}8\,\text{cm}$$

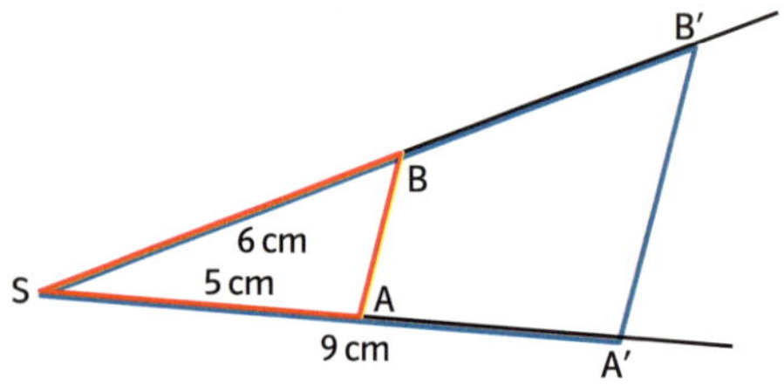

b) Die Strecke $\overline{A'B'}$ wird nach dem zweiten Strahlensatz berechnet:

$$\frac{\overline{A'B'}}{\overline{AB}} = \frac{\overline{SA'}}{\overline{SA}} \qquad | \cdot \overline{AB} \quad | \cdot \overline{SA} \quad | : \overline{SA'}$$

$$\overline{A'B'} \cdot \frac{\overline{SA}}{\overline{SA'}} = \overline{AB}$$

$$\overline{AB} = 5{,}6 \cdot \frac{6}{8} = 4{,}2$$

$$\overline{AB} = 4{,}2\,\text{cm}$$

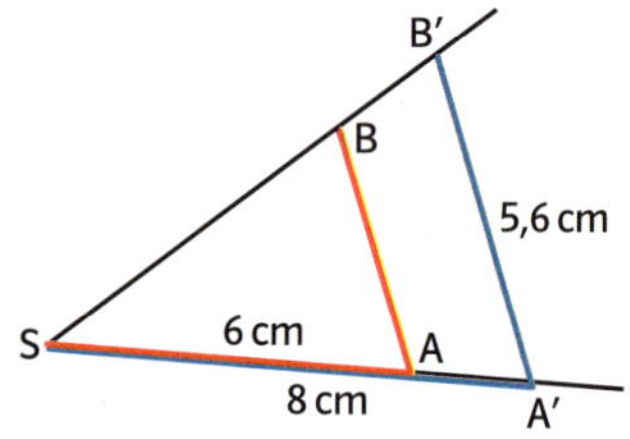

c) Sind zur Berechung einer Strecke längere Umformungen nötig, ist es günstig, die Strecken mit kleinen Buchstaben zu benennen.
In der Figur hat die Strecke c nicht den Endpunkt S. Im zweiten Strahlensatz ist daher x + c einzusetzen.

$$\frac{x + c}{x} = \frac{b}{a} \qquad | \cdot a x$$

$$a(x + c) = b x \qquad | - a x$$

$$a c = (b - a) x$$

$$x = \frac{a c}{b - a}$$

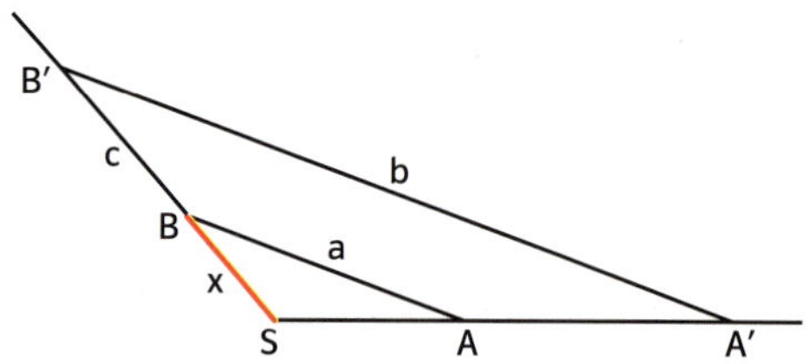

Aufgaben

Wenn die Maße einer Strecke und einer Teilstrecke angegeben oder gesucht sind, stehen das Maß oder die Variable für die Teilstrecke im Inneren der Figur.

1 Berechne die Strecke $\overline{SB'}$.

a)

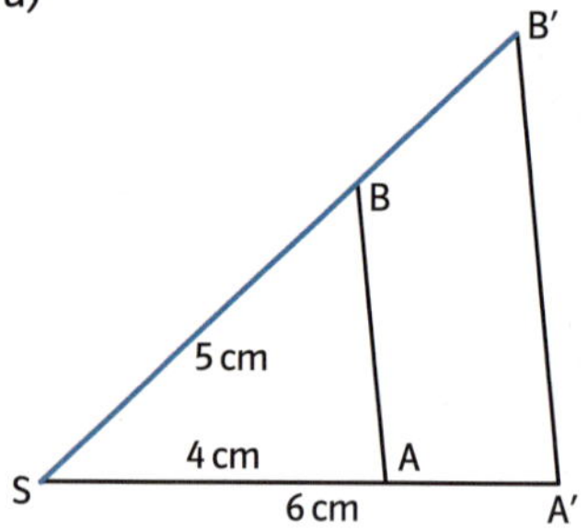

b)

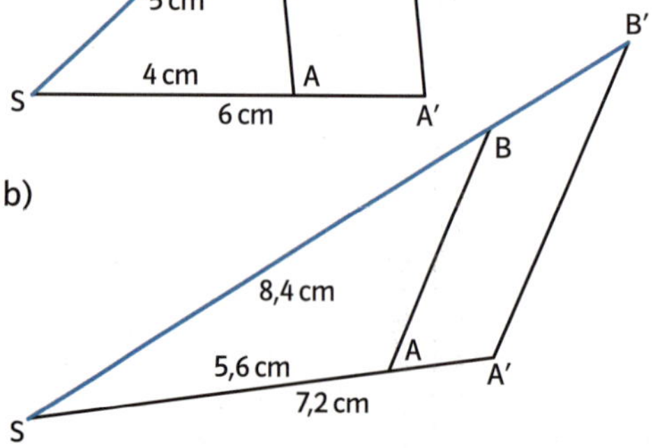

2 Berechne die Strecke $\overline{SB}$.

a)

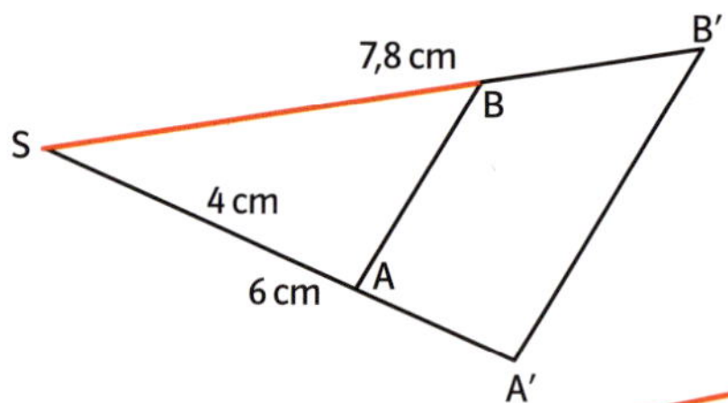

b)

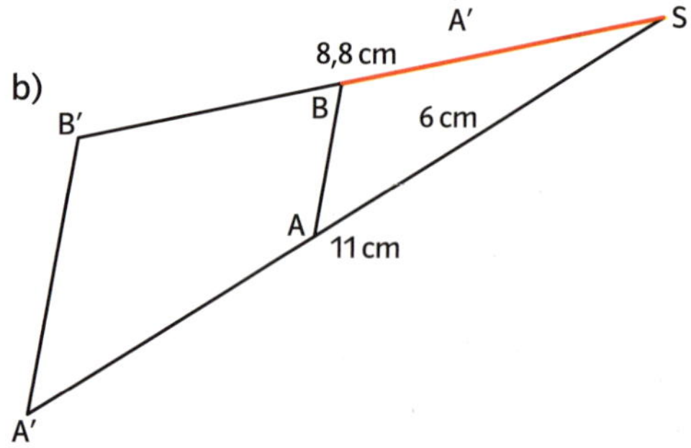

3 Eine der Strecken $\overline{SA}$, $\overline{SA'}$, $\overline{SB}$, $\overline{SB'}$ ist gesucht. Berechne sie. Runde, falls nötig, auf eine Stelle nach dem Komma.

a)

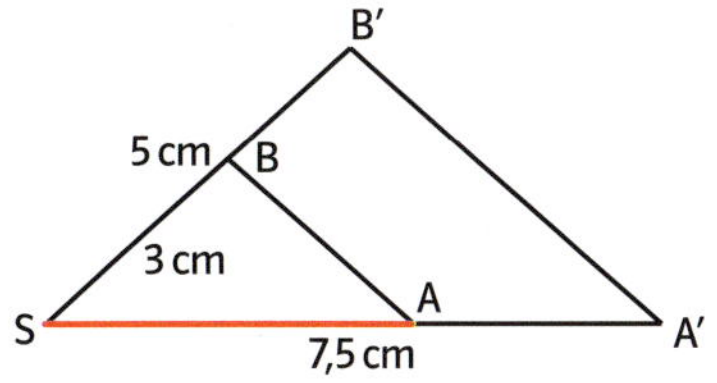

b)

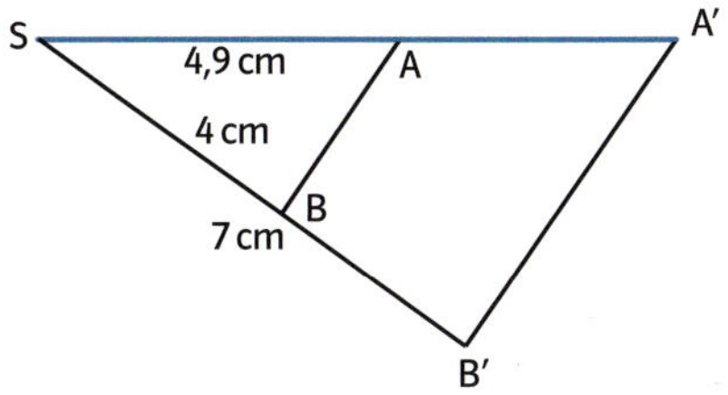

c)

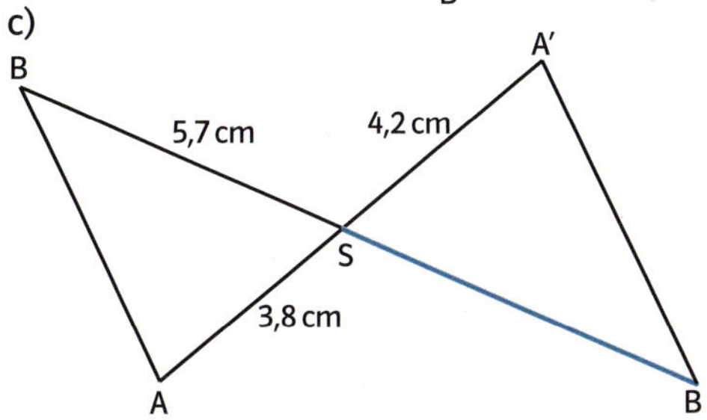

d)

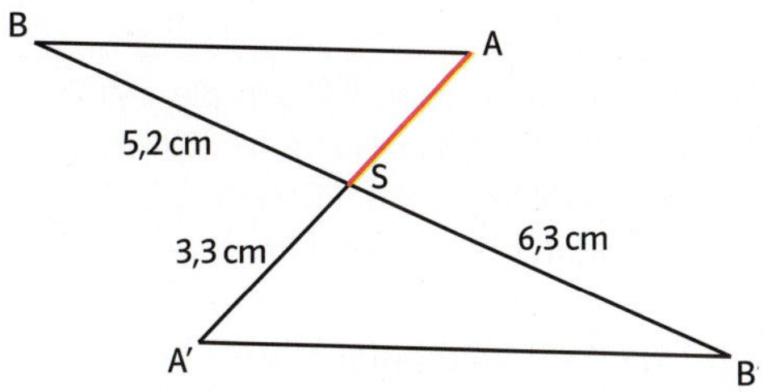

4 Berechne die rot markierte Strecke. Alle Strecken sind in cm angegeben. Runde, falls nötig, auf mm.

a)

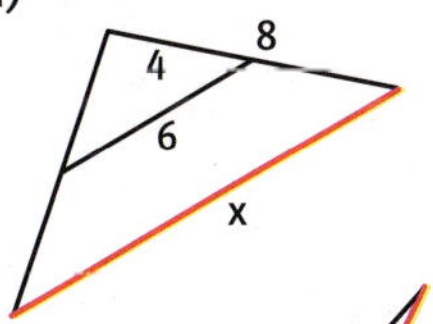

b)

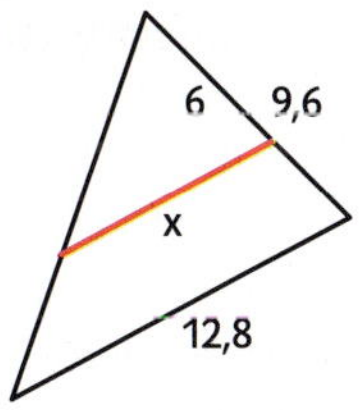

c)

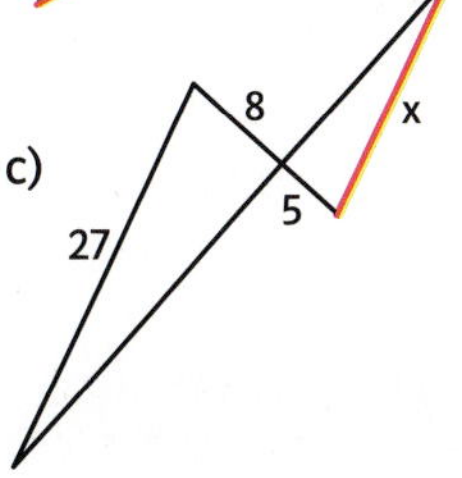

d)

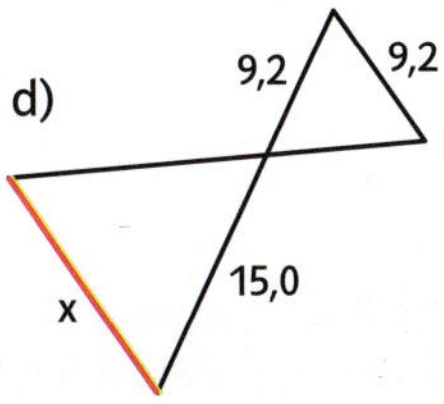

5 a) Skizziere eine Strahlensatzfigur, die zu der Gleichung passt. Es gibt mehrere Möglichkeiten.

$\frac{x}{5,5} = \frac{7,2}{8,8}$ $\qquad$ $\frac{4,4}{x + 4,4} = \frac{7,2}{12,6}$

$\frac{x + 3,3}{x} = \frac{8,6}{3,3}$ $\qquad$ $\frac{x}{x - 3,2} = \frac{7}{4,2}$

b) Berechne x. Du kannst deine Lösung an einer maßstäblichen Figur überprüfen.

Forme $\frac{a}{b} = \frac{c}{d}$ um.
Aber: Vorsicht Falle!

$\frac{a}{c} = \frac{\square}{\square}$ $\qquad$ $\frac{b}{a} = \frac{\square}{c}$

$\frac{d}{b} = \frac{\square}{\square}$ $\qquad$ $\frac{c}{\square} = \frac{d}{\square}$

$\frac{b}{d} = \frac{\square}{\square}$ $\qquad$ $\frac{\square}{\square} = \frac{b}{c}$

6 a) Wie lang ist der See?

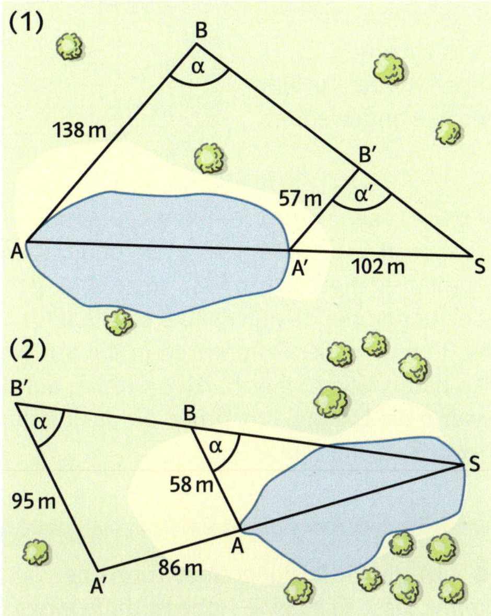

b) Schätze die Breite des Sees.

c) Gib einen Näherungswert für den Flächeninhalt des Sees an.

7 Das Bild zeigt ein Verfahren, wie man die Breite eines Flusses berechnen kann.

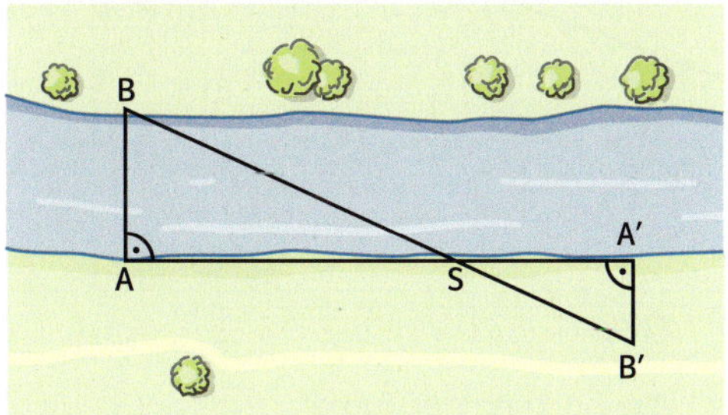

a) Berechne die Breite aus den Angaben $\overline{SA} = 100\,m$; $\overline{SA'} = 25\,m$; $\overline{A'B'} = 20\,m$.

b) Beschreibe das Verfahren.

c) Die Strecke $\overline{SA}$ wurde ungenau vermessen und ist in Wirklichkeit nur 99,8 m lang. Wie wirkt sich das auf das Ergebnis aus?

Die Strahlensätze anwenden

Im Alltag helfen die Strahlensätze, weit entfernte oder sogar unerreichbare Strecken zu messen. Damit vollständige Strahlensatzfiguren entstehen, müssen meistens Hilfslinien eingetragen werden.

Beispiel

Die Höhe der Mauer soll bestimmt werden. Um einen Strahlensatz anwenden zu können, ergänzen Hajo, Nicki und Thorben die Figur.

- Wer von ihnen findet so die Lösung?

Hajo fragt: „Steht der Stab senkrecht?"

- Ist das für das Ergebnis wichtig?
- Welche Voraussetzungen müssen erfüllt sein, damit die Strahlensätze angewendet werden können?

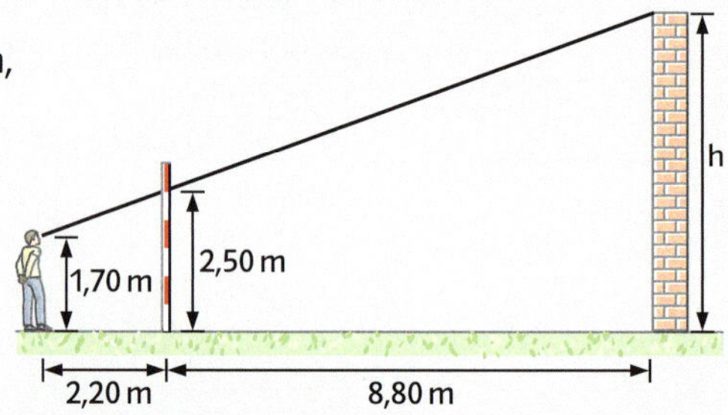

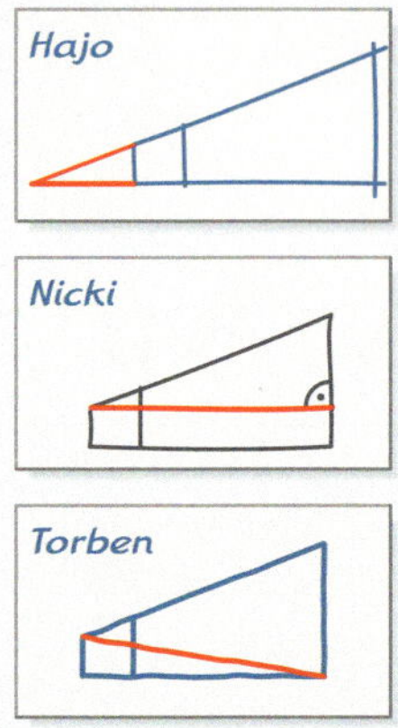

Folgende **Tipps** können beim Lösen von Anwendungsaufgaben nützlich sein:

- **Übersetze** die Realsituation, d.h. erstelle eine Skizze und trage die gegebenen Werte ein.
- Ist zunächst keine Strahlensatzfigur erkennbar, so zeichne geeignete Hilfslinien ein.
- Prüfe, ob die Voraussetzungen der Strahlensätze erfüllt sind.
- Denke daran, dass oft Summen oder Differenzen in die Strahlensatzformeln einzusetzen sind.
- **Löse im Modell**; denke daran, vorher gleichartige Größen auf die gleiche Einheit zu bringen.
- **Interpretiere und bewerte die Lösung**, d.h. prüfe, ob das Ergebnis sinnvoll ist.
- Formuliere einen Antwortsatz mit Einheiten.

8 Ist die Entfernung eines Turms bekannt, lässt sich seine Höhe mithilfe eines Lineals bestimmen. Man hält es mit waagerecht ausgestrecktem Arm senkrecht hoch und misst die scheinbare Höhe.

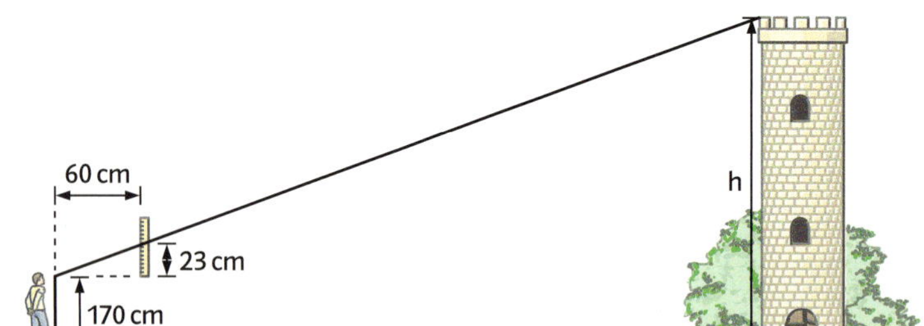

a) Wie hoch ist der Turm?

b) Es ist schwer, die scheinbare Höhe genauer als auf einen Zentimeter mehr oder weniger abzulesen. In welchen Grenzen liegt die Höhe des Turms?

c) Das Messverfahren hat noch mehr Ungenauigkeiten. Nenne einige.

9 Familie Stark wandert auf die 2480 m hohe Weißspitze. Sie macht in 2020 m Höhe auf der Gamshütte Rast. Genau zwischen der Hütte und dem Gipfel liegt der 2320 m hohe Mittelkogel. Horizontal gemessen sind die zwei Berggipfel 800 m voneinander entfernt, und die Hütte ist 1200 m vom Gipfel des Mittelkogels entfernt.

a) Zeichne ein Höhenprofil der Landschaft.

b) Ist der Gipfel der Weißspitze vom Rastplatz aus sichtbar?

10 Auf dem Schulgelände kannst du mithilfe bekannter Größen wie deiner Daumenbreite d, der Armlänge l und der bekannten Entfernung e Gebäudehöhen und -breiten abschätzen.

a) Erstelle eine geeignete Skizze, benenne und bezeichne die bekannten Größen und erkläre, wie die Höhe des Schulgebäudes abgeschätzt werden kann.

b) Wie muss die Skizze geändert werden, wenn die Breite des Gebäudes gesucht ist?

11 Windräder tragen immer mehr zur Stromversorgung bei. Geplant sind schon über 180 m hohe Riesen, die Strom für 6000 Haushalte liefern.

a) Beschreibe, wie du die Höhe des Masts messen kannst. Brauchst du eine Helferin oder einen Helfer oder schaffst du es auch allein?
b) Auch die Flügellänge kannst du messen. Schreibe in dein Heft, wie du vorgehen könntest.

12 In einem alten chinesischen Mathematikbuch wird beschrieben, wie man die Höhe eines unzugänglichen Felsens messen kann.

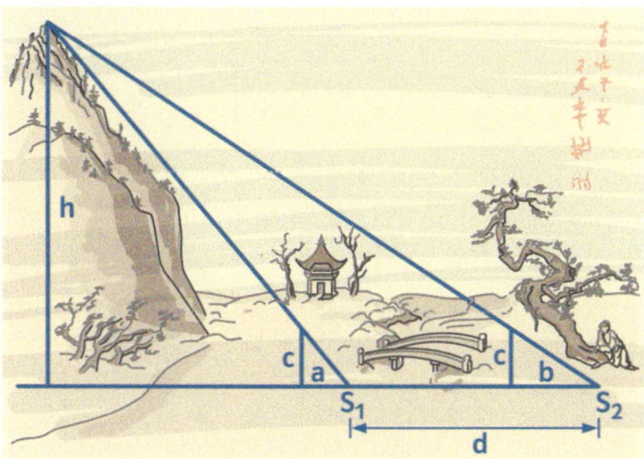

a) Berechne die Höhe h aus $a = 2{,}4\,m$; $b = 3{,}1\,m$; $c = 2{,}0\,m$; $d = 37{,}0\,m$.
b) Stelle eine Formel auf, in der h durch a, b, c, d ausgedrückt wird.

13 Strecke einen Arm waagerecht aus, halte den Daumen senkrecht und schaue ihn an. Wenn du die Augen abwechselnd schließt, springt der Daumen scheinbar nach links und rechts.
In der Figur ist a die Entfernung Auge–Daumen und b der Abstand der Pupillen. Der Quotient $q = \frac{a}{b}$ wird zwischen 8 und 11 liegen. Er ist deine persönliche Entfernungsmesszahl.
a) Dein Daumen springt über die ganze Breite $d = 80\,m$ des Schlosses. Wie weit bist du von ihm weg?
b) Suche selbst nach Gelegenheiten, den Daumensprung anzuwenden.
c) Cathy schaut ihren Daumen mit beiden Augen zugleich an. Der Daumen springt nur, wenn sie das rechte Auge schließt. Also ist ihr linkes Auge dominant. Welches deiner Augen ist dominant?

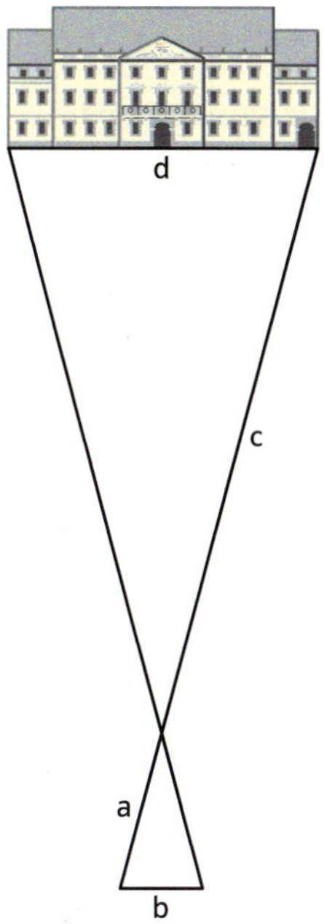

14 Sebastian und Katharina haben aus einem Quadrat mit 10 cm Seitenlänge ein „Visierquadrat" hergestellt. Damit messen sie zusammen die Höhen von Bäumen, Masten und Häusern. Katharina peilt das Ziel über die Visierkante an, und Sebastian liest ab, über welcher Skalenlinie der Faden hängt. Ist das Ziel 80 m entfernt und ist der Skalenwert 0,3, so beträgt die Höhe 24 m.

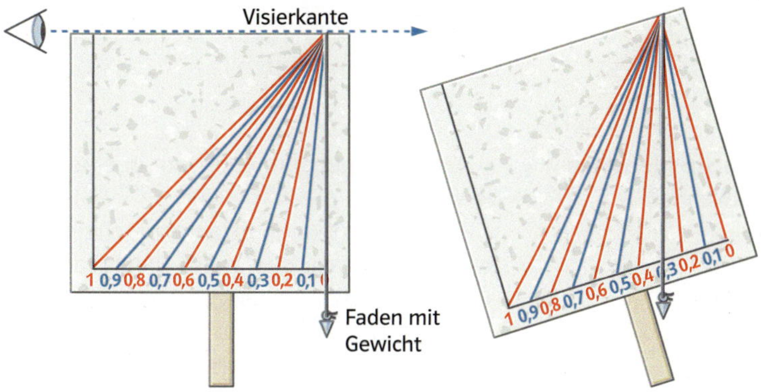

a) Stellt das Gerät her und führt gemeinsam einige Höhenmessungen in eurer Umgebung aus.
b) Wenn ihr genug gemessen habt, könnt ihr vielleicht erklären, wie das Gerät funktioniert.

! *Sucht versteckte ähnliche Dreiecke!*

Zusammenfassung

Vergrößern und Verkleinern

Vergrößert oder verkleinert man eine Figur, werden alle Streckenlängen mit demselben positiven Faktor k multipliziert. Gilt $k > 1$, wird die Figur vergrößert, gilt $k < 1$, wird sie verkleinert.
Geht dabei eine Strecke $\overline{AB}$ in die Strecke $\overline{A'B'}$ über, so gilt $k = \frac{\overline{A'B'}}{\overline{AB}}$.

Ändert man Seiten oder Kanten mit dem Faktor k, so ändert sich der **Flächeninhalt** einer Figur mit dem Faktor $\mathbf{f = k^2}$ und das **Volumen** eines Körpers mit dem Faktor $\mathbf{v = k^3}$.

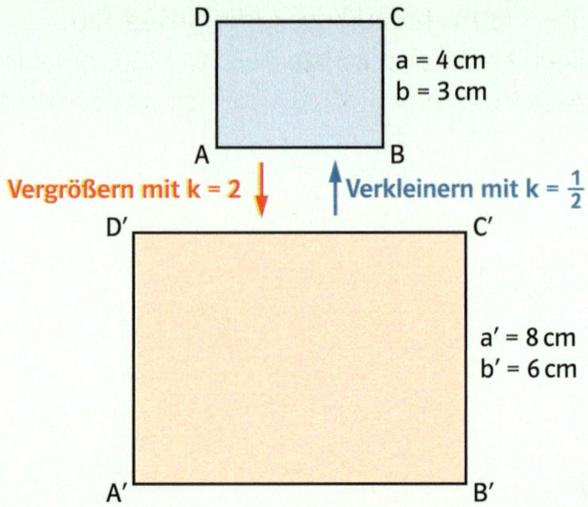

ähnliche Figuren

Durch Vergrößern oder Verkleinern einer Figur entsteht eine **ähnliche** Figur. Ähnliche Figuren stimmen in den Verhältnissen entsprechender Seiten und in entsprechenden Winkeln überein.

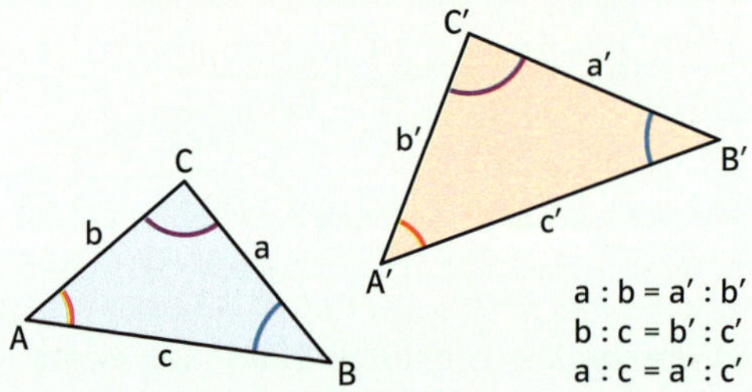

Strahlensätze

Schneiden zwei parallele Geraden die Schenkel eines Winkels, so gilt:

Erster Strahlensatz

$\frac{\overline{SB'}}{\overline{SB}} = \frac{\overline{SA'}}{\overline{SA}}$

Zweiter Strahlensatz

$\frac{\overline{A'B'}}{\overline{AB}} = \frac{\overline{SA'}}{\overline{SA}}$ und $\frac{\overline{A'B'}}{\overline{AB}} = \frac{\overline{SB'}}{\overline{SB}}$

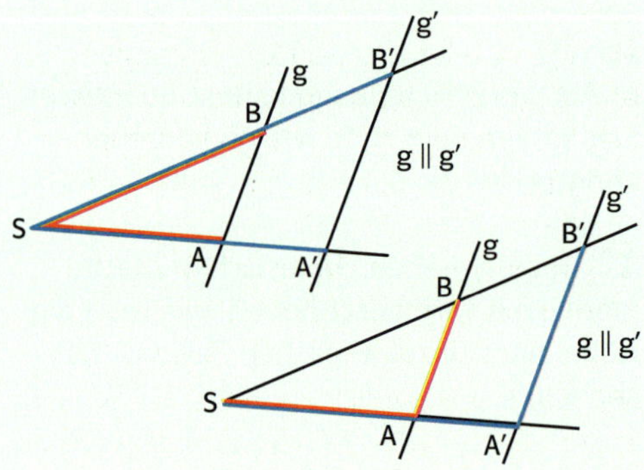

die Strahlensätze anwenden

- Trage die gegebenen Werte in eine Skizze ein.
- Ist zunächst keine Strahlensatzfigur erkennbar, so trage geeignete Hilfslinien ein.
- Prüfe, ob die Voraussetzungen der Strahlensätze erfüllt sind.
- Du musst oft Summen oder Differenzen von Längen in die Formeln einsetzen.
- Manchmal brauchst du Hilfsstrecken unbekannter Länge.
- Bringe gleichartige Größen auf die gleiche Einheit, rechne dann ohne Einheiten, füge die Einheit im Antwortsatz wieder an.
- Prüfe, ob das Ergebnis sinnvoll ist.

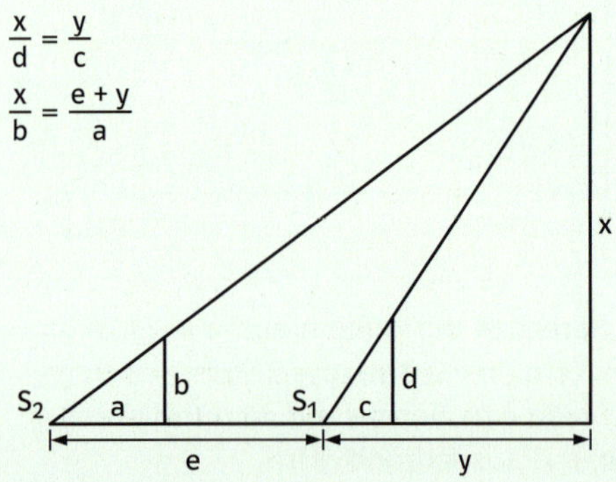

Üben • Anwenden • Nachdenken

1 Ein Rechteck wird so vergrößert, dass sich der Flächeninhalt von $A_1 = 72\,cm^2$ auf $A_2 = 162\,cm^2$ erhöht. Mit welchem Faktor vergrößert sich der Umfang?

2 Mit welchem Faktor wurde das linke Quadrat vergrößert?

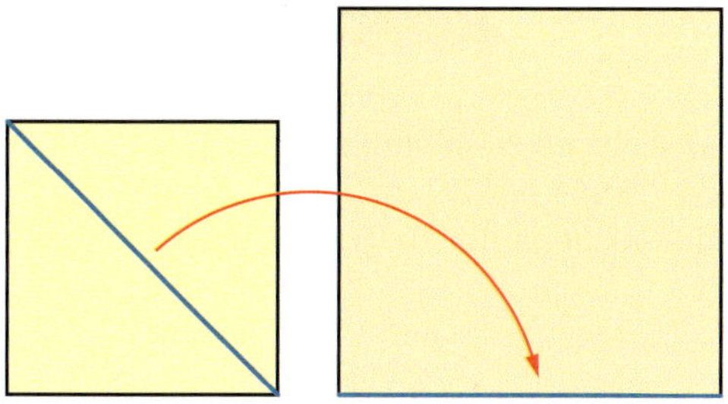

3 Konstruiere eine Raute ABCD mit $a = 9\,cm$ und $\alpha = 45°$. Verkleinere sie zu einer Raute A'B'C'D', deren Seiten die Länge der kürzeren Diagonalen der Raute ABCD haben.

4 Ein Quader mit den Kantenlängen $a_1 = 8\,cm$; $b_1 = 9\,cm$; $c_1 = 12\,cm$ wird so vergrößert, dass seine kürzeste Kante so lang ist wie die längste Kante des ersten Quaders.
a) Wie groß ist sein Volumen?
b) Wie groß ist seine Oberfläche?

5 Prüfe die Dreiecke mit den Seiten a, b, c bzw. d, e, f auf Ähnlichkeit. Die Seiten des zweiten Dreiecks heißen hier nicht a', b' und c', denn du musst die Seiten d, e und f vielleicht umsortieren.

	a	b	c	d	e	f
a)	7,0	5,6	9,8	24,5	17,5	14,0
b)	5,0	10,5	7,5	15,6	11,0	23,1
c)	10,8	16,2	7,2	10,8	4,8	7,2

6 Ein Dreieck hat die Seitenlängen 4 cm; 5 cm und 6 cm. Von einem zweiten Dreieck sind nur die Seitenlängen 6 cm und 9 cm bekannt. Kann es zum ersten Dreieck ähnlich sein?

7 Kann ein Dreieck mit den Seitenlängen 4 cm; 5 cm und 6 cm zu einem Dreieck ähnlich sein, von dem die Seitenlängen 6 cm und 10 cm bekannt sind?

8 Das Bild zeigt, wie man mithilfe des 1. Strahlensatzes eine gegebene Strecke $\overline{AB}$ in eine bestimmte Anzahl gleich langer Strecken teilen kann.

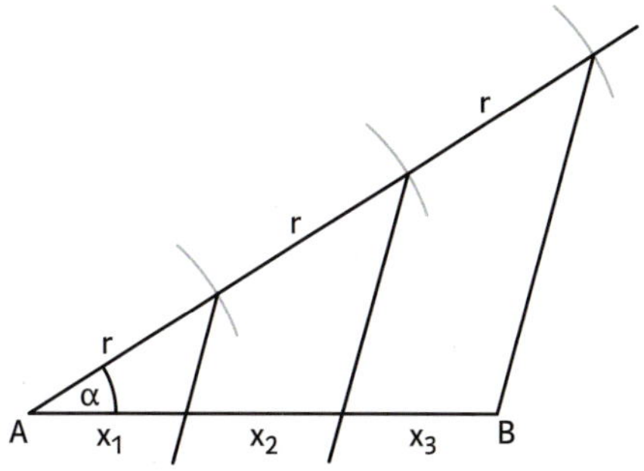

a) Erkläre die Figur. Kommt es darauf an, wie lang r und wie groß α ist?
b) Wähle $\overline{AB} = 8\,cm$ und teile die Strecke gemäß der abgebildeten Konstruktion in drei gleiche Teile.
c) Teile eine 13 cm lange Strecke in fünf gleich große Teile.

9 a) Überprüfe, ob die beiden Vierecke ABCD und A'B'C'D' ähnlich sind (Maße in cm). Beschreibe dein Vorgehen und begründe.

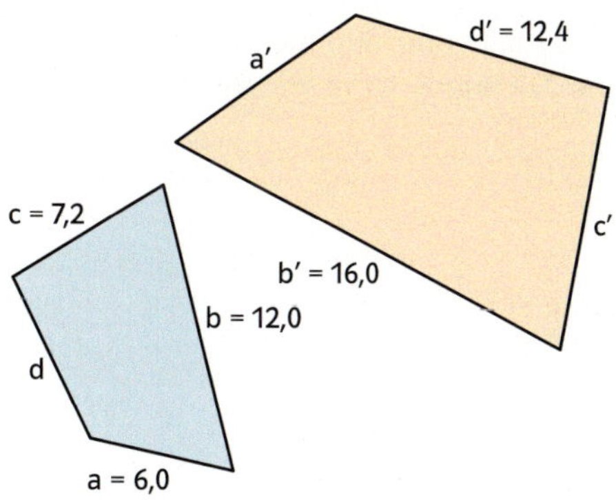

b) Um wie viel Prozent größer ist der Flächeninhalt des zweiten Vierecks im Vergleich mit dem ersten?

10 Berechne die Strecke x im Trapez. Eine Hilfslinie hilft wirklich! (Maße in mm)

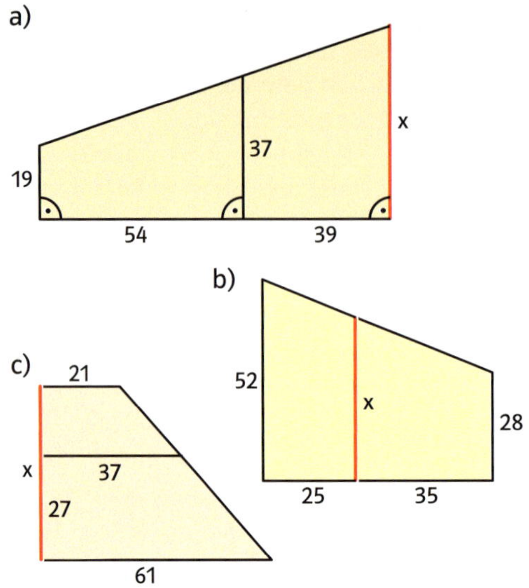

11 Im Dreieck steckt ein Quadrat.

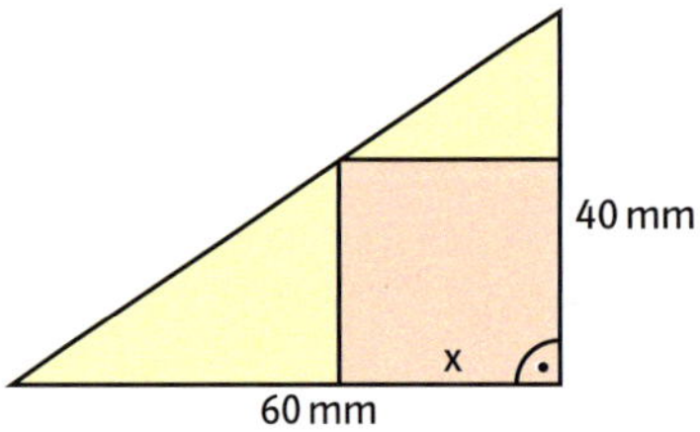

a) Berechne die Quadratseite x.
b) Sina hat die Strahlensätze schon vergessen. Sie kann x trotzdem berechnen.
c) Mirko schafft es nicht, x auszurechnen. Er kann aber das Quadrat konstruieren.

12 a) Wie lang sind die Seen?
(Die Zeichnung ist nicht maßstäblich.)

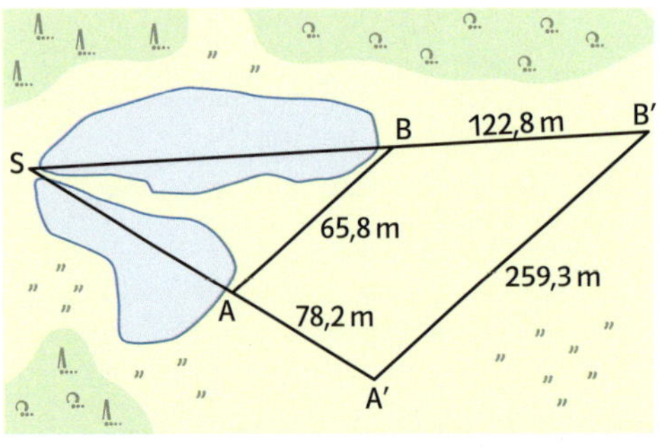

b) Hast du in a) wirklich die Längen berechnet?

13 Im Gebirge sieht man häufig Straßenschilder, die die Steigung bzw. das Gefälle einer Straße in Prozent angeben. 12 % bedeutet z. B., dass die Straße auf 100 m (horizontal gemessen) um 12 m ansteigt.

a) Welchen Höhenunterschied überwindet die Straße auf 2,3 km?
b) Was bedeutet 100 % Steigung?

Quadrat gesucht

Im Trapez steckt ein Quadrat.

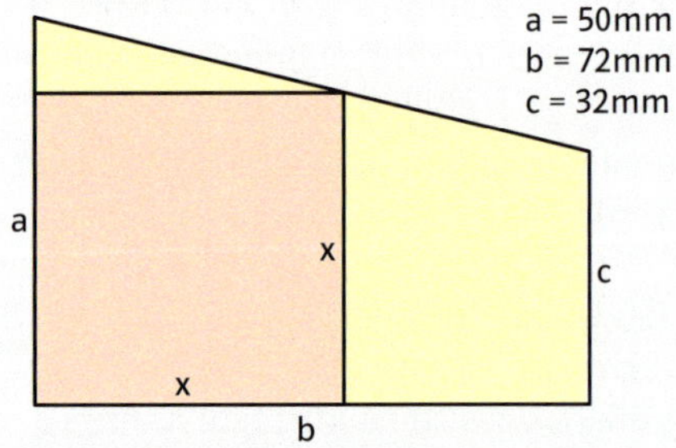

- Ermittle die Seitenlänge x des Quadrats experimentell mit einer DGS.
- Überprüfe deine Lösung rechnerisch.

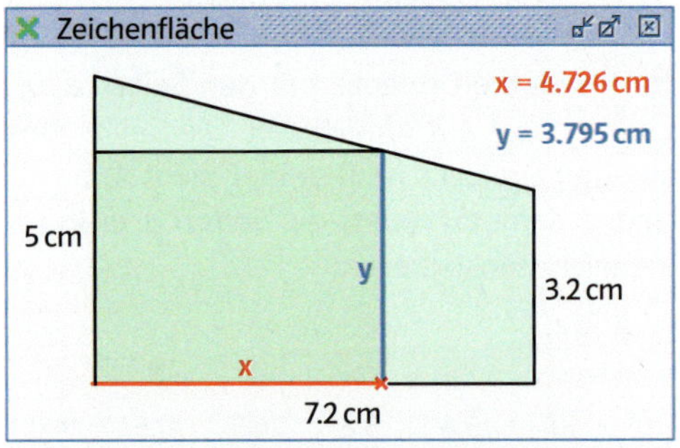

Das grüne Rechteck soll zum Quadrat werden. Mit einer DGS kannst du seine Seitenlänge experimentell finden.

- Ändere die Seitenlänge 3,2 cm ab und suche wieder nach dem Quadrat. Wähle z. B. 2,2 cm; 4,2 cm; 4,7 cm.
- Löse das Problem rechnerisch.

14 Eine Wäschespinne hat sechs Leinen. Sie sind im Abstand von 12,5 cm gespannt. Die innerste Leine ist 30,5 cm vom Mittelpunkt entfernt und ist viermal 40 cm lang.
a) Wie lang ist die äußerste Leine?
b) Wie viel Meter Wäscheleine hat die Wäschespinne insgesamt?

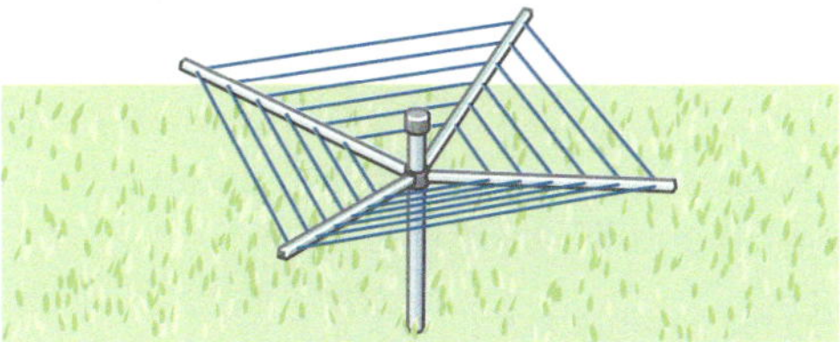

15 Ein Kegel mit dem Radius $r_1 = 7{,}4\,cm$ und der Höhe $h_1 = 18{,}5\,cm$ soll so geschnitten werden, dass die Schnittfläche den Radius $r_2 = 2{,}6\,cm$ besitzt. In welcher Höhe muss er geschnitten werden?

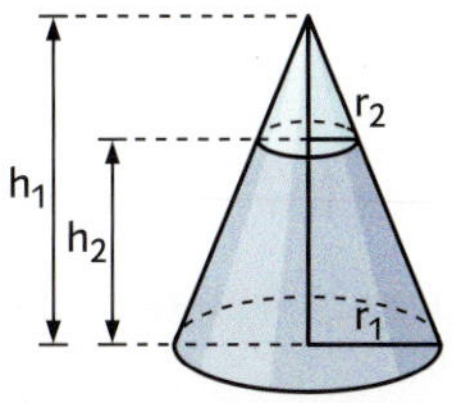

16 Der Turm des Ulmer Münsters ist 161 m hoch. Er soll mit einer Kamera mit f = 50 mm (100 mm) aufgenommen werden. Die Bildgröße darf nicht mehr als 36 mm betragen. Wie weit muss sich die Fotografin vom Turm entfernen?

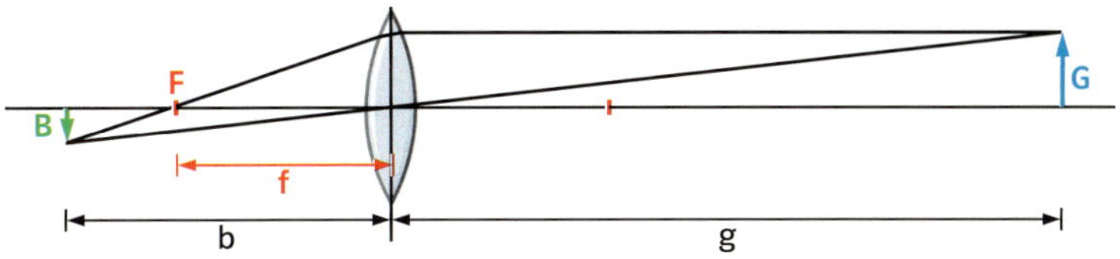

17 Zum Abschätzen von Baumhöhen bedient sich der Förster seines Spazierstocks.

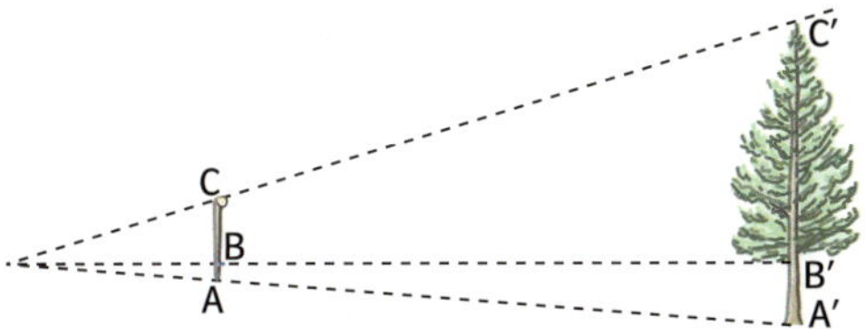

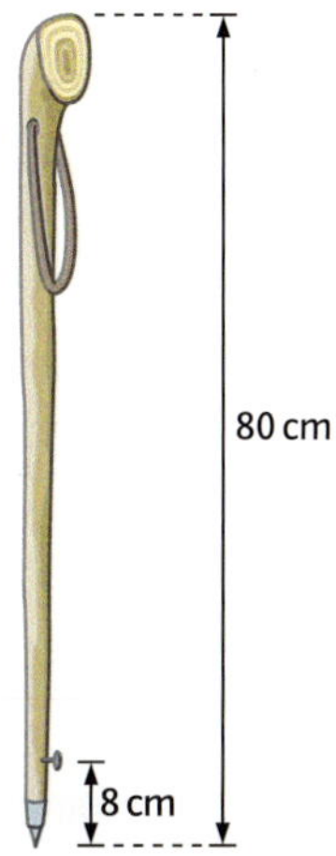

Der Punkt B wird am Stock gekennzeichnet. Die Strecke AB beträgt ein Zehntel der Strecke AC. Dieses Verhältnis gilt auch für A'B' und A'C'. Wie hoch ist der Baum, wenn die Strecke A'B' 0,9 m lang ist?

Wenn der Baum schief steht

Die Strahlensätze gelten nur, wenn die Strecken $\overline{AB}$ und $\overline{A'B'}$ parallel sind. Beim praktischen Messen ist diese Bedingung aber nur angenähert erfüllt. Dann entstehen Fehler. Die Grafik zeigt, dass die scheinbare Höhe h_s eines schief stehenden Baums kleiner als die wahre Höhe h_w ist.

- Zeichne rechtwinklige Dreiecke mit der längsten Seite $h_w = 10\,cm$ und den Winkeln $\alpha = 85°; 80°; 75°; 70°$. Miss die Seite h_s sorgfältig und lege eine Tabelle an.

Der Schiefstand des Baums verursacht den relativen prozentualen Fehler.

$$f_{rel} = \frac{h_w - h_s}{h_w} \cdot 100$$

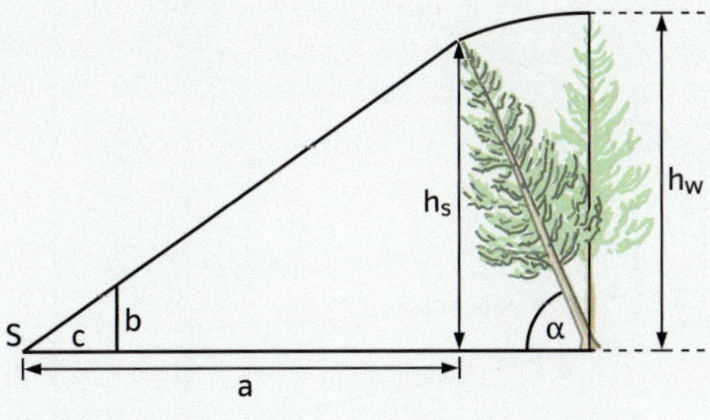

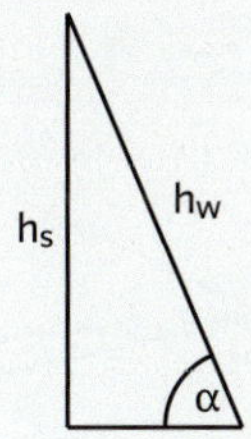

- Berechne f_{rel} für obige Winkel und füge die Ergebnisse in die Tabelle ein.
- Bei solchen Messungen stört ein relativer Fehler von 5 % nicht. Wie schief darf der Baum also noch stehen?
- Welche anderen Fehlerursachen könnten im Gelände noch auftreten? Wie berücksichtigt man die Augenhöhe?

Wie hoch ist der Baum?

Zum Messen von Baumhöhen wurde ein interessantes Messgerät erfunden. Man arbeitet damit so:

- Eine 2 m lange Stange wird aufrecht an den Baum gestellt.
- Man geht einige Schritte vom Baum weg und hält das Messgerät so, dass der Baum scheinbar von der inneren Unterkante bis zur inneren Oberkante reicht.
- Ohne die Haltung zu verändern, peilt man das obere Ende der Stange an. Auf dem Messgerät zeigt der Peilstrahl SB dann bei B′ die Baumhöhe an.

Der Trick liegt in der Teilung der Skala. Sieh dir die zwei Strahlensatzfiguren unten mit den Schenkeln SA und SB und mit den Schenkeln SA und SC an.

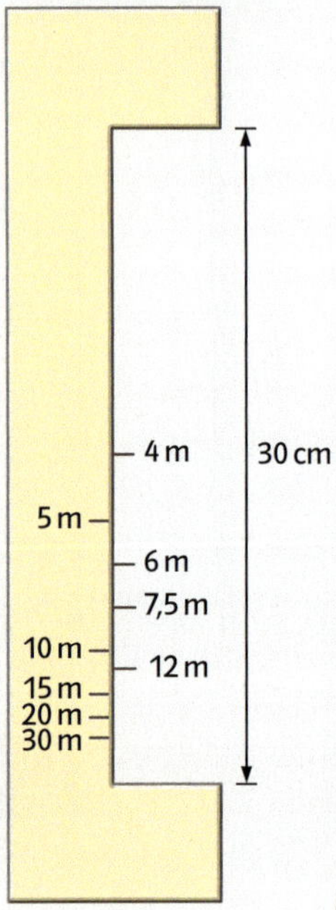

Erster Strahlensatz: $\frac{\overline{A'B'}}{\overline{AB}} = \frac{\overline{SA'}}{\overline{SA}}$

Zweiter Strahlensatz: $\frac{\overline{A'C'}}{\overline{AC}} = \frac{\overline{SA'}}{\overline{SA}}$

Gleichsetzen: $\frac{\overline{A'B'}}{\overline{AB}} = \frac{\overline{A'C'}}{\overline{AC}}$

Also kurz: $\frac{l'}{l} = \frac{h'}{h}$

Auflösen nach h: $h = \frac{l}{l'} \cdot h'$

Es gilt $l = 2\,\text{m}$ und $h' = 30\,\text{cm} = 0{,}3\,\text{m}$.
Damit erhält man folgende Formel:

$$h = \frac{0{,}6}{l'};\ l' \text{ und } h \text{ in m}$$

Beispiel: B′ liegt bei $l' = 4\,\text{cm} = 0{,}04\,\text{m}$; damit ist $h = 15\,\text{m}$.

An der 4-cm-Stelle der Skala wird „15“ eingetragen.

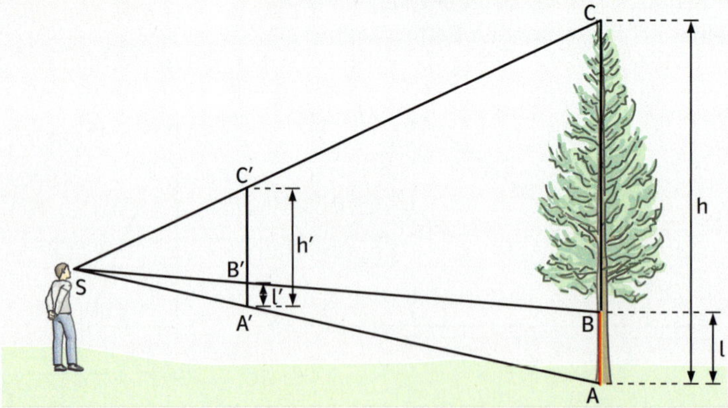

- Bestätige die Werte in der Wertetafel unten.
- Stelle ein solches Messgerät her und probiere es aus.
- Kommt es darauf an, wie weit man beim Ablesen vom Baum entfernt ist?
- Muss man zum Ablesen eine Stelle suchen, die mit dem Fuß des Baums auf gleicher Höhe liegt?

l′ in m	0,02	0,03	0,04	0,05	0,06	0,08	0,10	0,12	0,15
h in m	30	20	15	12	10	7,5	6	5	4

Rückspiegel

1 a) Vergrößere das Rechteck mit dem Faktor k = 1,5.
b) Verkleinere das Dreieck mit k = 0,5.

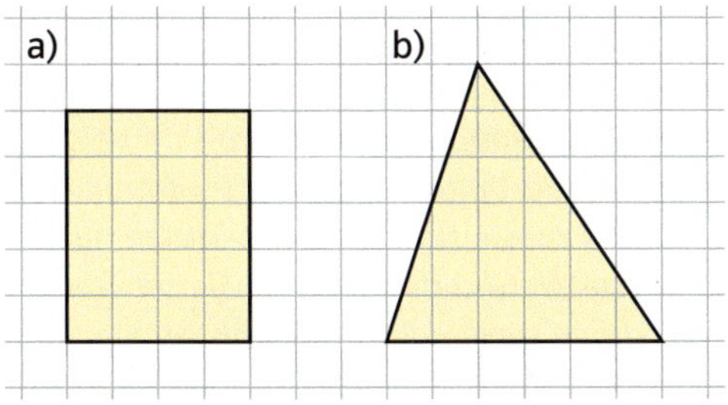

2 Ein Rechteck wird so vergrößert, dass die Seite a = 8 cm in die Seite a′ = 12 cm übergeht. Mit welchem Faktor f vergrößert sich der Flächeninhalt?

3 Zeichne ein Rechteck mit a = 10,5 cm und b = 8,4 cm dazu und ein ähnliches Rechteck mit a′ = 7,5 cm.

4 Ist das Dreieck ABC mit
a = 9 cm; b = 7,5 cm; c = 12 cm
zum Dreieck A′B′C′ mit
a′ = 12 cm; b′ = 10 cm; c′ = 16 cm ähnlich?

5 a) Berechne x.
b) Berechne y.

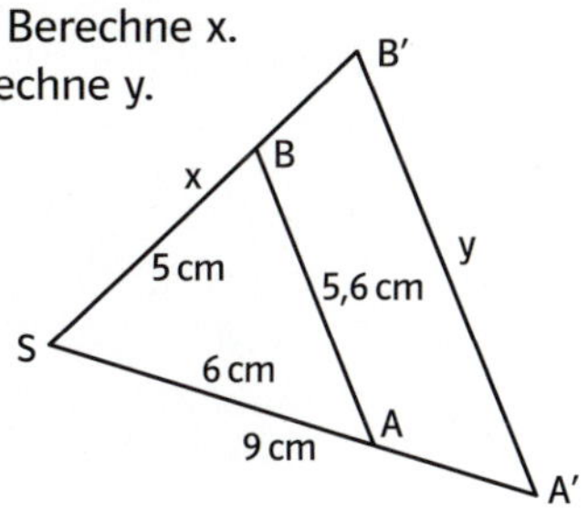

6 Wie hoch ist der Baum?
(Maße in m; nicht maßstäblich)

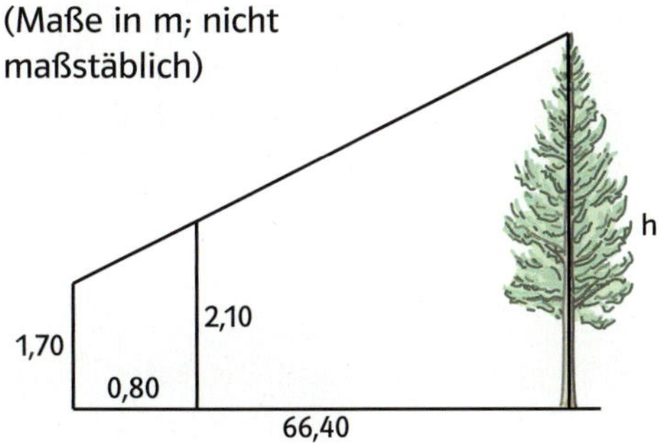

Rückspiegel

1 a) Vergrößere das Rechteck mit dem Faktor k = 1,25.
b) Verkleinere das Dreieck mit $k = \frac{2}{3}$.

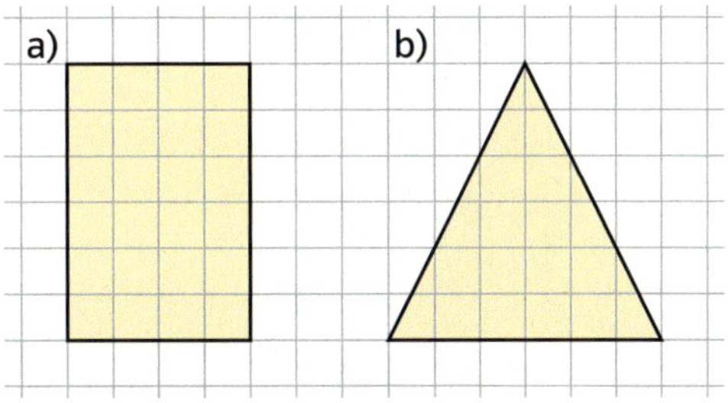

2 Ein Dreieck wird so verkleinert, dass der Flächeninhalt $A = 49\,cm^2$ auf $A' = 25\,cm^2$ sinkt. Mit welchem Faktor k verkleinern sich die Längen?

3 Zeichne ein Dreieck mit
a = 6 cm; b = 7,8 cm; c = 5,4 cm
und ein dazu ähnliches Dreieck mit dem Umfang u′ = 12,8 cm.

4 Welche der Rechtecke R, R′, R″ sind zueinander ähnlich?
R: a = 57,4 mm; b = 49,2 mm
R′: a′ = 121 mm; b′ = 141 mm
R″: a″ = 38,5 mm; b″= 33 mm

5 Berechne x und y.

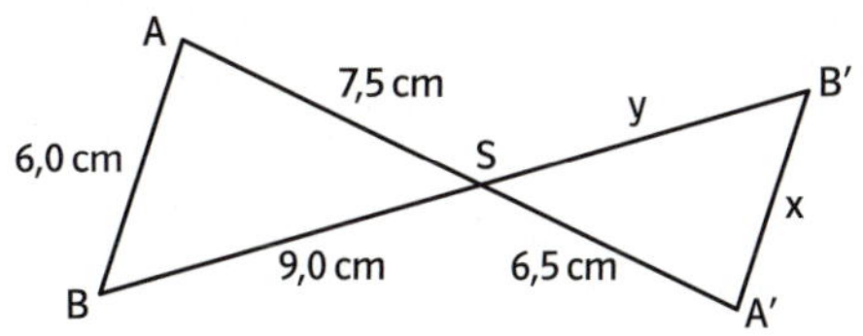

6 Wie hoch ist der Sendemast?

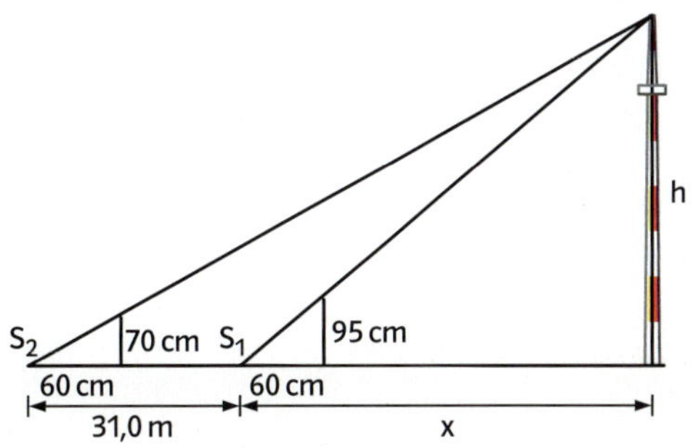

Ein guter Tausch?

Sehr geehrter Herr Albrecht,

wie Sie bereits wissen, wird der Bau der neuen Umgehungsstraße geplant. Die Straße wird so verlaufen, dass dazu Ihre beiden Grundstücke 1 und 2 gebraucht werden. Wir schlagen zum Ausgleich einen Tausch mit dem großen Grundstück 3 vor. Dieser Tausch wird Ihnen sicherlich entgegenkommen, da die Bewirtschaftung des einen Feldes günstiger ist.
Ich hoffe auf eine positive Antwort und verbleibe mit freundlichen Grüßen

Der Bürgermeister

PS: Die Abmessungen können Sie dem beiliegenden Plan entnehmen.

Wie wird sich Bauer Albrecht eurer Meinung nach entscheiden? Begründet.

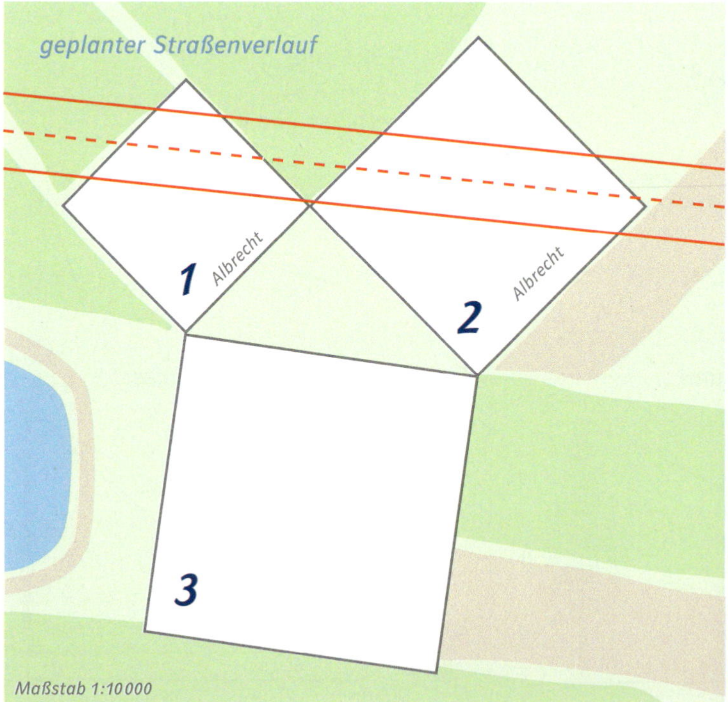

Sehr geehrter Herr Bürgermeister,

von Bauer Albrecht haben wir vom Feldertausch der Gemeinde erfahren.
Auch wir besitzen Felder in ähnlichen Lagen und würden diese gerne gegen ein einziges großes Grundstück tauschen.
Die Lage der Felder ersehen Sie aus dem beiliegenden Plan. Wir hoffen, dass Sie auch bei uns diesem Tausch zustimmen werden.

Hochachtungsvoll

Balthasar Beck
Cornelius Krieger

Wie wird der Bürgermeister in diesen beiden Fällen entscheiden?
Schaut euch die unten abgebildeten Lagepläne an und gebt ihm dann brauchbare Tipps.

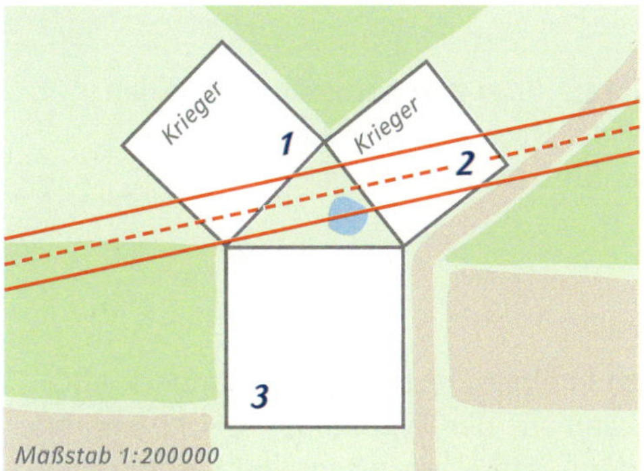

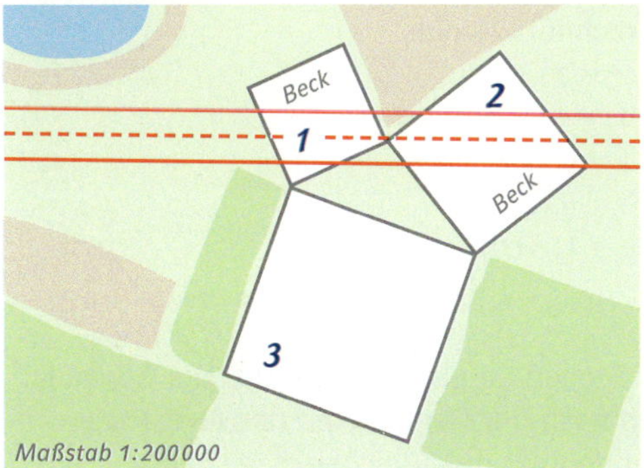

In diesem Kapitel lernst du,

- was der Satz des Pythagoras aussagt,
- wie man mit dem Satz des Pythagoras die Seitenlängen rechtwinkliger Dreiecke berechnet,
- wie man den Satz des Pythagoras zur Berechnung von Strecken in Figuren benutzt,
- dass der Satz des Pythagoras in vielen Alltagssituationen Anwendung findet.

1 Satz des Pythagoras

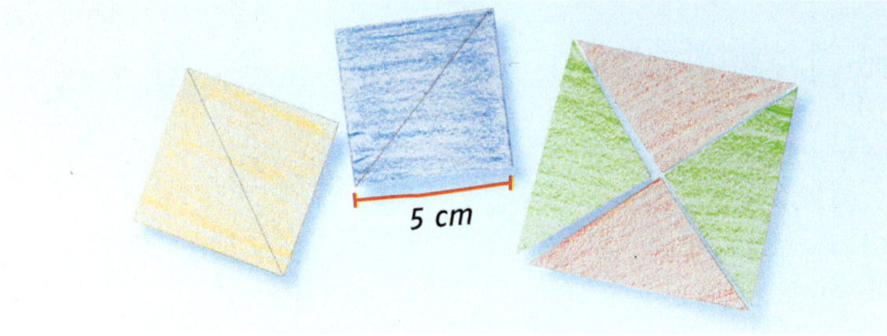

Schneide vier gleich große Quadrate mit der Seitenlänge 5 cm aus.
Zerlege nun zwei davon entlang ihrer Diagonalen und setze die Einzelteile zu einem einzigen größeren Quadrat zusammen.
➔ Wie groß ist die neue Quadratseite?
➔ Lege die Quadrate Seite an Seite aneinander. Beschreibe die eingeschlossene Fläche.

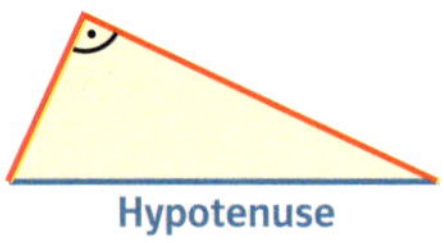

! *Katheten nennt man die beiden am rechten Winkel anliegenden Dreiecksseiten.*

Die Hypotenuse liegt dem rechten Winkel gegenüber und ist die längste Seite.

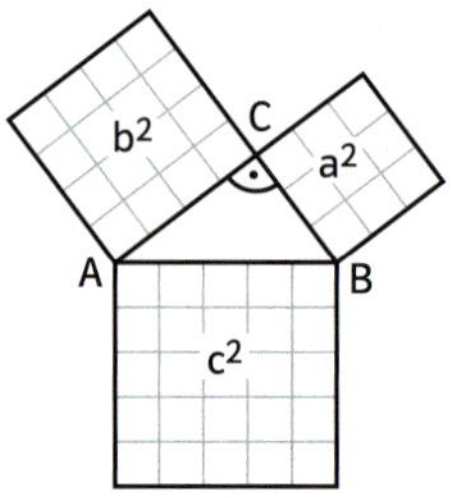

Wenn man die vier flächengleichen rechtwinkligen Dreiecke des linken Quadrats anders anordnet, erhält man im gleichen Quadrat die rechte Figur.

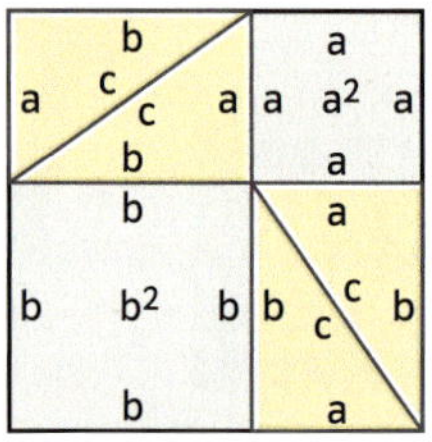

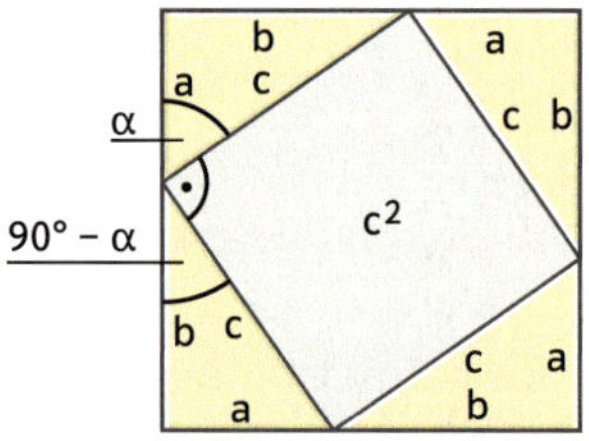

Die Darstellung zeigt, dass durch Umlegen der vier Dreiecke die Summe der Flächeninhalte der beiden Quadrate über den Katheten a und b mit dem Flächeninhalt des Quadrats über der Hypotenuse c übereinstimmt. Diesen Zusammenhang bezeichnet man als den Satz des Pythagoras.

Satz des Pythagoras
Ist ein Dreieck rechtwinklig, so haben die Quadrate über den **Katheten** zusammen denselben Flächeninhalt wie das Quadrat über der **Hypotenuse**. Werden die beiden Katheten mit a und b und die Hypotenuse mit c bezeichnet, gilt:
$\mathbf{a^2 + b^2 = c^2}$.

Beispiele

a) In einem rechtwinkligen Dreieck ABC ($\gamma = 90°$) kann aus den beiden Katheten $a = 6{,}0\,cm$ und $b = 4{,}0\,cm$ die Hypotenuse c berechnet werden:
$c^2 = a^2 + b^2$
$c = \sqrt{a^2 + b^2}$
$c = \sqrt{6{,}0^2 + 4{,}0^2}$
$c = \sqrt{52{,}0}$
$c = 7{,}2\,cm$

b) In einem rechtwinkligen Dreieck ABC kann aus der Hypotenuse $c = 12{,}1\,cm$ und der Kathete $a = 4{,}3\,cm$ die Kathete b berechnet werden.
$c^2 = a^2 + b^2$
$b^2 = c^2 - a^2$
$b = \sqrt{12{,}1^2 - 4{,}3^2}$
$b = \sqrt{127{,}92}$
$b = 11{,}3\,cm$

Bemerkung

Der Taschenrechner zeigt im Ergebnis oft mehr Stellen an als man braucht. Die Genauigkeit bei der Angabe des Ergebnisses richtet sich nach der Genauigkeit der Ausgangswerte. Trotz des gerundeten Ergebnisses verwenden wir das Gleichheitszeichen.

Aufgaben

1 Zeichne drei verschieden große rechtwinklige Dreiecke. Überprüfe die Genauigkeit deiner Messung mithilfe des Satzes von Pythagoras.

2 Formuliere den Satz des Pythagoras für das Dreieck.

a)

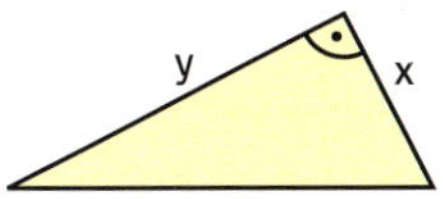

b)

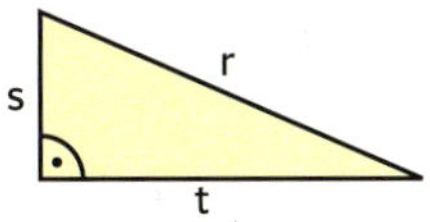

c)

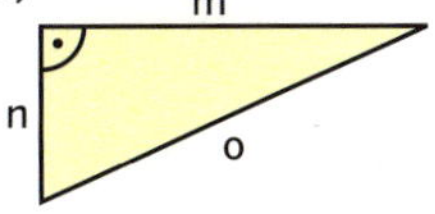

d)

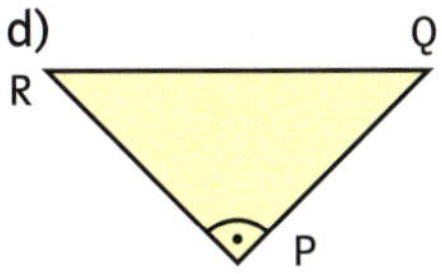

3 Formuliere den Satz des Pythagoras in allen rechtwinkligen Dreiecken.

a)

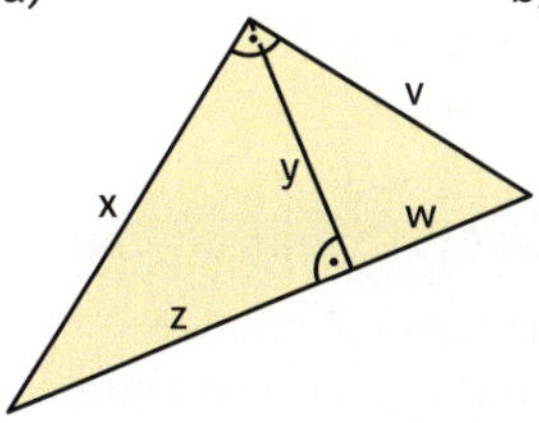

b)

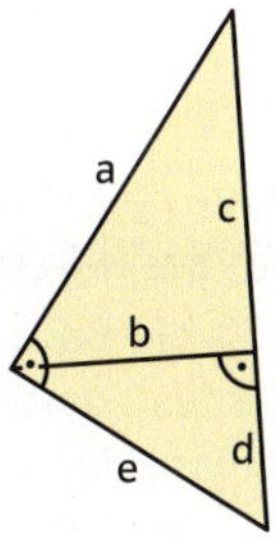

4 Berechne die Länge der Strecke x. (Maße in cm)

a)

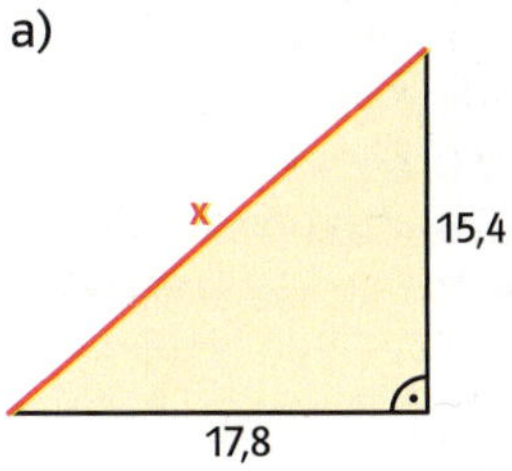

b)

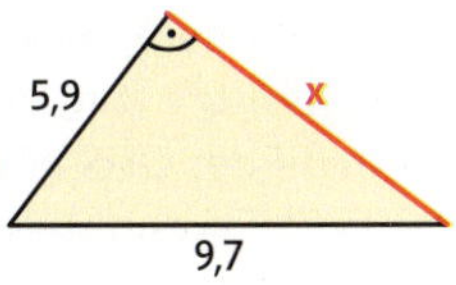

c)

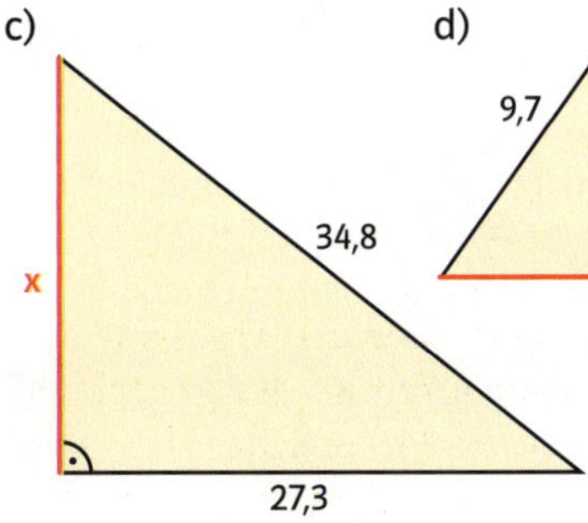

d)

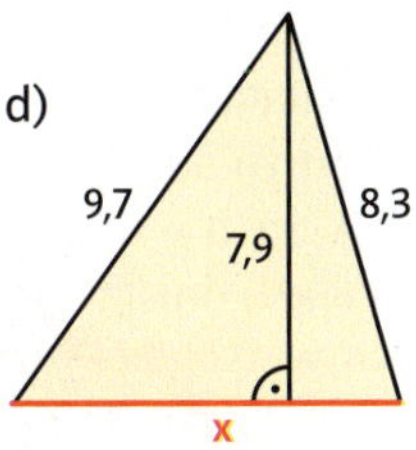

5 Wie lang ist x?

a)

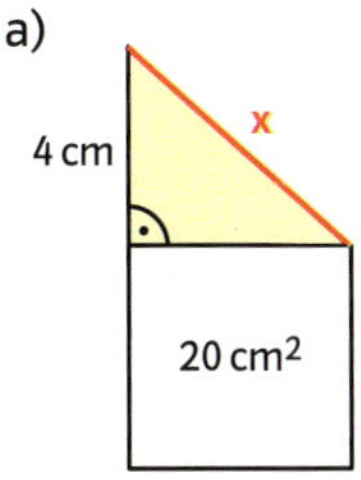

b)

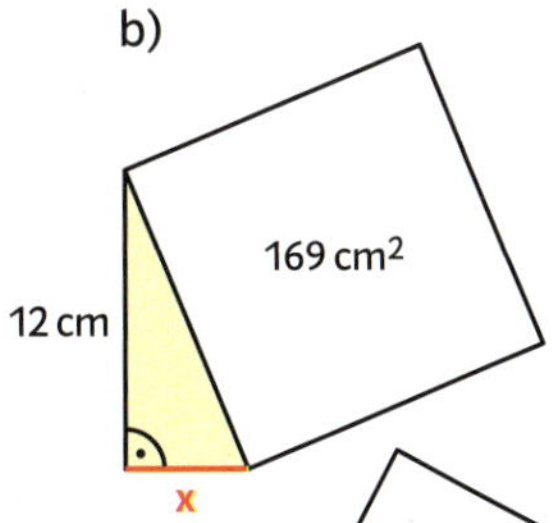

c)

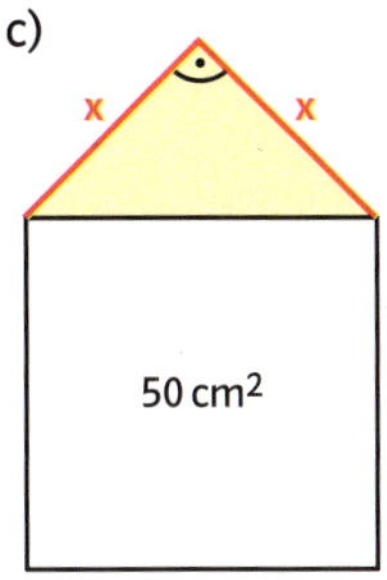

d)

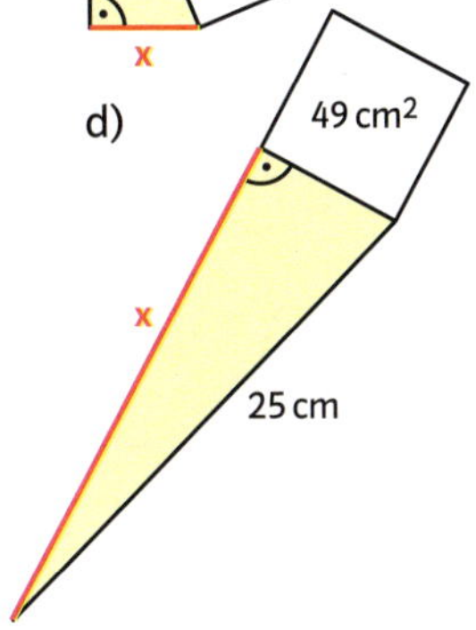

6 Berechne den Flächeninhalt des roten Quadrats.

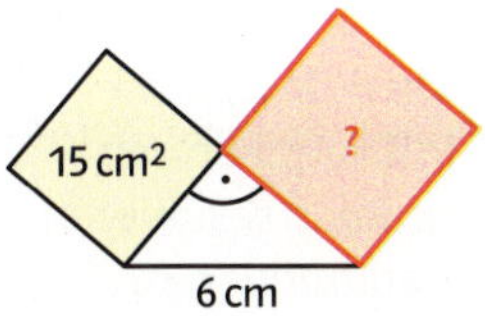

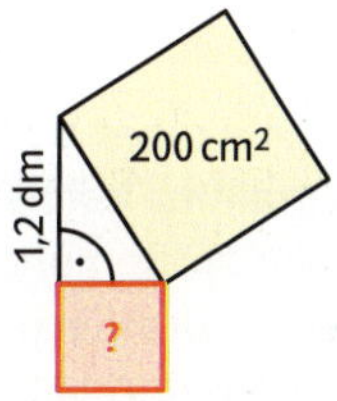

7 Berechne im Dreieck ABC ($\gamma = 90°$)

a) die Hypotenuse c aus
a = 6,2 cm und b = 8,4 cm.

b) die Kathete a aus
b = 12,7 m und c = 158 dm.

c) die Kathete b aus
a = 2,43 m und c = 9,41 m.

8 Erkläre deiner Mitschülerin oder deinem Mitschüler die Entstehung der Schnecke. Zeichne sie weiter.

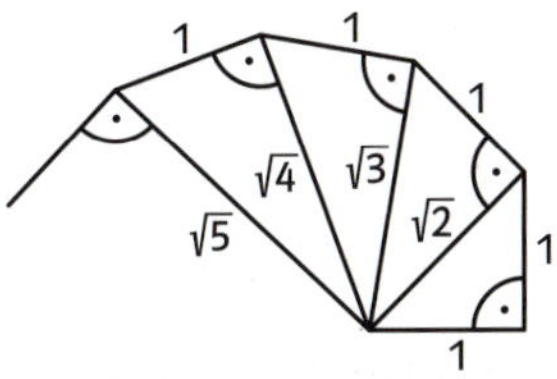

Konstruiere $\sqrt{38}$ mithilfe einer verkürzten Schnecke.

Der bekannteste aller mathematischen Sätze ist nach einem Mann benannt, von dem nur wenig bekannt ist. Man weiß nicht einmal, ob Pythagoras „seinen" Satz überhaupt entdeckt hat.
Pythagoras wurde 600 v. Chr. (auch 570 v. Chr. wird angenommen) auf der Insel Samos geboren. Auf langen Reisen nach Babylon und Ägypten machte er sich in Mathematik und Philosophie kundig.
Der Satz des Pythagoras findet sich erstmals im großen Lehrbuch des Euklid, der etwa von 340 bis 270 v. Chr. lebte.

9 Für manche Quadrate ist der Flächeninhalt angegeben. Bestimme die Flächeninhalte der gelben Quadrate.

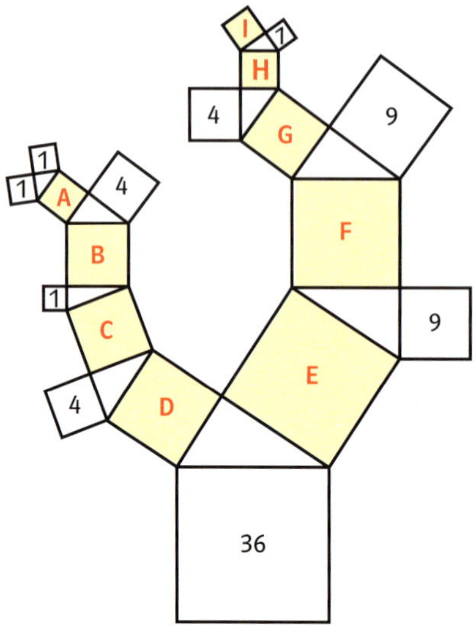

10 Haben rechtwinklige Dreiecke ganzzahlige Seitenlängen, nennt man diese Zahlen **pythagoreische Zahlen**.

Beispiel für 3 cm; 4 cm und 5 cm:
$3^2 + 4^2 = 5^2$ $\quad\quad 9 + 16 = 25$

a) Überprüfe, ob pythagoreische Zahlen vorliegen: (9; 12; 15); (5; 12; 13); (24; 7; 25); (17; 15; 8); (9; 40; 41); (10; 24; 26)
b) Entstehen weitere pythagoreische Zahlen, wenn man (3; 4; 5) vervielfacht?
c) Gib die fehlenden Seitenlängen an.

Kathete	10	□	27	11	□
Kathete	□	45	120	□	84
Hypotenuse	26	51	□	61	85

d) Wie heißt die dritte pythagoreische Zahl?
(48; 52; □); (22; 122; □); (112; 113; □)

Dreiecke und DGS

Mithilfe eines **Dynamischen Geometrieprogramms** kannst du in Dreiecken mit Winkelgrößen und den daraus resultierenden Quadratflächen experimentieren.
Die Katheten bleiben gleich lang und nur die Länge der Hypotenuse lässt sich verändern.
Bei dieser Aufgabe arbeitest du am besten zusammen mit einer Partnerin oder einem Partner.

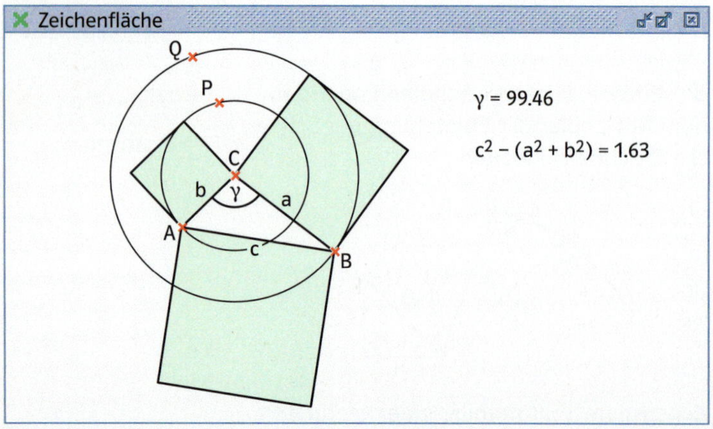

■ Wählt Punkt B als Gleiter und verschiebt ihn auf der Kreislinie. Dein Partner hält die Beobachtungen in einer Tabelle fest, damit ihr anschließend eure Ergebnisse der Klasse präsentieren könnt.

γ	$c^2 - (a^2 + b^2)$	Dreiecksart

Welchen Zusammenhang entdeckt ihr zwischen dem Winkel γ, dem Term $c^2 - (a^2 + b^2)$ und der Dreiecksart? Mithilfe der DGS und der Tabelle könnt ihr eure Erkenntnisse der Klasse anschaulich erklären.
■ Ihr erreicht einen noch größeren Erfolg bei eurer Klasse, wenn ihr selbst Aufgaben stellt. Die könnten z. B. lauten: Findet zu den zwei gegebenen Seiten $a = 4\,\text{cm}$, $b = 7{,}5\,\text{cm}$ eine dritte, sodass ein spitzwinkliges, stumpfwinkliges oder rechtwinkliges Dreieck entsteht. Zuerst müsst ihr die Aufgaben natürlich selbst lösen.

2 Satz des Pythagoras an geometrischen Figuren

Im Dreieck ABC soll die Länge von $\overline{AB}$ berechnet werden.
Kevin errechnet aus den Angaben für a und b die Länge von c und erhält 12,8 cm. Sina rechnet über zwei Schritte und erhält für c 8,5 cm. „Das ist unmöglich", meint Kevin, „die Hypotenuse ist doch immer die längste Dreiecksseite!"

➔ Kannst du den Widerspruch klären?

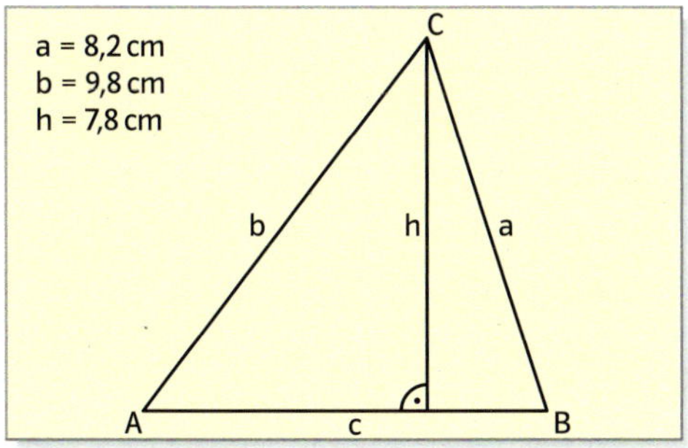

Um im Viereck ABCD die Strecke b berechnen zu können, braucht man rechtwinklige Dreiecke.

Die Diagonale $\overline{BD}$ zerteilt die Figur in zwei rechtwinklige Dreiecke. Nun berechnet man zuerst $\overline{BD}$ und dann b.

$\overline{BD}^2 = 9{,}0^2 + 12{,}0^2$
$\overline{BD} = \sqrt{9{,}0^2 + 12{,}0^2} = \sqrt{225}$
$\overline{BD} = 15{,}0\,\text{cm}$

$b^2 = \overline{BD}^2 - 10{,}0^2$
$b = \sqrt{15{,}0^2 - 10{,}0^2}$; $b = \sqrt{125}$
$b = 11{,}2\,\text{cm}$

Beim Berechnen von Streckenlängen in geometrischen Figuren hilft häufig eine **Zerlegung in rechtwinklige Dreiecke**.
In rechtwinkligen Dreiecken kann man die fehlenden Seitenlängen mithilfe des Satzes des Pythagoras berechnen.

Beispiel

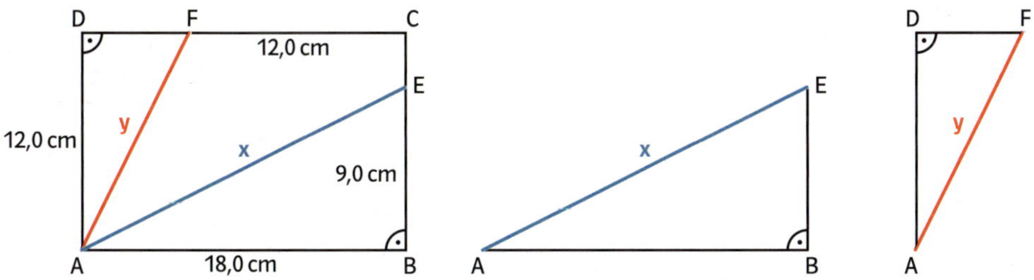

$\overline{DF} = 18{,}0 - 12{,}0$
$\overline{DF} = 6{,}0\,\text{cm}$

Die Strecke x wird im Dreieck ABE berechnet.
$x^2 = 18{,}0^2 + 9{,}0^2$
$x = \sqrt{405}$
$x = 20{,}1\,\text{cm}$

Die Strecke y wird im Dreieck AFD berechnet.
$y^2 = 12{,}0^2 + 6{,}0^2$
$y = \sqrt{180}$
$y = 13{,}4\,\text{cm}$

Aufgaben

1 Berechne x. (alle Maße in cm)

a)

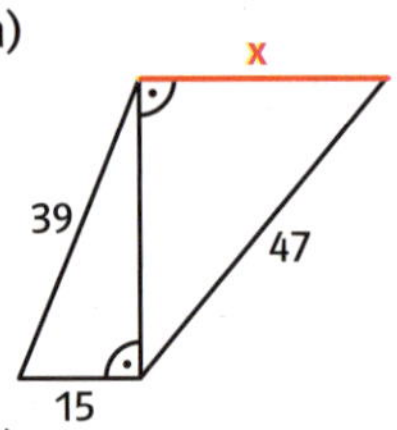

b)

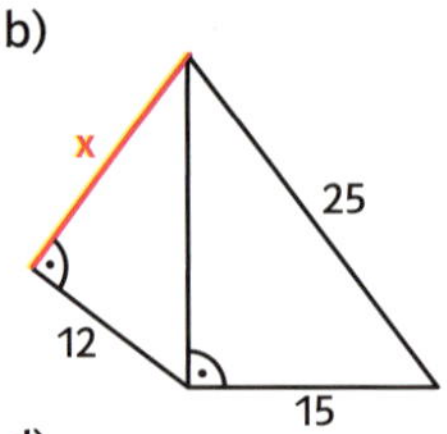

c)

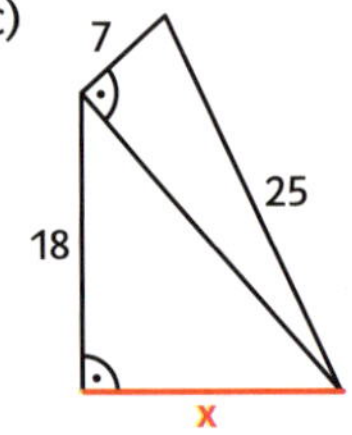

d)

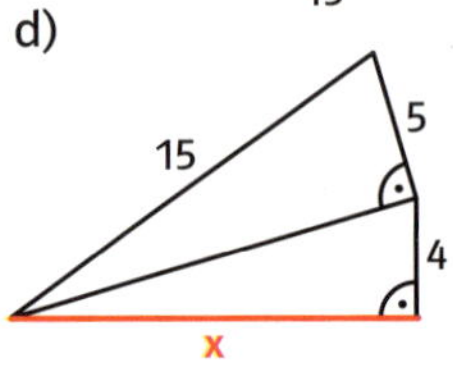

e)

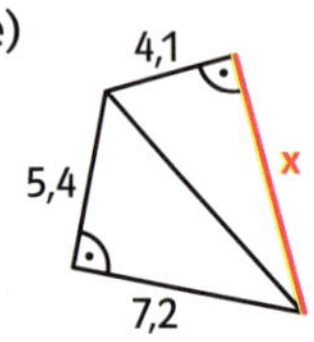

f)

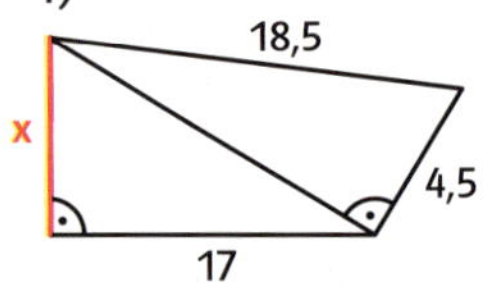

2 Berechne x. (alle Maße in cm)

a)

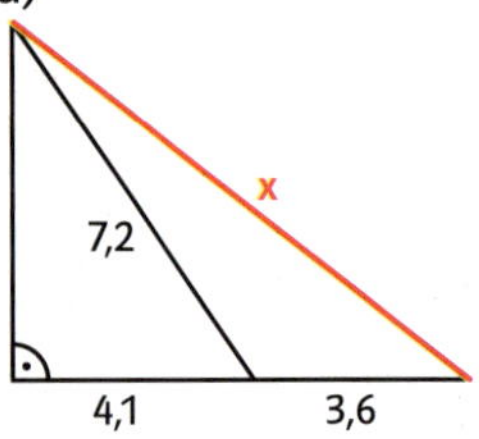

b)

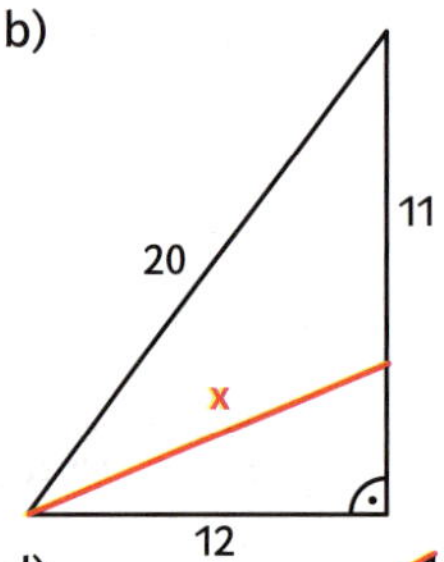

c)

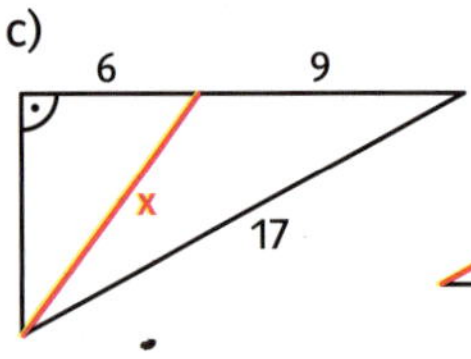

d)

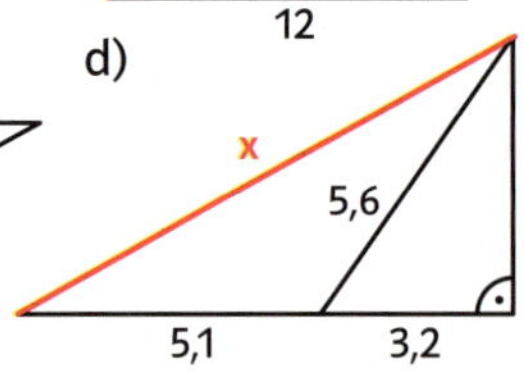

3 Berechne den Umfang der Figur. (in cm)

a)

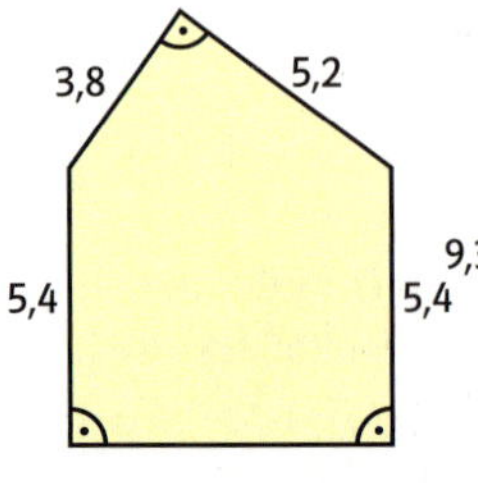

b)

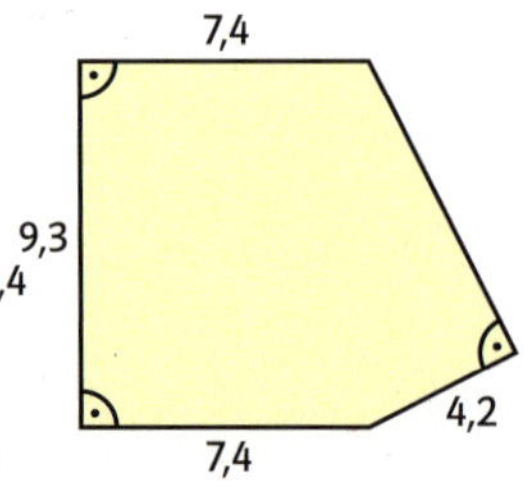

4 Berechne Umfang und Flächeninhalt der Figur. (in cm)

a)

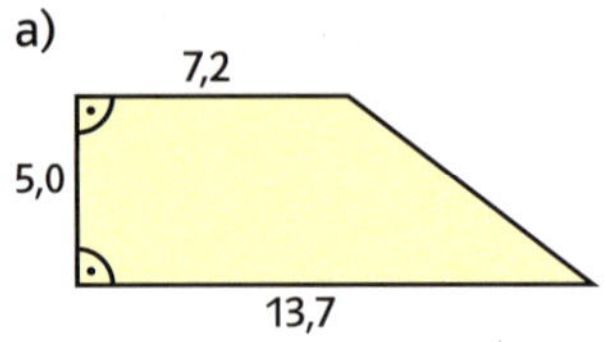

b)

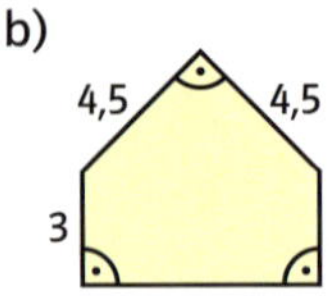

5 Berechne den Umfang und den Flächeninhalt des Trapezes.

a)

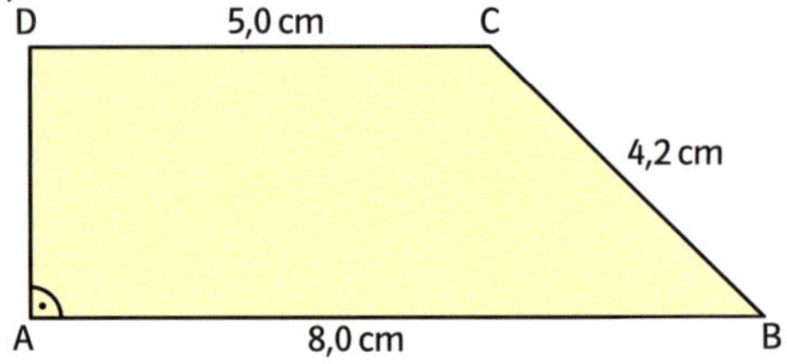

b)

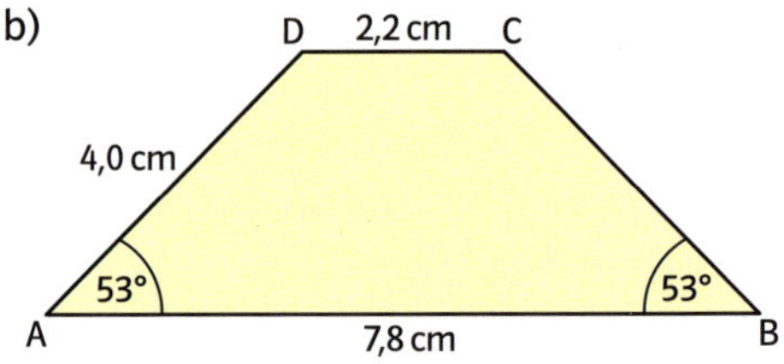

6 Ein Grundstück wurde wie abgebildet vermessen. Berechne Umfang und Flächeninhalt des Grundstücks. (Maßangabe in m)

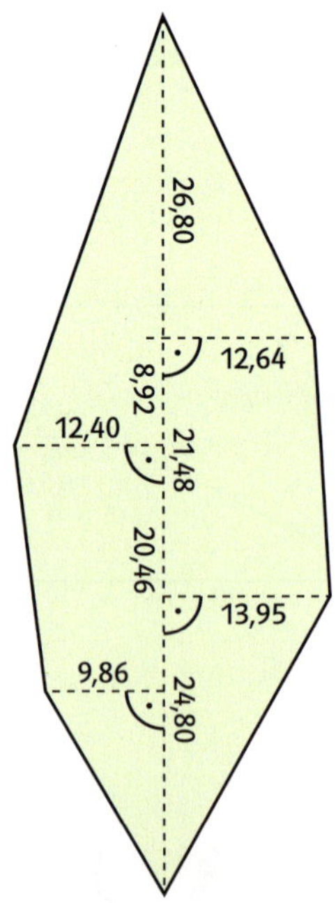

7 Berechne die fehlenden Stücke und den Flächeninhalt des Dreiecks ABC.

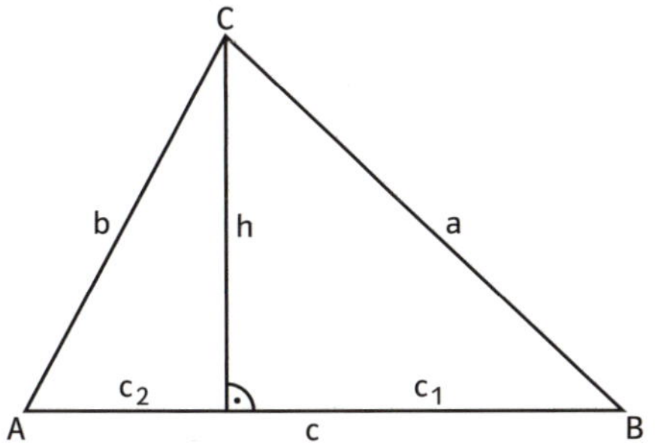

a) $b = 4{,}5\,cm$; $c = 7{,}2\,cm$ und $c_2 = 2{,}4\,cm$.
b) $c_1 = 8{,}5\,cm$; $c_2 = 3{,}3\,cm$ und $h = 4{,}9\,cm$.

8 Einem Quadrat mit der Seitenlänge 10 cm werden weitere Quadrate so einbeschrieben, dass jeweils ihre Seitenmitten zum neuen Quadrat verbunden werden.
Berechne die Umfänge der ersten fünf Quadrate.

9 a) Die Diagonalen einer Raute sind 12,0 cm und 9,6 cm lang. Berechne ihren Umfang.
b) Von einer Raute sind die Seitenlänge $a = 5{,}1\,cm$ und die Länge der Diagonale $e = 4{,}5\,cm$ gegeben.
Berechne die Länge der Diagonale f und den Flächeninhalt.

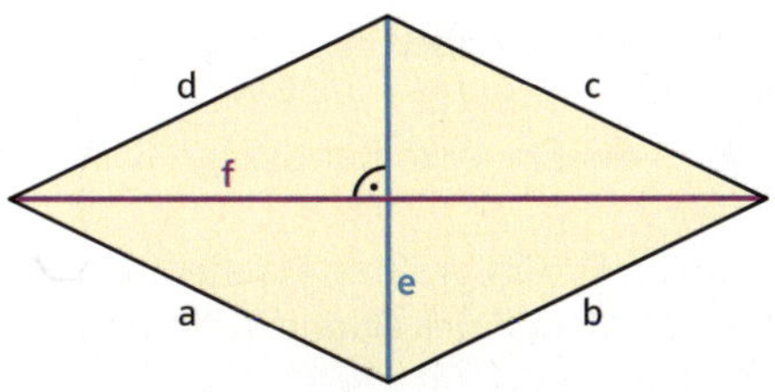

10 Der Künstler Max Bill nennt sein Gemälde „7 pythagoreische Dreiecke als Quadrat". Es handelt sich um rechtwinklige Dreiecke mit den Seitenverhältnissen 3 : 4 : 5. Prüfe durch Rechnung nach, ob der Titel des Bildes zutrifft.

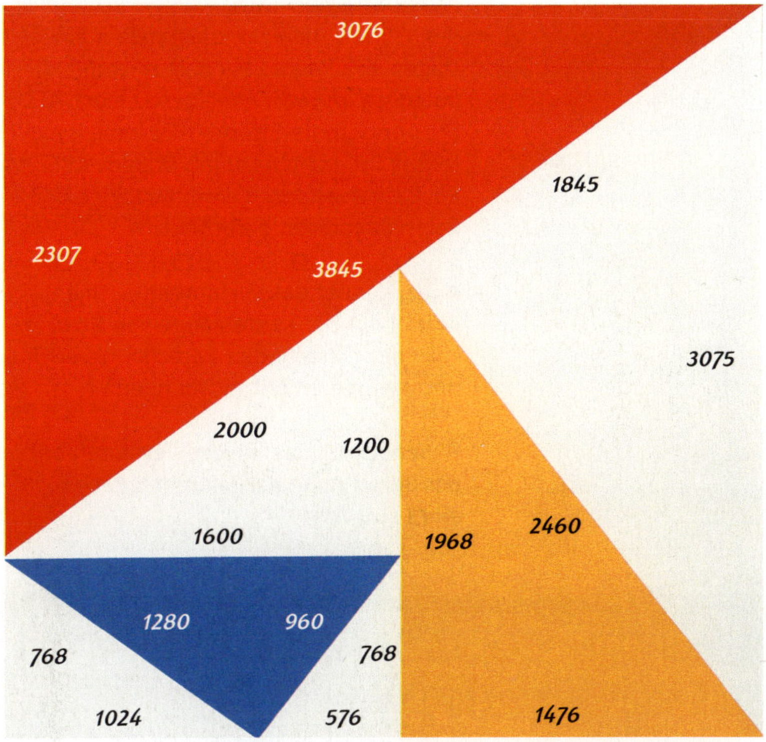

11 Von einem Drachen sind die Diagonalen $e = 15{,}8\,cm$ und $f = 24{,}4\,cm$ sowie die Seiten $a = b = 18{,}4\,cm$ bekannt. Berechne den Umfang und den Flächeninhalt.

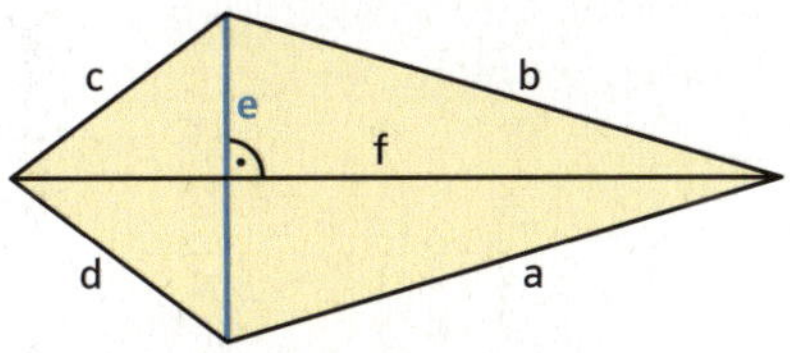

zu Aufgabe 12:

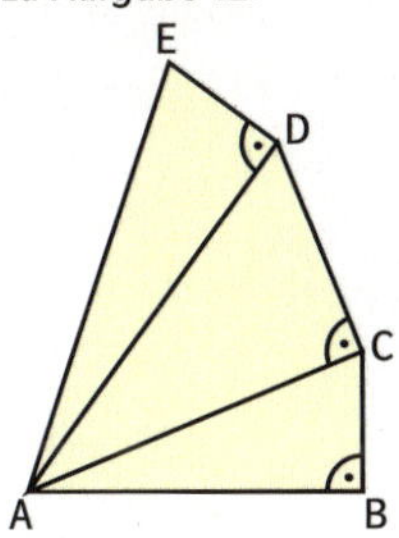

12 Von einem Fünfeck ABCDE sind gegeben: $\overline{AB} = 15{,}0\,cm$; $\overline{DE} = 4{,}5\,cm$; $\overline{CD} = 7{,}5\,cm$; $\overline{BC} = 4{,}6\,cm$. Berechne $\overline{AE}$.

zu Aufgabe 13:

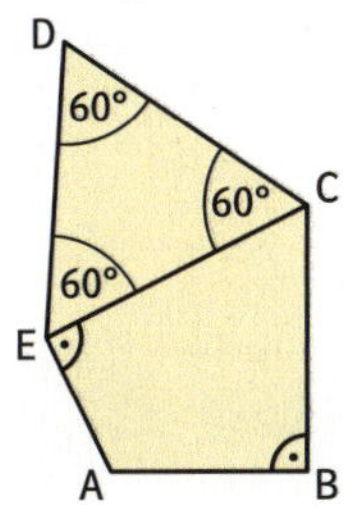

13 Im Fünfeck ABCDE sind gegeben: $\overline{AB} = 3{,}6\,cm$; $\overline{BC} = 4{,}8\,cm$; $\overline{AE} = 2{,}7\,cm$. Berechne Umfang und Flächeninhalt des Fünfecks.

Rechtwinklige Dreiecke im Raum

Um Strecken in räumlichen Figuren zu berechnen, wählt man geeignete rechtwinklige Dreiecke. Um diese Dreiecke zu finden, geht man am besten schrittweise vor.

Die Länge der Raumdiagonale soll berechnet werden. Dazu wird im Schrägbild des Würfels die Raumdiagonale d eingetragen. Die Raumdiagonale d ist die Hypotenuse im rechtwinkligen Dreieck AED. Die unbekannte Strecke $\overline{AE}$ ist die Hypotenuse im rechtwinkligen Dreieck ABE. Im Rückwärtsverfahren wird die Länge der Raumdiagonalen berechnet.

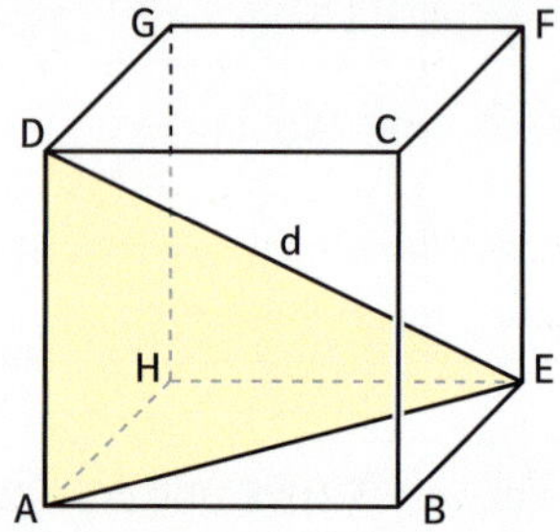

■ Verwendet das Verfahren für einen Würfel mit der Kantenlänge von 8 cm. Erklärt der Klasse jeden Berechnungsschritt mit geeigneten Teilzeichnungen.

■ Verwendet das gleiche Verfahren bei der Berechnung der Raumdiagonalen eines Quaders.

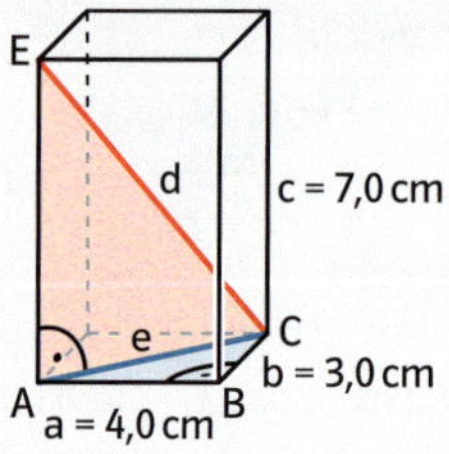

■ Ein Würfel hat die Kantenlänge a = 7,0 cm. Berechne die Länge des Streckenzuges $\overline{ABC}$.

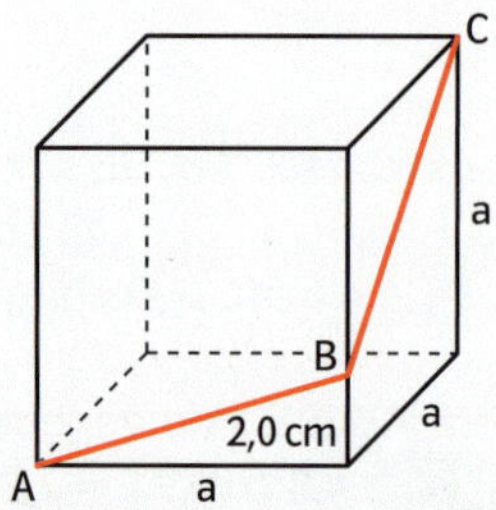

■ Gegeben ist ein Quader, in dem drei verschiedene Dreiecke liegen.

(1)

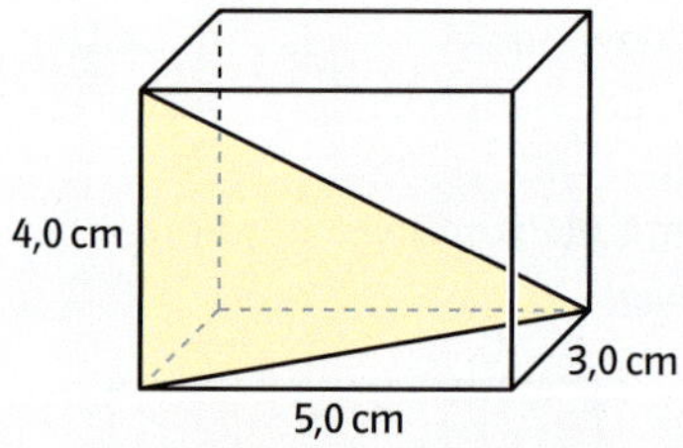

(2)

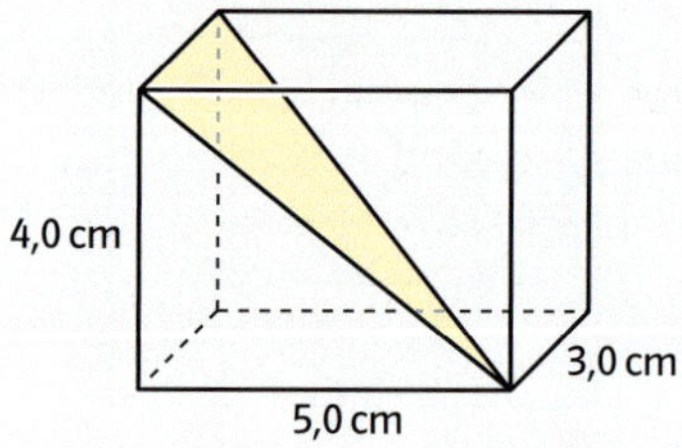

(3)

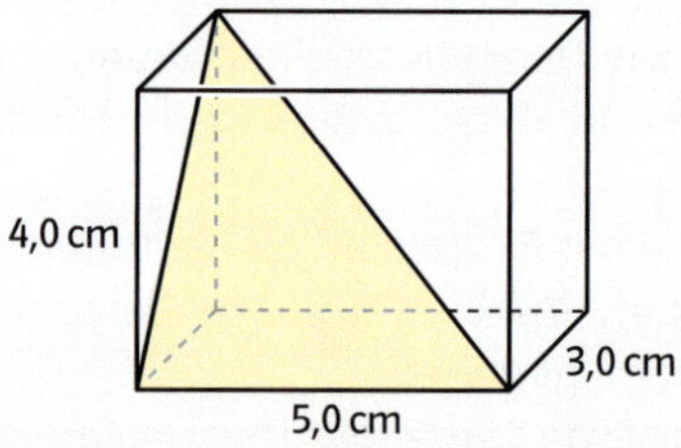

Wo liegt der rechte Winkel in jedem Dreieck?
Zeichne jedes Dreieck in Originalgröße.
Miss in den Dreiecken die Winkel aus.
Welches der Dreiecke hat den größten Umfang?
Welches hat den größten Flächeninhalt?
Baue ein Modell des Quaders mit den drei Dreiecken.

3 Anwendungen

Alte Langspielplatten haben einen Durchmesser von 31,5 cm.
Um Transportkosten zu sparen, sollte allerdings eine Päckchenbreite von 30 cm nicht überschritten werden. Nun kam jemand auf die Idee, Langspielplatten nicht liegend, sondern schräg gelegt zu versenden.
→ Hättest du Vorschläge, welche Päckchengrößen günstig wären?

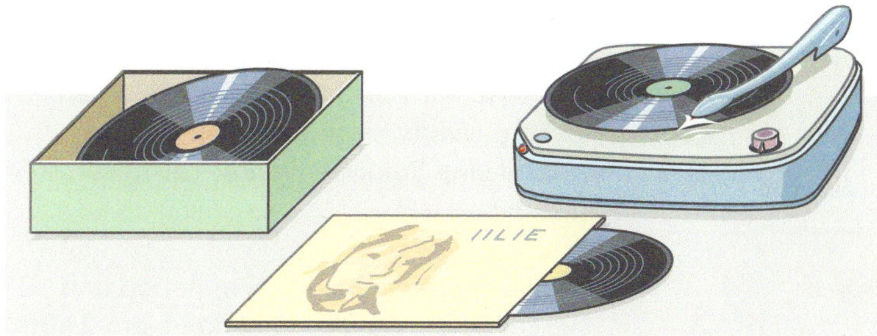

Für ein Zelt mit 1,70 m Höhe, 2,15 m Firstlänge und 3,25 m Bodenlänge wird auf der Eingangsseite ein neuer Reißverschluss benötigt. Um die Länge des Reißverschlusses zu bestimmen, wählt man ein geeignetes rechtwinkliges Dreieck:

$a = (3{,}25 - 2{,}15) : 2 = 0{,}55\,\text{m}$

$x^2 = 1{,}7^2 + 0{,}55^2$

$x = \sqrt{1{,}7^2 + 0{,}55^2}$

$x = 1{,}78\,\text{m}$

Die Länge des Reißverschlusses beträgt 1,78 m.

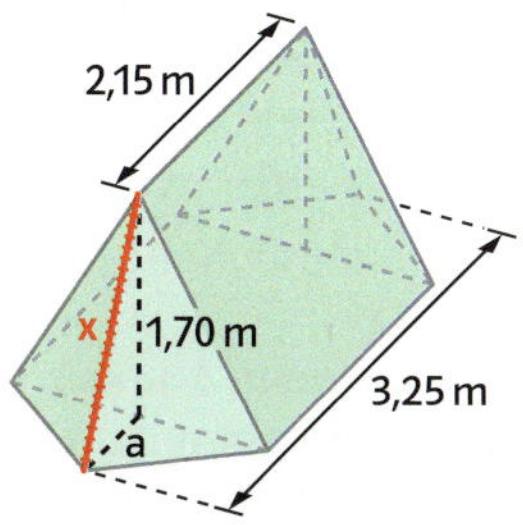

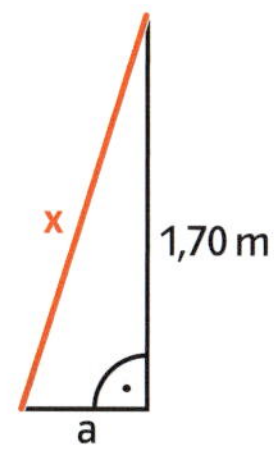

Um geometrische Sachprobleme mithilfe des Satzes des Pythagoras lösen zu können, wird zunächst geprüft, ob ein rechtwinkliges Dreieck vorliegt.
In vielen Fällen müssen durch Hilfslinien rechtwinklige Dreiecke erzeugt werden.

Beispiel

Aus einem Baumstamm mit 15,0 cm Durchmesser soll ein quadratisches Kantholz mit größtmöglicher Grundfläche herausgesägt werden:

$x^2 + x^2 = 15{,}0^2$

$2 \cdot x^2 = 225$

$x^2 = 112{,}5$

$x = \sqrt{112{,}5}$

$x = 10{,}6\,\text{cm}$

Die Grundkante des Holzes beträgt 10,6 cm.

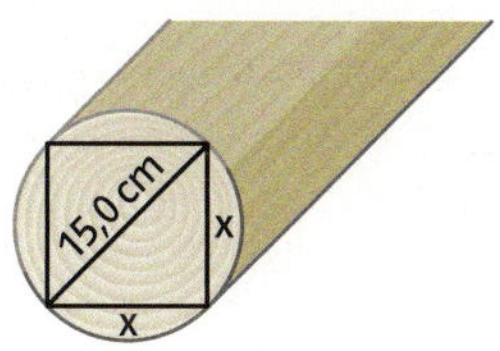

Aufgaben

1 Zeichne die Grafik maßstabsgetreu in dein Heft.
a) Um wie viel Kilometer ist der direkte Weg von A nach B kürzer als der über C, D und E? Rechne und prüfe zeichnerisch.
b) Wie viel Prozent Ersparnis sind das?

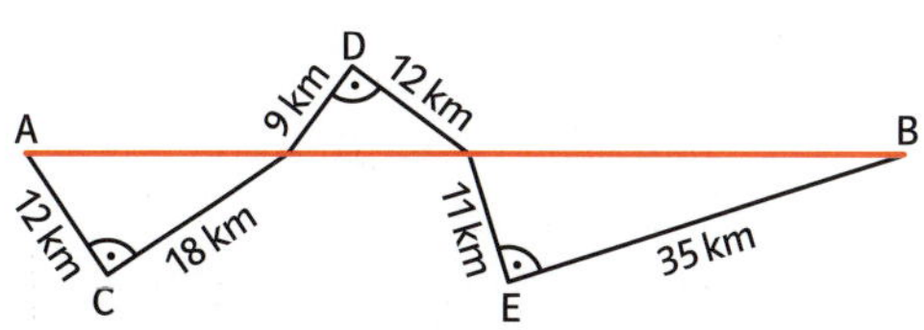

2 Wie hoch reicht eine 4,50 m lange Leiter, wenn sie mindestens 1,50 m von der Wand entfernt aufgestellt werden muss?

3 Wie hoch reicht eine Klappleiter von 2,50 m Länge, wenn für einen sicheren Stand eine Standbreite von 1,20 m vorgeschrieben ist?

4 Kann man einen 2,30 m hohen und 45 cm tiefen Wandschrank in einem 2,40 m hohen Raum aufstellen?

5 Beim Lauftraining startet Markus zur gegenüberliegendenden Eckfahne des 100 m × 50 m-Spielfeldes.
Sven läuft die Außenlinie entlang. Markus und Sven laufen gleich schnell.
a) Wie weit ist Sven noch von der Eckfahne entfernt, wenn Markus ankommt?
b) Wie viel Prozent des Weges spart sich Markus?
c) Wo begegnen sie sich, wenn Markus Sven über die Eckfahne entgegen läuft?

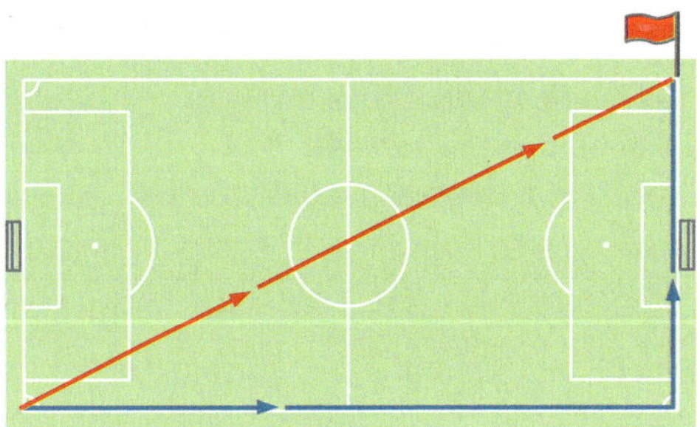

6 Sahin scheitert beim Elfmeterschuss. Er knallt den Ball in einer Höhe von 1,50 m an den Pfosten.
a) Das Fußballtor ist 7,32 m breit und 2,44 m hoch.
Welche Strecke legt der Ball bis zum Pfosten mindestens zurück?
Stimmt dein Ergebnis mit dem wirklichen Wert überein? Argumentiere.
b) Die Ballgeschwindigkeit wird mit 90 km/h gemessen.
Wie lange dauerte der Flug vom Elfmeterpunkt bis zum Pfosten?
Wovon kann die Zeitdauer in Wirklichkeit beeinflusst werden?

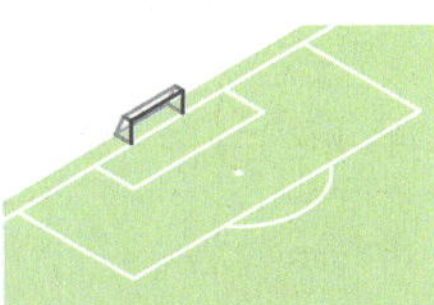

7 Bildschirme von Fernsehgeräten gibt es in zwei unterschiedlichen Formaten. Das Verhältnis von Breite zu Höhe beträgt bei älteren Geräten 4 : 3, bei neuen 16 : 9. Die Bildschirmgröße wird in der Regel mit der Länge der Bilddiagonalen angegeben.

a) Berechne Breite und Höhe von Bildschirmen mit den Bilddiagonalen 69 cm und 89 cm bei einem 4 : 3-Format. Um wie viel cm^2 unterscheiden sich die beiden Bildschirmflächen?
b) Wenn ein Film im 16 : 9-Format auf einem Bildschirm im 4 : 3-Format gezeigt wird, sieht man oben und unten schwarze Streifen. Wie viel Prozent der Bildfläche werden von dem Film eingenommen?
c) Frau Palz hat einen 89er-Bildschirm im Format 4 : 3. Beim Format 16 : 9 bleiben bei herkömmlichen Sendungen rechts und links Streifen, wenn die Höhe voll ausgenutzt wird. Frau Palz möchte einen neuen Fernseher im Format 16 : 9. Dabei soll eine herkömmliche Sendung dieselbe Größe haben wie bisher. Welche Bildschirmdiagonale muss Frau Palz kaufen?

8 Die Größe von Monitoren wird in Zoll (1 Zoll = 2,54 cm) angegeben. Gemessen wird die Länge der Bilddiagonale.
a) Berechne Breite und Höhe von zwei Monitoren im 17″- (Zoll) und 19″-Format. Vergleiche die prozentualen Veränderungen der Längen mit der Veränderung der Flächen. Erkläre den Unterschied.
b) Die Bildschirmauflösung beim Computer mit 1024 × 768 Pixel sagt etwas über das Bildformat aus. Wie lang ist die Bilddiagonale bei einer Bildschirmbreite von 43 cm? Gib die Länge auch in Zoll an.

9 Simon und Lea lassen einen Drachen steigen. Sie stehen 80 m voneinander entfernt. Die Drachenschnur ist 100 m lang.
a) Lea steht direkt unter dem Drachen. Sie möchte wissen, wie hoch er fliegt.
b) In Wirklichkeit hängt die Schnur durch. Was bedeutet das für die Höhe? Steht Lea immer noch direkt unter dem Drachen?

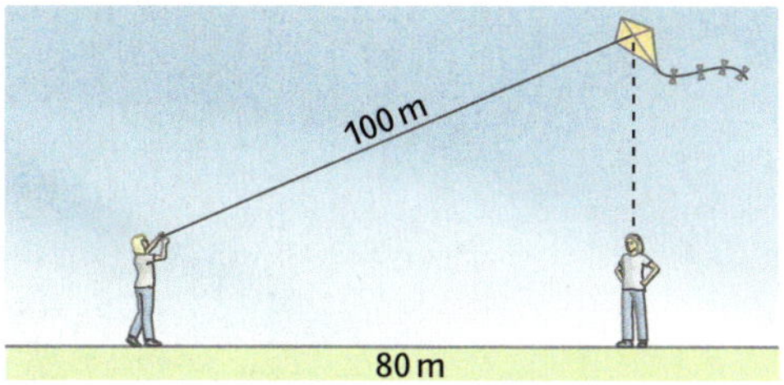

10 Eine Seilbahn in den Alpen überwindet einen Höhenunterschied von 650 m. Auf einer Karte im Maßstab 1 : 50 000 beträgt die Entfernung zwischen Tal und Bergstation 4 cm. Wie lang ist das Halteseil mindestens?

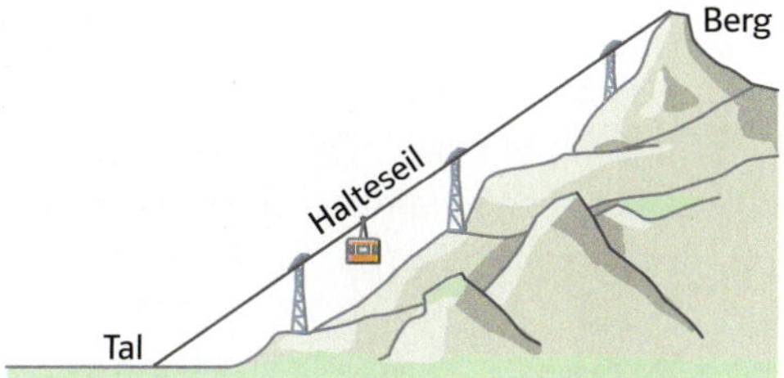

11 Ein Tunnel hat einen annähernd halbkreisförmigen Querschnitt.
Ein Schwertransporter mit 3,50 m Höhe und 2,50 m Breite fährt durch den Tunnel. Muss die Gegenfahrbahn gesperrt werden? Was meinst du?
Denke auch an notwendige Sicherheitsabstände. Rechne nach.

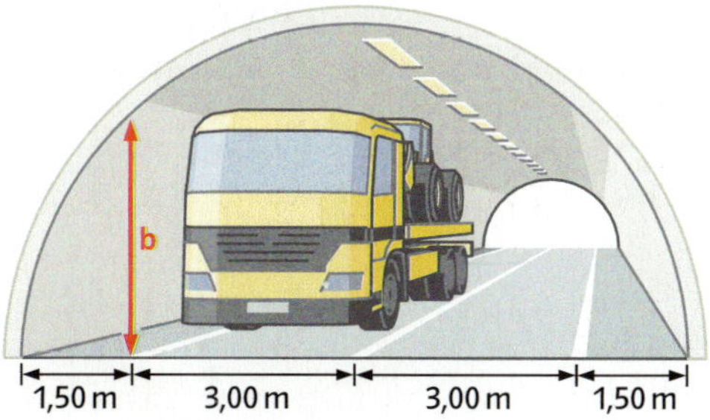

Alles im rechten Winkel

Nach den alljährlichen Überschwemmungen am Nil mussten die Felder neu vermessen werden. Die Vermessungsbeamten hießen damals Seilspanner. Sie benutzten bei ihrer Arbeit ein Seildreieck, das 12 Knoten in regelmäßigen Abständen aufwies.
- Kannst du diese Seilaufteilung erklären? Denke dabei an pythagoreische Dreiecke.
- Erkläre, wie die Seilspanner zum Festlegen von Feldgrenzen vorgegangen sind.

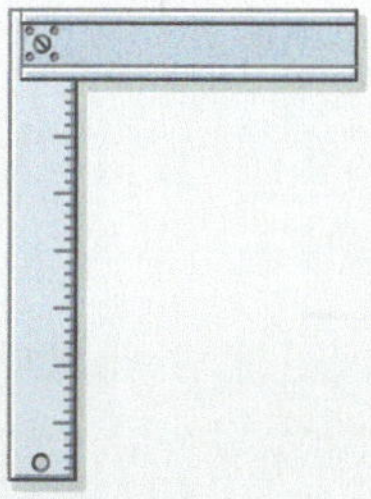

Bei Handwerkern sieht man ab und zu Metallwinkel, mit welchen sie rechte Winkel einrichten.
- Bestimme über eine maßstäbliche Zeichnung die Winkelgrößen des Winkels auf dem Foto.
- Stelle selbst aus stabilem Material einen Winkel im Maßstab 1 : 10 her.
- Überprüfe mit deinem Werkzeug rechte Winkel in deiner Umgebung.

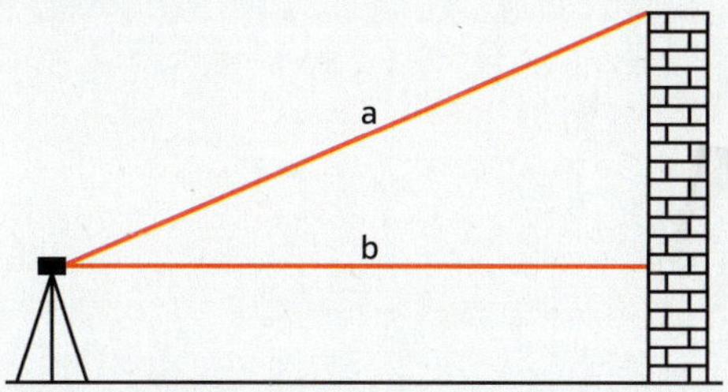

Moderne Lasermessgeräte arbeiten so, dass mit Laserstrahlen zwei Entfernungen (a und b) gemessen werden und die dritte automatisch berechnet und angezeigt wird.
- Erkläre den Rechenvorgang.

Zusammenfassung

Satz des Pythagoras

Ist ein Dreieck rechtwinklig, so haben die Quadrate über den beiden Katheten zusammen denselben Flächeninhalt wie das Quadrat über der Hypotenuse. Nennt man die Katheten a und b und die Hypotenuse c, gilt: $c^2 = a^2 + b^2$.

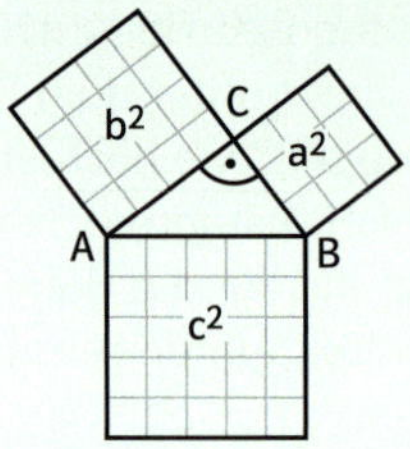

Berechnung an geometrischen Figuren

Werden Strecken in ebenen Figuren berechnet, hilft meist eine Zerlegung in rechtwinklige Dreiecke.

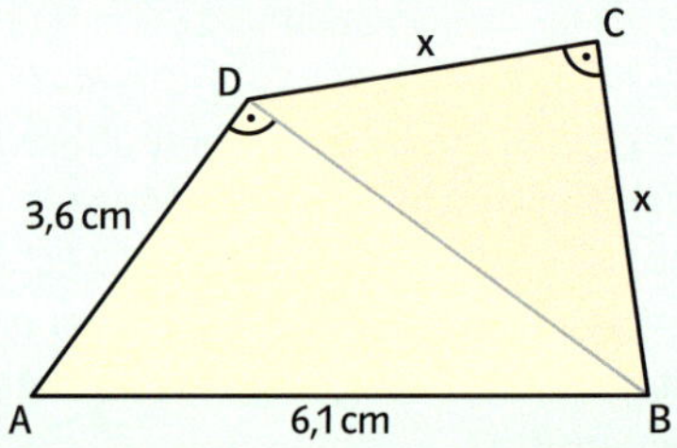

$\overline{BD}^2 = 6{,}1^2 - 3{,}6^2$
$\overline{BD} = \sqrt{24{,}25}$
$\overline{BD} = 4{,}9\,\text{cm}$

$x^2 + x^2 = 24{,}25$
$2x^2 = 24{,}25$
$x = \sqrt{12{,}125}$
$x = 3{,}5\,\text{cm}$

Anwendungen

Bei der Berechnung von Strecken werden mithilfe von Hilfslinien zuerst rechtwinklige Dreieck festgelegt.

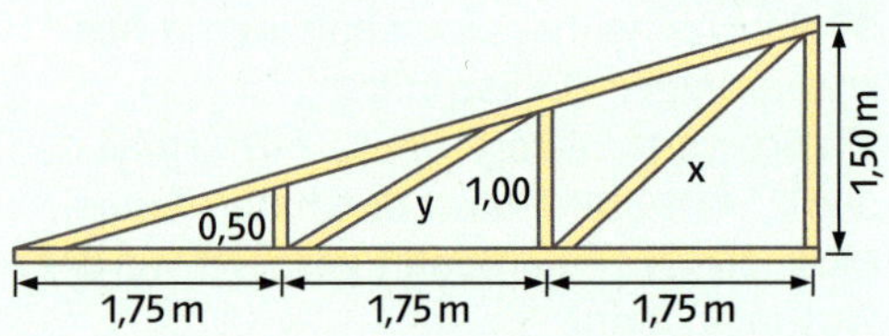

$x^2 = 1{,}75^2 + 1{,}50^2$
$x = \sqrt{5{,}3125}$
$x = 2{,}30\,\text{m}$

$y^2 = 1{,}00^2 + 1{,}75^2$
$y = \sqrt{4{,}0625}$
$y = 2{,}02\,\text{m}$

Die Balken x und y sind 2,30 m bzw. 2,02 m lang.

Üben • Anwenden • Nachdenken

1 Sina soll den Satz des Pythagoras nennen.
Sie antwortet: „$a^2 + b^2 = c^2$."
Reicht diese Antwort aus?

2 Berechne die fehlende Seite.

a)

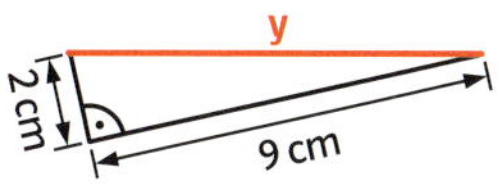

b)

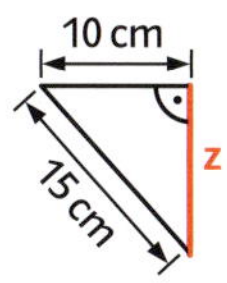

3 Berechne die Strecke x.

a)

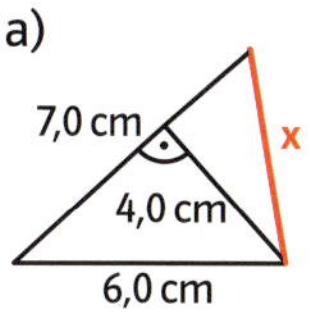

b)

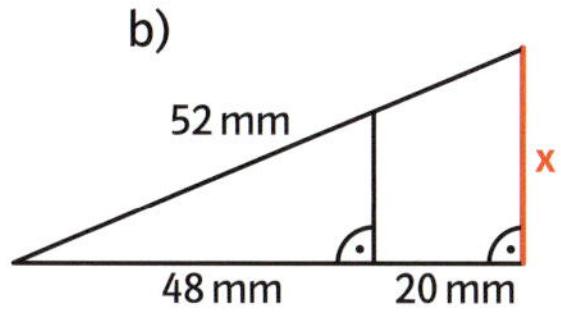

4 Berechne Umfang und Flächeninhalt der Figur. (Maße in cm)

a)

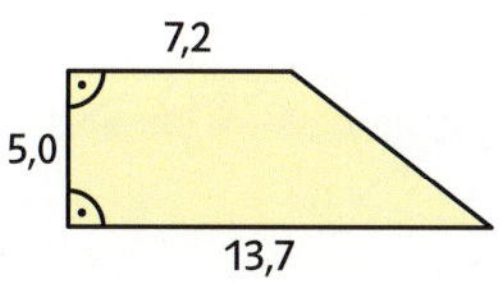

b)

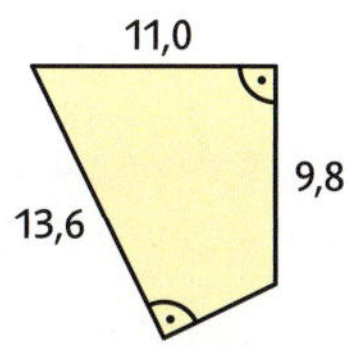

5 Gegeben ist das Viereck ABCD mit $\overline{AB} = 4{,}2\,cm$; $\overline{AC} = 7{,}4\,cm$; $\overline{AE} = 2{,}7\,cm$; $\overline{DE} = \frac{1}{2}\overline{BE}$.

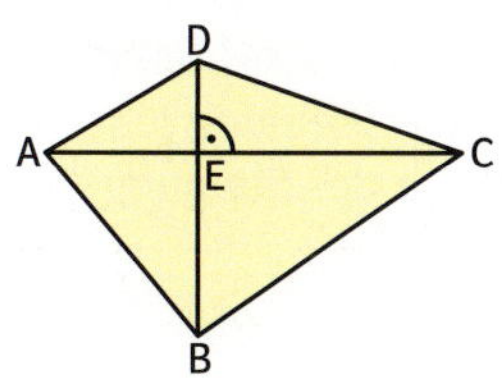

Berechne Umfang und Flächeninhalt des Vierecks.

6 Gegeben ist das Fünfeck ABCDE.
Berechne den Flächeninhalt der Figur.

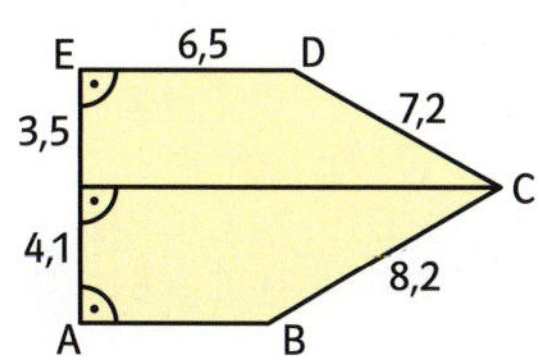

7 a) Wie lang ist der Trinkhalm, der auf die Getränkepackung geklebt ist?
b) Wie lang müsste der Trinkhalm mindestens sein, damit er nicht in die Packung rutschen kann?

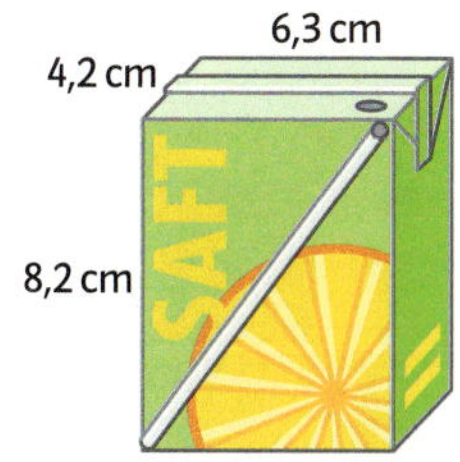

8 Ein quaderförmiges Klassenzimmer ist 9,30 m lang, 8,50 m breit und 3,30 m hoch.
a) Bestimme die längsten Strecken an den Wänden und an der Decke.
b) Welches ist die längste Strecke im Raum?

9 Wie hoch bzw. wie weit schwenkt das Pendel aus?

a)

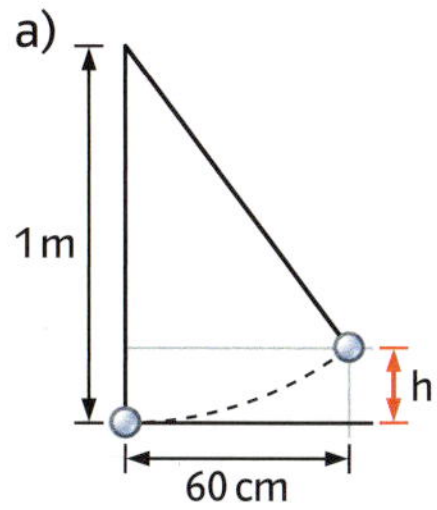

b)

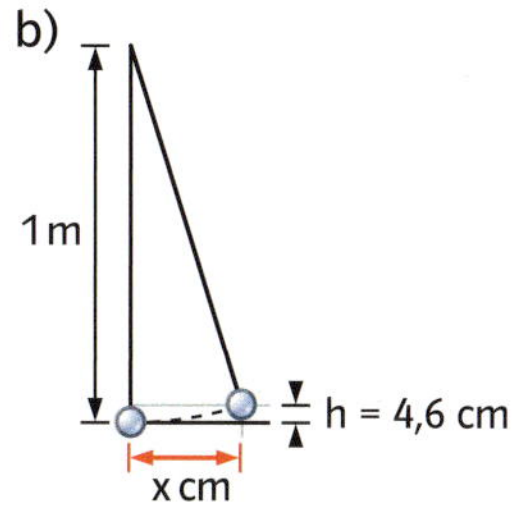

10 Wie lang ist das Pendel?

a)

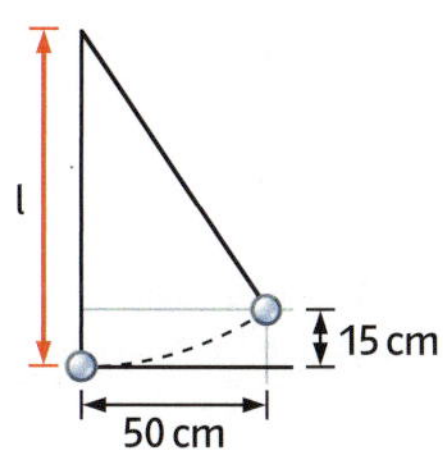

b)

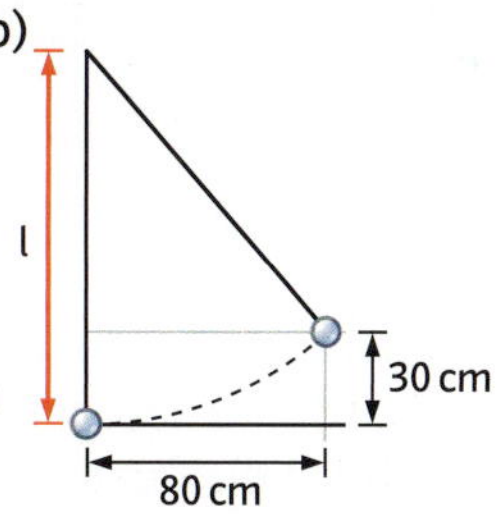

11 Der Giebel des Hauses wird neu verputzt. Für einen Quadratmeter werden 45 € berechnet.
Die Flächen von Fenstern und Türen werden wegen des höheren Arbeitsaufwandes nicht abgezogen.

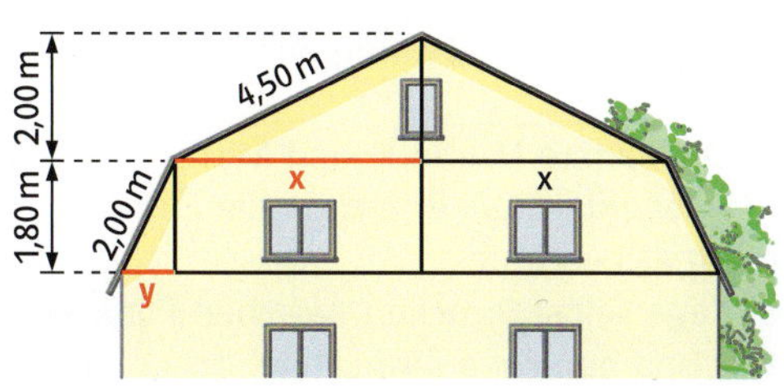

12 Auf der Mantelfläche des quadratischen Prismas ist ein Streckenzug ABCDE aufgezeichnet.

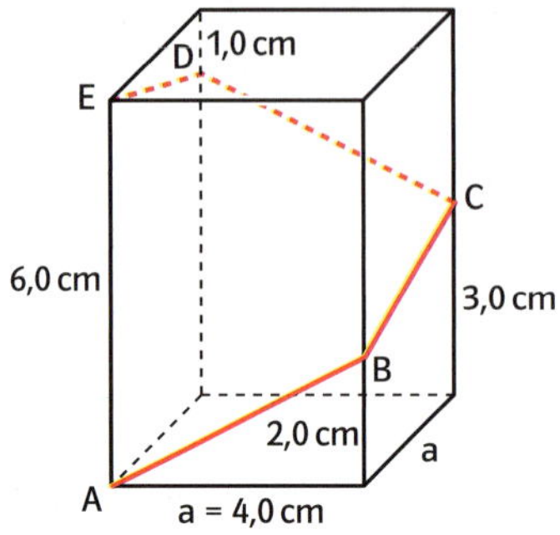

a) Berechne die Länge des Streckenzugs.
b) Zeichne das Netz des Prismas und trage den Streckenzug ein.

13 Ein Würfel hat das Volumen $V = 343\,\text{cm}^3$.
Berechne den Umfang und den Flächeninhalt des Dreiecks RTS.

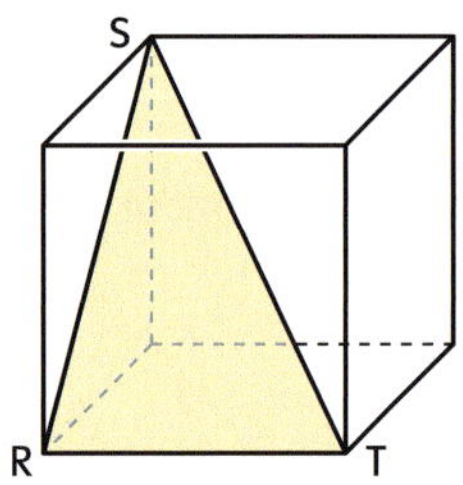

14 Für den Quader gilt: $a = 12{,}5\,\text{cm}$; $b = 7{,}8\,\text{cm}$; $c = 5{,}6\,\text{cm}$. Die Punkte A und C halbieren die Quaderkanten.

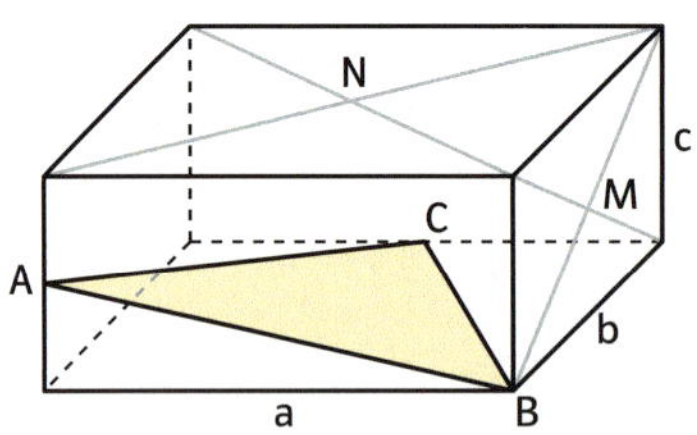

a) Berechne den Umfang des Dreiecks ABC.
b) Die Punkte M und N sind Mittelpunkte der Seitenflächen. Berechne die Entfernung $\overline{AM}$ und $\overline{AN}$.
c) Lege selbst Strecken zwischen Punkten fest und berechne ihre Länge.

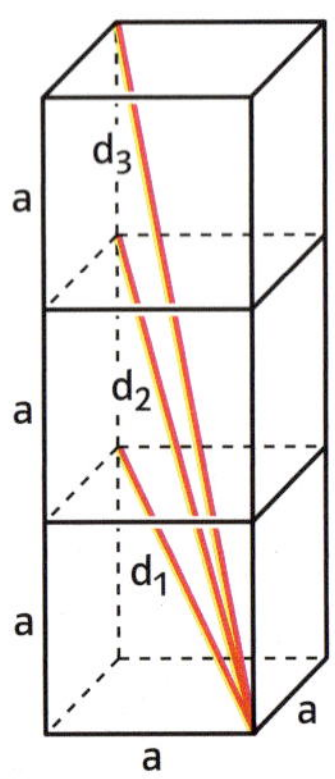

? *Findest du eine Gesetzmäßigkeit?*

Pythagoras im Koordinatensystem

Die Entfernung zweier Punkte A und B im rechtwinkligen Koordinatensystem lässt sich mithilfe des Satzes des Pythagoras berechnen.

Beispiel für A(3|2) und B(10|6)

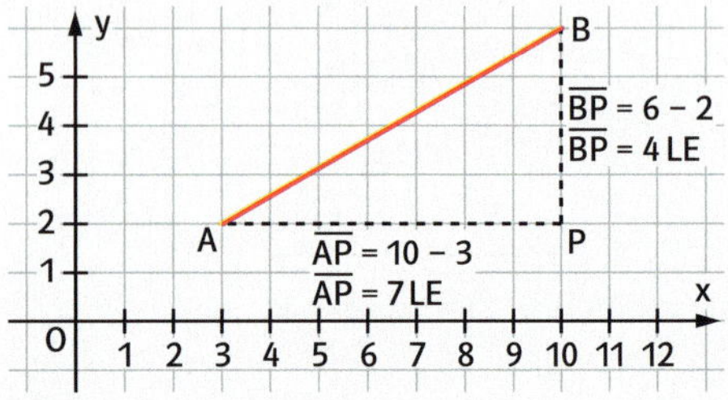

Es gilt:
$\overline{AB}^2 = \overline{AP}^2 + \overline{BP}^2$
$\overline{AB} = \sqrt{7^2 + 4^2}$
$\overline{AB} = 8{,}1$ LE

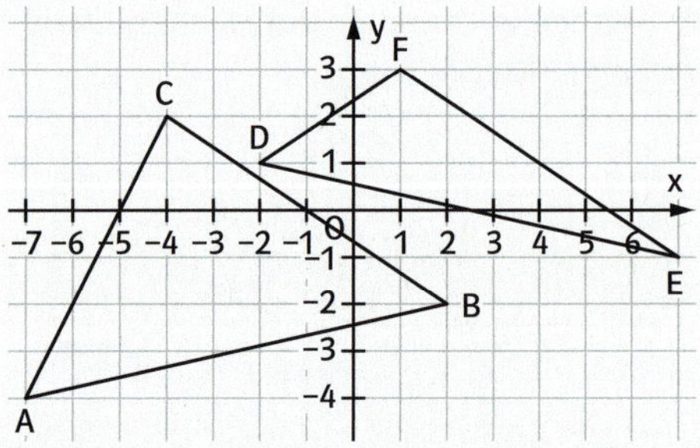

- Berechne die Umfänge der beiden Dreiecke.
- Welche Dreiecksseiten sind gleich lang, welche parallel? Begründe.
- Drücke die Steigung jeder Dreiecksseite mithilfe des Steigungsfaktors m aus.
- Berechne den Abstand zwischen den Punkten.
A(2|4) und B(8|9); C(1|3) und D(10|10); E(0|0) und F(−3|8); G(−2|−3) und H(5|7)
- Zeichne das Dreieck ABC und berechne seinen Umfang und seinen Flächeninhalt. Gib für jede Gerade $\overline{AB}$; $\overline{BC}$ und $\overline{AC}$ die Funktionsgleichung an.
  - A(1|1); B(0|2); C(6|8)
  - A(−5|−2); B(5|1); C(0|9)
  - A(−1|8); B(3|−3); C(−5|−2)

15 a) Durch einen Diagonalschnitt wird ein Würfel mit der Kantenlänge 10 cm in zwei Dreiecksprismen zerlegt. Berechne die Oberfläche eines dieser Prismen.
b) Halbiert man den Würfel so, dass zwei Trapezprismen entstehen, ändern sich die Oberflächen der Prismen je nach Teilung der Würfelkanten. Teile einmal mit 8 cm und 2 cm, dann mit 6 cm und 4 cm und vergleiche die Oberflächen der Prismen.

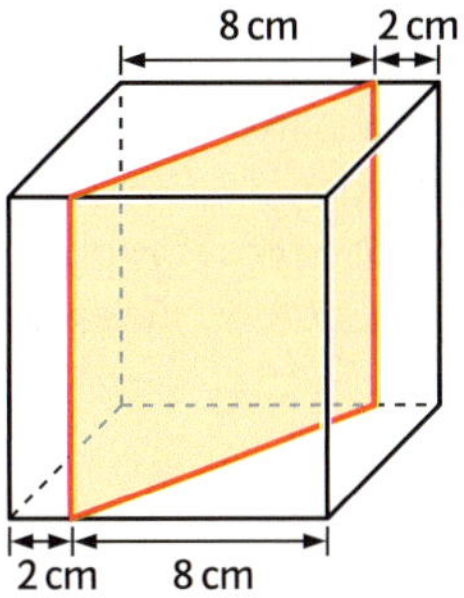

16 Berechne die Dachfläche.

a)

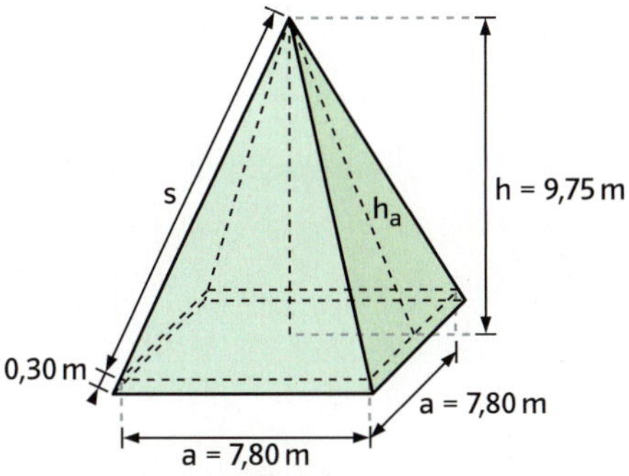

b)

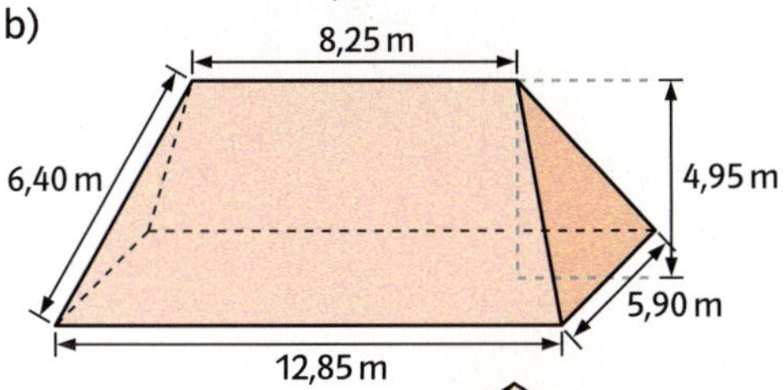

c)

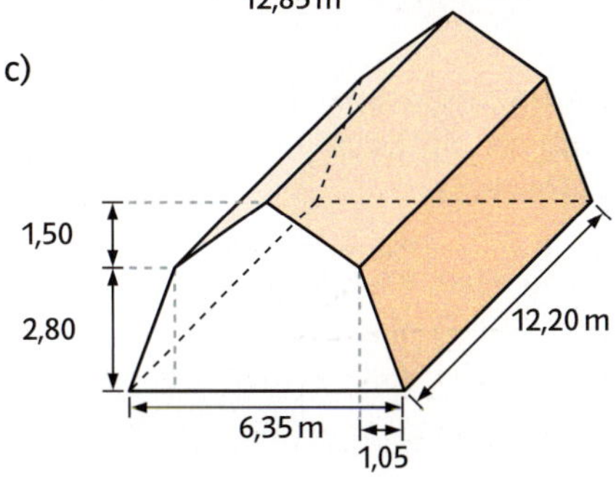

17 Was sagst du zu diesem rechtwinkligen Dreieck?

18 Ein Quader, dessen Kanten, Flächendiagonalen und Raumdiagonalen ganzzahlig sind, heißt „vollkommene Schachtel". Prüfe nach.

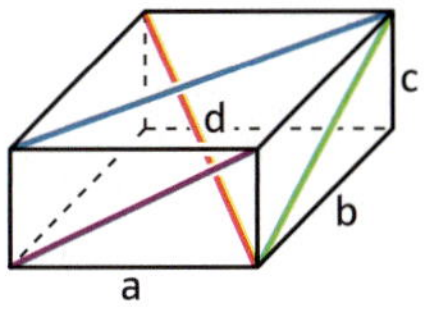

a) a = 44 cm; b = 117 cm; c = 240 cm
b) a = 104 cm; b = 153 cm; c = 672 cm
c) a = 7800 mm; c = 18 720 mm; Raumdiagonale d = 24 961 mm.

Bis heute hat man alle Quader, deren ungeradzahlige Kanten höchstens 10^{10} sind, untersucht und noch keine „vollkommene Schachtel" gefunden.

19 Wie lang ist die rote Strecke?
Gegeben sind a = 5,0 cm und h = 10,0 cm.

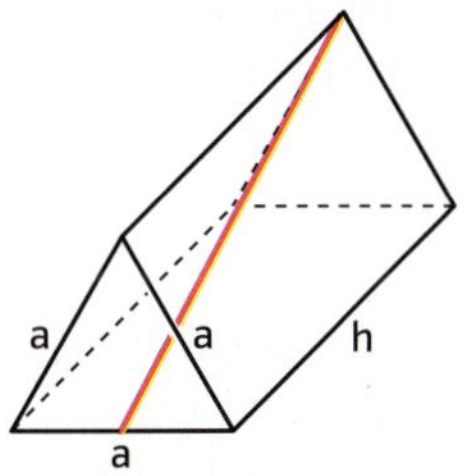

20 Berechne für jedes Gebäude die Länge eines Dachsparren. Jeder Dachsparren steht 40 cm über.

a)

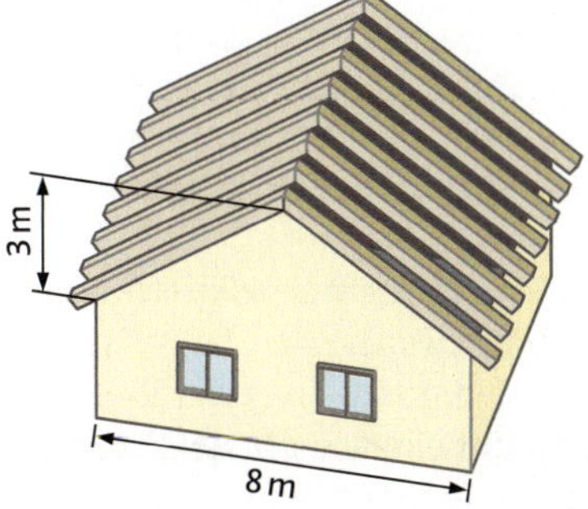

b)

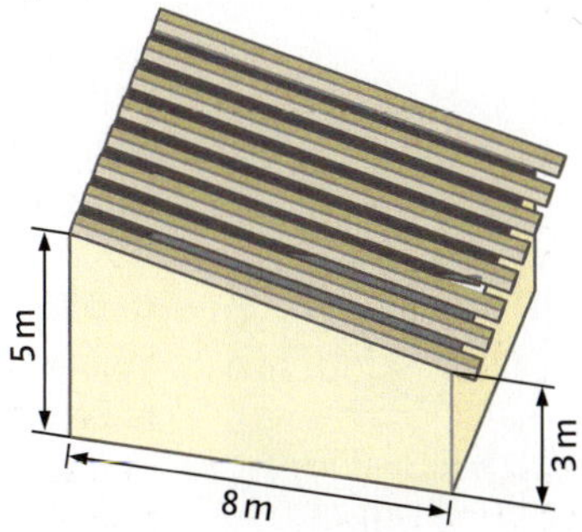

21 Tapezierer Ahlers will nachprüfen, ob die Zimmerdecke rechtwinklig ist. Er misst die Länge mit 4,50 m, die Breite mit 3,50 m und die Diagonale mit 5,70 m.

22 a) Wie weit kann man von einem 45 m hohen Leuchtturm sehen? Stelle dir die Erde als Kugel vor und verwende bei der Berechnung für den Erdradius 6370 km.
b) Im Altertum wurde eine Leuchtweite von 100 Stadien (1 Stadion = 225 m) angestrebt. Wie hoch musste demnach ein Leuchtturm mindestens gebaut werden?

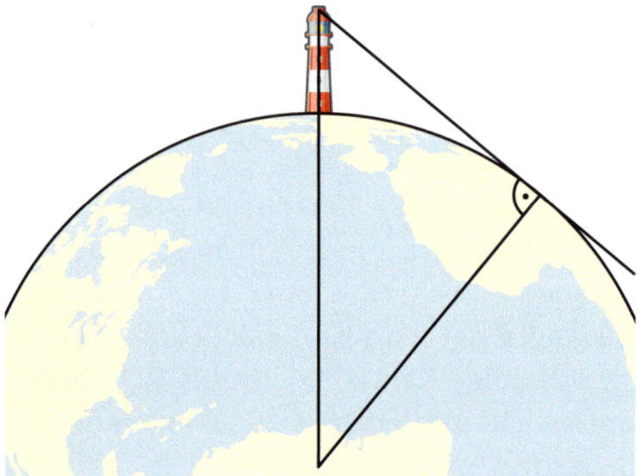

23 Der Rand und die Trennfugen des Zierfensters sollen in Blei gefasst werden. Berechne die Gesamtlänge der Fassungen.

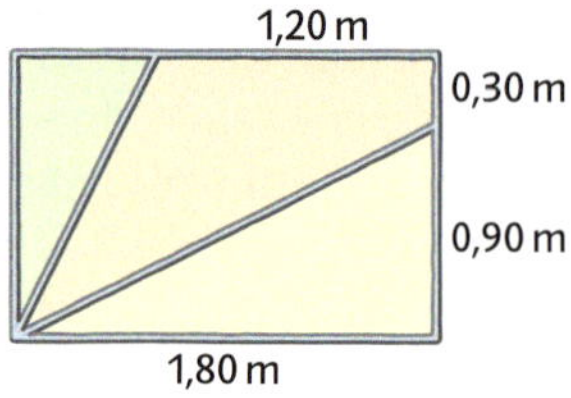

24 Fünf Fuß vom Ufer eines Teiches entfernt ragt ein Schilfrohr einen Fuß über das Wasser empor.
Zieht man seine Spitze an das Ufer, so berührt sie gerade den Wasserspiegel.
Wie tief ist der Teich?

Der Satz des Thales

Experimentiere mit einer Geometriesoftware.
- Erstelle ein Zeichenblatt wie abgebildet.

Bewege den Punkt C
- innerhalb des Kreises,
- auf dem Kreis und
- außerhalb des Kreises.

Notiere deine Beobachtungen in einer Tabelle. Was fällt dir auf? Formuliere eine Vermutung.

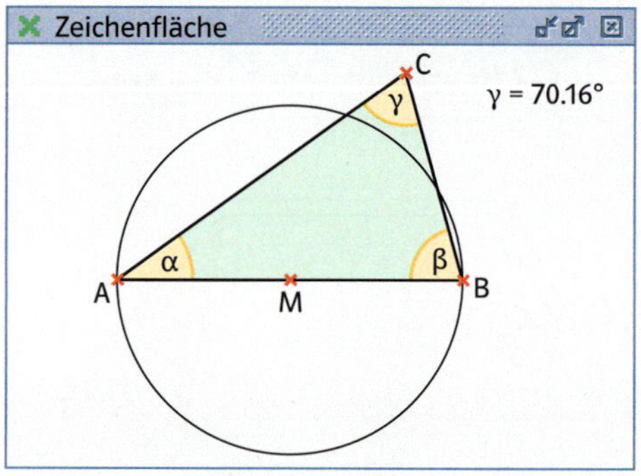

- Verändere die Länge der Strecke $\overline{AB}$. Stimmen deine Vermutungen immer noch?

Bereits 600 v. Chr. entdeckte Thales von Milet, dass alle Umfangswinkel im Halbkreis rechte Winkel sind. Deshalb wird diese Eigenschaft auch als „Satz des Thales" bezeichnet. Bei Dreieckskonstruktionen kann der Satz sehr hilfreich sein.

- Zeichne mehrere rechtwinklige Dreiecke mithilfe des Satz des Thales.
- Zeichne in einem Halbkreis mit Radius r = 5 cm ein rechtwinkliges Dreieck mit $\alpha = 35°$.
- Zeichne einen Kreis k mit Radius 4 cm. Bestimme die Punkte A, B und C auf k so, dass das Dreieck ABC rechtwinklig ist.

Rückspiegel

1 Formuliere den Satz des Pythagoras für alle rechtwinkligen Dreiecke.

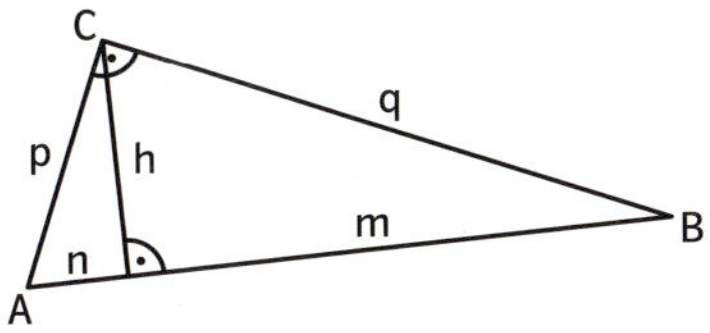

2 Berechne die Länge der Strecke x. (Maße in cm)

a)

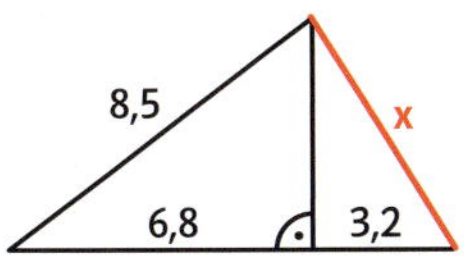

b)

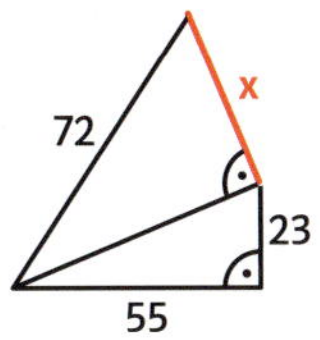

3 Überprüfe, ob das Dreieck rechtwinklig ist. Wenn nicht, begründe, dass es spitz- bzw. stumpfwinklig ist.

a) 9 cm; 40 cm; 41 cm

b) 25 cm; 48 cm; 60 cm

c) 11 cm; 60cm; 61 cm

4 a) Berechne den Umfang des Dreiecks ABC in cm.

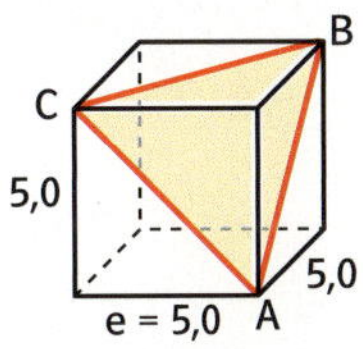

b) Berechne den Flächeninhalt des Dreiecks ABC.

5 Für das Dach einer neuen Sporthalle braucht man Dachsparren. Wie lang müssen sie zugeschnitten werden, wenn sie an den Dachkanten jeweils 30 cm überstehen sollen?

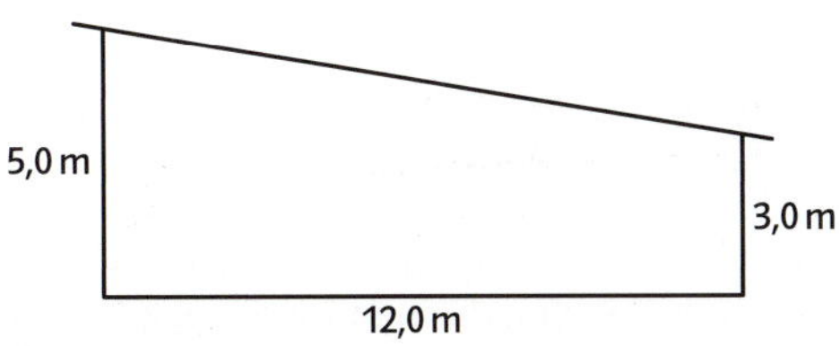

Rückspiegel

1 Formuliere den Satz des Pythagoras für alle rechtwinkligen Dreiecke in der Figur.

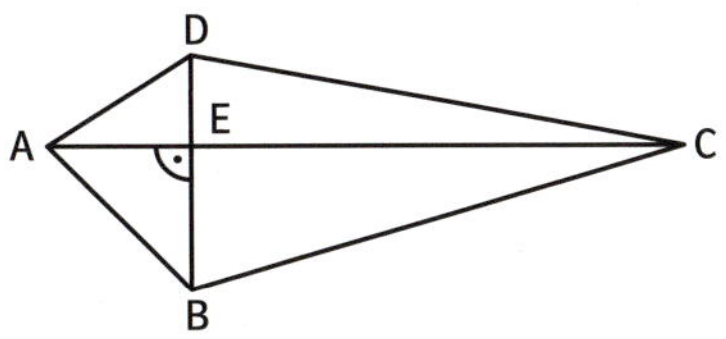

2 Berechne die Länge der Strecke x.

a)

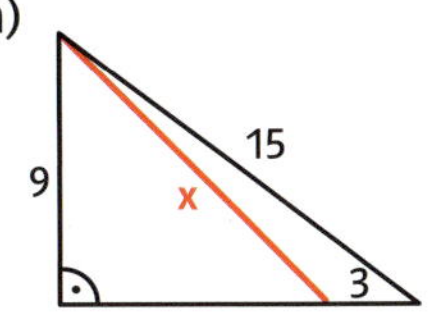

b)

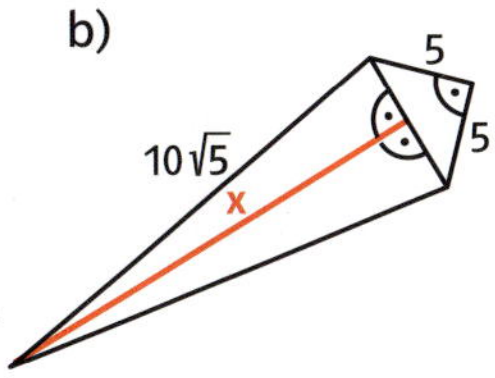

3 Überprüfe, ob die folgenden Dreiecke rechtwinklig sind. Wenn nicht, dann korrigiere ein Maß.

a) 7 cm; 24 cm; 25 cm

b) 10 cm; 26 cm; 25 cm

c) 7,5 cm; 18 cm; 19,5 cm

4 a) Die Punkte A, B, C, D sind Kantenmittelpunkte. Berechne den Umfang des Vierecks ABCD in cm.

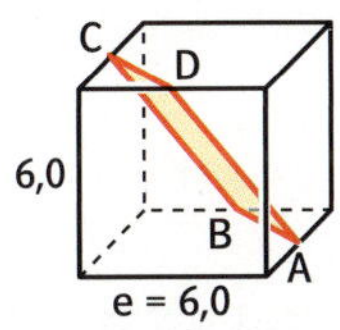

b) Berechne den Flächeninhalt des Vierecks ABCD.

5 Viele Autofahrer, die von A nach B wollen, fahren über C, da man auf den Strecken $\overline{AC}$ und $\overline{CB}$ schneller fahren darf, als auf der Strecke $\overline{AB}$.
Die Wegstrecke A – C – B darf mit 50 km/h befahren werden.
a) Um wie viel Prozent ist die Wegstrecke $\overline{AB}$ kürzer als der Umweg über C?
b) Frau Maier fährt mit 30 km/h die Abkürzung, Herr Müller über C.
Sie kommen gleichzeitig in B an.

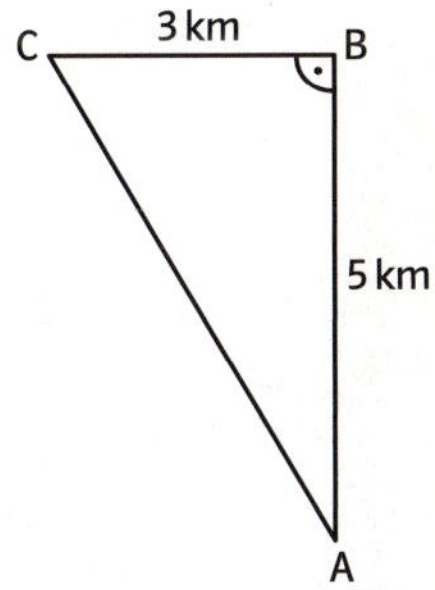

Wir nähern uns dem Kreis

Ermittelt Durchmesser und Umfang von kreisrunden Gegenständen. Beschreibt, wie ihr vorgegangen seid.

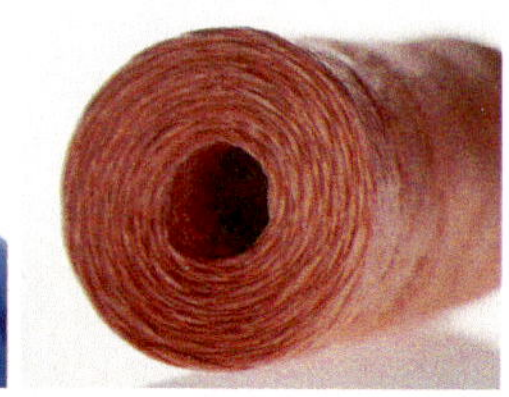

Wie oft könnt ihr den Durchmesser einer Münze auf dem Umfang eines Kreises abtragen?

Was bedeuten diese Zahlenwerte? Messt an euren eigenen Fahrrädern nach. Wie weit kommt ihr mit einer Radumdrehung?

Mit welchem dieser Fahrräder würdet ihr bei einem Straßenrennen an den Start gehen?

Es ist gar nicht so einfach, den Flächeninhalt eines Kreises genau zu bestimmen. Man kann Kästchen zählen, wenn man eine Vorlage mit Quadratgitter verwendet. Aus mehreren Kästchenteilen bildet man durch Abschätzung vollständige Kästchen.

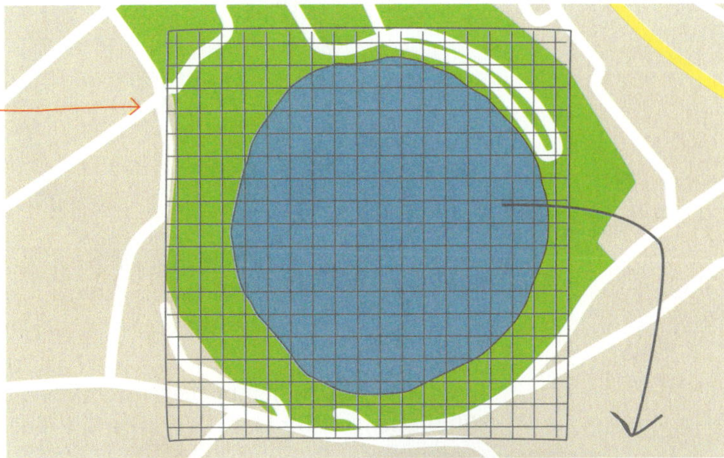

Das Pulvermaar in der Eifel ist ein fast kreisförmiger See auf einem erloschenen Vulkantrichter. Sein Durchmesser beträgt ungefähr 700 m. Bestimmt die Gesamtfläche des Maars so genau wie möglich.

Man kann auch versuchen, die Kreisfläche mit verschiedenen Vielecken näherungsweise zu berechnen.

Vergleicht die Kreisfläche mit den umbeschriebenen und einbeschriebenen regelmäßigen Vielecken. Ihr könnt rechnen oder auch zeichnen und abmessen.
Beschreibt was geschieht, wenn die Eckenzahl erhöht wird.

12-Eck
6-Eck
24-Eck

In diesem Kapitel lernst du,

- welche Zusammenhänge es zwischen Durchmesser und Umfang bzw. Radius und Flächeninhalt eines Kreises gibt,
- wie man Kreisumfang und Kreisfläche berechnet,
- was man unter der Kreiszahl π versteht,
- wie man Kreisringe und Kreisteile berechnet,
- wie man zusammengesetzte Kreisfiguren berechnet.

1 Kreisumfang

➔ Messt den Durchmesser d und den Umfang u von verschiedenen kreisförmigen Gegenständen. Beschreibt, wie ihr vorgeht.
➔ Tragt die Werte in eine Tabelle ein und bildet das Verhältnis $\frac{u}{d}$.

Gegenstand	Umfang u	Durchmesser d	$\frac{u}{d}$
Dose	24 cm	7,7 cm	▢
CD	▢	▢	▢
	▢	▢	▢

➔ Was fällt euch auf?

Zum Kreis mit dem doppelten (dreifachen, …) Durchmesser gehört der doppelte (dreifache, …) Umfang. Der Umfang u eines Kreises ist also proportional zu seinem Durchmesser d.

$$\frac{u_1}{d_1} = \frac{u_2}{d_2} = \frac{u_3}{d_3}$$

π ist der 16. Buchstabe des griechischen Alphabets und wird „pi" gesprochen.

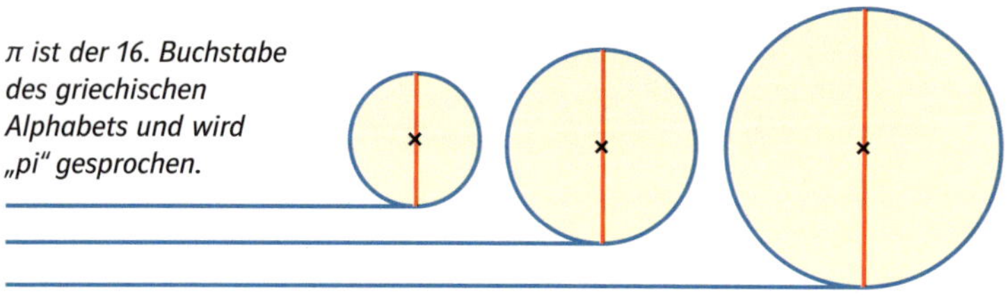

$$\frac{u}{d} = \pi$$

Dividiert man den Umfang eines Kreises durch seinen Durchmesser, so ist das Ergebnis für alle Kreise gleich.
Dieses Verhältnis wird **Kreiszahl** genannt und mit dem griechischen Buchstaben π bezeichnet.

In einfachen Experimenten kann man für π gute Näherungswerte wie 3,1 oder 3,14 finden.
Der Taschenrechner gibt für π einen genaueren Wert an: **3,141592654**

Für den **Umfang u** eines Kreises mit dem Durchmesser d bzw. dem Radius r gilt:
$\mathbf{u = \pi d}$ bzw. mit $d = 2r$ $\mathbf{u = 2\pi r}$

Bemerkung

$\frac{22}{7} = 3,\overline{142857}$

In der Praxis genügt in vielen Fällen die Zahl 3,14 oder der Bruch $\frac{22}{7}$ als Näherung für π.

Beispiele

a) Aus dem Durchmesser $d = 2,0\,cm$ eines Kreises wird der Umfang berechnet.
$u = \pi d$
$u = \pi \cdot 2,0$
$u = 6,3\,cm$
Man orientiert sich an der Genauigkeit der gegebenen Größen.
Obwohl gerundet wird, verwenden wir das Gleichheitszeichen.

! Es ist nicht sinnvoll, die gesamte Anzeige des Taschenrechners abzuschreiben.

b) Aus dem Umfang $u = 8,50\,m$ eines Kreises wird der Radius berechnet.
$u = 2\pi r \quad |:2 \quad |:\pi$
$r = \frac{u}{2\pi}$
$r = \frac{8,50}{2\pi}$
$r = 1,35\,m$

Aufgaben

1 Berechne den Umfang des Kreises. Finde dazu passende Gegenstände.

a) d = 5,3 cm b) d = 7,7 cm
c) d = 17,2 cm d) r = 31,8 cm
e) r = 0,98 m f) r = 12,4 dm

2 Berechne Radius und Durchmesser.

a) u = 133 cm b) u = 8,5 m
c) u = 0,41 m d) u = 12,9 mm

3 Berechne die fehlenden Größen.

	a)	b)	c)	d)	e)
r	24,4 cm				
d		0,5 m		31,84 m	
u			1,1 m		2,56 dm

4 Berechne den Umfang der Figur.

a)

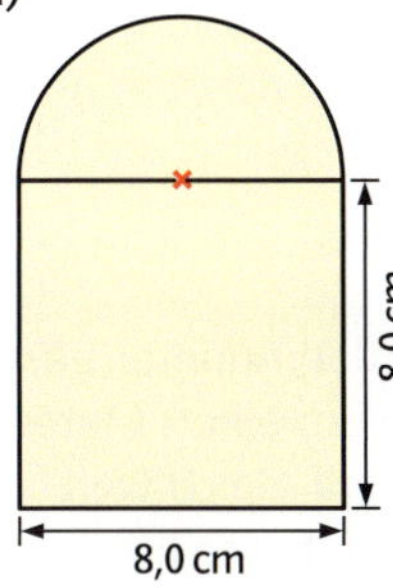

b)

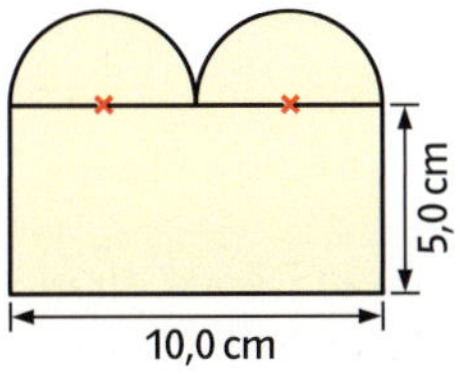

c)

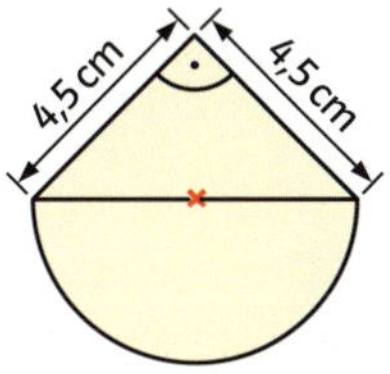

d)

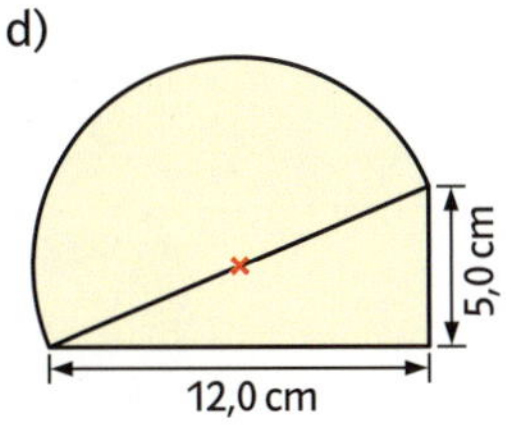

5 Vergleiche die Umfänge der roten und der lila Kreise mit dem des blauen Kreises.

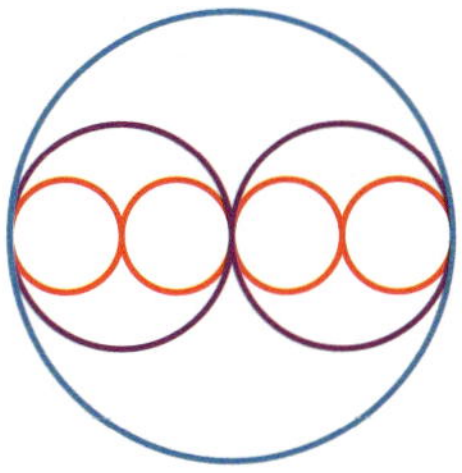

Rund ums Fahrrad

Elektronische Fahrradcomputer sind Messgeräte, die z. B. über die Geschwindigkeit und die zurückgelegte Wegstrecke informieren. Sie bestehen aus einem Anzeigegerät, einem Sensor und einem Speichenmagnet. Bei jeder Radumdrehung gibt der Speichenmagnet dem Sensor einen Zählimpuls. Fahrradcomputer müssen für jedes Fahrrad exakt eingestellt (programmiert) werden.

- Welchen Wert benötigt der Fahrradcomputer für seine Arbeit? Beschreibe wie du vorgehst, um diesen Wert zu ermitteln.

Fahrräder können ganz unterschiedliche Laufradgrößen besitzen.

1 Zoll = 2,54 cm

- Vervollständige die Tabelle.

Fahrradtyp	Durchmesser des Laufrades		Laufradumfang
	in Zoll	in Meter	in Meter
Kinderrad	20	☐	☐
Jugendrad	24	☐	☐
Tourenrad	26	☐	☐
	28	☐	☐
Klapprad	≤ 20	☐	☐

Gangschaltungen erlauben an Fahrrädern unterschiedliche Übersetzungen zwischen dem Kettenblatt und dem Ritzel.

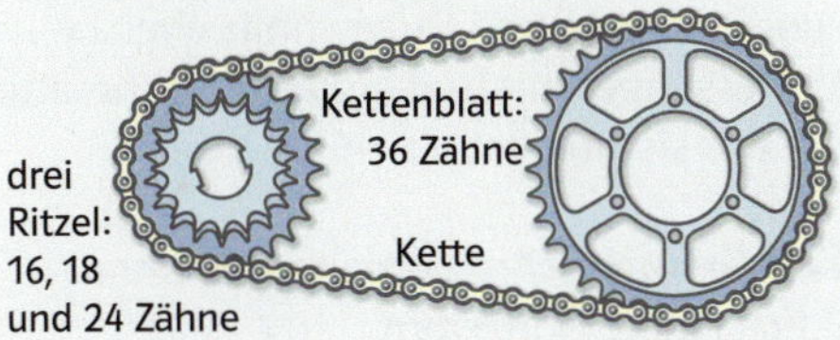

- Welche Strecke kannst du bei der abgebildeten Schaltung mit einem Klapprad bzw. einem 28er-Tourenrad mit einer Umdrehung des Kettenblattes mindestens zurücklegen?
- Wie viele Umdrehungen des Kettenblattes sind für eine Strecke von 100 km maximal notwendig?
- Warum benötigt man eher weniger Umdrehungen?

6 Die Naturschutzbehörde der Stadt Bochum schreibt vor, dass das Fällen von Bäumen mit einem Durchmesser von über 25,5 cm in 1 m Höhe genehmigt werden muss. Prüft, welche Bäume auf eurem Schulgelände nicht ohne Genehmigung gefällt werden dürften. Gibt es auch in eurem Wohnort eine Baumschutzsatzung?

7 Drei Metallbänder (1 m, 2 m und 5 m) werden jeweils zu einem Ring gebogen. Wie groß sind die Durchmesser? Schätze, berechne und zeichne maßstabsgetreu.

8 a) Das Rad eines großen Muldenkippers im Braunkohletagebau ist 1,95 m hoch und dreht sich pro Tag etwa 6000-mal.
b) Das Rad eines anderen Kippers hat einen 3 cm kleineren Radius.

9 Das Messrad dient zur Bestimmung von Entfernungen, z. B. bei Verkehrsunfällen. Nach zwei Umdrehungen wird eine Strecke von 1 m angezeigt. Was weißt du dann über das Messrad?

10 Canan fährt mit ihrem Fahrrad abends mit einer Geschwindigkeit von 25 km/h. Wie oft dreht sich das Rädchen ihres Dynamos (d = 2 cm) ungefähr in einer Sekunde?

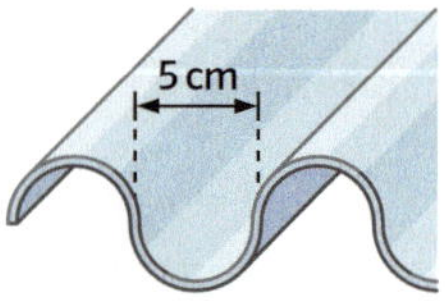

11 Eine Wellblechplatte ist 2,50 m lang und 1,00 m breit. Sie hat den in der Zeichnung dargestellten Querschnitt. Welche Abmessungen hatte die glatte Blechplatte, aus der sie hergestellt wurde?

12 Die Kugelschreibermine hat einen Durchmesser von 3 mm.

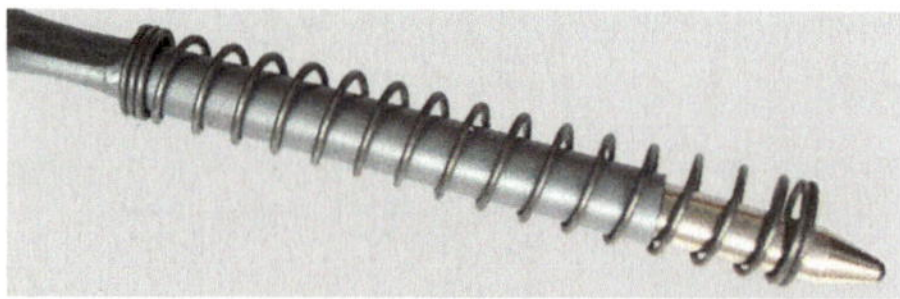

a) Hamid sagt: „Der Draht der Feder ist bestimmt nicht länger als mein Heft."
b) Monika fragt sich: „Wie oft dreht sich die Feder wohl, wenn sie über meinen Schultisch rollt?"

13 Handwerker benutzen zur Umfangsberechnung die Faustformel:

> Umfang gleich Durchmesser mal 3 plus 5 Prozent

a) Ein Installateur berechnet mit dieser Formel den Umfang verschiedener Rohre.

Waschbecken:	d = 40 mm
Badewanne:	d = 50 mm
WC:	r = 55 mm

b) Vergleiche mit den Ergebnissen, die sich mit der exakten Umfangformel ergeben.
c) Welcher Näherungswert für π wird bei der Faustformel verwendet?

14

> **Das Nördlinger Ries**
> Eine faszinierende Landschaft, entstanden durch einen Meteoriteneinschlag vor über 14 Mio. Jahren. Sein Durchmesser beträgt 24 km! Wandern Sie entlang der Kraterkante. Eine dreitägige Tour wartet auf Sie!

15 a) Denke dir ein um den Äquator gelegtes Seil. Es wird exakt um einen Meter verlängert und steht überall gleich weit vom Äquator ab. Kann eine Katze unter dem Seil durchschlüpfen? Was vermutest du?

b) Führe dieses Experiment mit runden Gegenständen aus deiner Umgebung durch. Was fällt dir auf? Begründe rechnerisch.

16 a) Mit welcher Geschwindigkeit bewegt sich ein Körper am Äquator durch die Drehung der Erde um ihre Achse?
b) Köln liegt auf dem 51. nördlichen Breitenkreis. Dieser besitzt einen Radius von 4014 km.

2 Kreisfläche

➔ Benutzt Kästchenpapier. Schneidet aus einem Quadrat mit der Kantenlänge a einen Viertelkreis mit dem Radius $r = a$ wie rechts gezeigt aus.
➔ Wie viel Papier wird an der Ecke etwa abgeschnitten? Schätzt und zählt dann die Kästchen.
➔ Füllt die Tabelle weiter aus. Betrachtet die letzte Zeile. Was stellt ihr fest?

$r = a$	10 K*	15 K	20 K
$A_{Quadrat}$	100 K		
A_{Ecke}	21 K		
$A_{Viertelkreis}$	79 K ↘ · 4		
A_{Kreis}	316 K		
$\frac{A_{Kreis}}{A_{Quadrat}}$	3,16		

* K = Kästchen

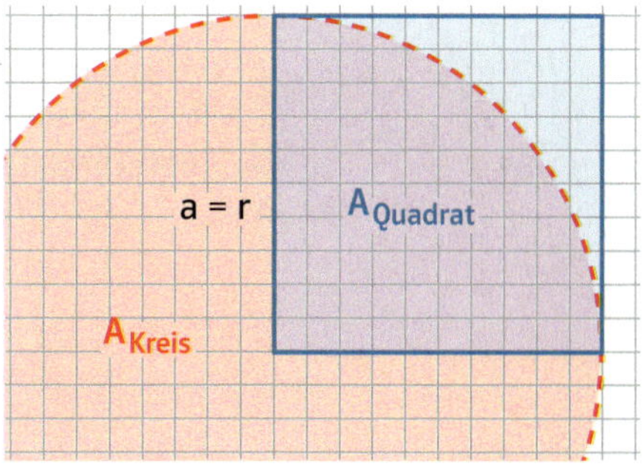

Betrachtet man Kreise mit dem Radius r und Quadrate mit der Seitenlänge $a = r$, so ist das Verhältnis ihrer Flächeninhalte stets gleich groß. Es ist zu vermuten, dass der konstante Wert des Verhältnisses gleich der Kreiszahl π ist.

$$\frac{A_{Kreis\ 1}}{A_{Quadrat\ 1}} = \frac{A_{Kreis\ 2}}{A_{Quadrat\ 2}} = \frac{A_{Kreis\ 3}}{A_{Quadrat\ 3}}$$

Wenn ein Kreis in gleiche Ausschnitte geteilt und einer von ihnen zusätzlich halbiert wird, lassen sich diese Ausschnitte näherungsweise wie eine Rechteckfläche anordnen. Je mehr Kreisteile gebildet werden, desto weniger weicht die Fläche von einem Rechteck ab.

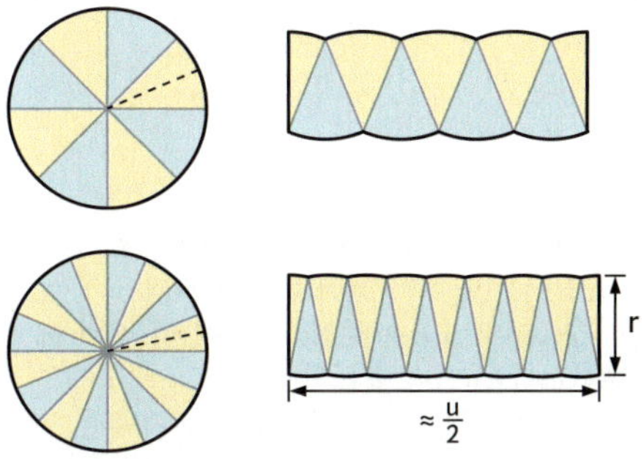

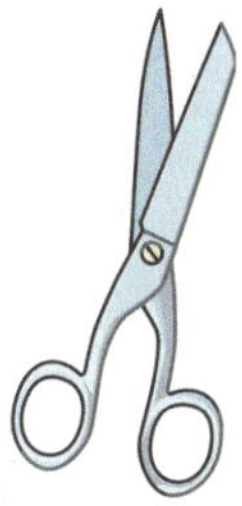

Für den Flächeninhalt des Kreises ergibt sich also: $A = \frac{u}{2} \cdot r$.
Mit $u = 2 \cdot \pi \cdot r$ erhält man: $A = \frac{2 \cdot \pi \cdot r}{2} \cdot r = \pi \cdot r^2$. Es gilt: $\frac{A_{Kreis}}{A_{Quadrat}} = \frac{\pi \cdot r^2}{r^2} = \pi$.

Für den **Flächeninhalt A** eines Kreises mit dem Radius r gilt: $A = \pi r^2$
Wegen $r = \frac{d}{2}$ gilt auch: $A = \pi \cdot \left(\frac{d}{2}\right)^2 = \frac{\pi \cdot d^2}{4}$

Beispiele

a) Aus dem Durchmesser $d = 5{,}0\,m$ eines Kreises wird der Flächeninhalt berechnet.

$A = \frac{\pi d^2}{4}$ oder: $r = 2{,}5\,m$
$A = \frac{\pi \cdot 5{,}0^2}{4}$ $A = \pi \cdot 2{,}5^2$
$A = 19{,}6\,m^2$ $A = 19{,}6\,m^2$

b) Aus dem Flächeninhalt $A = 7{,}0\,cm^2$ eines Kreises wird der Radius berechnet.

$A = \pi r^2$ $|:\pi$
$r^2 = \frac{A}{\pi}$ $r = \sqrt{\frac{7{,}0}{\pi}}$
$r = \sqrt{\frac{A}{\pi}}$ $r = 1{,}5\,cm$

Bei Berechnungen werden im Folgenden die Maßeinheiten nicht mitgeführt. Dabei ist es jedoch notwendig, dass die Maßeinheiten aller Größen dieselbe Vorsilbe wie z. B. Milli, Zenti, Dezi usw. haben.

Aufgaben

1 Berechne den Flächeninhalt A.
a) $r = 96\,cm$ b) $r = 238\,mm$
c) $d = 12{,}3\,cm$ d) $d = 2{,}79\,km$

2 Berechne Radius r und Durchmesser d.
a) $A = 50\,cm^2$ b) $A = 320\,m^2$
c) $A = 63{,}5\,dm^2$ d) $A = 1795\,mm^2$

3 Berechne den Umfang bzw. Flächeninhalt des Kreises.

a) $A = 288\,cm^2$ b) $A = 0{,}73\,dm^2$
c) $u = 375{,}2\,cm$ d) $u = 0{,}09\,km$

4 Berechne die fehlenden Angaben.

	r	d	A	u
a)	□	8,6 cm	□	□
b)	□	□	$26{,}3\,m^2$	□
c)	□	□	□	149 cm
d)	□	□	$0{,}8\,m^2$	□

5 Ergänze die Tabelle und setze fort.

r in cm	1	2	3	□
u in cm	□	□	□	□
A in cm^2	□	□	□	□

Stelle die Zusammenhänge zwischen Radius und Umfang bzw. zwischen Radius und Flächeninhalt in jeweils einem Diagramm dar. Vergleiche die Schaubilder.
Ergänze: „Wenn man den Radius eines Kreises verdoppelt, verdreifacht, …, dann … sich der Umfang bzw. dann … sich der Flächeninhalt."

6 Berechne Umfang und Flächeninhalt der Figur. Alle Maße sind in cm gegeben.

a)
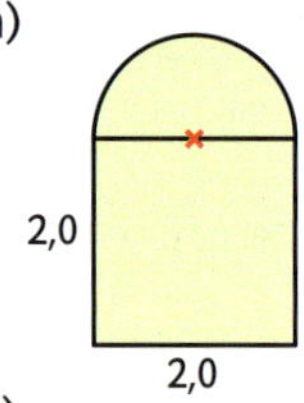

b)
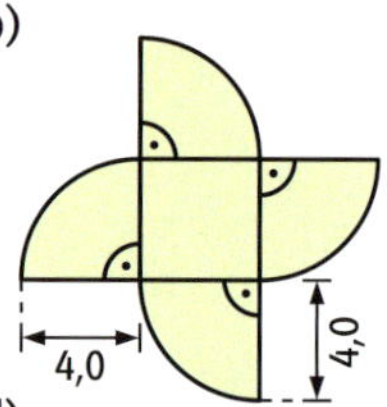

c)
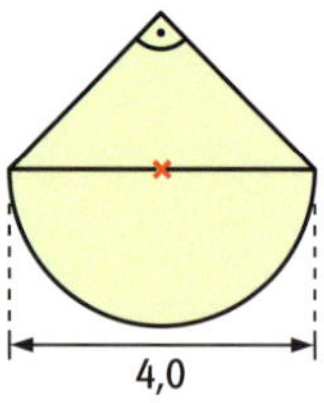

d)
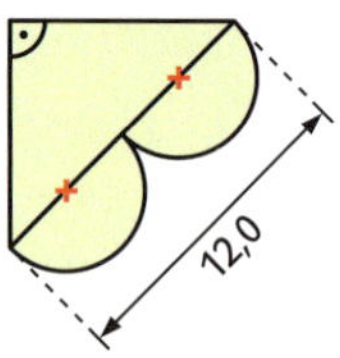

e)
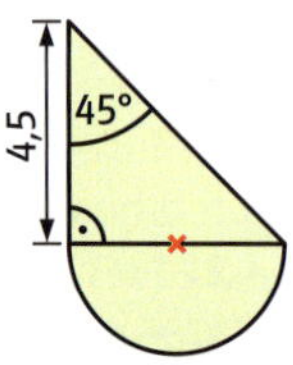

f)
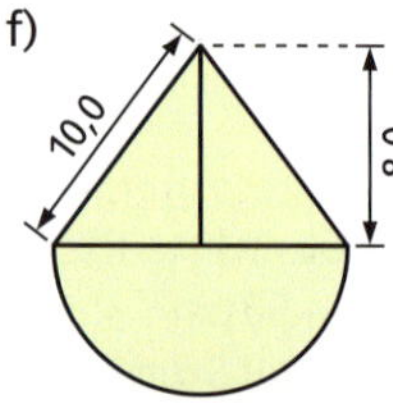

7 Erkennst du einen alten Bekannten?

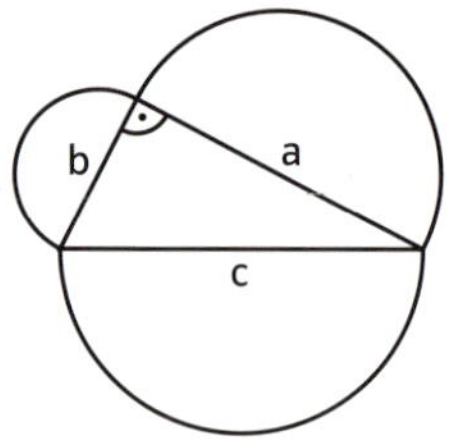

8 Berechne den Umfang und den Flächeninhalt der aus Halbkreisen gebildeten Figur. (d = 8 cm)

a)
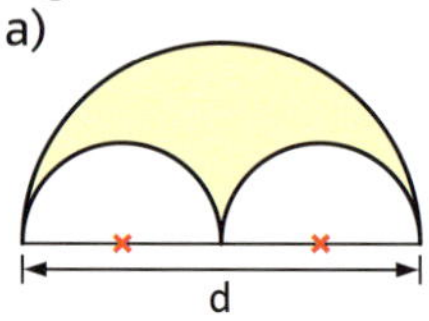

b)
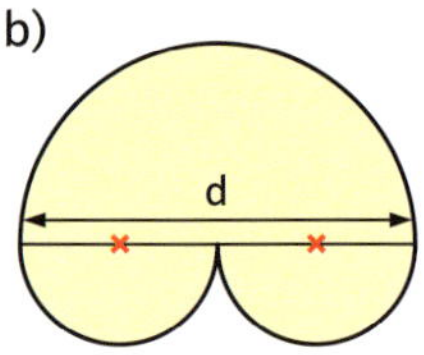

c)
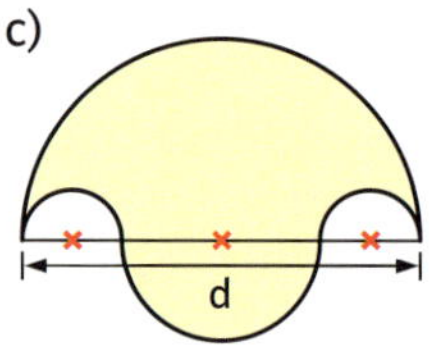

d)
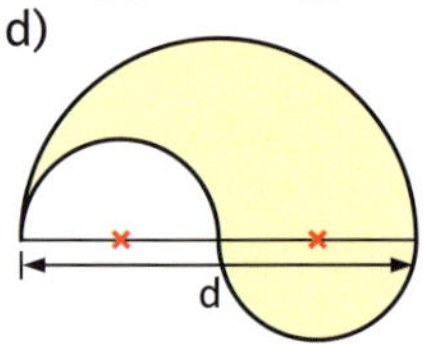

9 Gib Umfang und Flächeninhalt in Abhängigkeit von e an.

a)
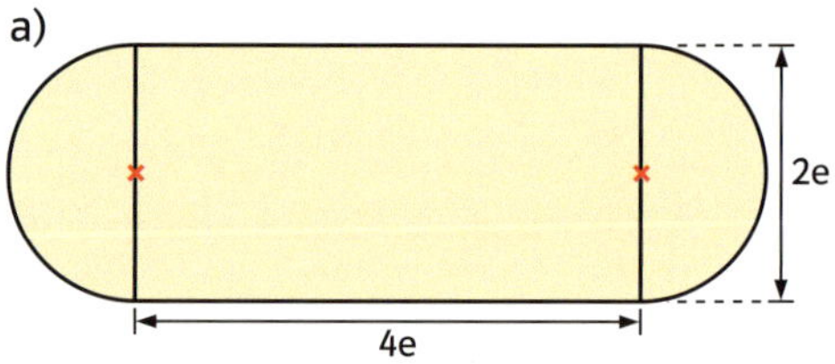

b)
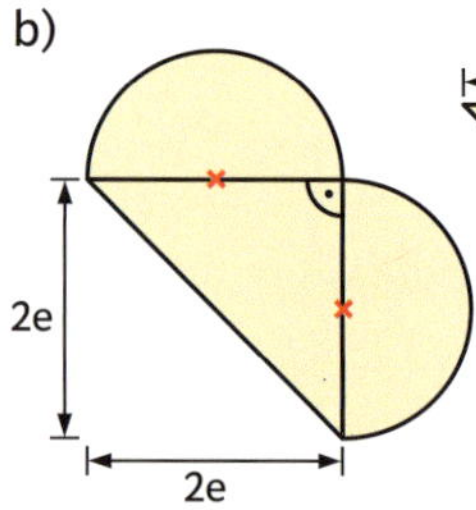

c)
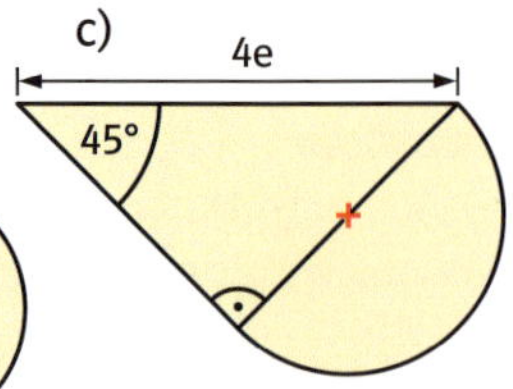

d)
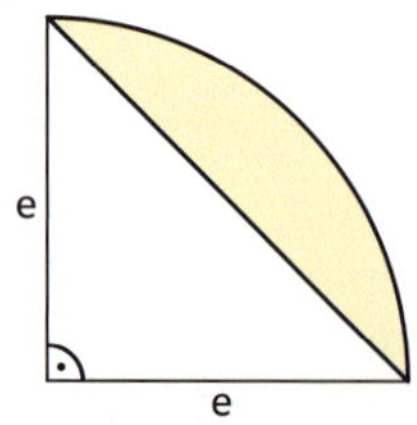

e)
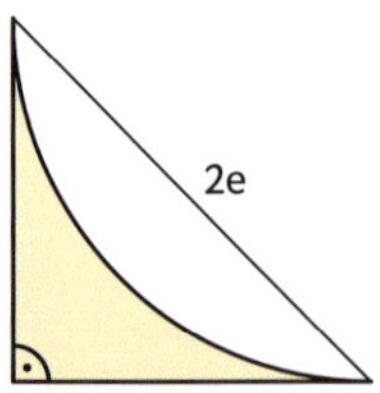

10 Berechne den Verschnitt, der beim Ausstanzen der Kreise aus einem Quadrat mit a = 80 cm jeweils übrig bleibt.

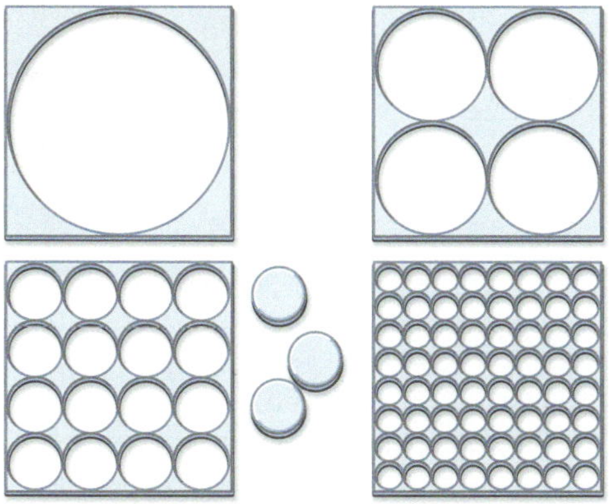

11 Der Rost für einen Kugelgrill wird mit den Durchmessern 40 cm und 44 cm für 6 € bzw. 8 € angeboten.
a) Wie groß ist jeweils die Grillfläche?
b) Sind die Preise so in Ordnung? Benutze die Prozentrechnung.

12 Ein Kreis, ein gleichseitiges Dreieck, ein Quadrat und ein regelmäßiges Sechseck besitzen den gleichen Umfang.
a) Schätzt, welche Figur den größten Flächeninhalt besitzt.
b) Berechnet in Gruppen die Fläche für verschiedene Umfänge. Präsentiert eure Ergebnisse auf Plakaten oder auf Folien der Klasse.

13 Zum Abspeichern von Daten werden häufig CD oder DVD, früher auch Disketten, verwendet.
1 MB bedeutet dabei 1 Megabyte.
$1\,\text{MB} = 2^{20}\,\text{B} = 1\,048\,576\,\text{B} \approx 1\,000\,000\,\text{B}$
a) Berechne die auf diesen Medien vorhandene Speicherfläche.
b) Bestimme im Heft, welche Datenmengen gemessen in B auf einem Quadratzentimeter der Diskette bzw. der CD Platz findet.
c) Auf einer DVD sind 4,7 GB Daten abgespeichert.

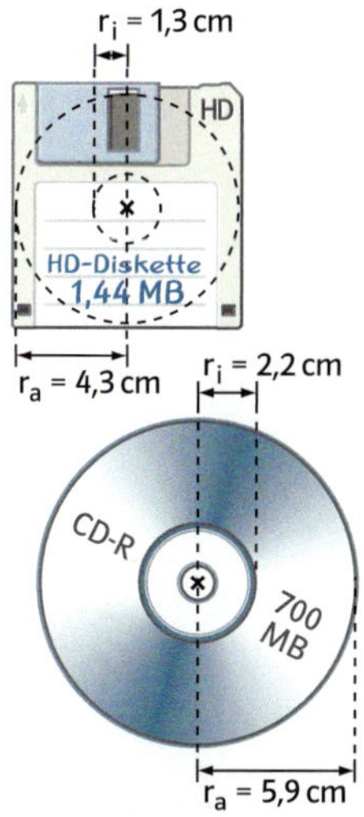

Von Kreisen und Ringen ?!

Werden zwei Kreise mit verschiedenen Radien und gemeinsamen Mittelpunkt gezeichnet, so entsteht ein **Kreisring**.

Petra hat im Kunstunterricht einen Kreisring ausgeschnitten. Der äußere Radius (r_1) beträgt 6 cm, der innere Radius (r_2) 4 cm.
- Wie groß ist die Fläche des Kreisringes?

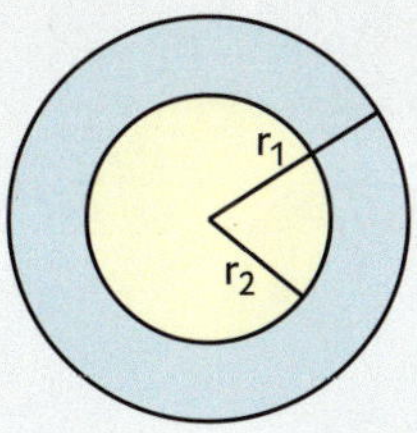

- Entwickele aus der Abbildung eine allgemeine Formel zur Berechnung der Fläche eines Kreisringes.
- Wende diese Formel an.

r_1	30 cm	4 m	17 km	2,5 cm
r_2	25 cm	3 m	2 km	1,8 cm

Beim Bogenschießen gibt es eine Bogenscheibe mit fünf Farben. Jede Farbe besteht aus zwei Ringen.

Gelb:	10/9 Punkte	Schwarz:	4/3 P.
Rot:	8/7 P.	Weiß:	2/1 P.
Blau:	6/5 P.		

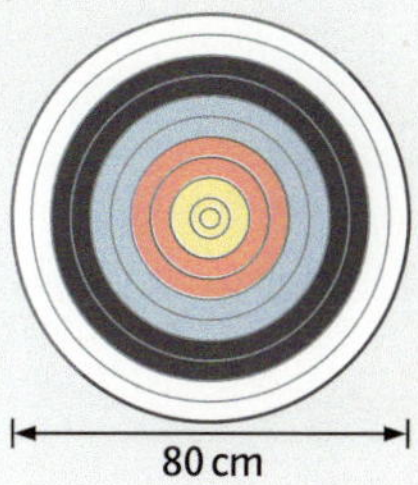

- Welche Flächeninhalte haben die einzelnen Farbringe?
- Vergleiche die Flächeninhalte und Punkte für die höchsten und niedrigsten Punktwertungen.

Ein Pfeil hat einen Durchmesser von 7 mm. Bei Meisterschaften werden 36 Pfeile hintereinander abgeschossen.
- Ist es überhaupt möglich, alle Pfeile im 10er-Bereich zu platzieren?

14 Ein Mobilfunksender hat eine Reichweite von 3 km. Welche Größe besitzt das vom Sender versorgte Gebiet?

15 Für die Strombelastbarkeit von Leitungen braucht man Kupferdrähte mit bestimmten Querschnitten.
Welchen Durchmesser haben die einzelnen Drähte?

Belastbarkeit in Ampere	16,0	20,0	25,0
Querschnitt in mm^2	1,5	2,5	4,0

16 a) Ein Rotor der Windkraftanlage in Hamburg hat einen Durchmesser von 70 m und besitzt eine so genannte Winderntefläche von 3848,5 m^2. Wie wird die Winderntefläche berechnet?
b) Die Windkraftanlage „Airwin" in Dortmund besitzt einen Rotor mit 18,9 m Flügellänge. Wie groß ist deren Winderntefläche?
c) Wie viel Prozent der Hamburger Winderntefläche besitzt „Airwin"?

17 In vielen trockenen Regionen der Erde findet man kreisförmige Felder. Kannst du die Kreisform erklären?
Die Seitenlänge der Feldquadrate beträgt 200 m. Wie groß ist die ungenutzte Fläche zwischen den kreisförmigen Feldern?

18 Du möchtest möglichst viel Pizza fürs Geld. Welche Pizza müsstest du kaufen?

La Cantina

3 Größen zur Auswahl:	Mini Ø 20 cm	Maxi Ø 30 cm	Super Maxi Ø 40 cm
1. Salami Tomaten, Käse, Salami	3,50	6,50	14,50
2. Roma Tomaten, Käse, Schinken, Pilze	4,10	8,10	15,50
3. Diavolo (scharf) Tomaten, Käse, Salami, Peperoni	5,50	9,80	16,50

19 Welchen Flächeninhalt haben die Iris und die Pupille auf dem Plakat ungefähr? Wie groß müsste das Plakat mindestens sein, damit die ganze Person abgebildet werden könnte?

20 a) Bestimme den Flächeninhalt der Kochflächen eines Elektroherdes.

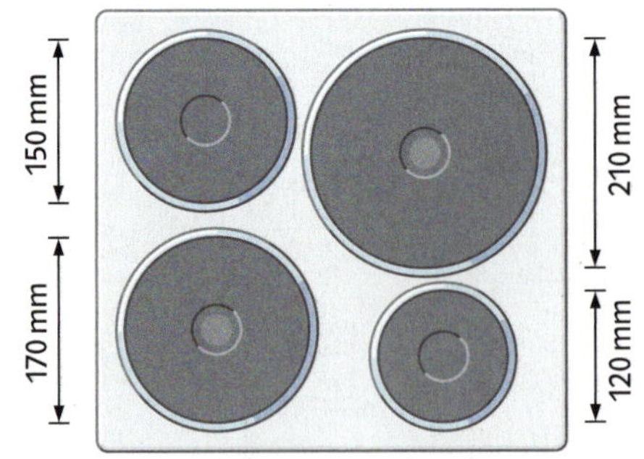

b) Beim Kochen lässt sich Energie sparen, wenn Platten- und Topfgröße zusammenpassen. Klaus behauptet:
„Ein Topf mit 15 cm Durchmesser auf einer Kochplatte mit 18 cm Durchmesser vergeudet etwa 30 % wertvolle Energie."

3 Die Kreiszahl π

Die Cheopspyramide war ursprünglich 280 Königsellen hoch und hatte eine Seitenlänge von 440 Königsellen. Heute wird vermutet, dass es einen Zusammenhang zwischen den Abmessungen einiger ägyptischer Pyramiden und π gibt.
➔ Bilde das Verhältnis von Seitenlänge und Pyramidenhöhe. Findest du einen Zusammenhang mit der Kreiszahl π?

! *Eine Königselle sind etwa 52,3 cm.*

Die Zahl π beschreibt das Verhältnis der Maßzahlen von Umfang und Durchmesser eines Kreises. In allen Epochen der Mathematik wurde versucht, diese Zahl immer genauer zu erfassen. Dies ging bald über den praktischen Nutzen und über die Grenzen der Brauchbarkeit hinaus. Heute dient die Berechnung von π als Leistungstest für die neuesten Computer. Man kann beweisen: Der Dezimalbruch für π ist weder abbrechend noch periodisch, also keine rationale Zahl.

Die **Kreiszahl π** ist eine irrationale Zahl, die sich nur näherungsweise angeben lässt:
π = 3,141 592 653 589 793 238 462 643 383 279 502 884 197 169 399 375 105 820 974…

Aufgaben

1 Die Tabelle zeigt die Entwicklung der Näherungswerte für π im Laufe der Geschichte. Vergleiche mit deiner Taschenrechneranzeige.

Näherungen der Zahl π		
Schreiber Ahmes (Ägypten)	2000 v. Chr.	$\left(\frac{16}{9}\right)^2$
Platon (Griechenland)	427–347 v. Chr.	$\sqrt{2} + \sqrt{3}$
Archimedes (Griechenland)	287–212 v. Chr.	$\frac{22}{7}$
Ptolemäus (Griechenland)	85–165 n. Chr.	$3\frac{17}{120}$
Zu Chang-Zhi (China)	500 n. Chr.	$3\frac{16}{113}$
Brahmagupta (Indien)	600 n. Chr.	$\sqrt{10}$
Fibonacci (Italien)	1200 n. Chr.	$3\frac{39}{275}$
Vieta (Frankreich)	1540–1603	$1{,}8 + \sqrt{1{,}8}$

2 Welches Verhältnis von Kreisumfang zu Durchmesser wird im Alten Testament, 1. Könige 7,23 angenommen?
(Das Meer aus Erz war ein Becken für rituelle Waschungen im Tempel Salomos.)

– 541 – 1. Könige 7
Werk der Säulen vollendet. 23 Und er machte das aus Erz gegossene Meer. Es maß von einem Rand bis zum anderen 10 Ellen und war vollkommen rund. Eine Schnur von 30 Ellen konnte es rings umspannen. 24 Und unterhalb seines Randes

3 Der alte Vers enthält die ersten Ziffern von π in verschlüsselter Form.

Wie, o dies π,
macht ernstlich so vielen viele Müh',
lernt immerhin, Jünglinge, leichte Verselein,
wie so zum Beispiel dies dürfte zu merken sein!

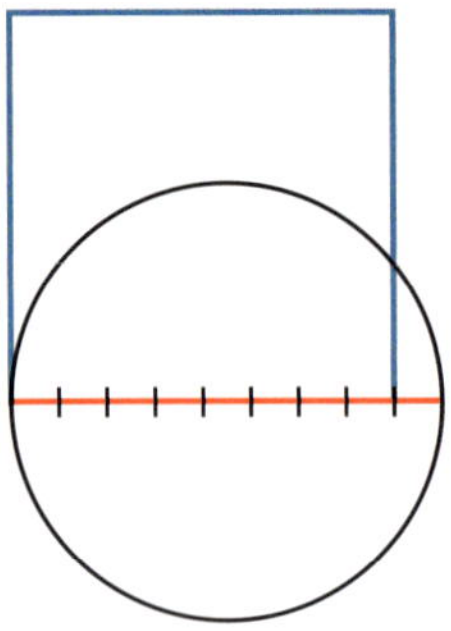

Das Quadrat ist nicht genau flächengleich zum Kreis – die „Quadratur des Kreises" ist ja unmöglich. Aber trotzdem: Hut ab vor Ahmes!

4 Auf einem ägyptischen Papyrus aus der Zeit um 1650 v. Chr. hielt der Schreiber Ahmes eine Regel fest, wie man zu einem gegebenen Kreis ein flächeninhaltsgleiches Quadrat konstruiert.
„Schneide vom Durchmesser ein Neuntel ab und mache aus dem Rest ein Quadrat."
Der Kreis hat den Durchmesser d.
Das Quadrat hat dann die Seitenlänge
$a = \frac{8}{9}d$ oder $a = \frac{16}{9}r$.
Drücke den Flächeninhalt des Quadrats (und damit den des Kreises) durch r aus.
Mit welchem Näherungswert für π hat Ahmes gerechnet?

5 In der Abbildung ist ein Kreis in einem günstig gewählten Quadratgitter dargestellt.

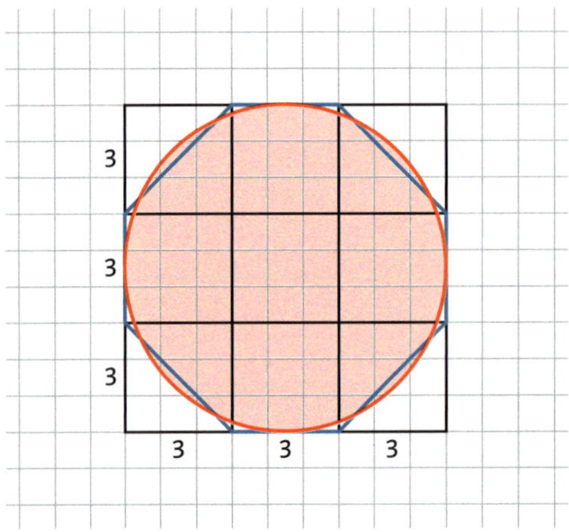

Der Flächeninhalt des Kreises ist fast genauso groß wie der Flächeninhalt des Achtecks. Welcher Näherungswert für π ist versteckt?

6 Die folgenden Summennäherungen für π fanden Gottfried Wilhelm Leibniz, Isaac Newton und Abraham Sharp um 1680.

$$\frac{\pi}{4} = 1 - \frac{1}{3} + \frac{1}{5} - \frac{1}{7} + \ldots$$

$$\frac{\pi}{6} = \frac{1}{2} + \frac{1}{2}\cdot\frac{1}{3\cdot 2^1} + \frac{1\cdot 3}{2\cdot 4}\cdot\frac{1}{5\cdot 2^5} - \frac{1\cdot 3\cdot 5}{2\cdot 4\cdot 6}\cdot\frac{1}{7\cdot 2^7} + \ldots$$

$$\frac{\pi}{2} = \sqrt{3}\cdot\left(1 - \frac{1}{3\cdot 3} + \frac{1}{3^2\cdot 5} - \frac{1}{3^3\cdot 7} + \frac{1}{3^4\cdot 9} - \ldots\right)$$

Je mehr Summanden, desto genauer die Näherung! Rechne einige Werte aus.

7 Monte Carlo ist ein Paradies für Glücksspieler aus aller Welt. Die folgende Methode zur Bestimmung von π wird auch *Monte-Carlo-Methode* genannt.

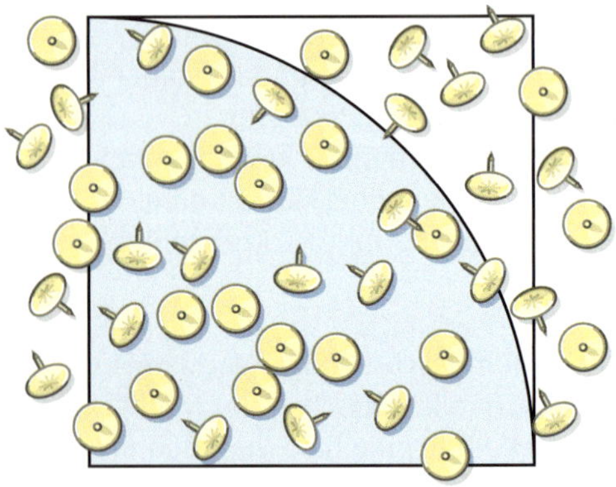

Arbeitet in Gruppen: Lasst auf das Zielfeld, ein Quadrat mit 50 cm Seitenlänge, in das ein Viertelkreis eingezeichnet ist, eine Handvoll Reißnägel fallen. Man geht davon aus, dass hierbei die Kreis- und Quadratflächen zufällig getroffen werden. Das Verhältnis der Treffer entspricht ungefähr dem Verhältnis der Flächeninhalte.
Berechnet:

$$\frac{\text{Anzahl der Reißnägel im Viertelkreis}}{\text{Anzahl der Reißnägel im Quadrat}}$$

Wie lautet der Näherungswert für $\frac{\pi}{4}$?

§ Pi

1897 behandelte das Parlament des amerikanischen Bundesstaates Indiana eine Gesetzesvorlage: Der Arzt Edwin Goodwin wollte, dass für π ein von ihm „errechneter" Wert gesetzlich verankert werden sollte:

$$\frac{\text{Kreisfläche}}{\left(\frac{1}{4}\text{ des Kreisumfangs}\right)^2} = \frac{1}{1}.$$ Daraus folgt $\pi = 4$.

Dafür würde dann allein dem Staat Indiana das Recht zustehen, diese „Entdeckung" kostenlos zu übernehmen. In erster Lesung nahmen alle 67 Senatoren diesen Vorschlag einstimmig an. Doch vor der endgültigen Verabschiedung kam zufällig ein Mathematikprofessor hinzu und verhinderte die Blamage.

Näherungsrechnung am Computer

Die Länge des Kreisumfangs kann näherungsweise bestimmt werden, indem man dem Kreis ein regelmäßiges Vieleck einbeschreibt und dessen Umfang berechnet.

Für das regelmäßige Sechseck gilt: $u_6 = 6s_6$ mit $s_6 = r$

Seine Höhe berechnet sich zu: $h = r \cdot \sqrt{\frac{3}{4}} = \frac{r}{2}\sqrt{3}$

Die Länge x ergibt sich aus: $x = r - h$

$x = r - \frac{r}{2}\sqrt{3}$

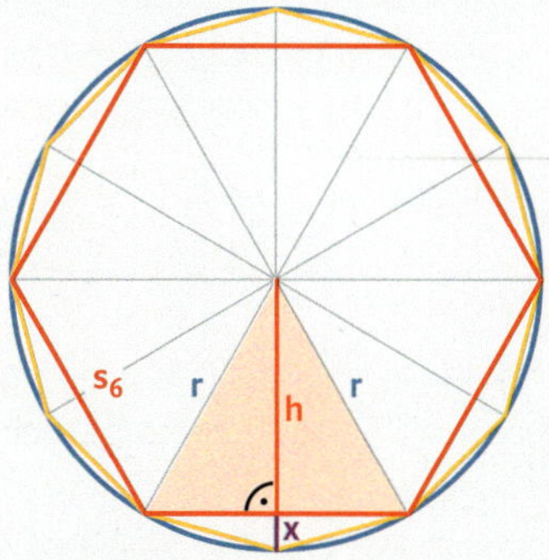

Durch Verdopplung der Anzahl der Eckpunkte erhält man ein regelmäßiges Zwölfeck. Sein Umfang kommt dem Kreisumfang deutlich näher.

$s_{12} = \sqrt{\left(\frac{s_6}{2}\right)^2 + x^2}$

$s_{12} = \sqrt{\left(\frac{r}{2}\right)^2 + \left(r - \frac{r}{2}\sqrt{3}\right)^2}$

$s_{12} = r\sqrt{2 - \sqrt{3}}$

$u_{12} = 12s_{12} = 12r\sqrt{2 - \sqrt{3}}$

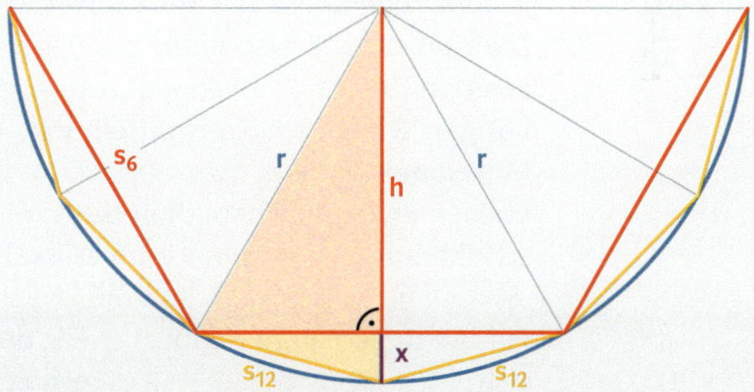

Setzt man die Einbeschreibung von Vielecken mit stets verdoppelter Eckenzahl fort, lässt sich jede neue Seitenlänge auf ähnliche Weise herleiten.
Man verwendet folgende Formel:

$s_{2n} = \frac{s_n}{\sqrt{2 + \sqrt{4 - s_n^2}}}$

Mit einer Tabellenkalkulation soll die irrationale Zahl π näherungsweise bestimmt werden.
Ausgangspunkt ist ein Kreis mit dem Radius 1, in den ein regelmäßiges Sechseck einbeschrieben wurde:

$n = 6$

$s_6 = r = 1;\ d = 2$

$u_6 = 6s_6 = 6 \cdot 1 = 6$

$\pi = \frac{u}{d} = \frac{6}{2} = 3$

Theoretisch lässt sich so jede beliebige Genauigkeit für π erreichen.

■ Erstelle ebenso eine Tabelle für die Vielecksfolge, die mit einem Quadrat beginnt. Beachte $s_4 = \sqrt{2}$.

B3 | fx | =B2/WURZEL(2+(WURZEL(4-B2^2))

	A	B	C	D
1	Eckenzahl des Vielecks	Seitenlänge	Umfang	Näherung für Pi
2	6	1	6	3
3	12	0,51763809	6,211657082	3,105828541
4	24	0,261052384	6,265257227	3,132628613
5	48	0,130806258	6,278700406	3,139350203
6	96	0,065438166	6,282063902	3,141031951
7	192	0,032723463	6,282904945	3,141452472
8	384	0,016362279	6,283115216	3,141557608
9	768	0,008181208	6,283167784	3,141583892
10	1536	0,004090613	6,283180926	3,141590463

1	Eckenzahl des Vielecks	Seitenlänge	Umfang	Näherung für Pi
2	4	1,414213562	5,656854249	2,828427125
3	8	0,765366865	…	…
4	16	…		
5	32			
6	…			

4 Kreisteile

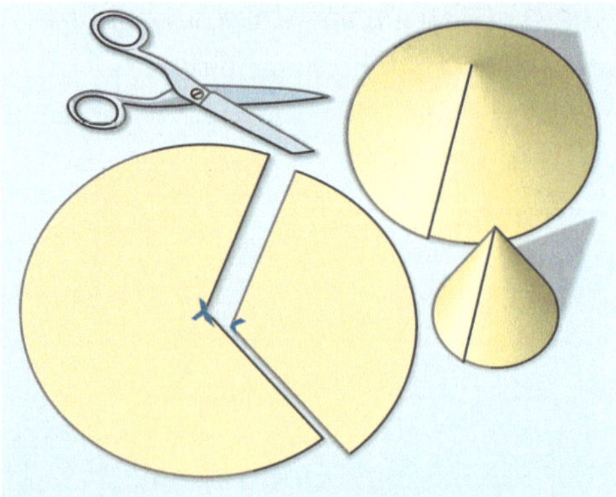

Aus einem kreisförmigen Karton kann man Hüte basteln, wie sie beispielsweise beim Karneval verwendet werden.
- Stelle Hüte der Modelle „Burgjungfrau" und „Reisbauer" her.
- Was musst du beachten?
- Kannst du aus einem Kreis zwei gleiche Hüte basteln?

! *Man nennt Kreisausschnitte auch Sektoren.*

Zwei Radien teilen eine Kreisfläche in zwei **Kreisausschnitte**. Ein **Kreisbogen** ist der jeweils zugehörige Teil des Kreises.
Die Länge des Kreisbogens b eines Kreisausschnittes ist proportional zum zugehörigen Winkel am Kreismittelpunkt, dem **Mittelpunktswinkel α**.
Ebenso ist der Flächeninhalt des Kreisausschnittes A_S proportional zum Winkel α.

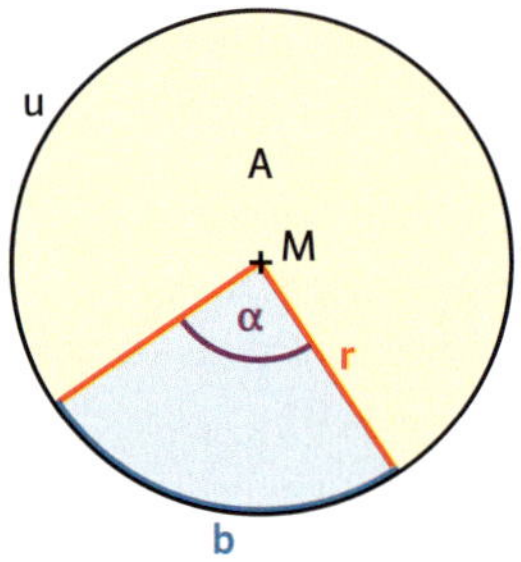

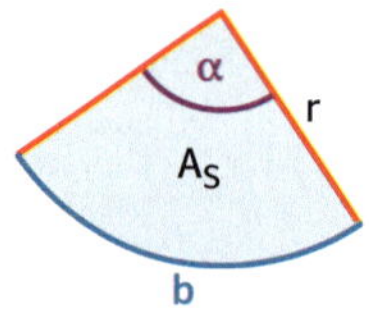

Für die Bogenlänge ergibt sich:

$\frac{b}{u} = \frac{\alpha}{360°}$

mit $u = 2 \cdot \pi \cdot r$

$\frac{b}{2 \cdot \pi \cdot r} = \frac{\alpha}{360°}$

$b = 2 \cdot \pi \cdot r \cdot \frac{\alpha}{360°}$

Für den Flächeninhalt erhält man:

$\frac{A_S}{A} = \frac{\alpha}{360°}$

mit $A = \pi \cdot r^2$

$\frac{A_S}{\pi \cdot r^2} = \frac{\alpha}{360°}$

$A_S = \pi \cdot r^2 \cdot \frac{\alpha}{360°}$

Weiterhin gilt:

$\frac{A_S}{A} = \frac{b}{u}$

$\frac{A_S}{\pi \cdot r^2} = \frac{b}{2 \cdot \pi \cdot r}$

$A_S = \pi \cdot r^2 \cdot \frac{b}{2 \cdot \pi \cdot r} = \frac{b \cdot r}{2}$

Für die **Länge eines Kreisbogens** mit dem Radius r und dem Mittelpunktswinkel α gilt: $b = 2\pi r \cdot \frac{\alpha}{360°}$ $\quad b = \pi r \cdot \frac{\alpha}{180°}$

Für den **Flächeninhalt eines Kreisausschnitts** mit dem Radius r und dem Mittelpunktswinkel α gilt: $A_S = \pi r^2 \cdot \frac{\alpha}{360°}$ $\quad A_S = \frac{br}{2}$

Beispiele

a) Aus dem Radius r = 6,0 cm und dem Mittelpunktswinkel α = 45° wird die Länge des Kreisbogens berechnet.

$b = \pi r \cdot \frac{\alpha}{180°}$

$b = \pi \cdot 6{,}0 \cdot \frac{45°}{180°}$

$b = 4{,}7\,cm$

b) Aus dem Radius r = 20,0 cm und dem Mittelpunktswinkel α = 120° wird der Flächeninhalt des Kreisausschnitts berechnet.

$A_S = \pi r^2 \cdot \frac{\alpha}{360°}$

$A_S = \pi \cdot 20{,}0^2 \cdot \frac{120°}{360°}$

$A_S = 418{,}9\,cm^2$

c) Aus dem Flächeninhalt $A_S = 300{,}0\,cm^2$ und dem Mittelpunktswinkel $\alpha = 100°$ wird der Radius r des Kreisbogens berechnet.

$A_S = \pi r^2 \cdot \frac{\alpha}{360°}$ | $\cdot 360°$

$A_S \cdot 360° = \pi r^2 \alpha$ | $:(\pi\alpha)$

$r^2 = \frac{A_S \cdot 360°}{\pi\alpha}$

$r = \sqrt{\frac{A_S \cdot 360°}{\pi\alpha}}$

$r = \sqrt{\frac{300{,}0 \cdot 360°}{\pi \cdot 100°}}$ | Wurzel ziehen

$r = 18{,}5\,cm$

d) Aus der Länge des Kreisbogens $b = 25{,}0\,m$ und dem Radius $r = 5{,}0\,cm$ wird der Mittelpunktswinkel α berechnet.

$b = \pi r \cdot \frac{\alpha}{180°}$ | $\cdot 180°$

$b \cdot 180° = \pi r \alpha$ | $:(\pi r)$

$\alpha = \frac{b \cdot 180°}{\pi r}$

$\alpha = \frac{25{,}0 \cdot 180°}{\pi \cdot 5{,}0}$

$\alpha = 286{,}5°$

Aufgaben

1 Kreisteile werden oft nach ihrem Anteil am Kreis benannt. Ergänze im Heft.

Mittelpunktswinkel α	Bezeichnung
180°	Halbkreis
90°	□
□	Achtelkreis
□	Drittelkreis
□	Zehntelkreis
□	Fünftelkreis
270°	□
240°	□
108°	□

2 Versuche es ohne Taschenrechner.
a) Der Umfang eines Kreises beträgt 72 cm. Berechne die Bogenlänge zum Mittelpunktswinkel 120°; 90°; 60°; 45°; 30°; 12°.
b) Der Flächeninhalt eines Kreises beträgt $120\,cm^2$. Berechne den Flächeninhalt des Kreisausschnitts für die Mittelpunktswinkel 36°; 18°; 72°; 240°; 108°; 24°.

3 Berechne die Bogenlänge und den Flächeninhalt des Kreisausschnitts.

a)

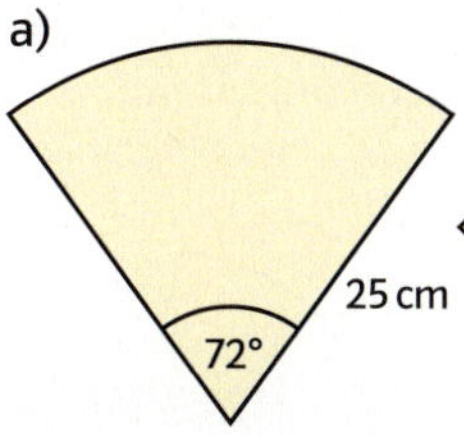

b)

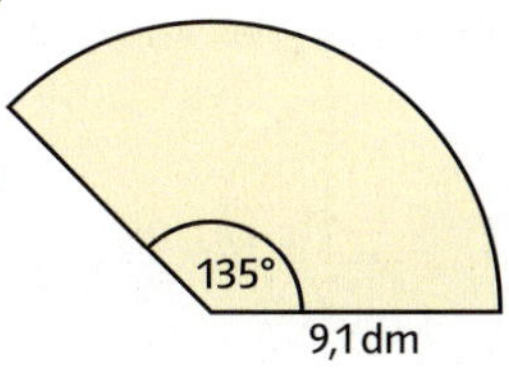

4 Berechne den Radius.
a) $\alpha = 48°$, $b = 6{,}0\,cm$
b) $\alpha = 330°$, $b = 6{,}4\,m$
c) $\alpha = 57°$, $A_S = 199\,cm^2$
d) $\alpha = 108°$, $A_S = 76{,}8\,m^2$

5 Berechne den Mittelpunktswinkel.
a) $b = 4{,}2\,cm$, $r = 3{,}0\,cm$
b) $d = 137\,m$, $b = 86\,m$
c) $r = 8{,}5\,cm$, $A_S = 91\,cm^2$
d) $r = 13\,dm$, $A_S = 0{,}86\,m^2$

6 a) Bei einem Kreisausschnitt ist der Bogen genauso lang wie der Radius. Bestimme den Mittelpunktswinkel.
b) Der Bogen ist doppelt bzw. halb so lang wie der Radius.

7 Berechne die fehlenden Angaben.

	r	α	b	A_S
a)	2,8 cm	112°	□	□
b)	□	48°	96,4 m	□
c)	4,4 dm	□	□	$31{,}0\,dm^2$
d)	□	211°	□	$84{,}9\,cm^2$
e)	1,74 m	□	9,99 m	□
f)	□	□	33,1 cm	$198{,}5\,cm^2$
g)	□	85°	95 mm	□

8 Eine Klassenuhr hat einen 10 cm langen Minutenzeiger. Welchen Weg legt die Zeigerspitze in 5 Minuten zurück? Welche Fläche überstreicht der Zeiger dabei?

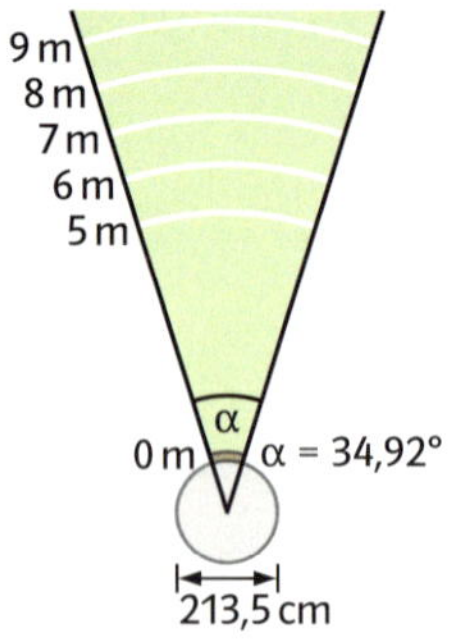

9 Beim Kugelstoßen gibt es Wurfsektoren mit Messlinien. Der Stoßkreis wird nicht berechnet.
a) Wie lang sind die einzelnen Linien?
b) Wie groß ist der Wurfsektor bis 25 m?
c) Finde entsprechende Angaben zum Speer-, Diskus- und Hammerwerfen und berechne Linienlängen und Sektorflächen.

10 Wie lang ist der Treibriemen?

a)

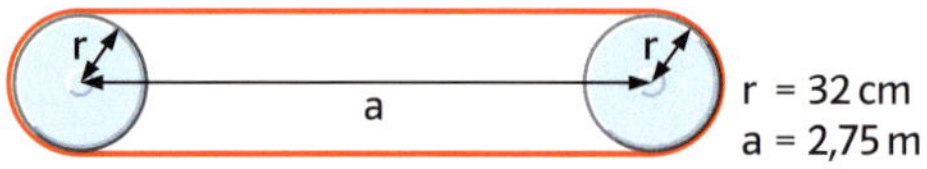

b)

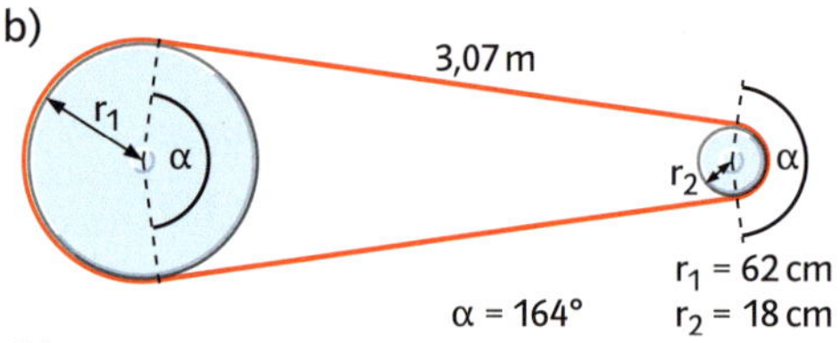

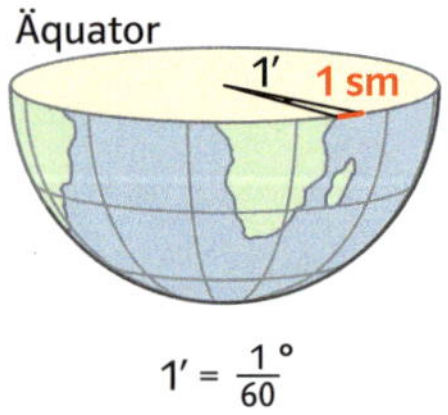

$1' = \frac{1}{60}°$

11 Der Radius der Erdkugel beträgt 6378 km.
a) Die Längengrade zweier Orte auf dem Äquator unterscheiden sich um 1°. Berechne die Entfernung der zwei Orte.
b) Eine Seemeile ist die Bogenlänge, die zu einem Mittelpunktswinkel von 1 Winkelminute gehört.
c) Finde im Atlas Orte auf dem Äquator und berechne ihre Abstände zueinander.

12 Berechne Umfang und Flächeninhalt der farbigen Fläche. Die Seitenlänge der kleinen Quadrate beträgt $a = 1{,}0$ cm.

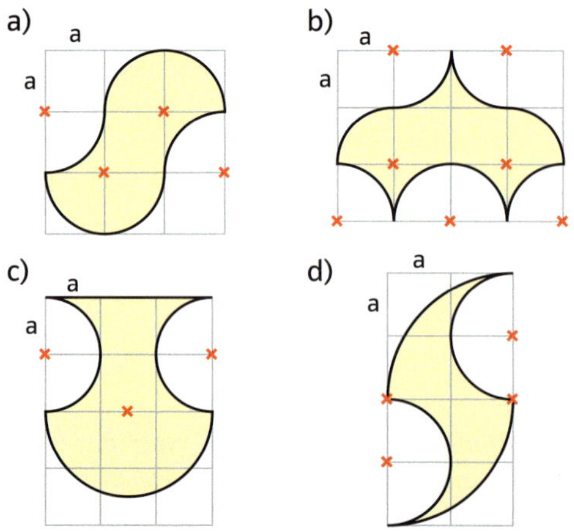

13 Zum Streckenbau von elektrischen Slotcarrennbahnen stehen neben Geraden auch verschiedene Kurvensegmente zur Verfügung.

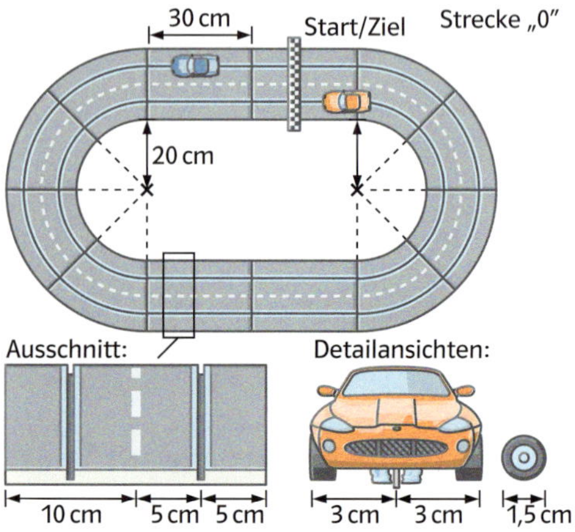

a) Wie lang ist die Stromschiene für das rote bzw. das blaue Rennauto?
b) Wie viel cm legt ein äußeres Rad dabei jeweils mehr zurück als ein inneres?
c) Wie oft dreht es sich dabei ungefähr?
d) Ist diese Streckenführung gerecht?
e) Skizziere eigene Streckenführungen, die du für gerecht hältst.

14 Gesucht wird die Größe der gefärbten Fläche für $r = 4$ cm.
Ohne Pythagoras geht es nicht.

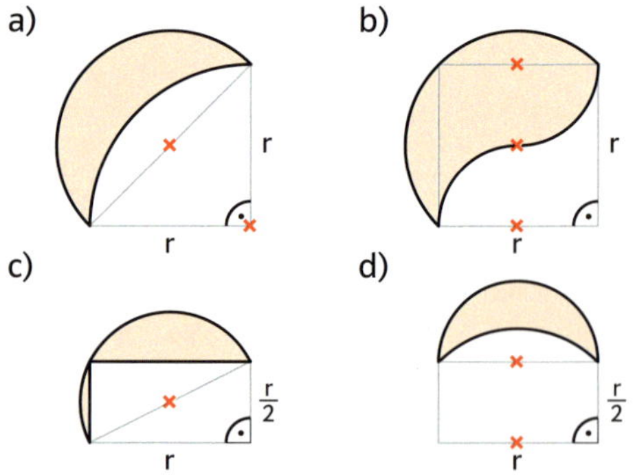

15 Gib Umfang und Flächeninhalt in Abhängigkeit von e an.

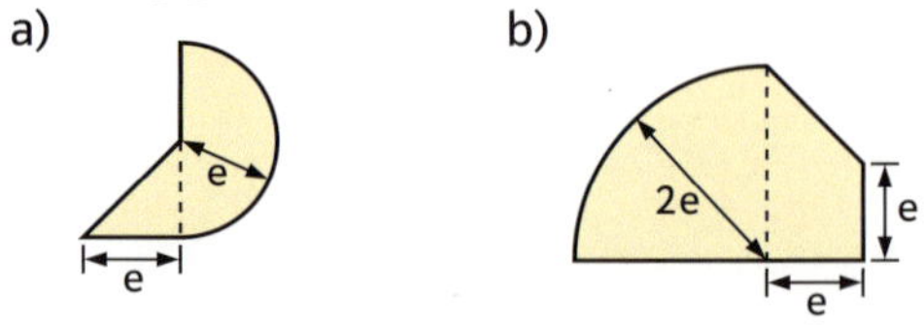

Zusammenfassung

Kreiszahl π

Das Verhältnis von Kreisumfang zu Kreisdurchmesser wird **Kreiszahl π** genannt.
Die Kreiszahl π ist eine irrationale Zahl, die sich nur näherungsweise angeben lässt.
$\pi = 3{,}141\,592\,653\,589\,793\,238\,462\,643\,383\,27$
$9\,502\,884\,197\,169\,399\,375\,105\,820\,974\,944\,59$
$2\,307\ldots$
In Anwendungen genügt meist die Nährung 3,14.

$\frac{u}{d} = \pi$

Kreisumfang

Für den **Umfang u eines Kreises** mit dem Durchmesser d bzw. dem Radius r gilt:
$\mathbf{u = \pi d}$ bzw. $\mathbf{u = 2\pi r}$

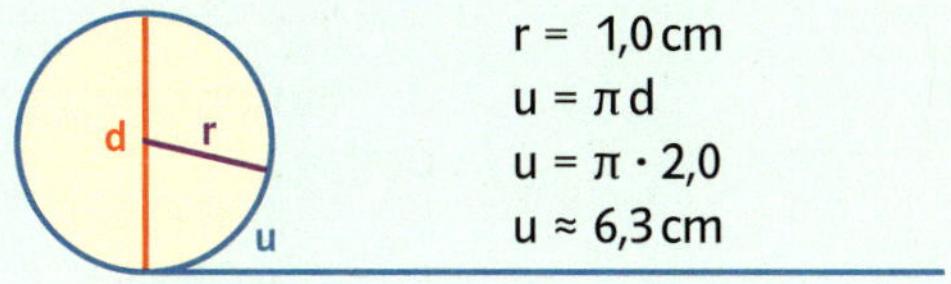

$d = 2{,}0\,\text{cm}$
$r = 1{,}0\,\text{cm}$
$u = \pi d$
$u = \pi \cdot 2{,}0$
$u \approx 6{,}3\,\text{cm}$

Kreisfläche

Für den **Flächeninhalt A eines Kreises** mit dem Radius r gilt: $A = \pi r^2$
Wegen $r = \frac{d}{2}$ gilt auch: $A = \frac{\pi d^2}{4}$

$A = \pi r^2$
$A = \pi \cdot 1{,}0^2$
$A = 3{,}1\,\text{cm}^2$

$A = \frac{\pi d^2}{4}$
$A = \frac{\pi \cdot 2{,}0^2}{4}$
$A = 3{,}1\,\text{cm}^2$

Kreisring

Der **Flächeninhalt eines Kreisrings** ist gleich der Differenz der Flächeninhalte der beiden ursprünglichen Kreise.
$A_R = \pi r_1^2 - \pi r_2^2$
$A_R = \pi (r_1^2 - r_2^2)$

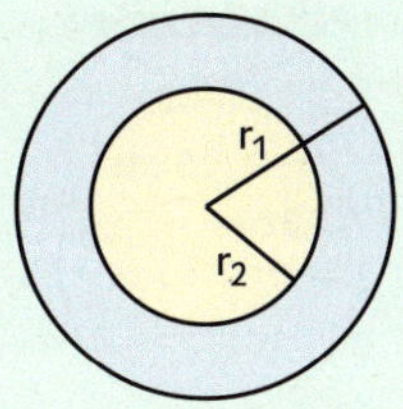

$r_1 = 4{,}8\,\text{cm}$
$r_2 = 2{,}1\,\text{cm}$
$A_R = \pi (r_1^2 - r_2^2)$
$A_R = \pi (4{,}8^2 - 2{,}1^2)$
$A_R = 58{,}5\,\text{cm}^2$

Kreisbogen

Die **Länge des Kreisbogens b** eines Kreisausschnittes ist proportional zum zugehörigen **Mittelpunktswinkel α**.
Es gilt:
$b = 2\pi r \cdot \frac{\alpha}{360°}$ $\quad b = \pi r \cdot \frac{\alpha}{180°}$

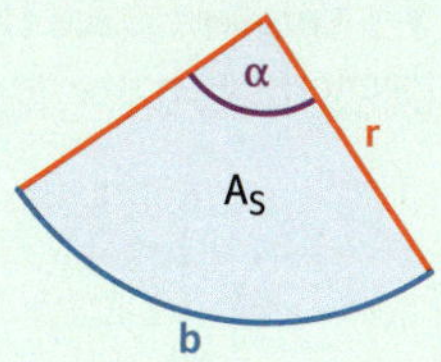

$r = 4{,}5\,\text{cm}$
$\alpha = 60°$

Kreisausschnitt

Der **Flächeninhalt des Kreisausschnittes A_S** ist proportional zum Mittelpunktswinkel α.
Es gilt:
$A_S = \pi r^2 \cdot \frac{\alpha}{360°}$ $\quad A_S = \frac{b r}{2}$

$b = \pi r \cdot \frac{\alpha}{180°}$
$b = \pi \cdot 4{,}5 \cdot \frac{60°}{180°}$
$b = 4{,}7\,\text{cm}$

$A_S = \pi r^2 \cdot \frac{\alpha}{360°}$
$A_S = \pi \cdot 4{,}5^2 \cdot \frac{60°}{360°}$
$A_S = 10{,}6\,\text{cm}^2$

Üben • Anwenden • Nachdenken

? *Gibt es einen Kreis, der ebenso viel Meter Umfang wie Quadratmeter Flächeninhalt hat?*

1 Berechne Umfang und Flächeninhalt des Kreises.

a) $d = 35$ mm b) $d = 77$ mm
c) $d = 123$ mm d) $r = 12{,}8$ cm
e) $r = 2400$ mm f) $r = 0{,}97$ dm

2 Berechne den Durchmesser bzw. den Radius.

a) $u = 91{,}1$ mm b) $u = 411{,}55$ cm
c) $u = 86{,}08$ m d) $u = 1153$ dm
e) $A = 56{,}75\ cm^2$ f) $A = 363{,}1\ cm^2$

3 Gesucht ist die Kreisfläche oder der Umfang.

a) $u = 10{,}0$ cm b) $u = 279{,}6$ mm
c) $A = 452{,}4\ cm^2$ d) $A = \pi \cdot 144\ dm^2$

4 Welchen Flächeninhalt hat der Kreis?

a)

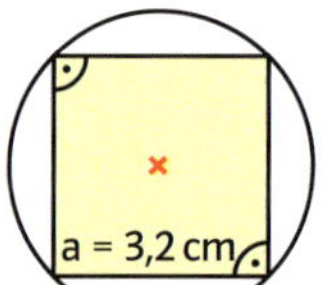

b)

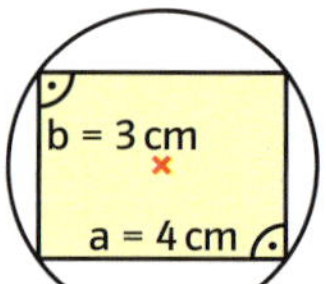

c)

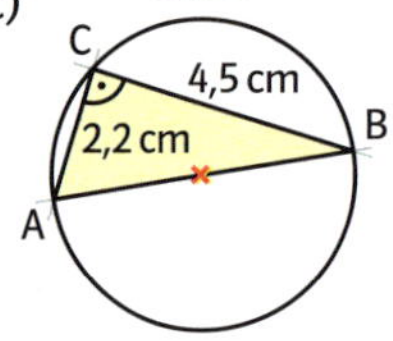

d)

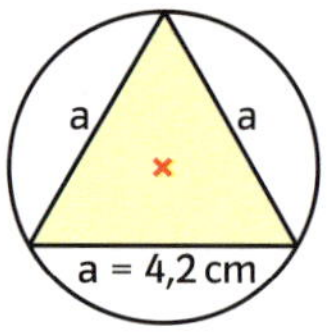

5 Vergleiche die Umfänge der vier flächengleichen Figuren mit $A = 50{,}0\ cm^2$.

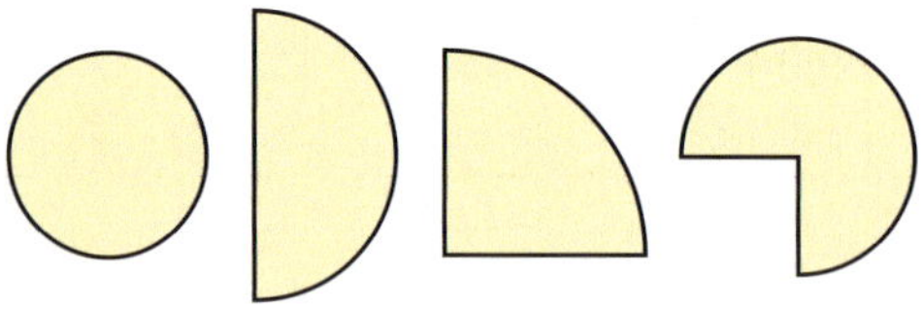

6 Berechne den Flächeninhalt des Kreisrings.

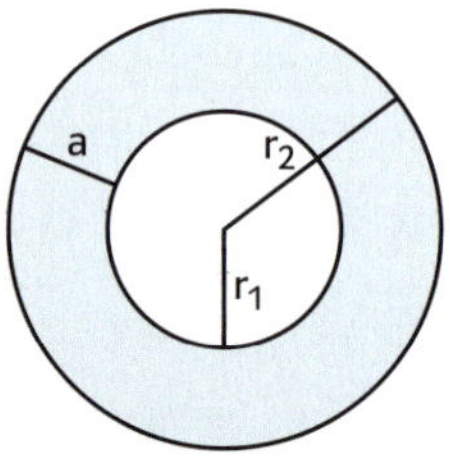

a) $r_1 = 2{,}8$ cm, $r_2 = 4{,}6$ cm b) $r_1 = 6{,}3$ cm, $r_2 = 10{,}9$ cm
c) $r_1 = 3{,}0$ cm, $a = 1{,}1$ cm d) $a = 33$ mm, $r_2 = 102$ mm
e) $r_1 = 2e$, $r_2 = 6e$ f) $a = 0{,}5e$, $r_2 = 8e$

7 Familie Gerhard hat einen kreisförmigen Gartenteich mit einem Durchmesser von 4 m. Er soll mit Natursteinen umrandet werden. Wie viel laufende Meter müssen mindestens bestellt werden?

8 a) Eine mittlere Pizza hat einen Durchmesser von 26 cm, eine große von 36 cm. Um wie viel Prozent ist die Fläche der zweiten Pizza größer?
b) Eine Familienpizza hat einen Durchmesser von 48 cm.

9 Runde 1000 Jahre hat dieser Baum auf dem Buckel, den 10 Personen mit einer Spannweite von durchschnittlich 1,50 m gerade so umfassen können.

10 Das Laufrad eines Fahrrades hat einen Durchmesser von 75 cm. Das Kettenblatt hat 40, das Ritzel 16 Zähne.
Wie viel m kommt man bei 1000 Umdrehungen der Tretkurbel vorwärts?

11 Lies und löse.

Der Hühnerdieb
Auf der Flucht vor dem wütenden Bauern springt ein Hühnerdieb in ein Boot und rudert auf einen kreisrunden See hinaus.
Der Bauer kann doppelt so schnell rennen wie der Dieb rudern kann.
An Land ist der Dieb schneller als der Bauer.
Kann er dem Verfolger entwischen?

12 Die Blutgefäße eines Menschen ergeben insgesamt eine Strecke, die mehr als zweimal um den Äquator der Erde reicht. Der Erdradius beträgt 6378 km.

13 Nachrichtensatelliten sind geostationär. Sie halten ihre Position in einer konstanten Höhe, in der sie sich im Gleichlauf mit der täglichen Erdrotation befinden. Berechne die Länge der Umlaufbahn eines geostationären Satelliten.
Welche Bahngeschwindigkeit besitzt er?

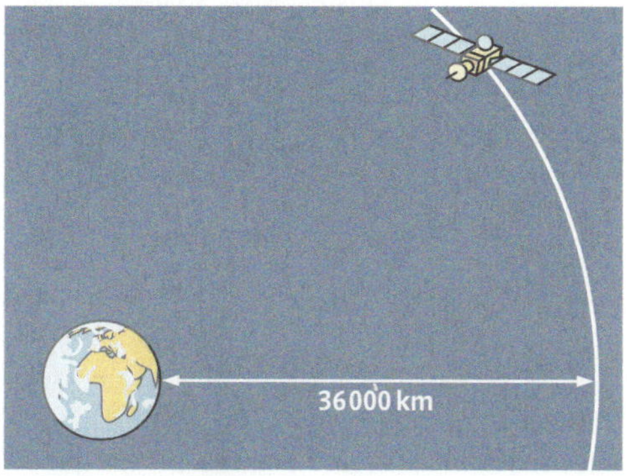

14 Der Wurfkreis beim Diskuswerfen hat einen Durchmesser von 2,5 m und wird von einem 6 mm dicken und 80 mm hohen Stahlband eingefasst. Kannst du dieses Band ohne Hilfe anheben?

15 Andreas behauptet: Die Flächen kreisförmiger Inseln verhalten sich wie die Zeiten, die man zu ihrer Umrundung mit dem Ruderboot braucht. Stimmt das?

16 Drei Freunde treffen sich in einer Pizzeria. Jeder bestellt eine Pizza. Die Durchmesser betragen 18 cm, 24 cm und 30 cm. Unerwartet kommt ein weiterer Freund hinzu und sie teilen in gleich große Stücke. Kann jeder von ihnen ein zusammenhängendes Stück bekommen? Begründe.

17 Der Scheibenwischer eines Pkw macht Ausschläge von 140°. Der wischende Gummistreifen ist 50 cm lang, und sein unteres Ende ist 20 cm vom Drehpunkt entfernt. Wie groß ist die Fläche, die der Wischer überstreicht?

18 CD-Rohlinge werden von innen nach außen beschrieben.
Zeichne eine halbvolle CD. Wähle dazu den Radius selbst und färbe die beschriebene Fläche rot.

19 Eine Zielscheibe mit 50 cm Durchmesser besteht aus dem Mittelkreis und vier darumliegenden Kreisringen.
Alle fünf Flächen sind gleich groß.
Berechne die Radien.

Kreisabschnitt ?!

Einen Kreisabschnitt erhält man, wenn von einem Kreisausschnitt ein gleichschenkliges Dreieck abgetrennt wird. Die Schenkellänge ist dabei gleich dem Radius des Kreisausschnitts.

- Wie groß ist der Flächeninhalt der farbigen Kreisabschnitte?

a)

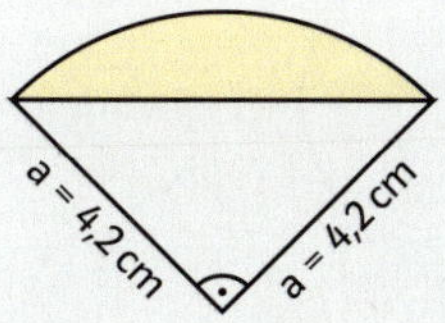

b)

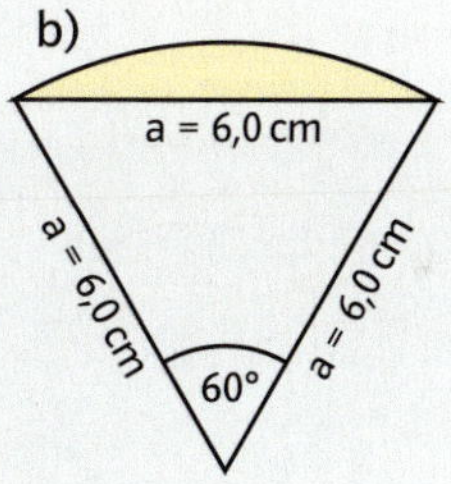

c)

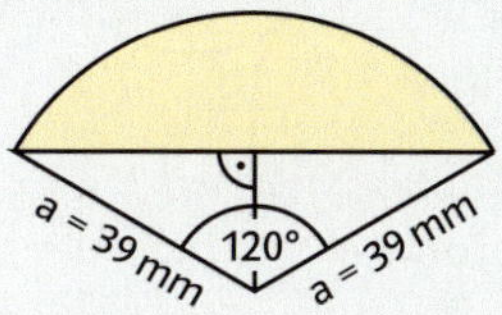

Es gibt auch eine Näherungsformel:

$A = \frac{2}{3} s h$

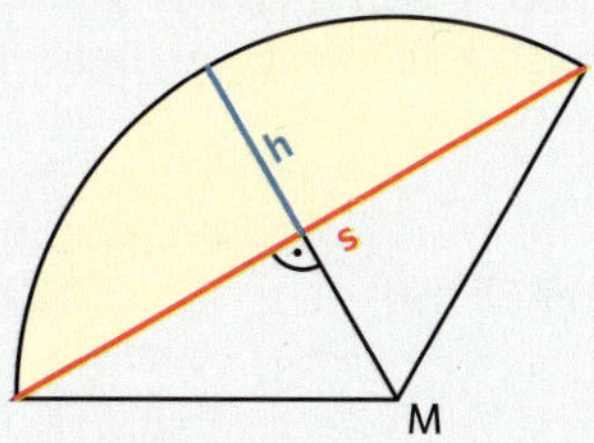

- Berechne die Kreisabschnittsflächen auch mit der Näherungsformel und vergleiche die Ergebnisse.

? *Der Radius des Kreises beträgt 1,0 cm. Berechne den Flächeninhalt der blauen Figur.*

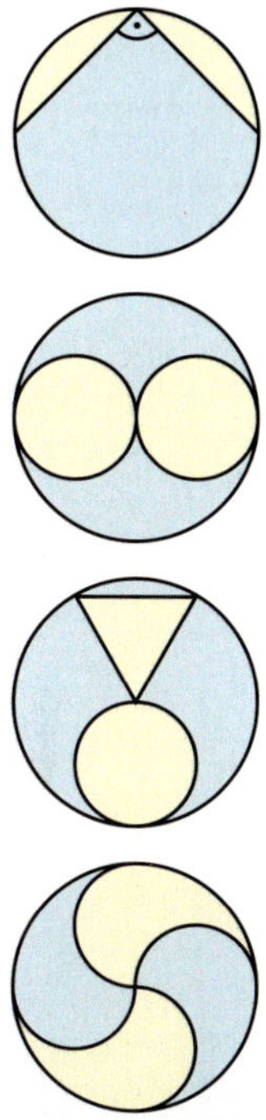

20 Berechne Umfang und Flächeninhalt der gefärbten Fläche.
Die Seitenlänge der kleinen Quadrate beträgt a = 3,0 cm.

a)
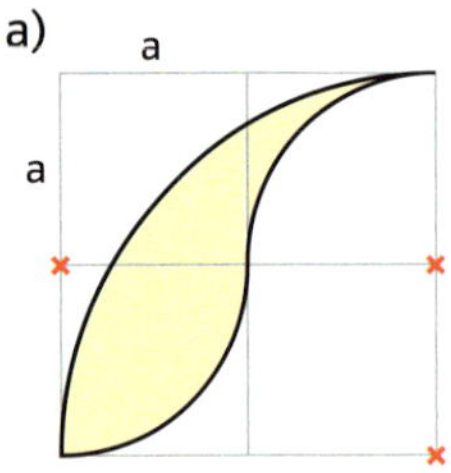

b)
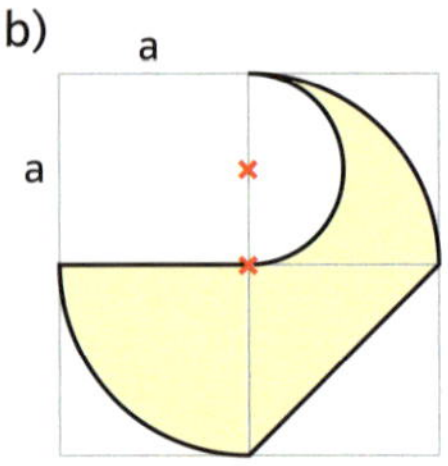

c)
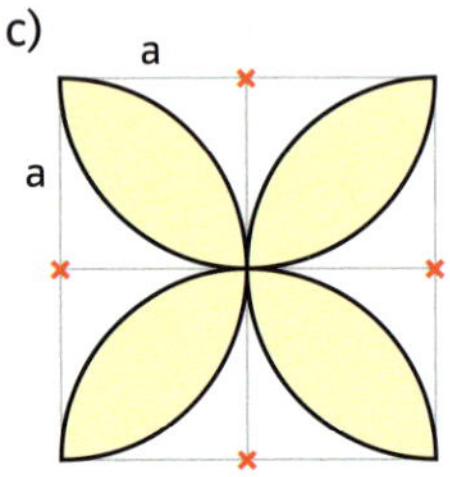

d)
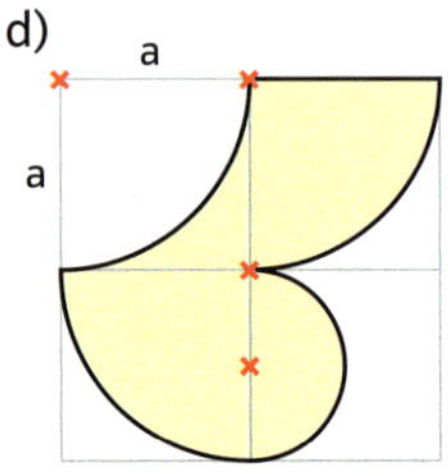

21 Vier Kreise mit einem Radius von 3 cm sind so angeordnet, dass sie sich berühren. Wie groß ist die eingeschlossene Fläche?

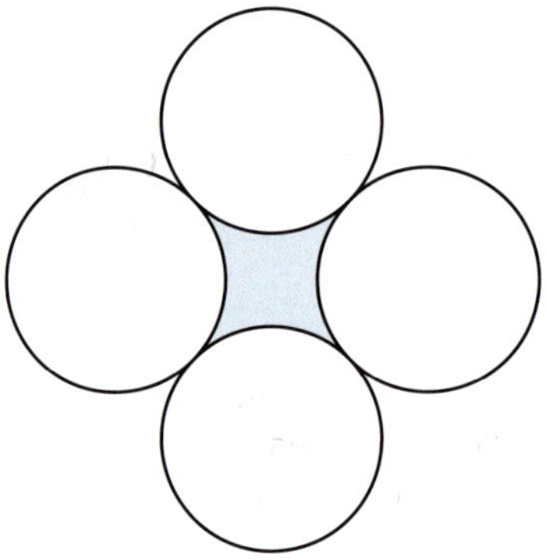

22 Möndchen des Hippokrates
Weise nach, dass die beiden farbigen Möndchen zusammen den gleichen Flächeninhalt haben wie das Dreieck.

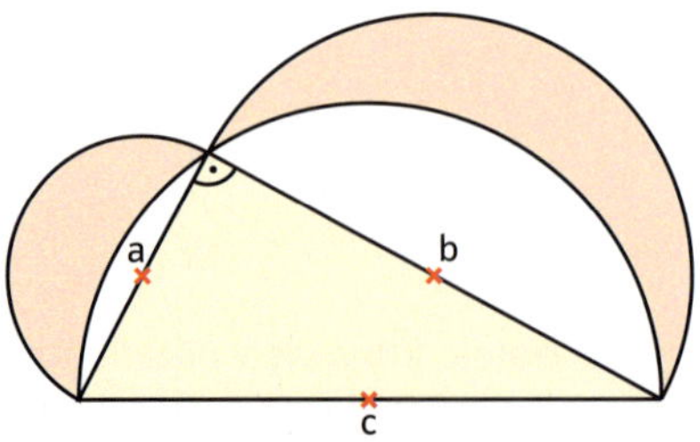

Beachte die Mittelpunkte der Kreisbögen.

23 Zeige, dass die verschiedenfarbigen Flächen den gleichen Inhalt haben.

a)
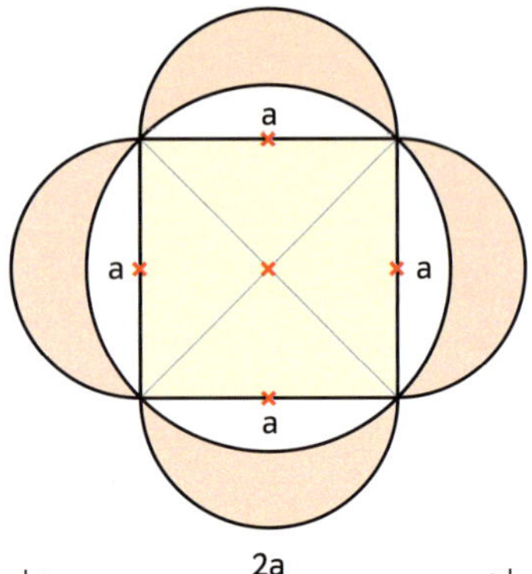

b)
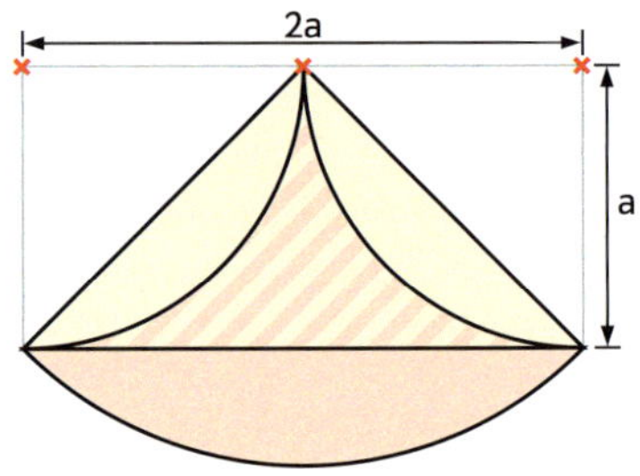

24 Drücke Flächeninhalt und Umfang in Abhängigkeit von e aus.

a)
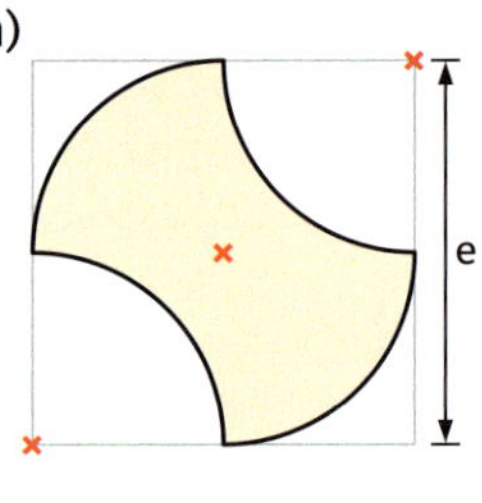

b)
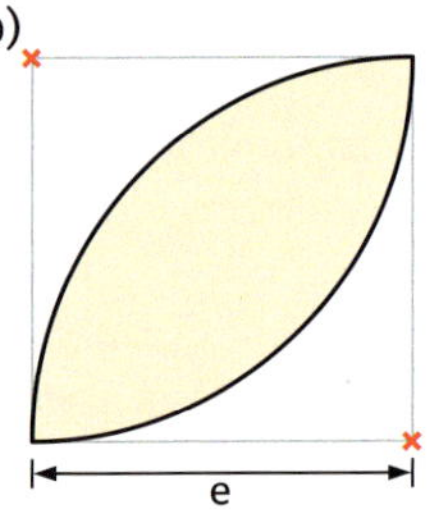

c)
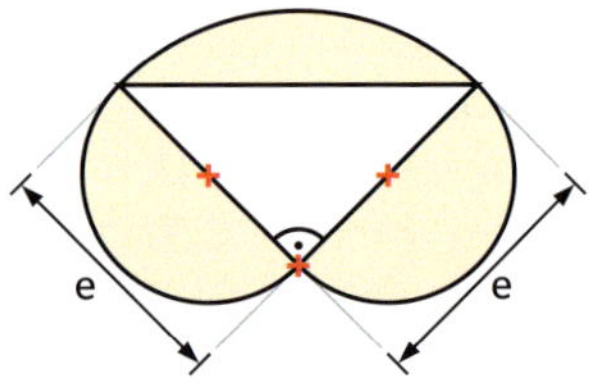

d)
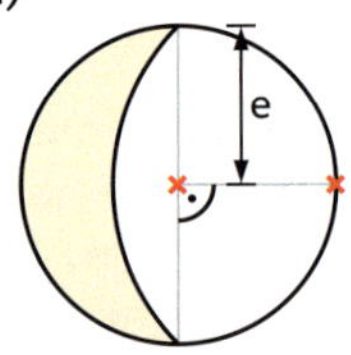

e)
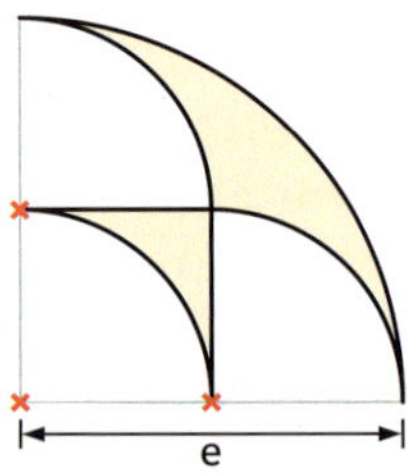

f)
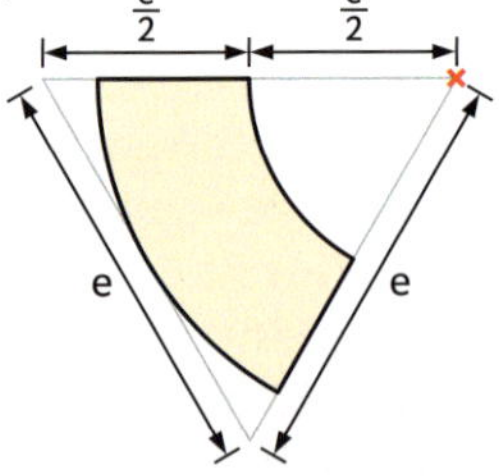

Rückspiegel

Rückspiegel

1 Berechne den Umfang und den Flächeninhalt des Kreises.

a) r = 12 cm b) r = 54 mm
c) r = 6,1 cm d) d = 1,38 m
e) d = 0,77 dm f) d = 1,04 km

2 Berechne den Radius des Kreises.

a) A = 625 cm^2 b) A = 4650 mm^2
c) u = 25,9 cm d) u = 0,015 km

3 Eine der größten öffentlichen Uhren ist die Turmuhr in Berlin-Siemensstadt.
Ihr Stundenzeiger ist 2,20 m, der Minutenzeiger 3,40 m lang.
a) Welche Wegstrecke legt die Spitze des Minutenzeigers in einer Stunde zurück?
b) Berechne die Strecke, die die Spitze des Stundenzeigers während eines Tages zurücklegt.

4 Berechne Umfang und Flächeninhalt der gefärbten Fläche.

a)
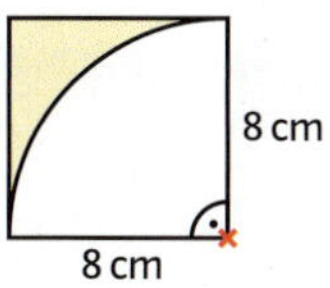

b)
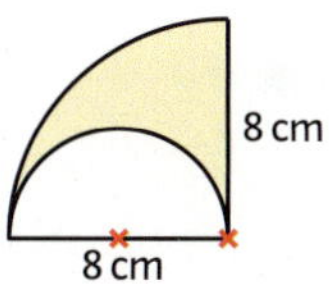

5 Eine kreisförmige Tischplatte hat einen Durchmesser von 1,10 m.
Welche Kantenlänge hat ein flächengleicher quadratischer Tisch in etwa?

6 Berechne die Bogenlänge und den Flächeninhalt des Kreisausschnitts.

a)
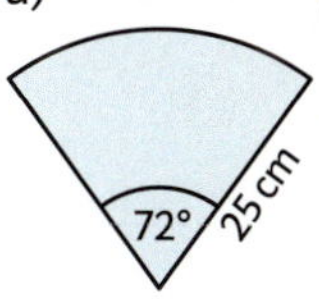

b)
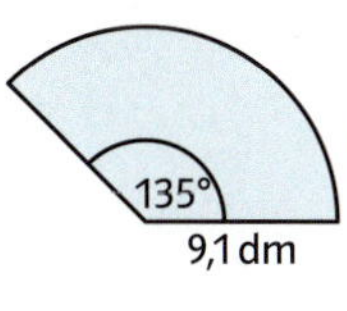

c)
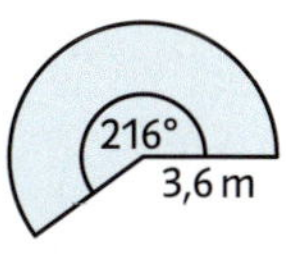

7 Berechne den Flächeninhalt des Kreisrings. a ist die Differenz der beiden Radien.

a) r_1 = 23 cm, r_2 = 16 cm b) r_1 = 1,5 dm, d_2 = 200 mm
c) r_1 = 740 m, a = 80 m d) d_2 = 0,56 m, a = 9 cm

1 Berechne den Radius und den Durchmesser des Kreises.

a) u = 18,3 cm b) u = 6373 mm
c) u = 2 m d) A = 48 cm^2
e) A = 720 mm^2 f) A = 31,0 dm^2

2 Berechne den Flächeninhalt bzw. den Umfang.

a) u = 5,8 cm b) u = 1,02 m
c) A = 5,5 m^2 d) A = 0,09 dm^2

3 Ein riesiger Flugzeugpropeller hat einen Durchmesser von 6,9 m.
Welche Wegstrecke legt die Propellerspitze bei 545 Umdrehungen pro Minute in einer Minute zurück?
Welcher Geschwindigkeit in km/h ist die Propellerspitze ausgesetzt?

4 Berechne Umfang und Flächeninhalt der gefärbten Fläche.

a)
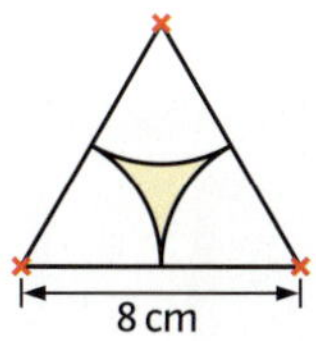

b)
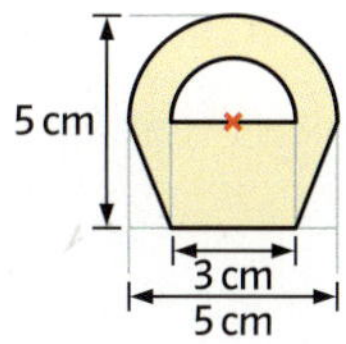

5 Eine kreisförmige Tischplatte hat einen Durchmesser von 1,60 m. Welche Kantenlängen könnte ein flächengleicher rechteckiger Tisch etwa haben?

6 Ein Kreisringausschnitt hat einen äußeren Radius von 6,0 cm und einen Mittelpunktswinkel von 140°. Die Differenz der Radien beträgt 2,0 cm.
Berechne den Flächeninhalt.

7 Welche Farbe in der Zielscheibe nimmt die größte Fläche ein? (Maße in cm)

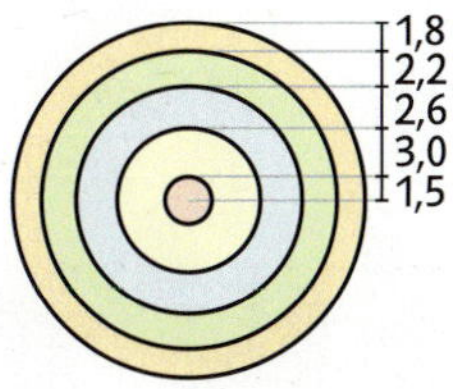

Mäntel und Dosen

Mantelflächen herstellen

Mit einer Schere und etwas Klebeband lassen sich aus je einem DIN-A4-Blatt ohne Verschnitt die Mantelflächen ganz unterschiedlicher Körper herstellen.
Bei einigen Mantelflächen müsst ihr das Blatt zuvor halbieren. Beachtet dazu die farbigen Klebestreifen.

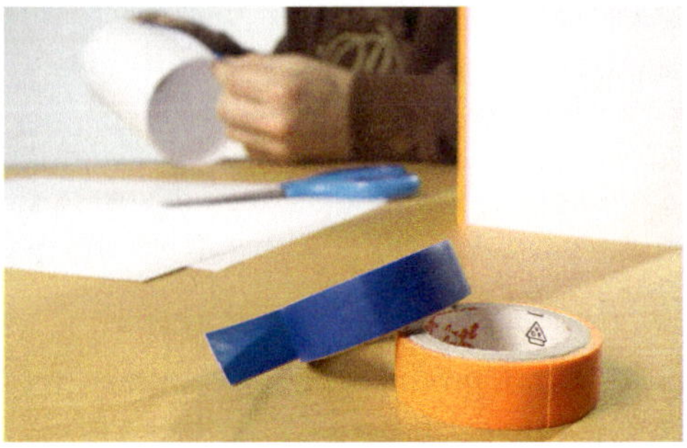

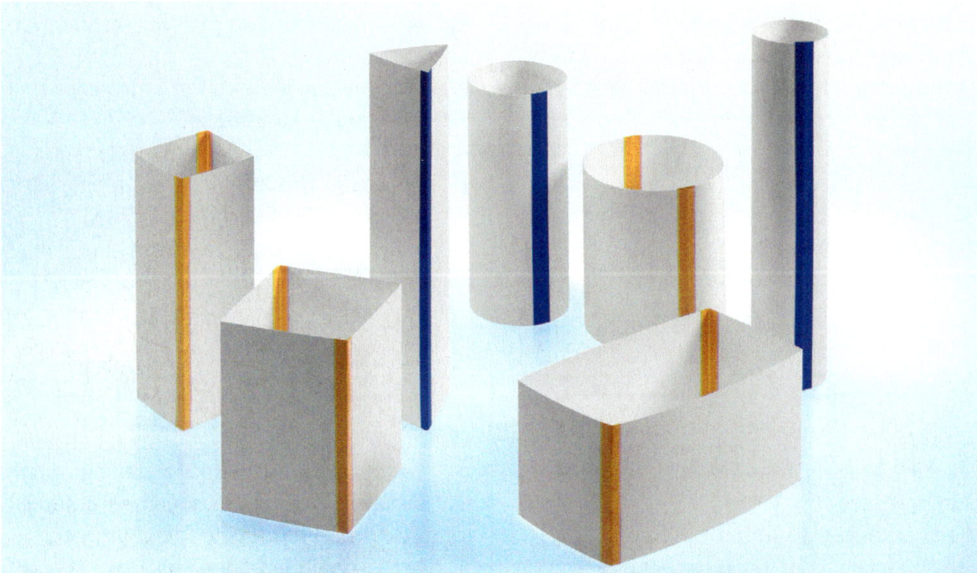

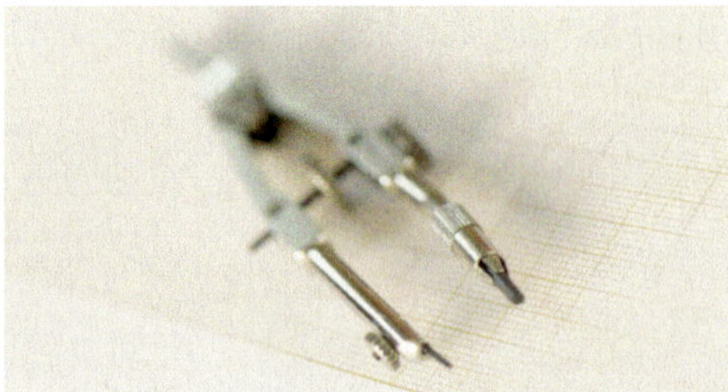

Zeichnet zu den einzelnen Mantelflächen die zugehörigen Grund- und Deckflächen.

Welche Körperarten sind entstanden? Sprecht über ihre typischen Merkmale.

Dosen

Einige der von euch hergestellten Mantelmodelle können als Vorlage für verschiedene Verpackungsdosen dienen. Hier kommt es unter anderem auf den Materialbedarf und das Fassungsvermögen an.

Was könnt ihr über den Flächeninhalt der Mäntel aussagen? Gelten eure Aussagen auch für die gesamte Oberfläche der Körper?

Zur Abschätzung des Volumens könnt ihr versuchen, einzelne Mäntel ineinander zu stellen.

Welche Lebensmittel würdet ihr in welche Dose packen?

In diesem Kapitel lernst du,

- was ein Zylinder ist,
- wie man die Oberfläche von Zylindern berechnet,
- wie man das Volumen von Zylindern berechnet,
- wie man Zylinder skizziert,
- wie man zusammengesetzte Körper mit Zylindern skizziert und berechnet.

1 Zylinder

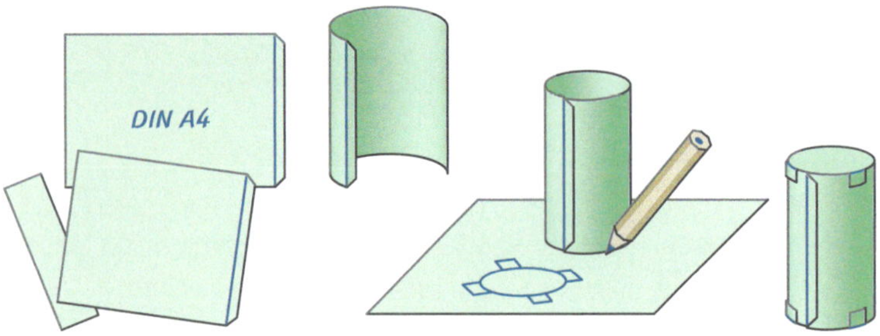

Einen Zylinder kann man aus einem Rechteck und zwei Kreisen herstellen, die man entsprechend der Zeichnung ausschneidet.
➔ Stelle Zylinder aus DIN-A4-Blättern her.
➔ Was passiert, wenn du das Rechteck verkürzt?
➔ Wie sieht der Zylinder aus, wenn du die Seite halbierst? Es gibt mehrere Möglichkeiten!

Ein Zylinder wird von zwei kongruenten Kreisflächen als **Grund- und Deckfläche** und einem Rechteck als **Mantel** begrenzt.

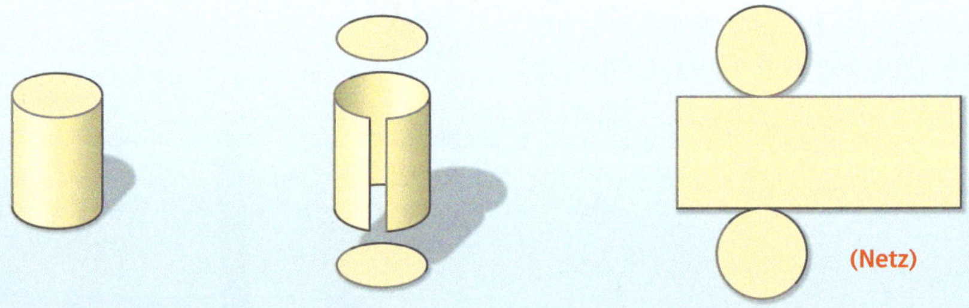

Einen Körper mit zwei kongruenten Kreisflächen als **Grund- und Deckfläche** und einem Rechteck als **Mantel** bezeichnet man als **Zylinder**.

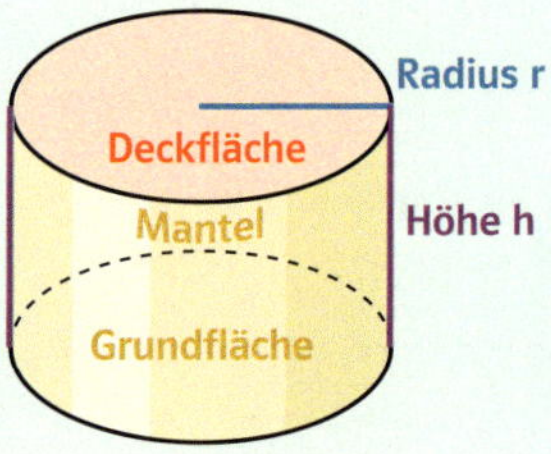

Beim Skizzieren eines Zylinders werden die Kreise zu Ellipsen. Zeichne zuerst links und rechts außen kleine Bögen.

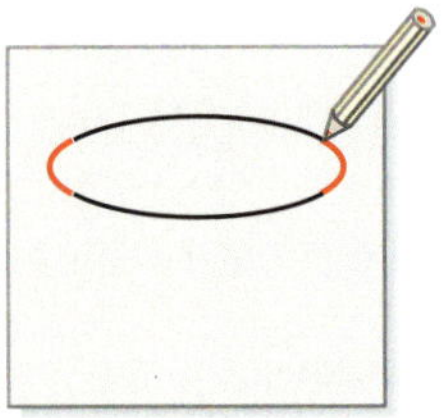

Beispiele
Verschieden hohe Zylinder mit unterschiedlichen Radien.

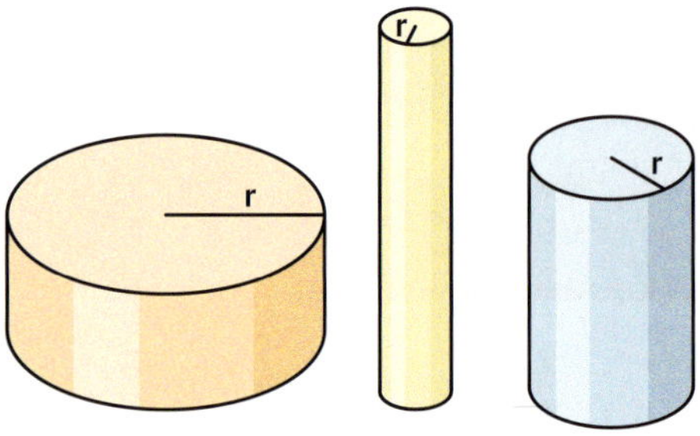

Bemerkung
Wenn wir von einem Zylinder sprechen, meinen wir **gerade Zylinder**, bei denen der Mantel senkrecht auf der Grundfläche steht. Steht der Mantel nicht senkrecht, sprechen wir von einem **schiefen Zylinder**.

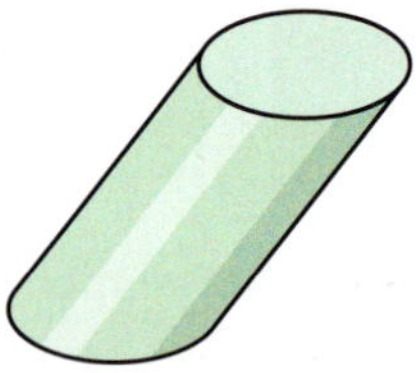

Aufgaben

1 a) Beschreibe die Zylinder, die auf dem Rand abgebildet sind.
b) Ordne sie nach Radius oder Höhe.
c) Suche andere Zylinder in der Umgebung und präsentiere sie in deiner Klasse.

2 Stelle einen Zylinder her.
a) Der Grundkreisradius beträgt 4 cm und die Höhe 10 cm.
b) Das Mantelrechteck ist 15 cm breit und 5 cm hoch.

3 Welche Figur ergibt einen Zylindermantel? Begründe.

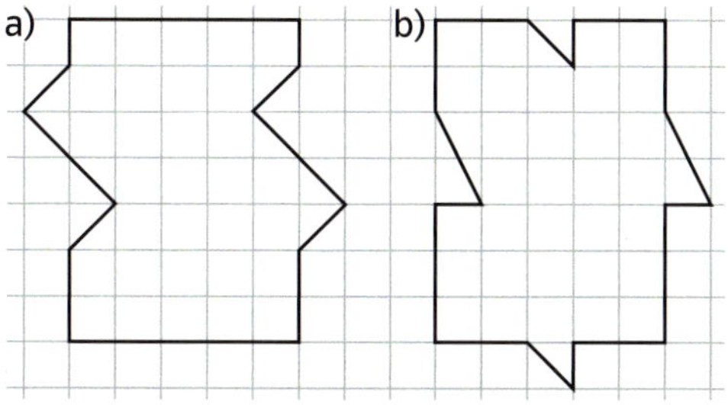

4 Ein DIN-A4-Blatt lässt sich auf zwei Arten zu einem Rohr formen.
Welche Durchmesser haben die Deck- und Grundflächen der Zylinder? Schätze erst und messe dann.

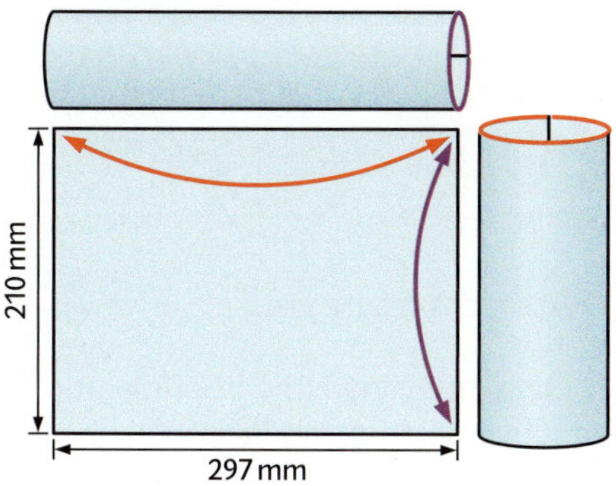

5 Welche Bauteile passen zusammen?

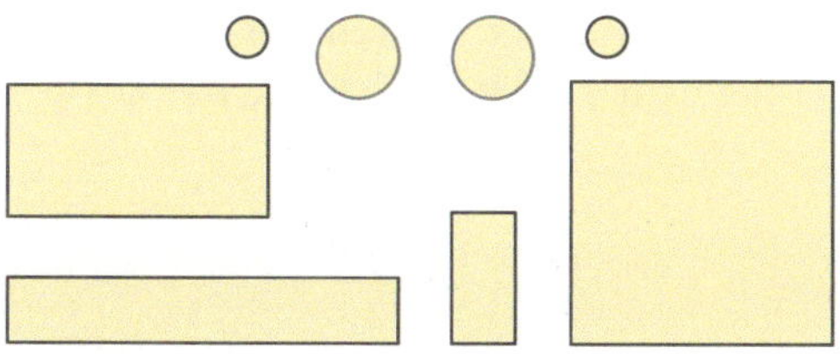

6 Skizziere den Zylinder.
a) Kleiner Radius, große Höhe
b) Großer Radius, kleine Höhe
c) Radius und Höhe sind gleich groß

7 Wie viele Ecken, Kanten und Flächen besitzt der Körper? Erstelle dazu eine Tabelle.
a) Zylinder
b) Würfel
c) Dreiecksprisma
d) Fünfecksprisma

8 Stefan hat in seiner Fruchtgummitüte zylindrische Lakritze entdeckt.

a) Was passiert, wenn er die Lakritze zerschneidet? Wann ergibt sich ein neuer Zylinder, wann nicht? Erkläre.
b) Wie sehen die Schnittflächen jeweils aus? Skizziere sie.

9 Zylinder oder kein Zylinder? Begründe.

10 Beschreibe die Körper, die entstehen, wenn du die Flächenstücke um die rote Achse drehst.

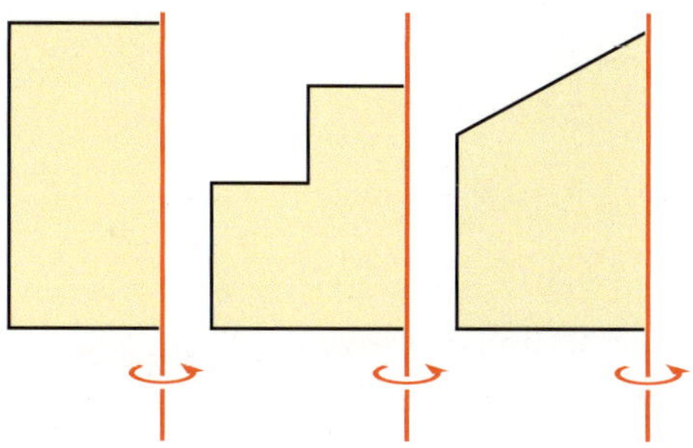

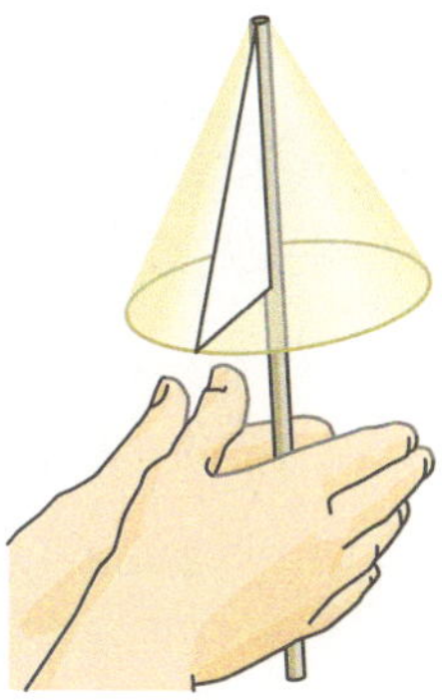

Schrägbild eines Zylinders

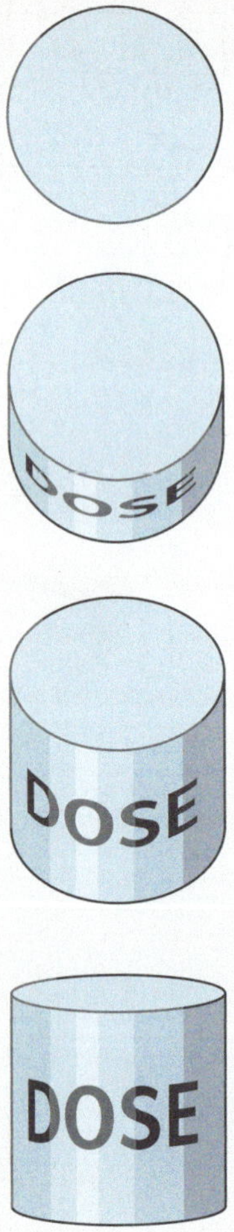

Sollen Körper in der Ebene räumlich dargestellt werden, kann man Schrägbilder anfertigen. Wird ein Zylinder von oben betrachtet, sieht man einen Kreis. Wird der Körper schrittweise gekippt, nimmt man den Kreis als Ellipse wahr.

- Beschreibe die linke Darstellung.
- Fertige in ähnlicher Form eine Freihandskizze einer beliebigen Dose an.

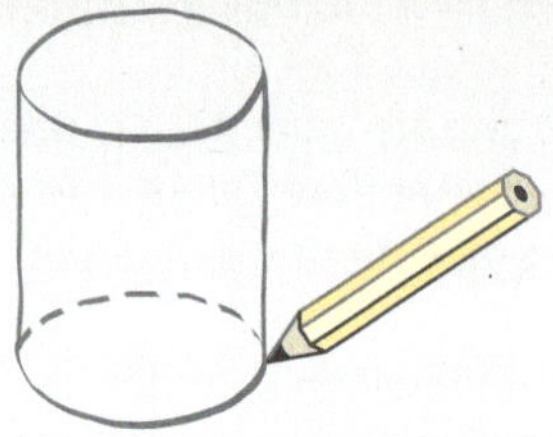

Im Schrägbild wird die Grundfläche als Ellipse dargestellt.

- Erkläre die rechte Konstruktion.
- Werden alle dir bekannten Konstruktionsregeln zur Erstellung eines Schrägbildes genutzt?

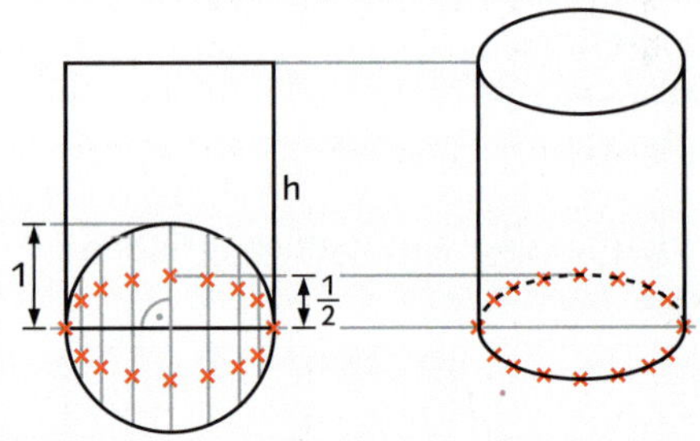

Conny hat es sich einfacher gemacht und den Zylinder auf die Mantelfläche gelegt.

- Wie ist sie vorgegangen? Beschreibe.

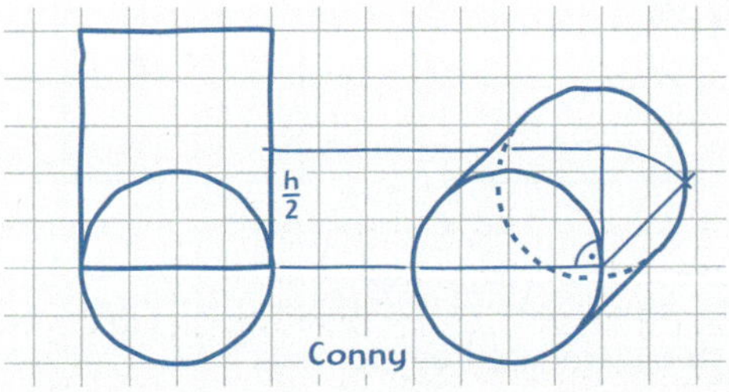

James, Chris und Indira haben bei ihren Schrägbildern Fehler gemacht.

- Kannst du ihnen helfen?
- Zeichne den Zylinder korrekt.

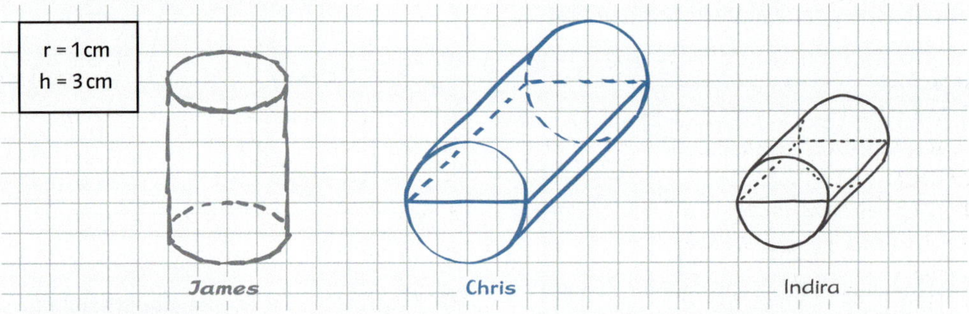

- Zeichne die zylindrischen Gefäße in geeignetem Maßstab im Schrägbild.

- Fertige für folgende Zylinder Schrägbilder in verschiedenen Lagen an.

a) r = 2 cm, h = 6 cm b) r = 3,2 cm, h = 5,6 cm c) d = 7 cm, h = 9,6 cm

2 Zylinder. Oberfläche

Welcher Grundkreis passt zum Zylindermantel?
➔ Vergleicht eure Ergebnisse.
➔ Zeichnet weitere passende Mantelrechtecke.

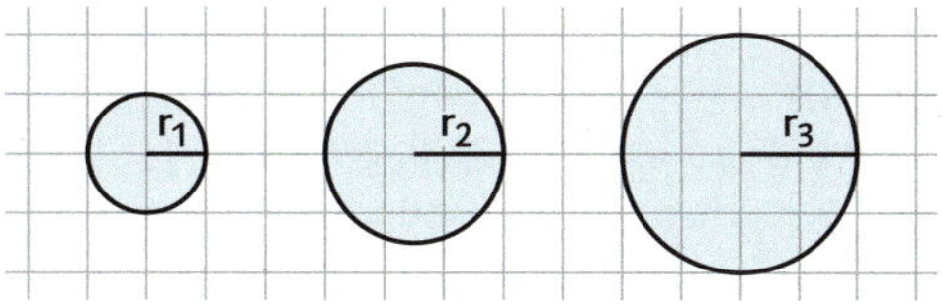

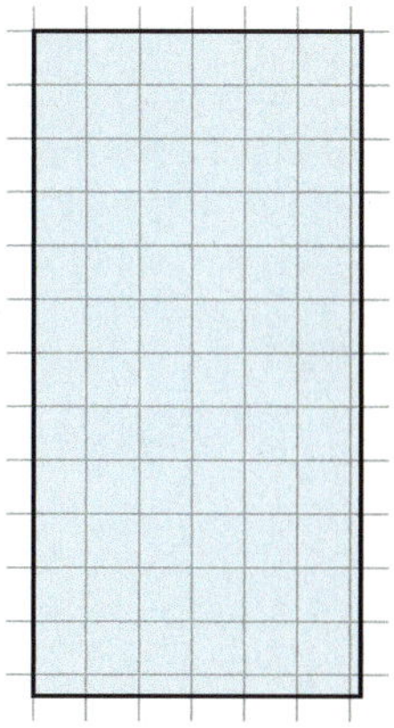

Die Oberfläche eines Zylinders setzt sich aus zwei kongruenten Kreisflächen als **Grund- und Deckfläche** und einem Rechteck als **Mantel** zusammen.

Für den Flächeninhalt des Grundkreises gilt: $G = D = \pi \cdot r^2$
Der Flächeninhalt des Mantelrechtecks beträgt: $M = u \cdot h$ mit $u = 2 \cdot \pi \cdot r$
$M = 2 \cdot \pi \cdot r \cdot h$
Die Zylinderoberfläche berechnet man aus der doppelten Grundfläche und der Mantelfläche. $O = 2 \cdot G + M$
$O = 2 \cdot \pi \cdot r^2 + 2 \cdot \pi \cdot r \cdot h$

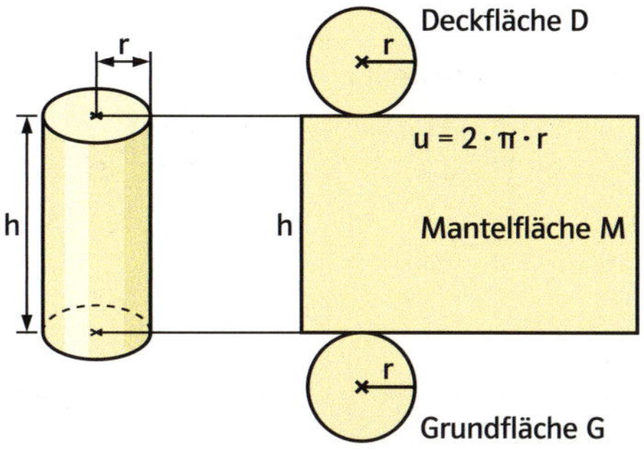

Die **Mantelfläche eines Zylinders** wird als Produkt des Grundkreisumfanges und der Zylinderhöhe berechnet. $\mathbf{M = uh}$ $\mathbf{M = 2\pi rh}$
Zur Berechnung der **Oberfläche eines Zylinders** bildet man die Summe aus der doppelten Grundfläche und der Mantelfläche.
$\mathbf{O = 2G + M}$ $\mathbf{O = 2\pi r^2 + 2\pi rh}$

Beispiele

a) Aus dem Radius $r = 3{,}0\,cm$ und der Höhe $h = 5{,}0\,cm$ wird die Oberfläche des Zylinders berechnet.
$O = 2\pi r^2 + 2\pi rh$
$O = 2\pi \cdot 3{,}0^2 + 2\pi \cdot 3{,}0 \cdot 5{,}0$
$O = 56{,}6 + 94{,}2$
$O = 150{,}8\,cm^2$

b) Aus der Mantelfläche $M = 220{,}0\,cm^2$ und der Höhe $h = 8{,}0\,cm$ wird der Radius des Zylinders berechnet.
$M = 2\pi rh \qquad |:(2\pi h)$
$r = \frac{M}{2\pi h}$
$r = \frac{220{,}0}{2\pi \cdot 8{,}0}$
$r = 4{,}4\,cm$

Bei Berechnungen werden im Folgenden die Maßeinheiten nicht mitgeführt. Dabei ist es jedoch notwendig, dass die Maßeinheiten aller Größen dieselbe Vorsilbe wie z.B. Milli, Zenti, Dezi usw. haben.

Aufgaben

1 Berechne die Mantelfläche und die Oberfläche des Zylinders.
a) $r = 5{,}5\,cm$, $h = 7{,}5\,cm$
b) $r = 8{,}4\,cm$, $h = 15{,}1\,cm$
c) $r = 4{,}1\,dm$, $h = 1{,}8\,m$
d) $d = 37{,}0\,cm$, $h = 6{,}9\,dm$
e) $d = 1{,}7\,m$, $h = 8{,}9\,dm$
f) $d = 8{,}4\,cm$, $h = 12{,}2\,cm$

2 Berechne die fehlenden Größen.

	r	h	M	O
a)	6,3 cm	▢	324,2 cm^2	▢
b)	114 mm	▢	1826,5 cm^2	▢
c)	▢	14,8 cm	1878,0 cm^2	▢
d)	55,5 cm	▢	▢	5,5 m^2

3 Kirsten und Martin fragen sich: „Wie viele Blätter passen ohne Überdeckung auf die Litfaßsäule?“ Kirsten benutzt für ihre Berechnung Flächen, Martin Längen. Wie sind die beiden vorgegangen?
a) Versucht partnerweise die Rechenwege herauszufinden.
b) Welchen Fehler birgt Kirstens Rechnung?

4 Vergleiche Mantel- und Oberflächen der Zylinder. Kannst du dein Ergebnis erklären? Zeichne die Netze.

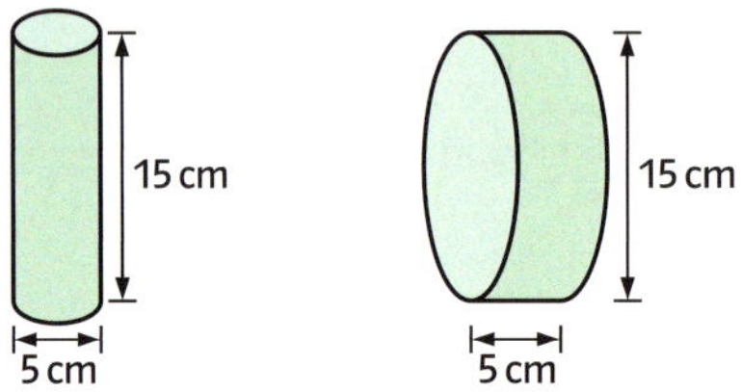

5

Mono	∅ 35 mm	H 62 mm
Baby	∅ 27 mm	H 50 mm
Mignon	∅ 14,3 mm	H 51 mm
Micro	∅ 10,3 mm	H 45 mm

a) Vier 1,5-V-Batterien, vier Mantelflächen.
b) Warum ist die Oberfläche schwer zu berechnen?

6 Die Konservendose hat einen Durchmesser von 10 cm und ist 11,5 cm hoch.
a) Wie groß ist der Materialbedarf?

Für Falze und Verschnitt werden 18 % Zuschlag eingerechnet.
b) Welchen Flächeninhalt hat der Papierstreifen auf dem Dosenmantel? Zu den Falzen oben und unten bleibt 3 mm Abstand. Beim Kleben ist eine Überlappung von 1,2 cm notwendig.

7 Eine Teerwalze hat einen Durchmesser von 1,22 m und ist 1,50 m breit. Eine Walzenumdrehung dauert etwa 40 Sekunden.
Es wird nicht gewendet.
Die zu walzende Straßendecke ist 100 m lang und 5 m breit.

8 Welche Form hat das Stück Pappe, aus dem der Kern einer Rolle Haushaltstücher hergestellt wird? Experimentiert.

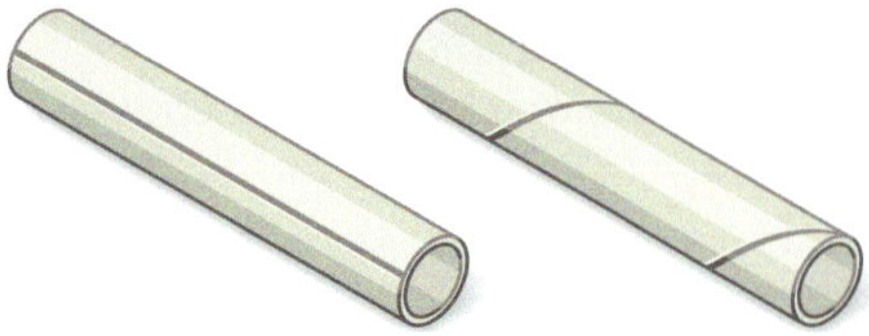

Könnt ihr die Form erklären? Wie lang ist jeweils die Klebekante?

9 Herr Spitzer möchte seinen Gartenzaun neu streichen. Der Zaun besitzt 26 Pfähle mit einem Durchmesser von 15 cm, die jeweils 1,10 m aus dem Boden ragen. Ein Liter Schutzfarbe reicht für 2 m².

10 Wie groß ist die Dachfläche des abgebildeten Scheddaches?

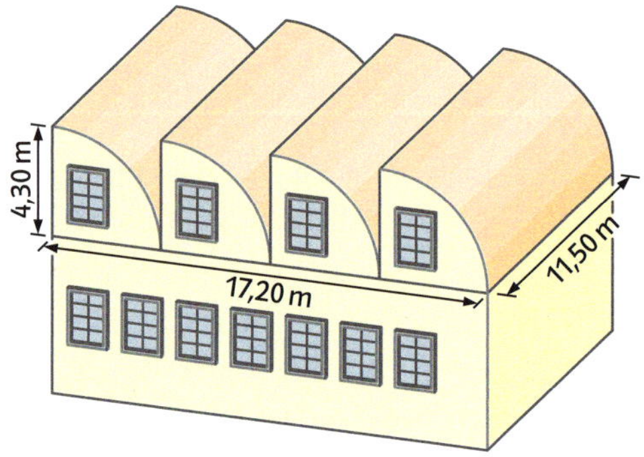

11 Das Abflussrohr einer Dusche ist 30 cm lang und hat einen Innendurchmesser von 5,0 cm. Die äußere Fläche ist um 10 % größer als die innere Fläche. Wie dick ist die Wand des Rohres?

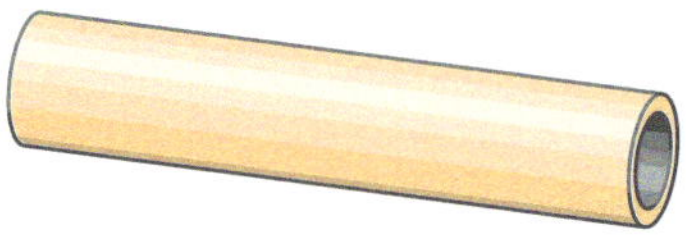

12 Berechne die Mantelfläche M und die Oberfläche O des Zylinders in Abhängigkeit von e.

a)	b)	c)
$r = e$	$r = 3e$	$r = \frac{3}{2}e$
$h = 3e$	$h = e$	$h = \frac{1}{2}e$

3 Zylinder. Volumen

Sammelt verschiedene leere Konservendosen.

➔ Bestimmt die Grundfläche und die Höhe. Das Volumen könnt ihr messen, indem ihr mit einem Messbecher Wasser einfüllt. Auch die Angaben auf dem Etikett können euch helfen.

r in cm	G in cm^2	h in cm	V in cm^3
3,6	40,7	10,3	ca. 420
4,8	□	11,4	ca. □
□	□	□	ca. □

➔ Was fällt euch auf?

Wird ein Zylinder ähnlich einem Kuchen in gleiche Teile zerlegt, kann man diese durch eine andere Anordnung näherungsweise zu einem Quader zusammensetzen. Je mehr Zylinderteile gebildet werden, desto genauer ist diese Näherung.
Das Volumen kann man so berechnen:

$V = \frac{u}{2} \cdot r \cdot h$

$V = \frac{2 \cdot \pi \cdot r}{2} \cdot r \cdot h$

$V = \pi \cdot r^2 \cdot h$

$V = G \cdot h$

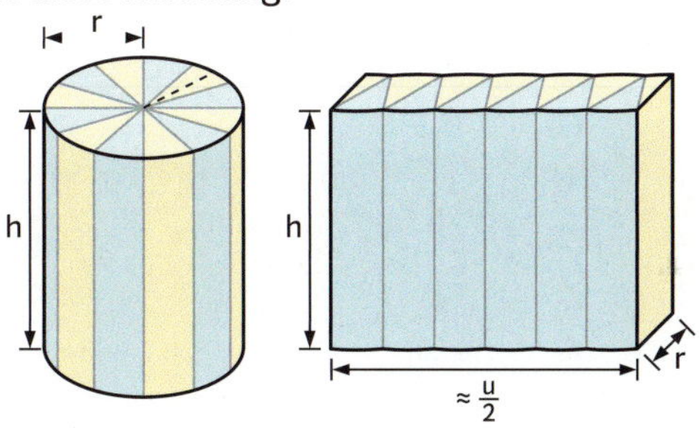

Wie bei Prismen ergibt sich das Volumen eines Zylinders aus dem Produkt der Grundfläche und der Körperhöhe. Der Unterschied besteht lediglich in der Form der Grundfläche.

Das **Volumen eines Zylinders** kann als Produkt der Grundfläche und der Höhe berechnet werden.
$\mathbf{V = G h}$; $\mathbf{V = \pi r^2 h}$

Beispiele

a) Aus dem Radius $r = 2{,}0\,cm$ und der Höhe $h = 5{,}0\,cm$ wird das Volumen des Zylinders berechnet.

$V = \pi r^2 h$

$V = \pi \cdot 2{,}0^2 \cdot 5{,}0$

$V = 62{,}8\,cm^3$

b) Aus dem Volumen $V = 328{,}0\,cm^3$ und der Höhe $h = 18{,}0\,cm$ wird der Radius des Zylinders berechnet.

$V = \pi r^2 h \quad | : (\pi h)$

$r^2 = \frac{V}{\pi h}$

$r = \sqrt{\frac{V}{\pi h}}$

$r = \sqrt{\frac{328{,}0}{\pi \cdot 18{,}0}} \quad r = 2{,}4\,cm$

S	961 433,5 cm³
A	5541,8 m³
U	508,4 cm³
D	659,5 cm³
I	33 846,3 cm³
R	4825,5 cm³

3,9 cm   8,7 cm   31 cm   45,8 cm   49,5 cm   2,2 cm

Aufgaben

1 Berechne das Volumen des Zylinders. Finde das Lösungswort.

a) r = 8 cm, h = 24 cm
b) r = 14 m, h = 9 m
c) r = 4,2 cm, h = 11,9 cm
d) r = 33,5 cm, h = 96 mm
e) d = 68 mm, h = 1,4 dm
f) d = 123,7 cm, h = 0,8 m

2 Wie groß sind der Radius bzw. die Höhe des Zylinders?

a) V = 150 cm³, h = 10 cm
b) V = 760 dm³, h = 25 dm
c) V = 201,6 cm³, h = 4,2 cm
d) V = 1,8 l, h = 7,5 cm
e) V = 35 dm³, r = 15,6 cm
f) V = 56 cm³, d = 12 mm

3 Berechne die fehlenden Angaben des Zylinders. (Maße in cm/cm²/cm³)

	r	h	M	O	V
a)	4,6	11,7	□	□	□
b)	13,5	□	605,0	□	□
c)	9,8	□	□	□	936,5
d)	□	10,1	□	□	769,0
e)	□	49,0	□	□	2345,0
f)	□	□	350,0	□	560,0

4 Eine zylinderförmige Regentonne hat einen Innendurchmesser von 80 cm und eine Höhe von 1,2 m.
a) Die Tonne ist zu 80 % gefüllt. Wie viel Liter Wasser enthält sie?
b) In der Tonne sind 450 l Wasser. Wie hoch steht das Wasser?

5 Alle abgebildeten Stahlzylinder haben das gleiche Volumen von 144π cm³. Berechne die Radien und die Oberflächen.

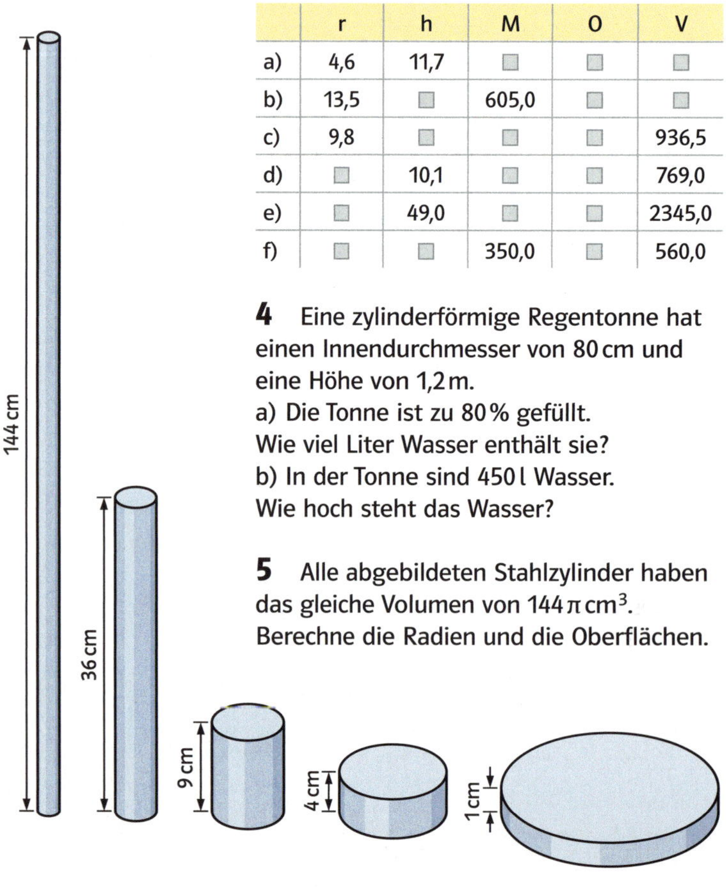

6 Tim meint: „Beide Holzklötze haben das gleiche Volumen." Sarah sagt: „Der obere Holzklotz müsste höher sein." Wer hat Recht?

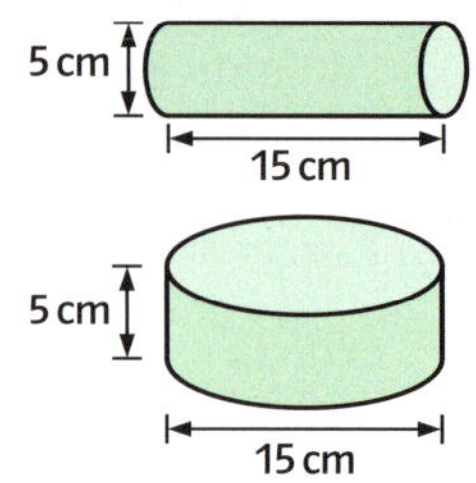

7 Ein Messzylinder hat einen Innendurchmesser von 76 mm.
a) In welcher Höhe befinden sich die Eichstriche für 50 ml; 100 ml; 150 ml, ...?
b) Das Fassungsvermögen soll ein Liter betragen. Wie hoch muss der Messzylinder mindestens sein?

8 Vergleiche die Rauminhalte der Kerzen. Gib den Unterschied in Prozent an.

9 Wie verändern sich das Volumen und die Mantelfläche eines Zylinders?
a) Die Körperhöhe wird verdoppelt.
b) Der Radius wird verdoppelt.
c) Der Durchmesser wird verdreifacht.
d) Der Radius wird halbiert.
e) Der Radius wird verdoppelt und die Körperhöhe wird halbiert.

10 Bei der Herstellung integrierter Schaltkreise werden extrem dünne Drähte (d = 0,01 mm) aus Gold (19,3 g/cm³) verwendet.

a) Wie viel Meter Draht lassen sich aus 1 cm³ Gold herstellen?
b) Wie viel Gramm Gold braucht man für 1000 km Draht?

11 Überprüfe die Angaben des Zeitungsartikels. Gib Gründe für Abweichungen an.

Deutschlands längste Autoröhre
Der Rennsteigtunnel ist das Herzstück der etwa 20 km langen Kammquerung des Thüringer Waldes für die Autobahn A 71. Er besteht aus zwei getrennten Röhren von 7,92 km Länge mit einer Breite von 9,50 m. Beim Bau wurden 1,35 Mio. m^3 Gestein abgebaut.

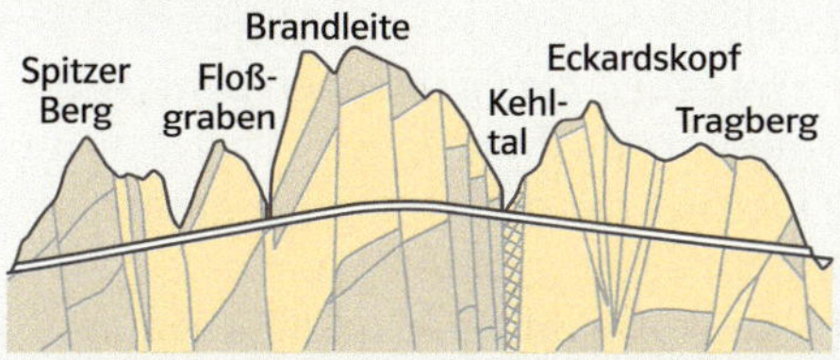

12 Der 29 m hohe zylindrische Betonmast eines Werbeschildes an der Autobahn hat einen Außendurchmesser von 4,50 m und eine Wandstärke von 30 cm. In der Fabrik wird 1 m^3 Beton pro Minute in die rotierende Fertigungsanlage gefüllt.

13 Die Kolben von Verbrennungsmotoren bewegen sich in zylinderförmigen Verbrennungskammern auf und ab. Aus ihrem Gesamtvolumen ergibt sich der Hubraum.

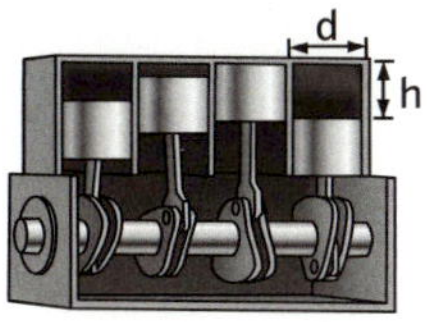

a) Ergänze die Werte für vier Sportwagen.

Zylinder	4	4	6	8
Kolben-∅ (mm)	80	78	▢	90
Kolbenhub (mm)	88	▢	92	102
Hubraum (cm^3)	▢	1594	1830	▢

b) Wie viel Hubraum besitzen Motorräder? Wie viel Hubraum Formel-1-Rennwagen?

14 Eine 20 cm lange Zahnbürste ragt 6,5 cm über den Rand des Glases mit einem Durchmesser von 6 cm hinaus. Wie viel Wasser passt in das Glas?

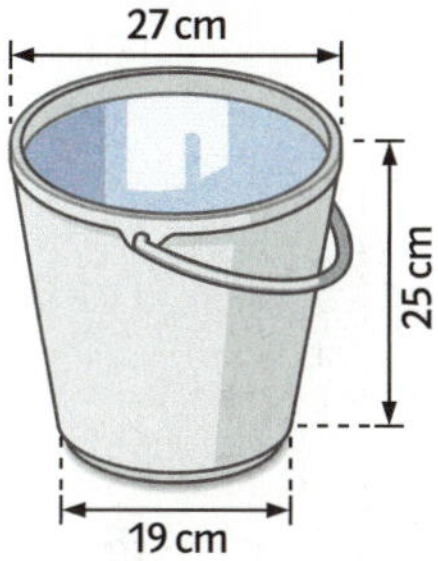

15 Ein Wassereimer ist eigentlich gar kein Zylinder. Wie viel Wasser passt hinein? Finde geschickt einen Näherungswert. Nenne weitere Behälter, deren Volumen sich auf diese Weise angenähert bestimmen lässt?

Zylinderpaare ?!

Aus einem Rechteck kann man zwei unterschiedliche Zylinder herstellen. Welche Volumina besitzen diese Zylinder? Gibt es Regelmäßigkeiten?

- Berechne das Volumen des offenen Zylinders eines DIN-A4-Blattes. Es gibt zwei Möglichkeiten. Vergleiche die Werte miteinander.
- Halbiere das Blatt und berechne erneut.
- Wiederhole diesen Vorgang, indem du die Blätter weiter halbierst. Erstelle eine Tabelle mit den Ergebnissen.
- Gibt es eine Gesetzmäßigkeit?
- Welche Volumina erwartest du bei Zylindern aus einem DIN-A3-Blatt?

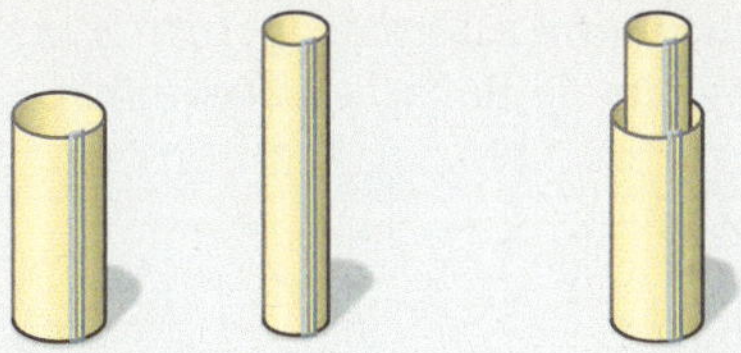

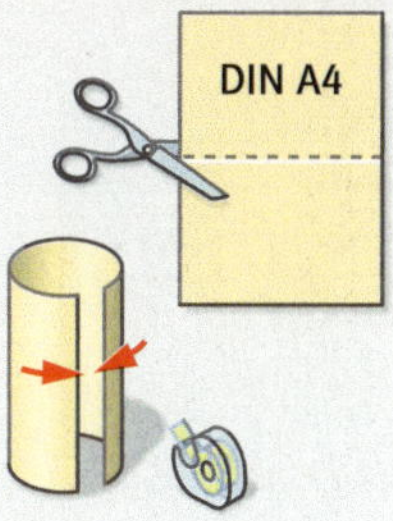

- Stelle die Zylinderpaare ineinander. Welches Volumen besitzt der äußere Hohlzylinder?
- Finde auch hier eine Gesetzmäßigkeit, indem du eine Tabelle anlegst.
- Welches Hohlzylindervolumen ergibt ein DIN-A3-Blatt?
- Was passiert mit dem Volumen, wenn der innere Zylinder verschoben wird?

4 Zusammengesetzte Körper*

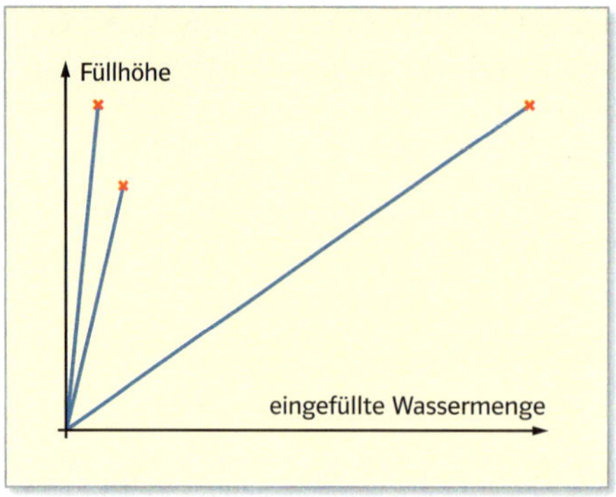

Zu jedem der vier Zylinder gehört eine Spalte in der Tabelle.
➔ Ordne zu.

h in cm	10	15	20	20
u in cm	60	24	60	15
r in cm	9,5	3,8	9,5	2,4

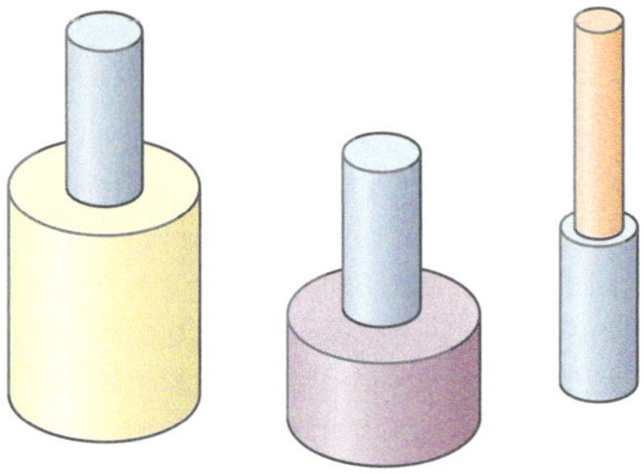

➔ Welcher Füllgraph gehört zu welchem der vier Zylinder?
Einer der Graphen ist aber versteckt. Wo ist er?
➔ Wie sehen die Füllgraphen der zusammengesetzten Zylinder aus?
➔ Welcher der drei zusammengesetzten Körper hat das größte Volumen?
➔ Wie groß sind die Mantelflächen der drei Körper?

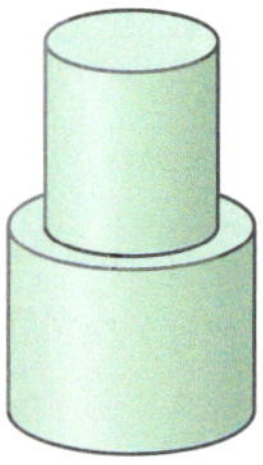

Das Volumen des Doppelzylinders setzt sich aus den Volumina der zwei Teile zusammen. Die Oberfläche besteht aus zwei Kreisen, einem Kreisring und zwei Zylindermänteln.

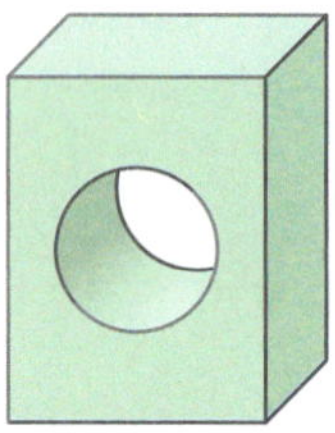

Das Volumen des Hohlkörpers ist die Differenz des Quadervolumens und des Zylindervolumens. Die Oberfläche besteht aus vier Rechtecken, dem Zylindermantel und zwei Rechtecken, aus denen je ein Kreis ausgeschnitten ist.

Das **Volumen** zusammengesetzter oder ausgehöhlter Körper berechnet man als Summe oder Differenz der Volumina der Teilkörper.
Die **Oberfläche** zusammengesetzter oder ausgehöhlter Körper lässt sich als Summe der Einzelflächen berechnen.

Beispiele

a) Zylinder 1:
$r_1 = 2{,}0\,\text{cm}$; $h_1 = 3{,}0\,\text{cm}$
Zylinder 2:
$r_2 = 4{,}0\,\text{cm}$; $h_2 = 5{,}0\,\text{cm}$
Das Volumen wird berechnet:
$V = V_1 + V_2$
$V_1 = \pi r_1^2 h_1 = \pi \cdot 2{,}0^2 \cdot 3{,}0 = 37{,}7$
$V_2 = \pi r_2^2 h_2 = \pi \cdot 4{,}0^2 \cdot 5{,}0 = 251{,}3$
$V = 37{,}7 + 251{,}3 = 289{,}0$
Das Volumen beträgt $289\,\text{cm}^3$.

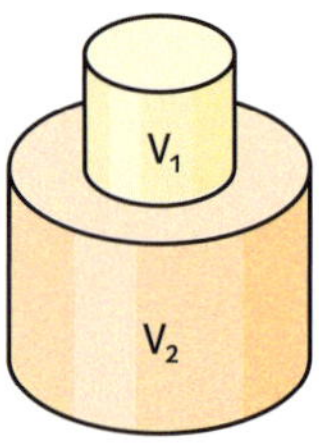

Die Oberfläche wird berechnet:
$O = G_1 + M_1 + (G_2 - G_1) + M_2 + G_2$
$= M_1 + M_2 + 2 \cdot G_2$
$= 2\pi \cdot 2{,}0 \cdot 3{,}0 + 2\pi \cdot 4{,}0 \cdot 5{,}0 + 2\pi \cdot 4{,}0^2$
$= 2\pi \cdot 42{,}0$
$O = 263{,}9$
Die Oberfläche beträgt $264\,\text{cm}^2$.

b) Zylinder:
$r = 6{,}0\,cm$; $h = 22{,}0\,cm$
Quadratischer Schacht:
$a = b = 4{,}0\,cm$
$c = h = 22{,}0\,cm$
Hohlkörper: $V = V_Z - V_S$
Zylinder: $V_Z = \pi \cdot 6{,}0^2 \cdot 22{,}0 = 2488{,}1$
Schacht: $V_S = 4{,}0 \cdot 4{,}0 \cdot 22{,}0 = 352{,}0$
$V = 2488{,}1 - 352{,}0 = 2136{,}1$
Das Volumen beträgt $2136{,}1\,cm^3$.

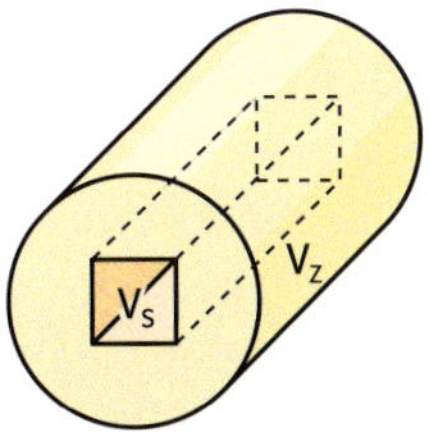

Die Oberfläche besteht aus dem Zylindermantel, vier Rechtecken und zwei Kreisen, aus denen je ein Quadrat ausgeschnitten ist. Das ergibt:
$O = 2 \cdot \pi \cdot 6{,}0 \cdot 22{,}0 + 4 \cdot 4{,}0 \cdot 22{,}0$
$\quad + 2 \cdot (\pi \cdot 6{,}0^2 - 4{,}0^2)$
$O = 1375{,}6$
Die Oberfläche beträgt $1375{,}6\,cm^2$.

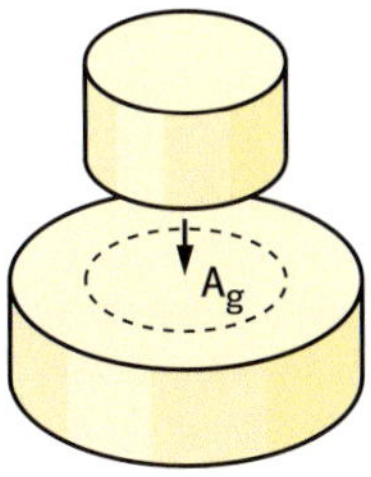

Bemerkung

Sind die Oberflächen der zwei Körper schon bekannt, lässt sich die Oberfläche des zusammengesetzten Körpers vorteilhaft nach der Formel $\mathbf{O = O_1 + O_2 - 2 \cdot A_g}$ berechnen: Man addiert die Oberflächen und subtrahiert das Doppelte der gemeinsamen Grenzfläche A_g.

Aufgaben

1 Berechne das Volumen V und die Oberfläche O des aus zwei Zylindern zusammengesetzten Körpers. (Alle Maße in cm)

	r_1	h_1	r_2	h_2
a)	7,0	9,0	5,0	4,0
b)	8,5	12,4	6,2	5,7
c)	12,1	24,0	7,6	13,8

2 Berechne das Volumen und die Oberfläche des ausgebohrten Zylinders.
Außenradius: $r_a = 2{,}75\,dm$
Innenradius: $r_i = 0{,}75\,dm$
Länge: $h = 8{,}50\,dm$

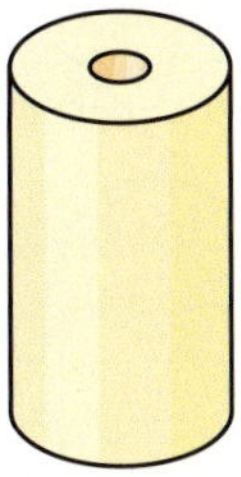

3 Wie groß sind Volumen und Oberfläche der Metallniete? (Alle Angaben in mm)

a)

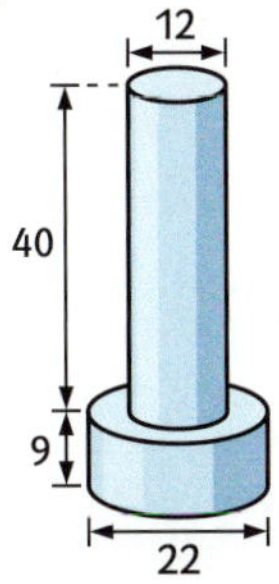

b)

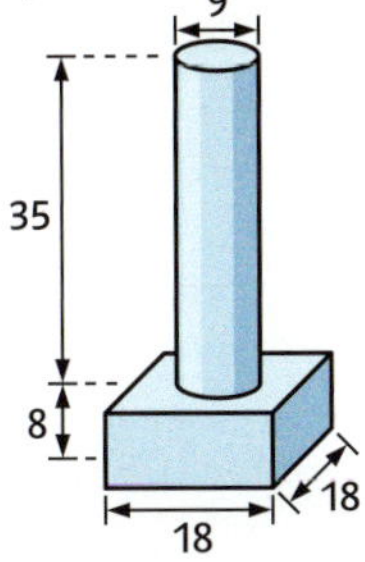

4 Ein begehbares Aquarium mit einem 2,50 m hohen Tunnel wurde eröffnet.
Wie viel Liter Wasser passen maximal ins Haifischbecken?

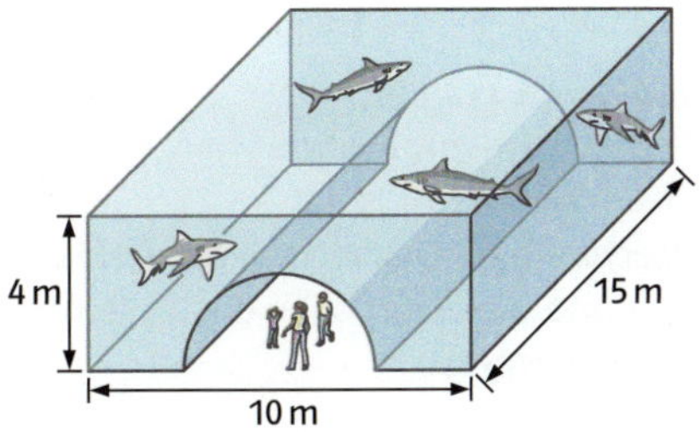

5 Kalksandsteine sind besonders stabil und widerstandsfähig. Sie werden daher vor allem zum Häuserbau benutzt.
a) Berechne das Volumen und die Oberfläche des abgebildeten Steintyps 4 DF. (Alle Angaben in mm)

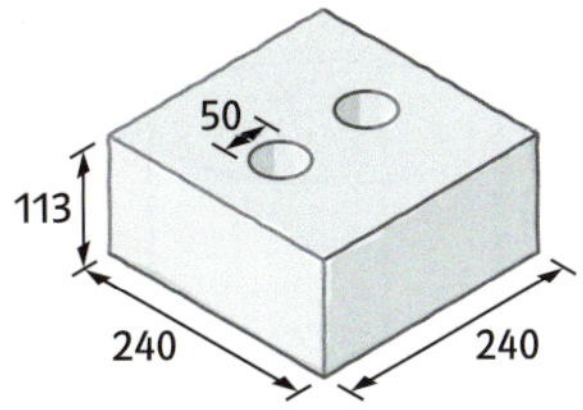

b) $1\,dm^3$ Kalksandstein wiegt 1,8 kg.
c) Um wie viel Prozent ist die Oberfläche größer als beim Stein ohne Löcher?

6 Ein Zylinder mit $r = 5{,}5\,cm$ und $h = 10{,}0\,cm$ ist ausgeschachtet. Der Querschnitt des Schachts ist ein Rechteck mit $a = 3{,}2\,cm$ und $b = 2{,}4\,cm$. Berechne Volumen und Oberfläche des Hohlkörpers.

7 a) Berechne die Oberfläche des Würfels mit sechs aufgesetzten Zylindern. Würfelkanten und Zylinderhöhen haben die Länge $a = 10\,cm$.

? *Musst du wirklich alle vier Kreisringflächen berechnen, um die Oberfläche des Stapels zu bekommen?*

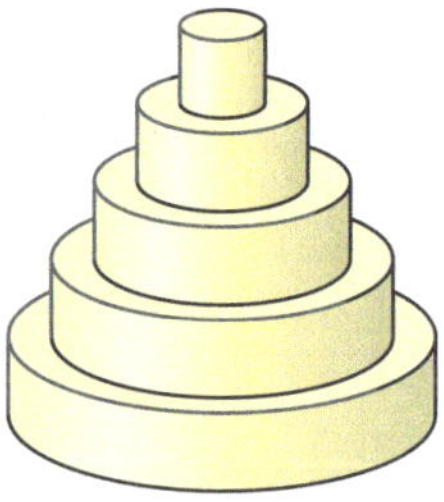

b) Sven sagt: „Für die Oberfläche addiere ich einfach die Würfeloberfläche zum Sechsfachen einer Zylindermantelfläche.“ Wie hat Sven überlegt?

8 Auf einen Zylinder mit $r_1 = 10\,cm$ und $h_1 = 10\,cm$ wird ein Zylinder mit $r_2 = 5\,cm$ und $h_2 = 5\,cm$ aufgesetzt.
a) Berechne die Oberflächen der beiden Zylinder und die Oberfläche des zusammengesetzten Körpers.
b) Spielt es für das Ergebnis eine Rolle, ob der kleine Zylinder genau mittig auf den großen aufgesetzt wird?
Schreibe auf, was du herausfindest.

9 a) Berechne das Volumen und die Oberfläche des Stifthalters.
(Maße in cm)

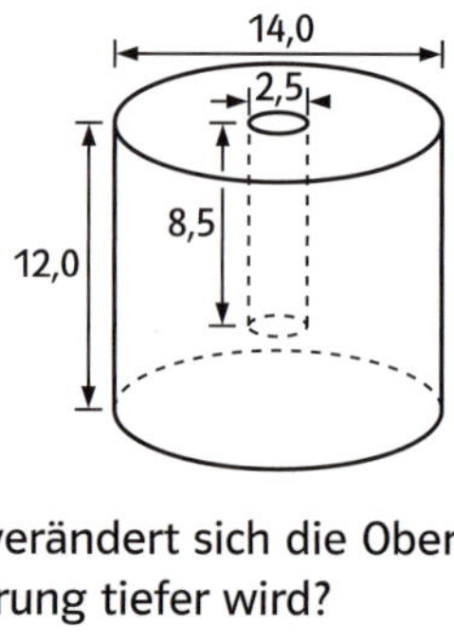

b) Wie verändert sich die Oberfläche, wenn die Bohrung tiefer wird?

10 Berechne Volumen und Masse der Gussteile. $1\,dm^3$ Aluminium wiegt 2,7 kg.
(Alle Maße in mm)

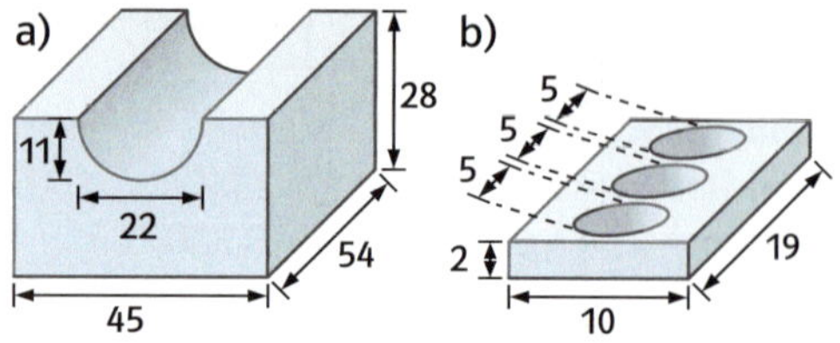

11 Eine Achse ist aus drei Zylindern Z_1; Z_2 und Z_3 zusammengesetzt.
Berechne das Gewicht. $1\,dm^3$ Stahl wiegt 7,85 kg.
Die Achse wird sandgestrahlt.
Daher ist auch die Oberfläche wichtig.

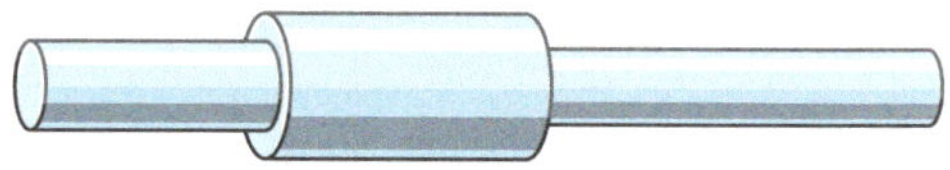

Z_1: $h_1 = 52{,}5\,mm$; $d_1 = 20{,}0\,mm$
Z_2: $h_2 = 58{,}5\,mm$; $d_2 = 32{,}5\,mm$
Z_3: $h_3 = 90{,}8\,mm$; $d_3 = 17{,}0\,mm$

12 a) Berechne das Volumen der Tanks.
b) Die angegebenen Maße sind Außenmaße. Das Material ist 5 mm dickes Stahlblech.

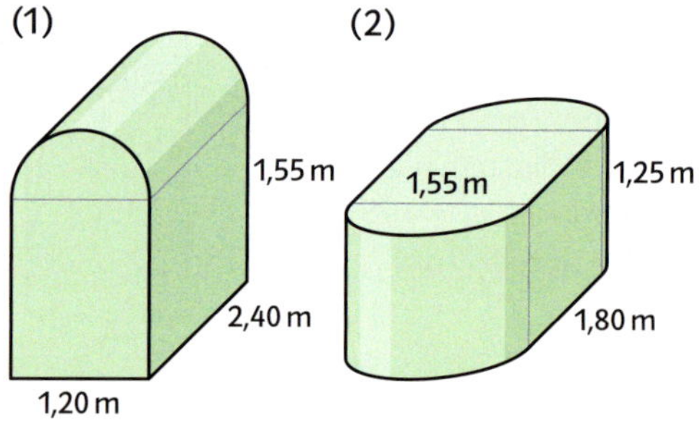

13 Wie groß sind die äußeren Oberflächen der Regenrinne und des Fallrohres etwa?

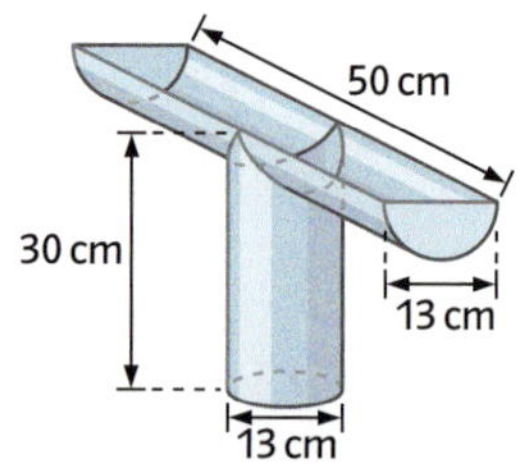

Zusammenfassung

Zylinder

Einen Körper mit zwei kongruenten Kreisen als **Grund- und Deckfläche** und einem Rechteck als **Mantel** bezeichnet man als **Zylinder**.

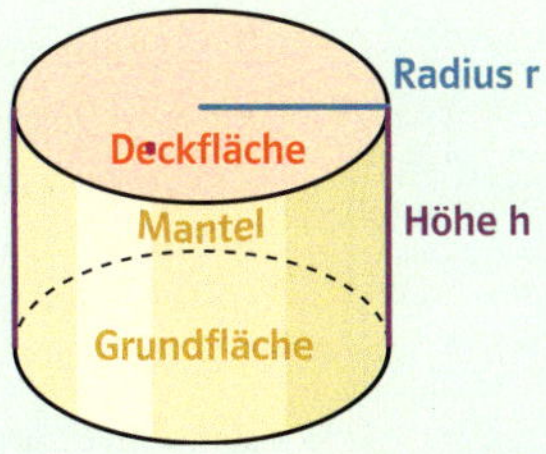

Oberfläche eines Zylinders

Die **Mantelfläche eines Zylinders** wird als Produkt des Grundkreisumfangs und der Zylinderhöhe berechnet.

$\mathbf{M = u\,h}$ $\mathbf{M = 2\pi r h}$

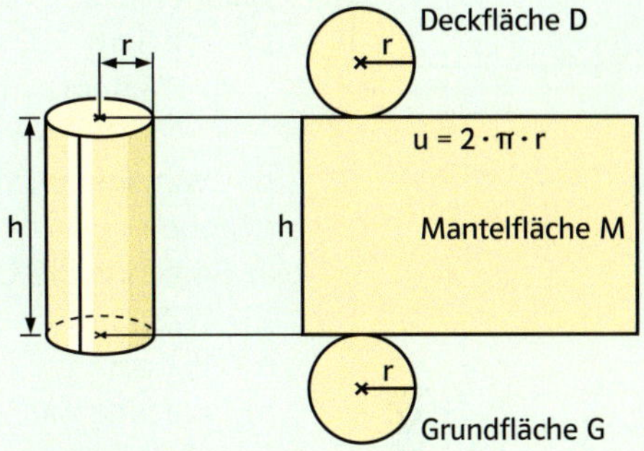

Zur Berechnung der **Oberfläche eines Zylinders** verdoppelt man den Flächeninhalt der Grundfläche und addiert die Mantelfläche.

$\mathbf{O = 2G + M}$; $\mathbf{O = 2\pi r^2 + 2\pi r h}$

$r = 2{,}0\,cm$
$h = 4{,}0\,cm$

$O = 2\pi r^2 + 2\pi r h$
$O = 2\pi \cdot 2{,}0^2 + 2\pi \cdot 2{,}0 \cdot 4{,}0$
$O = 25{,}1 + 50{,}3$ $O = 75{,}4\,cm^2$

Volumen eines Zylinders

Das **Volumen eines Zylinders** kann als Produkt der Grundfläche und der Höhe berechnet werden.

$\mathbf{V = G\,h}$; $\mathbf{V = \pi r^2 h}$

$V = \pi r^2 h$
$V = \pi \cdot 2{,}0^2 \cdot 4{,}0$
$V = 50{,}3\,cm^3$

zusammengesetzte Körper*

Das **Volumen zusammengesetzter oder ausgehöhlter Körper** berechnet man als Summe oder Differenz der Volumina der Teilkörper.

Zylinder:
$r = 2{,}0\,cm$
$h = 5{,}0\,cm$

Würfel:
$a = 7{,}0\,cm$

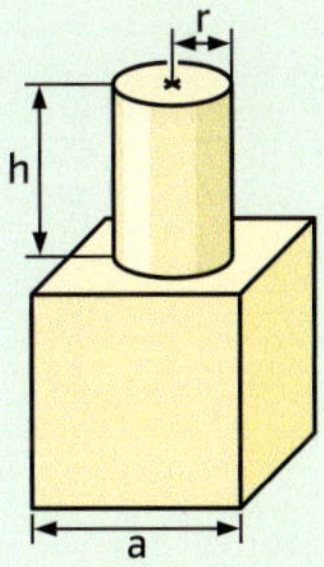

$V = V_W + V_Z$
$V = a^3 + \pi r^2 h$
$V = 7{,}0^3 + \pi \cdot 2{,}0^2 \cdot 5{,}0$
$V = 343{,}0 + 62{,}8$ $V = 405{,}8\,cm^3$

Die **Oberfläche zusammengesetzter oder ausgehöhlter Körper** lässt sich als Summe der Einzelflächen berechnen.

$O = 5A_Q + (A_Q - A_K) + M_Z + A_K$
$O = 6A_Q + M_Z$
$O = 6a^2 + 2\pi r h$
$O = 6 \cdot 7{,}0^2 + 2\pi \cdot 2{,}0 \cdot 5{,}0$
$O = 294{,}0 + 62{,}8$ $O = 356{,}8\,cm^2$

Üben • Anwenden • Nachdenken

1 Stellt aus einem DIN-A4-Blatt das Netz eines Zylinders her.
a) Sieger ist, wer den Zylinder mit dem größten Volumen gebastelt hat.
b) Jetzt ist die größte Oberfläche das Ziel.

2 Berechne Volumen und Oberfläche des Zylinders.
a) r = 6,5 cm, h = 78,0 cm
b) r = 2,4 dm, h = 5,3 dm
c) d = 72,0 cm, h = 8,9 m

3 Von einem Zylinder sind zwei Maße gegeben.
a) Berechne die Oberfläche.
V = 1178,1 cm^3, h = 15,0 cm
V = 3041,1 mm^3, h = 2,0 mm
b) Berechne das Volumen.
O = 62,8 dm^2, r = 2,0 dm
O = 40,8 m^2, r = 0,5 m

4 Berechne die fehlenden Größen des Zylinders.

	a)	b)	c)	d)
r	6,0 cm	4,5cm	□	□
h	□	□	41,0 cm	□
M	4,5 dm^2	□	□	140,0 cm^2
O	□	□	□	□
V	□	482,0 cm^3	0,77 m^3	385,0 cm^3

5 a) Ein Würfel hat eine Kantenlänge von 25 cm. Gib die Abmessungen eines Zylinders an, der mit dem Würfel volumengleich ist.
b) Ein Prisma hat als Grundfläche ein gleichseitiges Dreieck. Es gilt a = h = 15 cm. Welche Abmessungen kann ein Zylinder haben, der die gleiche Oberfläche besitzt?

Optimale Dosen

Konservendosen gibt es in ganz unterschiedlichen Formaten. Das zu verpackende Produkt, die Standfestigkeit oder Stapelbarkeit der Dosen und die für Produktwerbung zur Verfügung stehende Fläche sind Kriterien, sich für ein bestimmtes Dosenformat zu entscheiden.
Von großer Bedeutung ist der Materialverbrauch. Die „ideale" Dose benötigt zur Verpackung einer bestimmten Warenmenge am wenigsten Blech.

- Ermittle mit einer Tabellenkalkulation die Abmessungen der „idealen" Dose mit einem Volumen von 850 ml.

Für eine vorgegebene Höhe berechnet das Programm Radius und Oberfläche. Du kannst die Eingabe schrittweise verfeinern.

E6 | f_x =2*PI()*D6^2+2*PI()*D6*C6

	A	B	C	D	E
1					
2	**Zylinder**	**Gleichbleibendes Volumen / Kleinste Oberfläche**			
3					
4		Volumen	Höhe	Radius	Oberfläche
5					
6		850	1	16,45	1803,35
7		850	2	11,63	996,16
8		850	3	9,50	745,68
9		850	4	8,22	631,70
10		850	5	7,36	571,10
11		850	6		
12		850	7		
13		850	8		
14		850	9		
15		850	10		
16		850			
17		850			
18		850			

6 Zeichne auf ein Transparentpapier oder auf eine Folie eine Strecke schräg von Rand zu Rand. Rolle das Blatt dann so auf, dass mehrere Schichten übereinander liegen.
Was beobachtest du?

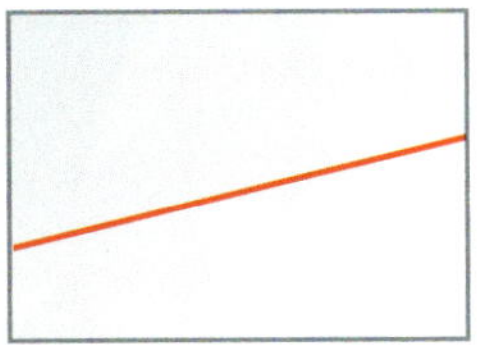

7 a) Skizziere die Zylinder und berechne ihr Volumen.
Denke daran: Ellipsen haben weder Ecken noch Spitzen.

Zylinder	(1)	(2)	(3)	(4)
r in cm	1,5	2,4	3	4
h in cm	16	6,25	4	2,25

b) Zeichne zwei Zylinder im Schrägbild.

8 Schätze erst, rechne dann: Welche Keksdose hat das größere Volumen, welche die größere Oberfläche?

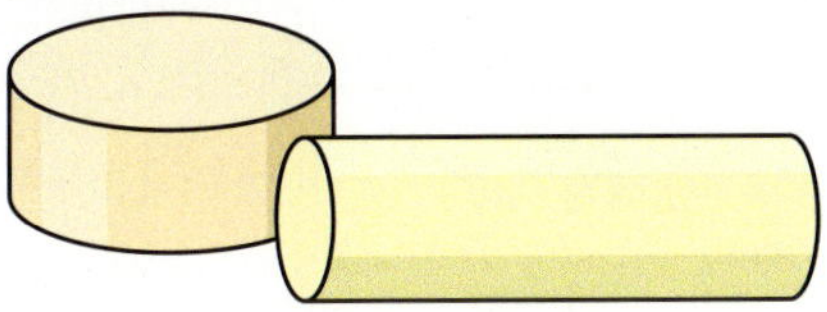

$r_1 = 10\,cm$ $r_2 = 5{,}0\,cm$
$h_1 = 7{,}5\,cm$ $h_2 = 30{,}0\,cm$

9 Das Rechteck und das Parallelogramm haben die Seitenlängen $a = 21\,cm$ und $b = 14\,cm$. Sie lassen sich zu Zylindermänteln biegen. Dabei können entweder die kurzen oder die langen Seiten aneinandergelegt werden.
Vergleiche die vier Zylinder dem Volumen nach.

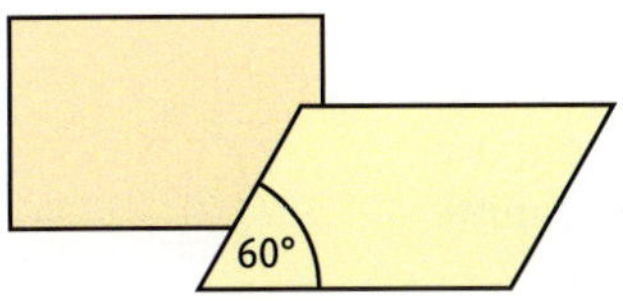

Drehkörper ?!

Wenn man das blaue Rechteck um die beiden Seitenachsen x und y rotieren lässt, entstehen zwei Zylinder als Drehkörper.
- Erstelle eine Berechnungsformel für den Mantel und die Oberfläche der beiden Zylinder. Vergleiche.
- Gelten die Erkenntnisse auch für das Volumen? Begründe.

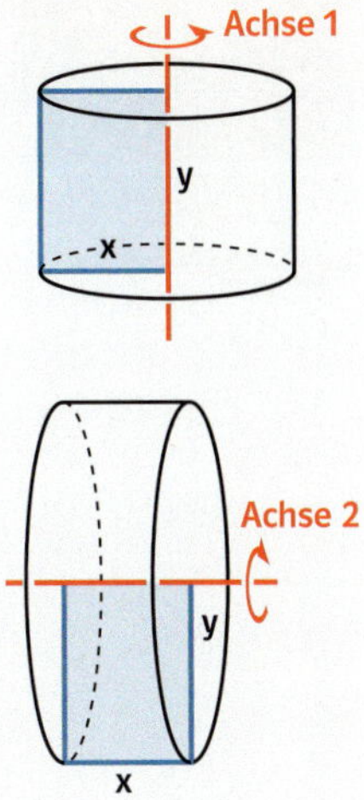

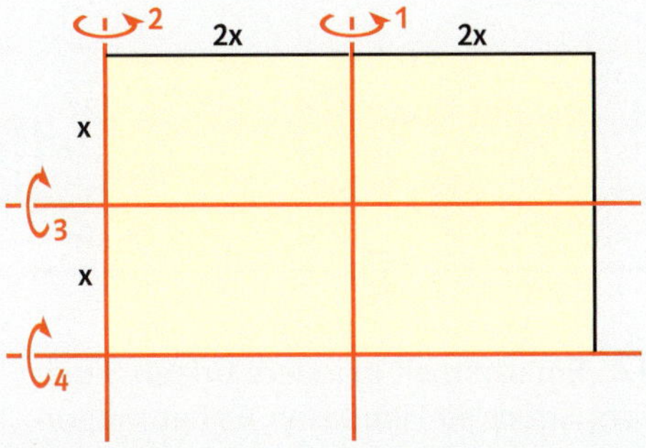

Ein Rechteck wird um die Achsen 1, 2, 3 und 4 gedreht.
- Schätze: Für welchen Fall ist das Volumen am größten? Begründe deine Vermutung.
- Finde jeweils einen Term zur Berechnung von V_1, V_2, V_3 und V_4 und löse ihn so weit wie möglich auf.
- In welchem Verhältnis stehen die einzelnen Volumina zueinander?
- Wie oft passt V_3 in V_1 und V_4 in V_2?
- Wie sieht es beim Mantel und der Oberfläche aus? Gehe genauso vor.

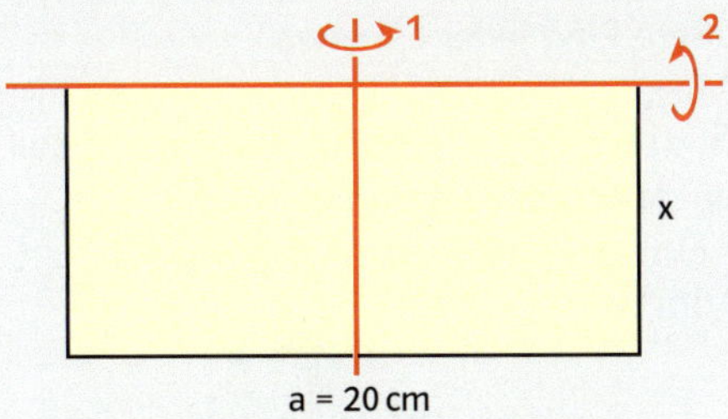

- Bestimme x so, dass die beiden Zylinder das gleiche Volumen besitzen.
- Sie sollen die gleiche Oberfläche haben.

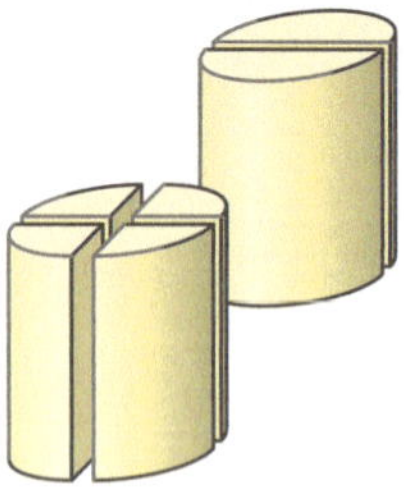

10 Ein Zylinder mit $r = 4{,}0\,cm$ und $h = 10{,}0\,cm$ wird durch Achsenschnitte zerlegt.
a) Berechne die Oberfläche der Zylinderhälfte und des Zylinderviertels.
b) Um wie viel Prozent ist die Oberfläche der zwei bzw. vier Teilkörper größer als die Oberfläche des Zylinders?

11 Drücke V und O durch e aus.
a) b)

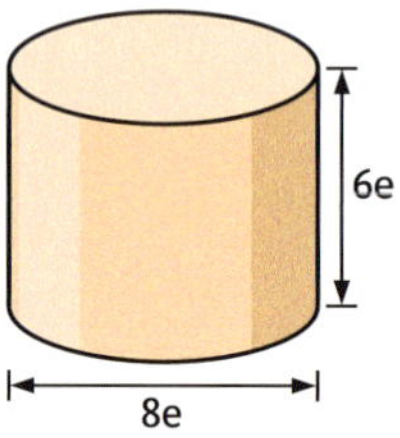

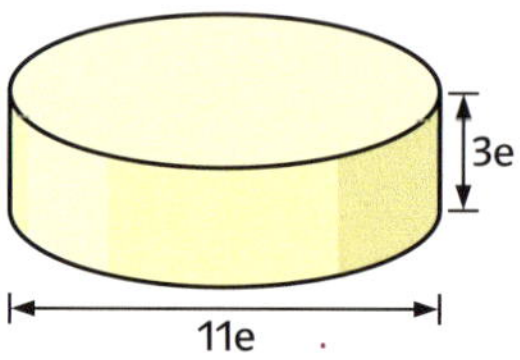

12 Tim sammelt in jedem Urlaub Sand vom Strand in Filmdosen. Er hat mittlerweile eine Sammlung von 122 randvoll gefüllten Dosen. Jede von ihnen hat eine Höhe von 4 cm und einen Innendurchmesser von 3 cm. Tim behauptet: „Mit dem Sand könnte ich locker 5 Literflaschen füllen."

13 Eine Multivitamintablette besitzt einen Durchmesser von 2,5 cm und eine Höhe von 5 mm. Marion stoppt zum Auflösen der Tablette in Wasser eine Zeit von 1,5 Minuten. Wie viel Brausepulver löst sich pro Sekunde etwa auf?

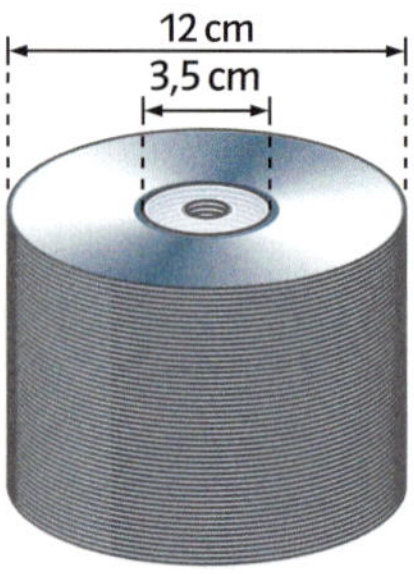

14 In einer CD-Spindel befinden sich 50 CDs. Die Spindel hat eine innere Höhe von 8 cm. Welches Volumen besitzt der äußere Ring jeder CD etwa?

15 a) Ein amerikanischer Postkasten soll neu gestrichen werden.
b) Ein Paket mit einem Volumen von $10\,dm^3$ wird geliefert.

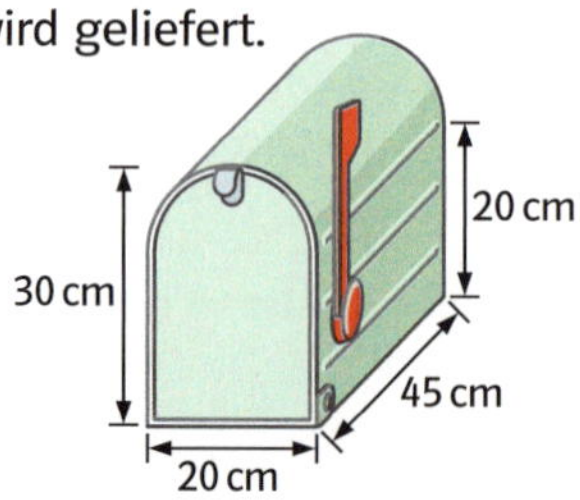

16 Von der Wasserleitung bis zur Pipeline – überall braucht man Rohre.

d_a: Außendurchmesser; w: Wanddicke
Aus der Fülle der Typen:
A $d_a = 25\,mm$; $w = 1{,}0\,mm$
B $d_a = 323{,}8\,mm$; $w = 25{,}40\,mm$;
C $d_a = 711\,mm$; $w = 12{,}70\,mm$
$1\,dm^3$ Stahl wiegt 7,85 kg.
Wie viel wiegt 1 lfm Rohr?
International werden Rohre in inch gemessen (1 inch = 25,4 mm). Erkläre damit die Maße der Typen A, B und C.

17 Aus einem Prospekt für Lochbleche:

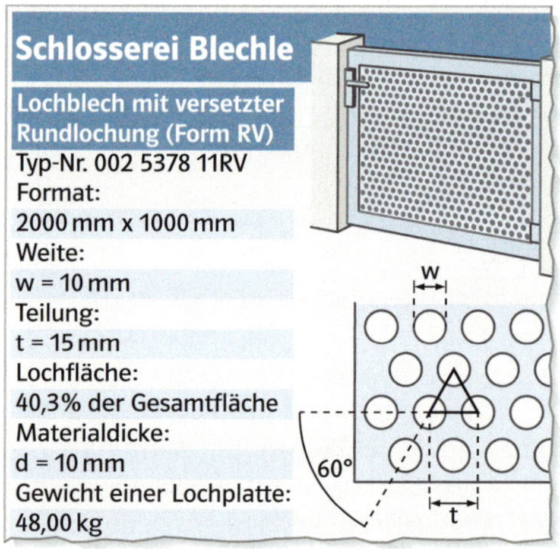

Passen diese Angaben zusammen? Überlege dazu, wie viel Prozent des gleichseitigen Dreiecks die drei Kreisausschnitte einnehmen.

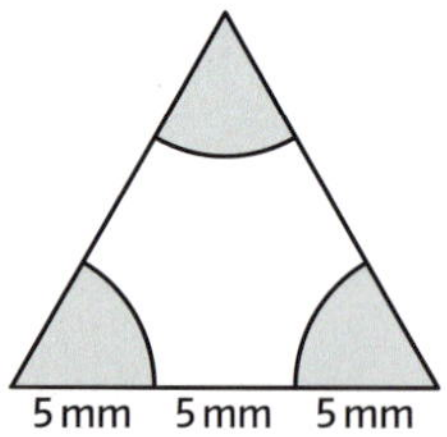

Rückspiegel

1 Berechne die Mantelfläche, die Oberfläche und das Volumen des Zylinders.
a) $r = 6\,cm$; $h = 15\,cm$
b) $r = 37{,}0\,mm$; $h = 25{,}5\,cm$
c) $r = 0{,}62\,m$; $h = 1{,}84\,m$

2 Berechne den Radius des Zylinders.
a) $M = 78\,cm^2$, $h = 6\,cm$
b) $M = 1{,}5\,m^2$, $h = 25\,cm$
c) $V = 3{,}5\,m^3$, $h = 1{,}2\,m$

3 Eine Flugzeughalle hat die Form eines Halbzylinders mit einem Radius von 15 m. Sie ist 120 m lang.

a) Berechne das Volumen der Halle.
b) Die gewölbte Decke wird mit Zinkblech bedeckt. Wie viel m^2 werden benötigt?

4 Holzzylinder:
$r = 2\,cm$; $h = 6\,cm$
a) Berechne das Volumen und die Oberfläche des Turmes.
b) Wie viel Prozent sind gelb, wie viel sind rot eingefärbt?

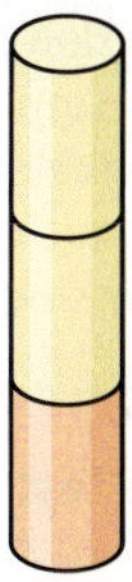

5 a) Das Rechteck wird um die Achse 1 oder die Achse 2 gedreht. Berechne jeweils das Volumen V und die Oberfläche O.
b) Wie muss eine Achse liegen, damit das Volumen möglichst klein wird?

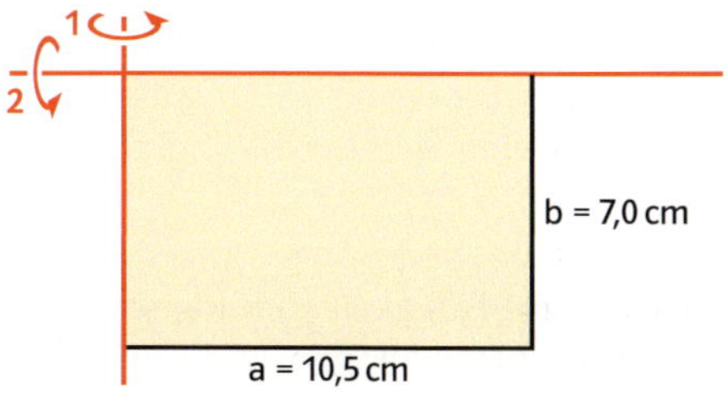

Rückspiegel

1 Wie hoch ist der Zylinder?
a) $M = 282{,}7\,cm^2$; $r = 9{,}0\,cm$
b) $O = 37{,}7\,dm^2$; $r = 15{,}0\,cm$
c) $V = 942{,}5\,dm^3$; $r = 0{,}5\,m$

2 Berechne das Volumen des Zylinders.
a) $M = 660\,cm^2$, $h = 15\,cm$
b) $M = 77\,dm^2$, $d = 6\,dm$
c) $M = 0{,}09\,m^2$, $r = 15\,cm$
d) $G = 49\,cm^2$, $M = 32\,cm^2$
e) $O = 512\,cm^2$, $M = 3{,}3\,dm^2$
f) $O = 0{,}12\,m^2$, $d = 0{,}12\,m$

3 Der Eurotunnel zwischen Frankreich und Großbritannien ist 50,5 km lang. Er besteht aus 3 Röhren. Die beiden Fahrröhren haben einen Durchmesser von 7,6 m; die Versorgungsröhre von 4,8 m.
a) Wie lang wäre ein Güterzug mit dem gesamten Aushub, wenn ein Güterwaggon 12,50 m lang ist und $40\,m^3$ fasst?
b) Stelle dir das Aushubvolumen in Form eines Würfels vor. Wie groß wäre dessen Kantenlänge? Schätze zuerst.

4 Holzzylinder:
$r = e$; $h = 3e$
a) Berechne das Volumen und die Oberfläche des Turmes.
b) Wie viel Prozent des Turmes sind gelb, wie viel grün und wie viel rot eingefärbt?

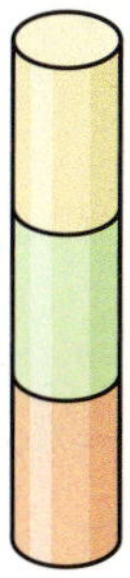

5 Das Rechteck wird um die Achse 1 und Achse 2 gedreht.
a) Berechne O_1 und O_2. Vergleiche.
b) Gilt $V_1 < V_2$ oder $V_2 < V_1$? Argumentiere, ohne zu rechnen.

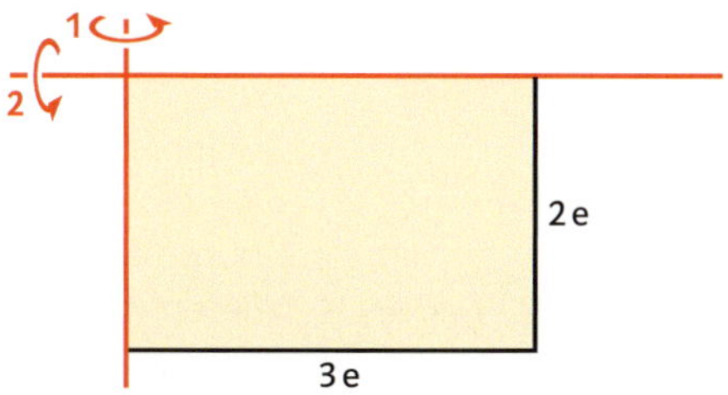

Spätestens wenn dein Bewerbungsschreiben erfolgreich war, musst du an die nächste Hürde denken: Der Einstellungstest muss bestanden werden.
Die Aufgaben in diesen Bewerbungstrainings sollen dir helfen, dich auf den mathematischen Teil eines Einstellungstests vorzubereiten.

Achtung:
In der Regel werden auch Aufgaben zum Allgemeinwissen und zu deinen sprachlichen Fähigkeiten gestellt!

Allgemeine Hinweise

Vor dem Test solltest du dich über den Betrieb informieren. Mach dir auch Gedanken über deine Stärken und Schwächen. Lass dich bei der Wahl der Kleidung für ein Vorstellungsgespräch beraten, achte auf ein gepflegtes Äußeres. Pünktlichkeit und höfliches Verhalten sind ebenfalls sehr wichtig – auch bei einem Test. Der erste Eindruck, den dein zukünftiger Chef von dir bekommt, hat immer Einfluss auf die Entscheidung zur weiteren Zusammenarbeit.
Durch Auswahltests versucht der Betrieb, sich ein Bild von deinen Fähigkeiten zu machen. Nicht immer bekommen die Bewerber mit den besten Testergebnissen den Ausbildungsplatz. Entscheidend ist oft, wer insgesamt am besten den Erwartungen entspricht und damit die Ausbildung wahrscheinlich erfolgreich abschließen kann.
Zu den Tests gehören meist auch schriftliche Prüfungen, die mit Klassenarbeiten vergleichbar sind.

Tipps für den schriftlichen Test

- Beginne die Prüfung ohne Hektik, konzentriere dich auf deine Aufgabe. Zeitdruck ist Absicht, um zu testen, wie du auf Stress reagierst.
- Lies die Aufgabe gewissenhaft durch, damit du sicher bist, dass du alles verstanden hast.
- Gib nicht sofort auf, wenn du bei einer Aufgabe Schwierigkeiten bekommst. Beiße dich aber auch nicht zu lange an einem Problem fest, wechsle dann lieber zur nächsten Aufgabe.
- Bei manchen Aufgaben kann dir eine Skizze, ein Diagramm oder eine Tabelle weiterhelfen.
- Überprüfe deine Ergebnisse und überlege, ob sie sinnvoll sind.
- Wissen wird abgeprüft, ebenso die Fähigkeit zum logischen Denken und räumlichen Vorstellungsvermögen.

LINDENER LANDMASCHINEN GMBH

Eignungstest (Dauer: 30 Minuten)

Liebe Bewerberin, lieber Bewerber,

herzlich willkommen bei unserer Veranstaltung. Durch diesen Test möchten wir herausfinden, ob Sie für den angebotenen Ausbildungsplatz geeignet sind.
Bitte bearbeiten Sie die Aufgaben selbstständig und ohne Hilfsmittel (Taschenrechner).
Bitte lesen Sie sich die Aufgaben genau durch und bearbeiten Sie einen Aufgabentyp bis zur leeren Seite.
Befolgen Sie die Anweisungen unserer Mitarbeiter, ansonsten müssen Sie die Veranstaltung leider vorzeitig verlassen.

Wir wünschen Ihnen viel Erfolg!

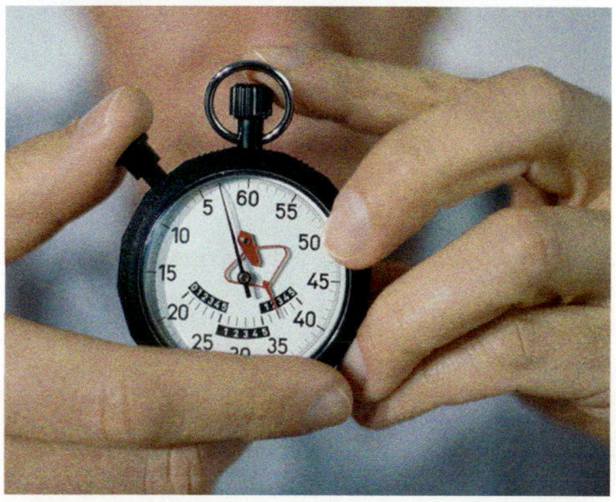

Aufgabe: Markieren Sie die Ziffern 6 und 9

2	9	3	1	6	8	5	9	6	2	5	5	5	2	2	5
6	6	5	9	5	6	9	3	5	5	9	6	8	6	4	8
5	7	4	8	8	7	8	9	8	8	9	2	8	8	7	9
2	4	1	4	5	5	8	6	7	1	6	6	5	6	5	2
4	4	4	5	5	3	4	2	2	2	1	2	6	2	2	9
4	8	1	4	1	2	1	2	3	1	6	8	9	9	7	6
3	6	3	1	6	4	7	1	3	3	1	6	8	9	5	9
8	9	6	5	6	7	5	7	8	9	8	2	2	3	7	5
2	4	1	1	5	3	5	5	5	8	9	9	8	3	5	8
1	4	1	8	1	8	3	2	5	4	6	5	3	4	7	6
4	5	1	9	7	3	8	6	5	1	9	2	9	4	7	5
1	7	9	9	5	8	8	7	8	2	2	2	9	3	1	6

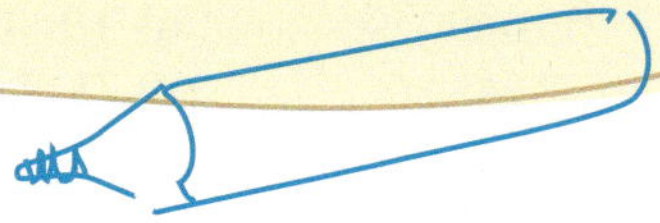

Bewerbungstraining | Grundrechenarten

8 : 4
Dividend : Divisor

Beim schriftlichen **Addieren** und **Subtrahieren** müssen die Zahlen stellenwertgerecht untereinander stehen, dabei steht Komma unter Komma.
Dezimalzahlen sind zunächst ohne Berücksichtigung des Kommas zu **multiplizieren**. Das Komma wird erst im Endergebnis gesetzt. Dabei hat das Ergebnis so viele Nachkommastellen wie die einzelnen Faktoren zusammen haben.
Beim **Dividieren** muss der Divisor eine natürliche Zahl sein. Gegebenfalls müssen Dividend und Divisor entsprechend mit einer Zehnerpotenz erweitert werden. Das Komma ist also nach rechts zu verschieben.

Beispiele

a) Addition

```
    1 , 3 5 4
+ 4 4 , 5 8 0
+   2 , 6 7 9
    1   2 1
-------------
  4 8 , 6 1 3
```

Komma unter Komma

b) Subtraktion

```
  6 4 , 3 9 0
- 2 1 , 8 2 2
-   6 , 6 5 6
  1 2       1
-------------
  3 5 , 9 1 2
```

Komma unter Komma

c) Multiplikation

```
6 , 2 8  · 5 , 7
----------------
  3 1 4 0
      4 3 9 6
  3 5 , 7 9 6
----------------
```

3 Nachkommastellen

d) Division

1,68 : 0,3 =
16,8 : 3 = 5,6
15
 18
 18
  0

Komma um eine Stelle nach rechts

Aufgaben

1 Berechne im Kopf.
a) 17,6 + 12,3
b) 0,6 + 1,23
c) 11,7 + 18,8
d) 65,6 + 48,7
e) 3,8 − 2,3
f) 12,8 − 2,76
g) −5,6 − 3,8
h) −5,6 + 3,8
i) 0,7 · 0,3
j) 0,04 · 1,2
k) 0,005 · 0,007
l) 0,001 · 348
m) 0,8 : 0,2
n) 0,57 : 0,3
o) 0,51 : 0,003
p) 12,1 : 0,11

! Vergiss nicht: Komma unter Komma!

2 Addiere schriftlich.
a) 19,53 + 21,89 + 17,52
b) 129,87 + 17,3 + 4523,6
c) 125,04 + 87,9 + 0,0026 + 28
d) 23,87 + 5432, 8 + 12,483
e) 4,3 + 21 + 6,362 + 12,91 + 3,228 + 2,2

3 Subtrahiere schriftlich.
a) 87,49 − 75,34
b) 56,41 − 33,88
c) 256,7 − 129,65
d) 870 − 495,36
e) 589,23 − 123,35 − 84,3 − 215,469
f) 58 345,022 − 15 634,472 − 38 945,36

0,1234
↑ Zehntel

4 Berechne durch Kommaverschiebung.
a) 2,85 · 10
b) 3,96 · 100
c) 45,325 · 100
d) 72,1 · 100
e) 15,625 · 1000
f) 2,3 · 10 000

5 Berechne durch Kommaverschiebung.
a) 13,5 : 10
b) 78,3 : 100
c) 2,5 : 100
d) 0,056 : 10
e) 3752 : 100
f) 85 : 1000

6 Multipliziere schriftlich.
a) 2,86 · 8
b) 1,7 · 3,6
c) 12,45 · 0,021
d) 47 · 1,23
e) 25,025 · 4,44
f) 3,7 · 2,5 · 0,68

7 Dividiere schriftlich.
a) 1890 : 6
b) 165,8 : 0,8
c) 96,6 : 0,12
d) 0,025 26 : 0,3
e) 9,027 : 1,7
f) 3,42 : 0,019

8 Dividiere schriftlich. Runde das Ergebnis auf Zehntel.
a) 3,9 : 0,7
b) 6,86 : 1,5
c) 8,1 : 0,17
d) 78 : 2,01
e) 4,96 : 0,48
f) 10,354 : 0,51

Bewerbungstraining | Schätzen

In Bewerbungstests geht es manchmal auch nur darum, sich eine Vorstellung von der Größenordnung des Ergebnisses zu machen. Häufig ist ein Näherungswert aus mehreren Lösungsvorschlägen anzukreuzen. Wichtigstes Hilfsmittel ist dabei der Überschlag.

Gute Schätzwerte erhält man beim Überschlagen, wenn man folgende Regeln beachtet:

Beim **Addieren** und **Multiplizieren** werden zwei Summanden bzw. Faktoren in der Regel **gegensinnig verändert**: Einer wird verkleinert, der andere vergrößert.

Beim **Subtrahieren** und **Dividieren** werden die Zahlen in der Regel **gleichsinnig verändert**: Beide verkleinert oder beide vergrößert. Bei der Division werden der Dividend und der Divisor so gerundet, dass die Division glatt aufgeht.

Beispiele

a) 3754 · 84 982
≈ 4000 · 80 000 = 320 000 000

b) 96 358 : 532
≈ 95 000 : 500 = 190

Aufgaben

1 Schätze.
a) 67385 + 823 356
b) 32 568 + 47 888 + 426 333
c) 72,23 + 179,3 + 36,78 + 114,238
d) 523 489 − 217 912
e) 2 526 815 − 287 256 − 224 569
f) 256,87 − 23,56 − 112,3 − 82,4

2 Schätze. Kontrolliere deine Schätzung, indem du schriftlich rechnest.
a) 379 · 829
b) 2589 · 75 089
c) 67 589 · 8289
d) 232 589 · 778
e) 2,786 · 83,5
f) 23,872 · 38,9

3 Schätze, berechne dann zur Kontrolle und als zusätzliche Übung schriftlich.
a) 34 782 : 83
b) 4822 : 68
c) 556 231 : 865
d) 145,7 : 1,887
e) 365,8 : 59,8
f) 913,54 : 15,03

4 In einen Swimmingpool passen 42 540 Liter Wasser.
a) Eine Wasserpumpe schafft 5100 l pro Stunde.
b) Eine Wasserpumpe schafft 3000 l pro Stunde. Nach 4 Stunden wird eine zweite hinzugefügt, die 2500 l pro Stunde schafft.

5 Überschlage, wie viel Müll in folgenden Städten anfiel. (Einwohnerzahlen 2006)
a) Bielefeld: 325 346
b) Düsseldorf: 577 505
c) Münster: 272 106
d) Paderborn: 144 258
e) Siegen: 105 587

Müll je Bundesbürger und Jahr: 523 kg

6 Im Jahr 2007 lebten in Dortmund auf 280,4 km² insgesamt 584 415 Einwohner.
a) Schätze die Einwohnerzahl je km². Kreuze dann die richtige Lösung an.
☐ 20,84 ☐ 208,4 ☐ 2084
b) Wie viel Butter aßen die Dortmunder im Jahr 2007 ungefähr?
☐ 3740 kg ☐ 3 740 000 kg
☐ 37 400 kg ☐ 37 400 000 kg
c) Schätze den Milchkonsum des gleichen Jahres. Kreuze die Lösung an, die deiner Schätzung am nächsten ist.
☐ 37 870 000 l ☐ 3 156 000 l
☐ 3 787 000 l ☐ 315 600 l
d) Überschlage, wie viel Wasser die Dortmunder Haushalte 2007 verbrauchten.
☐ 87 660 000 l ☐ 876 600 l
☐ 8 766 000 l ☐ 268 800 000 l
☐ 2 688 000 000 l ☐ 26 880 000 000 l

Pro-Kopf-Verbrauch der Bundesbürger:
jährlich 6,4 kg Butter
monatlich 5,4 l Milch
täglich 126 l Wasser

Bewerbungstraining | Schätzen

Soll zum Beispiel eine große Menschenmenge geschätzt werden, so zählt man einen geeigneten Anteil der Menge und schätzt, mit welchem Faktor diese Anzahl zu multiplizieren ist, um die Gesamtmenge zu erhalten.
Es kann auch eine Vergleichsgröße, zum Beispiel ein Mensch, abgebildet sein.

Beispiel

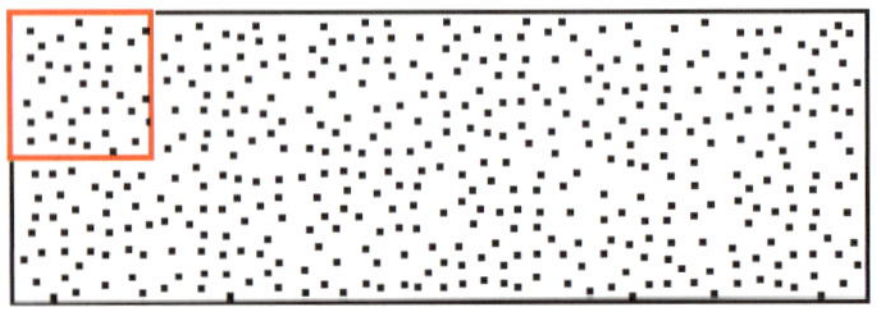

Das kleine rote Quadrat enthält 36 Punkte. Es bedeckt den zwölften Teil des Rechtecks.
Folglich enthält das Rechteck rund 420 Punkte. ($\approx 12 \cdot 35 = 420$)

Aufgaben

7 Schätze die Anzahl der Gummibären.

8 Das Foto zeigt einen Schmetterlingsschwarm. Wie viele Schmetterlinge sind ungefähr zu sehen?

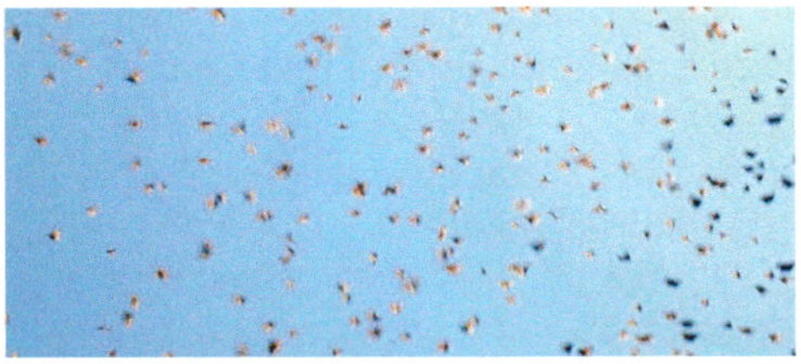

9 Man sieht einen Flamingoschwarm. Schätze die Anzahl der Flamingos.

10 Wie viele Menschen sind zu sehen? Wähle den zu zählenden Teil geschickt.

11 Wie hoch ist der Zaun?

12 Wie viel km^2 groß ist Nordrhein-Westfalen.

Bewerbungstraining | Bruchrechnung

Addition
Zwei Brüche werden addiert, indem man beide Brüche gleichnamig macht und dann die Zähler addiert.

Subtraktion
Zwei Brüche werden subtrahiert, indem man beide Brüche gleichnamig macht und dann die Zähler subtrahiert.

Beispiele

a) $\frac{3}{4}+\frac{2}{3}=\frac{9}{12}+\frac{8}{12}=\frac{17}{12}=1\frac{5}{12}$

b) $\frac{3}{4}-\frac{2}{3}=\frac{9}{12}-\frac{8}{12}=\frac{1}{12}$

Multiplikation
Zwei Brüche werden multipliziert, indem man Zähler mit Zähler und Nenner mit Nenner multipliziert.

Division
Zwei Brüche werden dividiert, indem man den ersten Bruch mit dem Kehrbruch des zweiten Bruches multipliziert.

Der Kehrbruch zu $\frac{a}{b}$ ist $\frac{b}{a}$.

Beispiele

c) $\frac{4}{5}\cdot\frac{2}{3}=\frac{4\cdot 2}{5\cdot 3}=\frac{8}{15}$

d) $\frac{4}{5}:\frac{3}{7}=\frac{4\cdot 7}{5\cdot 3}=\frac{28}{15}=1\frac{13}{15}$

Aufgaben

1 Addiere bzw. subtrahiere die gleichnamigen Brüche.

a) $\frac{3}{11}+\frac{5}{11}$ b) $\frac{4}{7}+\frac{5}{7}$
c) $\frac{7}{8}-\frac{3}{8}$ d) $\frac{13}{25}-\frac{3}{25}$
e) $5\frac{2}{9}+3\frac{4}{9}$ f) $3\frac{5}{6}+2\frac{5}{6}$

2 Addiere, mache vorher gleichnamig.

a) $\frac{3}{4}+\frac{5}{12}$ b) $\frac{3}{5}+\frac{7}{30}$
c) $\frac{6}{7}+\frac{3}{8}$ d) $\frac{3}{8}+\frac{9}{10}$
e) $8\frac{2}{3}+7\frac{3}{4}$ f) $3\frac{5}{9}+2\frac{2}{3}$
g) $\frac{2}{9}+\frac{7}{15}+\frac{11}{45}+\frac{7}{18}+\frac{3}{5}+\frac{19}{30}$

3 Mache gleichnamig und subtrahiere.

a) $\frac{4}{5}-\frac{3}{13}$ b) $\frac{8}{9}-\frac{5}{12}$
c) $\frac{29}{30}-\frac{5}{6}$ d) $6\frac{5}{6}-3\frac{2}{15}$
e) $3\frac{2}{3}-2\frac{9}{10}$ f) $8\frac{1}{4}-7\frac{4}{5}$
g) $19\frac{5}{12}-6\frac{3}{4}-2-3\frac{1}{2}-\frac{2}{3}$
h) $\frac{1}{8}-\frac{7}{24}$ i) $4\frac{1}{5}-7\frac{11}{15}$

4 Multipliziere. Kürze, wenn möglich, vor dem Ausrechnen.

a) $\frac{13}{44}\cdot\frac{11}{65}$ b) $\frac{34}{45}\cdot\frac{15}{68}$
c) $\frac{48}{77}\cdot\frac{121}{96}$ d) $\frac{19}{112}\cdot 28$
e) $5\frac{3}{8}\cdot 7\frac{5}{9}$ f) $3\frac{11}{35}\cdot 1\frac{6}{29}$
g) $\frac{8}{39}\cdot\frac{13}{28}\cdot 3\frac{1}{2}$ h) $\frac{5}{18}\cdot\frac{9}{35}\cdot 7$

Kürze vor dem Ausrechnen:
$\frac{\overset{3}{\cancel{27}}}{\underset{1}{\cancel{32}}}\cdot\frac{\overset{2}{\cancel{64}}}{\underset{5}{\cancel{45}}}=\frac{6}{5}=1\frac{1}{5}$

Tipp:
$5\frac{3}{8}=\frac{5\cdot 8+3}{8}=\frac{43}{8}$

5 Dividiere.

a) $8:\frac{3}{7}$ b) $\frac{3}{7}:4$
b) $\frac{9}{32}:\frac{45}{64}$ d) $\frac{21}{40}:\frac{7}{16}$
e) $\frac{17}{19}:\frac{119}{152}$ f) $\frac{56}{95}:\frac{21}{38}$
g) $2\frac{1}{2}:4\frac{1}{2}$ h) $1\frac{11}{25}:1\frac{3}{5}$

6 Welche Zahl musst du für x einsetzen, sodass eine wahre Aussage entsteht? Probiere oder forme um.

a) $\frac{5}{7}\cdot x=\frac{15}{49}$ b) $\frac{7}{8}\cdot x=4\frac{3}{8}$
c) $\frac{1}{2}:x=\frac{1}{12}$ d) $x:\frac{4}{7}=\frac{7}{8}$
e) $3:x=\frac{5}{9}$ f) $\frac{5}{6}:x=\frac{10}{33}$

Bewerbungstraining | Längenmaße

Früher gab es eine Vielfalt von unterschiedlichen Maßen. Um sie zu vereinheitlichen, wurden seit Ende des 18. Jahrhunderts Standards nach folgenden Grundsätzen entwickelt:

- Die Basiseinheiten beziehen sich auf unveränderliche Größen aus der Natur.
- Alle anderen Einheiten leiten sich aus den Basiseinheiten ab.
- Die Multiplikation der Einheiten erfolgt in Dezimalschritten.

Seit 1983 wird ein **Meter** definiert als die Länge der Strecke, die Licht im Vakuum während der Dauer von $\frac{1}{299\,792\,458}$ Sekunde durchläuft.

Vorsilben:
kilo – tausend
dezi – zehntel
zenti – hundertstel
milli – tausendstel

Kilometer	**km**	1 km = 1000 m
Meter	**m**	1 m = 10 dm = 100 cm = 1000 mm
Dezimeter	**dm**	1 dm = 10 cm = 100 mm
Zentimeter	**cm**	1 cm = 10 mm
Millimeter	**mm**	

Die **Umwandlungszahl bei Längen ist grundsätzlich 10**. Ungebräuchlich sind die Einheiten Dekameter (1 dam = 10 m) und Hektometer (1 hm = 10 dam = 100 m).

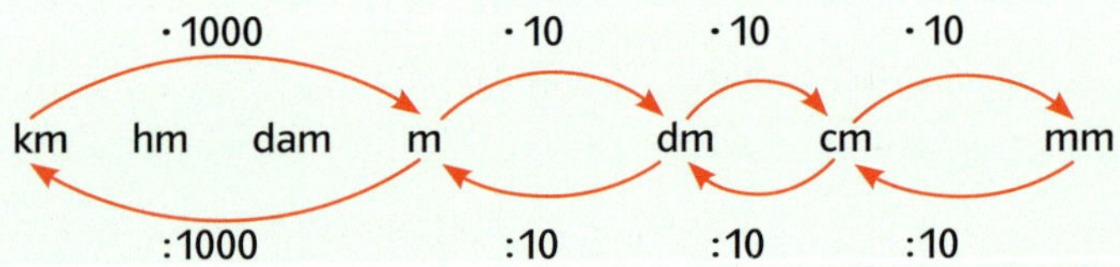

Beispiele

a) 7 m = 7 · 10 dm = 70 dm

b) 5 cm = (5 : 10 : 10) m = 0,05 m

Aufgaben

1 Wandle in die in Klammern angegebene Längeneinheit um.
a) 12 m (dm) b) 20 dm (cm)
c) 71 cm (mm) d) 3 m (cm)
e) 4 dm (mm) f) 5 km (m)
g) 9 m (cm) h) 12 m (mm)

2 Rechne in die in Klammern angegebene Längeneinheit um.
a) 3,7 m (dm) b) 5,87 m (cm)
c) 1,2 cm (mm) d) 0,05 dm (mm)
e) 3,65 km (m) f) 2,37 m (cm)
g) 0,6 dm (mm) h) 1,38 m (mm)

Rheinische Elle 62,9 cm

3 Wandle jeweils in Zentimeter um.
a) 1,25 dm b) 0,82 dm
c) 0,78 m d) 0,053 m
e) 2 km f) 0,091 km

4 Schreibe in der in Klammern angegebenen Längeneinheit.
a) 40 mm (cm) b) 120 cm (dm)
c) 500 cm (m) d) 27 000 m (km)
e) 8000 mm (m) f) 12 000 cm (m)
g) 7000 mm (dm) h) 700 000 cm (m)

5 Notiere mit Komma in der angegebenen Längeneinheit.
a) 4 mm (cm) b) 8 cm (dm)
c) 12 dm (m) d) 12 987 m (km)
e) 428 m (km) f) 3 mm (dm)
g) 2 cm (m) h) 17 m (km)

6 Im Mittelalter war die Elle Hannovers 584,2 mm lang. In Hannover und im Rheinland wurde ein Stoff zum gleichen Preis verkauft. Vergleiche.

Bewerbungstraining | Flächenmaße

Ein **Quadratmeter** oder Meterquadrat (1 qm oder 1 m^2) ist der Flächeninhalt eines Quadrates mit der Seitenlänge 1 m. Entsprechend lassen sich die anderen Flächeneinheiten erklären:
Quadratkilometer (km^2), **Quadratdezimeter** (dm^2), **Quadratzentimeter** (cm^2) und **Quadratmillimeter** (mm^2).
Grundstücksgrößen werden oft auch in **Ar** (a) oder **Hektar** (ha) angegeben. 1 Ar ist der Flächeninhalt eines Quadrates mit der Seitenlänge 10 m, ist also $10\,m \cdot 10\,m = 100\,m^2$ groß, ein Hektar hat eine Seitenlänge von 100 m, ist also $100\,m \cdot 100\,m = 10\,000\,m^2$ groß.
Ein **Morgen** ist ein altes bäuerliches Feldmaß und entsprach der Feldfläche, die von einem Mann an einem Vormittag (Morgen) abgemäht werden konnte. Heute entsprechen vier Morgen einem Hektar.

1 Quadratmeter = 1 m

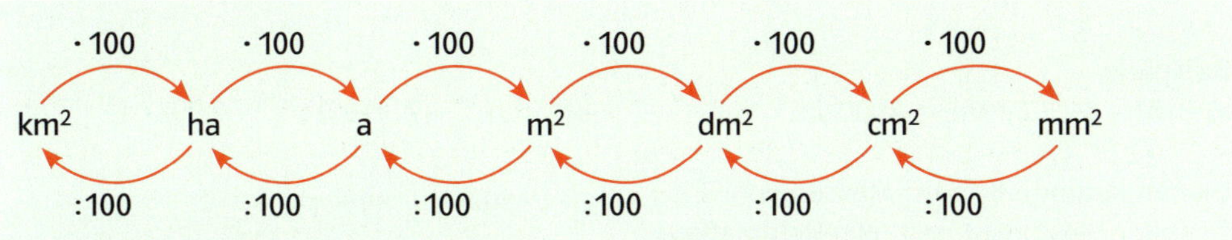

Die Umwandlungszahl von einer Einheit zur nächsten ist grundsätzlich $10^2 = 100$.

Beispiele

a) $7\,m^2 = 7 \cdot 100\,dm^2 = 700\,dm^2$

b) $800\,mm^2 = (800 : 100)\,cm^2 = 8\,cm^2$

c) $2{,}5\,ha = 2{,}5 \cdot 100 \cdot 100\,m^2 = 25\,000\,m^2$

d) $52\,m^2 = (52 : 100)\,a = 0{,}52\,a$

Aufgaben

1 Drücke in der in Klammern angegebenen Flächeneinheit aus.
a) 9 dm^2 (cm^2)   b) 3 a (m^2)
c) 4 cm^2 (mm^2)   d) 27 m^2 (dm^2)
e) 12 ha (a)   f) 35 km^2 (ha)
g) 12 dm^2 (mm^2)   h) 3 m^2 (cm^2)

2 Verwandle in die in Klammern angegebene Flächeneinheit.
a) 2,45 km^2 (ha)   b) 1,06 m^2 (dm^2)
c) 0,46 ha (a)   d) 2,375 dm^2 (cm^2)
e) 1,82 cm^2 (mm^2)   f) 64,5 a (m^2)
g) 2,3 m^2 $(cm)^2$ h) 12,4 cm^2 (mm^2)
i) 4,243 m^2 (mm^2)   j) 0,0003 km^2 (m^2)

3 Notiere in der in Klammern angegebenen Flächeneinheit.
a) 2300 mm^2 (cm^2)   b) 300 a (ha)
c) 500 dm^2 (m^2)   d) 5000 ha (km^2)
e) 1200 m^2 (a)   f) 3100 cm^2 (dm^2)
g) 80 000 cm^2 (m^2)   h) 950 000 dm^2 (a)

4 Schreibe mit Komma in der angegebenen Maßeinheit.
a) 634 ha (km^2)   b) 132 m^2 (a)
c) 30 mm^2 (cm^2)   d) 81 cm^2 (dm^2)
e) 9,4 a (ha)   f) 7 cm^2 (dm^2)
g) 2,43 dm^2 (m^2)   h) 223,6 m^2 (ha)

5 Wandle jedes der folgenden Maße in Quadratmeter um.
a) 13 000 cm^2 b) 5,8 ha
c) 36,5 dm^2 d) 127 a
e) 3 km^2 f) 6,79 km^2
g) 7 Morgen   h) 3 Morgen

6 Laut Grundbuchauszug ist ein Grundstück 1 ha 4 a 4 m^2 groß.
a) Wie viel m^2 groß ist die Fläche?
b) Schreibe mit Komma in Hektar bzw. Ar.
c) Die Fläche soll in 18 gleich große Bauplätze geteilt werden. Wie viel m^2 groß wird ein Bauplatz sein?

Bewerbungstraining | Rauminhalte – Volumen

Ein **Kubikmeter** (1 m³) ist der **Rauminhalt** (das **Volumen**) eines Würfels mit der Kantenlänge 1 m. Entsprechend sind die Einheiten **Kubikmillimeter (mm³), Kubikzentimeter** (cm³), **Kubikdezimeter** (dm³) und **Kubikkilometer** (km³) definiert. Selten werden die Einheiten cbm für Kubikmeter und ccm für Kubikzentimeter verwendet.

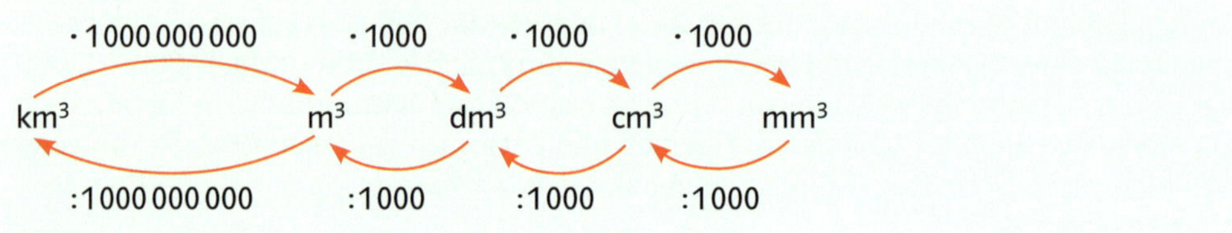

Die Umwandlungszahl bei Rauminhalten ist $10^3 = 1000$.

Beispiele

a) $3\,m^3 = 3 \cdot 1000\,dm^3 = 3000\,dm^3$

b) $2\,mm^3 = (2 : 1000)\,cm^3 = 0{,}002\,cm^3$

Dienen Raummaße zum Messen von Flüssigkeiten, so spricht man von **Hohlmaßen**. Hierfür werden die Einheiten **Hektoliter** (hl), **Liter** (l), **Zentiliter** (cl) und **Milliliter** (ml) verwendet.

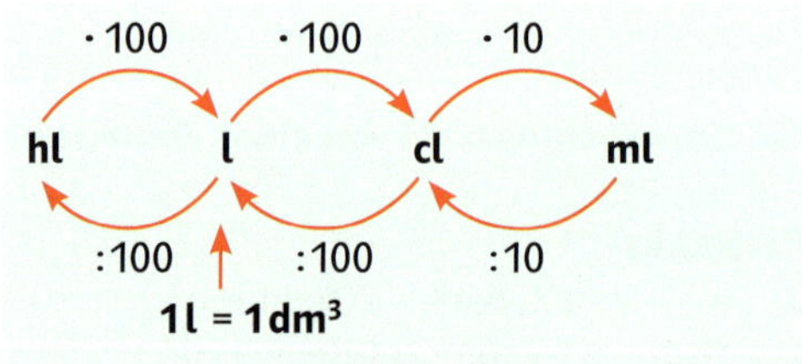

c) $45\,hl = 45 \cdot 100\,l = 4500\,l$

d) $3\,ml = (3 : 1000)\,l = 0{,}003\,l$

Vorsilbe beachten!
hekto = hundert

Aufgaben

1 Wandle jeweils in die in der Klammer stehende Einheit um.

a) 35 dm³ (cm³) b) 12 cm³ (mm³)
c) 4 m³ (dm³) d) 4,635 m³ (dm³)
e) 2,87 cm³ (mm³) f) 0,3 cm³ (mm³)
g) 0,07 dm³ (cm³) h) 7 m³ (cm³)

2 Schreibe in der in Klammern angegebenen Volumeneinheit.

a) 6000 cm³ (dm³) b) 75 000 dm³ (m³)
c) 4500 mm³ (cm³) d) 721 dm³ (m³)
e) 42 cm³ (dm³) f) 4 mm³ (cm³)
g) 9253,5 cm³ (m³) h) 37 mm³ (dm³)

3 Drücke in der angegebenen Einheit aus. Achte auf die Umwandlungszahl.

a) 35 hl (l) b) 823 l (ml)
c) 4,73 l (ml) d) 4,2 hl (l)
e) 0,75 hl (ml) f) 8 hl (ml)
g) $\frac{1}{2}$ l (ml) h) $\frac{1}{8}$ l (ml)

4 Notiere in der angegebenen Einheit. Achte auf die Umwandlungszahl.

a) 8000 l (hl) b) 8000 ml (l)
c) 250 l (hl) d) 470 ml (l)
e) 67 l (hl) f) 91 ml (l)
g) 3 l (hl) h) 6 ml (l)

5 Raummaße und Hohlmaße – Wandle um.

a) 2 dm³ (l) b) 12 cm³ (ml)
c) 5,75 dm³ (ml) d) 325 dm³ (hl)
e) 25 l (cm³) f) 750 ml (dm³)
g) 40 hl (m³) h) 8 hl (m³)

6 Ein quaderförmiger Behälter ist 2 m lang, 5 dm breit und 80 cm hoch. Er soll mit Wasser gefüllt werden.
Wie viel Liter passen hinein?
Achte auf die Maßeinheiten. Rechne im Kopf.

Bewerbungstraining | Gewichte und Zeitspannen

Ursprünglich war das **Kilogramm** definiert als die **Masse** von $1\,dm^3$ (1 Liter) Wasser. 1889 wurde ein Zylinder aus einer Platin-Iridium-Legierung hergestellt, das **„Urkilogramm"**. In Deutschland noch übliche Gewichtseinheiten sind das **Pfund** (1 ℔ = 500 g), der **Zentner** (1 Ztr. = 100 ℔ = 50 kg) und der **Doppelzentner** (1 dz = 200 ℔ = 100 kg).

Der Begriff „Gewicht" ist nicht korrekt, hat sich aber für „Masse" eingebürgert.

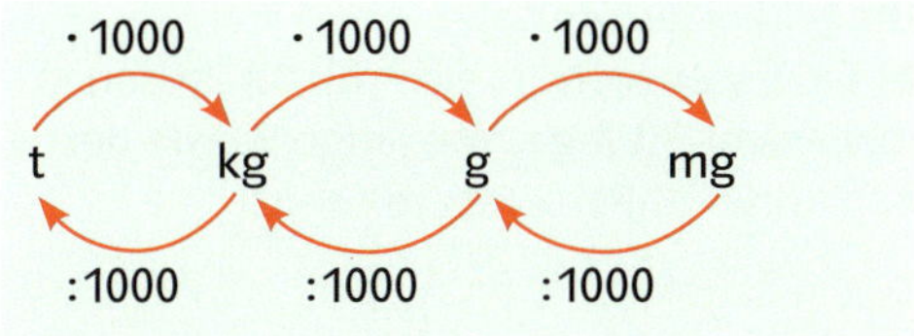

Beispiele

a) $4{,}2\,kg = 4{,}2 \cdot 1000\,g = 4200\,g$
b) $50\,g = (50 : 1000)\,kg = 0{,}05\,kg$
c) $3{,}5$ ℔ $= 3{,}5 \cdot 500\,g = 1750\,g = 1{,}75\,kg$

Aufgaben

1 Rechne in die in Klammern angegebene Gewichtseinheit um.

a) 15 t (kg) b) 43 kg (g)
c) 2,1 t (g) d) 0,0005 g (mg)
e) 0,07 kg (g) f) 0,56 t (kg)

2 Verwandle jeweils in die in Klammern angegebene Gewichtseinheit.

a) 40 000 g (kg) b) 3500 kg (t)
c) 2030 mg (g) d) 900 kg (t)
e) 75 g (kg) f) 6 kg (t)
g) 32,75 mg (g) h) 3,6 kg (t)

3 Hier musst du zweimal umwandeln.

a) $\frac{1}{2}$ t (kg, Ztr.) b) $\frac{1}{4}$ kg (g, ℔)
c) $\frac{3}{4}$ t (kg, Ztr.) d) $\frac{1}{8}$ kg (g, ℔)
e) $\frac{3}{8}$ t (kg, Ztr.) f) $2\frac{1}{2}$ kg (g, ℔)

4 Berechne das Gewicht der Gegenstände. Rechne schriftlich.

a) Bleikugel ($V = 12{,}5\,cm^3$)
b) Goldmünze ($V = 1{,}6\,cm^3$)
c) Eisenbolzen ($V = 4\,dm^3$)
d) Glasplatte ($1{,}25\,m \cdot 50\,cm \cdot 0{,}4\,cm$)

Stoff	*Dichte in $\frac{g}{cm^3}$*
Glas	*2,5*
Eisen	*7,86*
Blei	*11,34*
Gold	*19,3*

Die **Einheiten der Zeit** sind **Tage** (d), **Stunden** (h), **Minuten** (min) und **Sekunden** (s). Früher waren für Sekunden auch die Abkürzungen „sek" oder „sec" üblich.

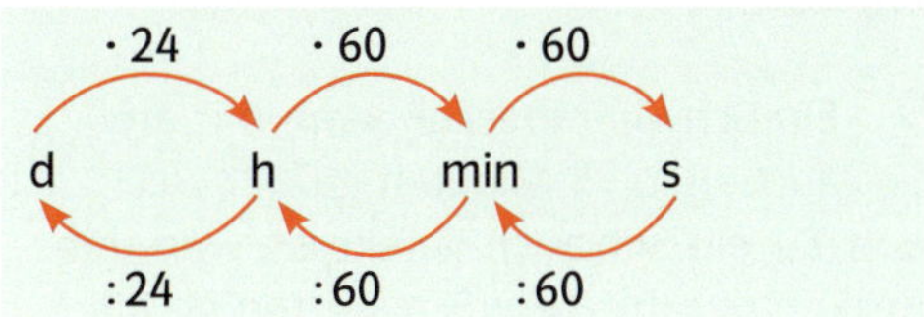

Beispiele

a) $5{,}3\,min = 5{,}3 \cdot 60\,s = 318\,s$
b) $2\,min\ 13\,s = 2 \cdot 60\,s + 13\,s = 133\,s$
c) $60\,h = (48 : 24)\,d + 12\,h = 2\,d\ 12\,h$

Aufgaben

5 Rechne in die angegebene Einheit um.

a) 30 min (s) b) 7 d (h)
c) 12 h (min) d) 3 d (min)
e) 144 h (d) f) 1080 min (h)
g) 720 s (min) h) 2880 min (d)
i) 2 d 11 h (h) j) 7 min 45 s (s)
k) 3,5 d (h) l) 7,5 min (s)

6 Wandle in die angegebene Einheit um.

a) $3\frac{1}{2}$ h (min) b) $3\frac{1}{2}$ d (h)
c) $2\frac{3}{4}$ min (s) d) $4\frac{3}{5}$ min (s)

7 Berechne. Achte auf die Einheiten.

a) $2{,}25\,h - 17\,min$
b) $3{,}5\,h + 14\,min - 300\,s$

Bewerbungstraining | Dreisatz

Ein beliebter Bestandteil von Einstellungs- und Eignungstests sind Textaufgaben. Häufig ist der Dreisatz zur Lösung solcher Aufgaben hilfreich. Dabei ist es wichtig, zwischen dem Dreisatz und dem umgekehrten Dreisatz zu unterscheiden.

Beispiele

Dreisatz

a) Ein Auto verbraucht 7,2 Liter Benzin auf 100 km. Wie viel Liter passen in den Tank, wenn das Auto mit einer Tankfüllung 690 km weit kommt?

	Strecke in km	Menge in Liter	
	100	7,2	
: 100			: 100
	1	0,072	
· 690			· 690
	690	49,68	

Umgekehrter Dreisatz

b) Ein Essensvorrat reicht für 12 Personen insgesamt 30 Tage. Wie lange würde der Vorrat für 20 Personen reichen?

	Anzahl der Personen	Zeit in Tagen	
	12	30	
: 12			· 12
	1	360	
· 20			: 20
	20	18	

Aufgaben

1 In einer Goldmine gewinnt man aus einer Tonne Erz neun Gramm Gold. Wie viel Erz muss für 3,6 kg Gold abgebaut werden?

2 Die Kaltmiete einer 90 m² großen Wohnung beträgt 432,00 €. Familie Röwer bewohnt eine 70 m² große Wohnung im gleichen Haus.

3 Im April 2005 flogen in einer Woche durchschnittlich 4739 Flugzeuge vom Flughafen in Frankfurt a. M. ab. Wie viele Flugzeuge starteten ungefähr im Monat April?

4 Aus einem Gartenschlauch strömen in vier Sekunden drei Liter Wasser. Ein Planschbecken soll mit 240 Liter Wasser gefüllt werden.

5 Eine 1,50 m hohe Stange wirft einen 1,80 m langen Schatten. Wie hoch ist ein Gebäude, das zur gleichen Zeit einen 20 m langen Schatten wirft?

6 Aus 2 kg Orangen erhält man beim Pressen 1,4 Liter Orangensaft. Eine Fabrik verarbeitet täglich 45 t Orangen.

7 2004 erhielt ein Automobilwerk 4000 Bewerbungen von Ausbildungsplatzsuchenden. Acht Mitarbeiter bearbeiteten die Bewerbungen in 50 Stunden. Wie lange hätte es gedauert, wenn doppelt so viele Personen zur Verfügung gestanden hätten?

8 Zum Bau einer Mauer benötigen acht Maurer zwölf Tage. Es stehen jedoch nur sechs Arbeiter für diese Arbeit zur Verfügung.

9 Ein Schwimmbecken kann mit drei Schläuchen in 75 Minuten gefüllt werden. Da ein Schlauch defekt ist, wird das Becken nur mit zwei Schläuchen gefüllt.

10 Um den Müll einer Stadt abzufahren, benötigen acht Fahrzeuge 42 Stunden pro Woche. Es wird ein weiteres Fahrzeug eingesetzt. Um wie viel Stunden verkürzt sich die Arbeitszeit pro Fahrzeug?

11 Bei einer Flurbereinigung wird ein rechteckiges Grundstück von 12 m Breite und 32 m Länge gegen ein rechteckiges Grundstück von 15 m Breite eingetauscht.

Bewerbungstraining | Prozentrechnung

In der Prozentrechnung werden Größen oder Zahlen miteinander verglichen. Als Vergleichsgröße dient die Zahl 100. Der Grundwert G entspricht 100 %, der Prozentwert W entspricht dem Prozentsatz p %. Mit der Grundformel $W = G \cdot p\% = G \cdot \frac{p}{100}$ lassen sich alle Prozentaufgaben lösen, wobei die Formel ggf. umgestellt werden muss.

Beispiele

a) Von 25 Kindern sind 32 % erkrankt.

$W = 25 \cdot 32\% = 25 \cdot \frac{32}{100} = 8$

b) Von 25 Kindern sind sechs erkrankt.

$p\% = \frac{W}{G} = \frac{6}{25} = 0{,}24 = 24\%$

c) Da 2 Kinder erkrankt sind, fehlen 8 % der Klasse.

$G = \frac{W}{p\%} = W : \frac{p}{100} = W \cdot \frac{100}{p} = 2 \cdot \frac{100}{8} = 25$

Wird der Grundwert um den Prozentwert vermehrt bzw. vermindert, so erhält man den vermehrten Grundwert $G^+ = G + W$ bzw. den verminderten Grundwert $G^- = G - W$. Ihm entspricht der vermehrte Prozentsatz $p^+\% = 100\% + p\%$ bzw. der verminderte Prozentsatz $p^-\% = 100\% - p\%$. Auch in diesem Fall gilt die Formel der Prozentrechnung.

Beispiele

a) Ein Fahrrad kostet 420 €. Der Preis wird um 35 % gesenkt.

$p^-\% = 100\% - 35\% = 65\%$

$G^- = G \cdot p^-\% = 420\,€ \cdot \frac{65}{100} = 420\,€ \cdot 0{,}65$
$= 273\,€$

b) Ein MP3-Player kostet einschließlich Mehrwertsteuer 89,25 €. Wie hoch ist der Nettopreis?

$p^+\% = 100\% + 19\% = 119\% = 1{,}19$

$G^+ = G \cdot p^+\%$

$G = \frac{G^+}{p^+\%} = 89{,}25\,€ : 1{,}19 = 75{,}00\,€$

Aufgaben

1 Berechne im Kopf.

a) 20 % von 240
60 % von 140
48 % von 1 €
37 % von 1 ha

b) 37 % von 200
15 % von 300
25 % von 64
75 % von 12

2 650 m² Pflaster sollen verlegt werden. 8 % der Fläche sind bereits fertig.

3 Von 8500 Beschäftigten arbeiten 66 % im Schichtdienst.

4 Von 28 Kindern einer Klasse kommen 21 Kinder mit dem Bus.

5 75 g Möhren enthalten 0,5 g Eiweiß, 67 g Wasser und 1,8 g Ballaststoffe.

6 Frikadellen müssen mindestens 70 % Fleisch enthalten. Es werden aus 350 g Fleisch Frikadellen hergestellt.

7 Berechne den vermehrten bzw. verminderten Grundwert.

a) 270 € vermehrt um 19 %
b) 480 km² vermindert um 28 %
c) 36 kg vermindert um 7 %
d) 84 Liter vermehrt um 12 %

8 Bei einem Räumungsverkauf zahlt man 60 % des alten Preises. Ein Fernsehgerät kostet nun 690,00 €.

9 Nach einer Preiserhöhung von 4 % kostet ein Schlafsack 78,00 €.

10 Beim Räuchern verliert eine Wurst 6 % ihres ursprünglichen Gewichts. Nach dem Räuchern wiegt sie noch 1316 g.

11 Eine Regenjacke wird von 125,00 € auf 95,00 € herabgesetzt. Wie viel Prozent beträgt die Ermäßigung?

Präge dir diese Prozentsätze als Brüche und Dezimalbrüche ein:

$1\% = 0{,}01 = \frac{1}{100}$

$5\% = 0{,}05 = \frac{5}{100}$

$10\% = 0{,}1 = \frac{1}{10}$

$20\% = 0{,}2 = \frac{1}{5}$

$25\% = 0{,}25 = \frac{1}{4}$

$50\% = 0{,}5 = \frac{1}{2}$

$75\% = 0{,}75 = \frac{3}{4}$

$33\frac{1}{3}\% = 0{,}\overline{3} = \frac{1}{3}$

Bewerbungstraining | Zinsrechnung

Die Zinsrechnung ist eine Anwendung der Prozentrechnung.

Im Bankwesen wird mit folgenden Werten gerechnet:

Prozentrechnung			Zinsrechnung		
Grundwert	G		Kapital	K	
Prozentwert	p %		Zinssatz	p %	
Prozentwert	W	$W = G \cdot p\,\% = G \cdot \frac{p}{100}$	Zinsen	Z	$Z = K \cdot p\,\% = K \cdot \frac{p}{100}$

1 Jahr = 12 Monate = 360 Tage

1 Monat = 30 Tage

Die Zinsen beziehen sich immer auf ein Jahr. Sollen die Zinsen für einen Bruchteil des Jahres bestimmt werden, so müssen die Jahreszinsen mit einem Zeitfaktor multipliziert werden. Ist t die Anzahl der zu verzinsenden Tage, so ist der Zeitfaktor $\frac{t}{360}$.
Mit der Zinsformel $Z = K \cdot \frac{p}{100} \cdot \frac{t}{360}$ lassen sich alle Zinsaufgaben lösen, wobei die Formel ggf. umgestellt werden muss.

Beispiele

a) 4200 € werden 93 Tage lang zu 4,6 % angelegt.

$Z = K \cdot \frac{p}{100} \cdot \frac{t}{360}$

$Z = 4200\,€ \cdot \frac{4{,}6}{100} \cdot \frac{93}{360} = 49{,}91\,€$

b) Ein Kapital von 5600 € ergab bei einem Zinssatz von 3,2 % 22,40 €. Für wie viele Tage wurde das Kapital angelegt?

$Z = K \cdot \frac{p}{100} \cdot \frac{t}{360}$

$t = \frac{Z \cdot 100 \cdot 360}{K \cdot p} = \frac{22{,}40\,€ \cdot 100 \cdot 360}{5600\,€ \cdot 3{,}2} = 45 \text{ Tage}$

Aufgaben

1 Herr Kleinhans hat auf der Bank ein Sparbuch mit 4820 € Guthaben. Die Bank erhöht den Zinssatz von 2,5 % auf 2,8 %. Um welchen Betrag erhöhen sich die Zinsen?

2 Frau Koch hat bei drei verschiedenen Banken jeweils 4000 € angelegt. Am Ende des Jahres erhält sie 168 €, 152 € bzw. 180 € Zinsen.

3 Herr Kleinschmidt möchte am Ende des Jahres über 3000 € verfügen. Die Bank bietet einen Zinssatz von 3,25 %. Welchen Betrag muss er am Anfang des Jahres anlegen?

4 Berechne die fehlenden Größen.

Kapital	1200 €	520 €		4320 €
Zinssatz	2,5 %		8,2 %	6,4 %
Zinsen		7,80 €	53,30 €	96,00 €
Zeit	135 Tage	3 Monate	$\frac{1}{4}$ Jahr	

5 Tobias und Maike haben bei einer Bank je 1800 € angelegt. Tobias bekommt nach 5 Monaten 28,50 € Zinsen. Wie viel Zinsen bekommt Maike nach 275 Tagen?

6 Am 1. März nimmt Herr Wagner einen Kredit über 12 500 € zu 8,5 % auf. Er kann ihn erst am 1. November zurückzahlen. Wie viel Zinsen hätte Herr Wagner gespart, wenn er den Kredit bereits zum 1. August zurückgezahlt hätte?

7 Eine Rechnung beläuft sich auf 15 250 €. Wenn sie innerhalb von fünf Tagen bezahlt wird, können 2 % Skonto abgezogen werden. Nach Ablauf von zwei Monaten muss sie ohne Abzug bezahlt werden.
Was ist günstiger?
Nach fünf Tagen abzüglich 2 % Skonto zu zahlen oder das Geld zu 8,5 % bis zum Ablauf der beiden Monate auf der Bank zu belassen und dann ohne Abzug zu bezahlen?

Bewerbungstraining | Zahlenreihen

In fast jedem Einstellungstest sind Zahlenreihen zu vervollständigen. Sie sind nach einer bestimmten Regel aufgebaut. Aufgabe ist es, die nächsten Zahlen sinnvoll zu ergänzen. Hier gilt es, möglichst schnell die „Regel" zu erkennen. Folgende Überlegungen können helfen, wenn das Aufbausystem nicht auf den ersten Blick zu erkennen ist:

1. Werden die Zahlen größer oder kleiner oder abwechselnd größer und kleiner oder kleiner und größer?
2. Werden die Zahlen kontinuierlich größer, so berechnet man die Differenzen zwischen benachbarten Zahlen und versucht, die Regelmäßigkeit herauszufinden.
3. Sind die Differenzen unregelmäßig, so sollte man prüfen, ob die Regel auf einer Multiplikation oder Division aufbaut.
4. Folgen die Zahlenwerte auch nicht diesem Prinzip, so versucht man, die Zahlenreihe in zwei oder mehr getrennte Reihen zu teilen, die jeweils einem bestimmten Aufbauprinzip folgen.

Beispiele

a) 2 4 6 8 10 12 □ □ — Lösung: 14 16 (Regel: + 2)
b) 2 4 8 16 32 □ □ — Lösung: 64 128 (Regel: · 2)
c) 2 3 6 7 10 11 □ □ — Lösung: 14 15 (Regel: + 1 + 3)
d) 10 6 18 14 42 □ □ — Lösung: 38 114 (Regel: − 4 · 3)

Aufgaben

1 Das ist einfach.

a) 3 6 9 12 15 □ □
b) 1 2 4 8 16 □ □
c) 1 3 6 10 15 21 □ □
d) 30 29 27 24 20 □ □
e) 30 26 22 18 14 □ □
f) 30 26 31 27 32 28 □ □
g) 4 6 12 14 28 30 □ □
h) 7 8 9 11 13 16 □ □

2 Gelegentlich werden Zahlenreihen als „Zahlenräder" verpackt. Sie sehen in der Regel komplizierter aus als sie sind. Finde heraus, welche Zahlen für die Fragezeichen einzusetzen sind.

a)

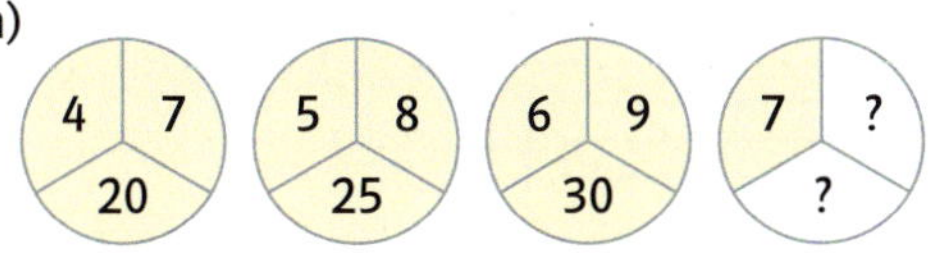

b)

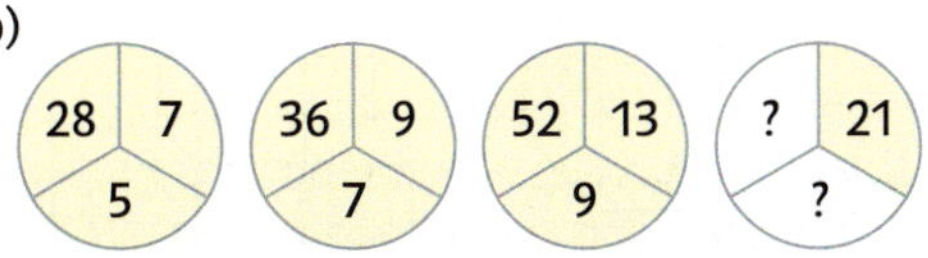

3 Das ist schon schwieriger.

a) 5 4 7 6 10 9 □ □
b) 15 6 18 9 27 18 □ □
c) 15 6 18 9 36 27 □ □
d) 15 6 18 10 30 23 □ □
e) 44 22 26 13 18 9 □
f) 6 7 9 6 10 15 9 □
g) 6 42 35 5 35 28 4 28 □
h) 18 12 6 24 20 10 40 □

4 Soll gleichzeitig mit Symbolen gearbeitet werden, so sind die Zahlenreihen häufig mit Dominosteinen dargestellt. Welcher der Dominosteine A, B, C oder D ergänzt jeweils die Reihe sinnvoll?

a)

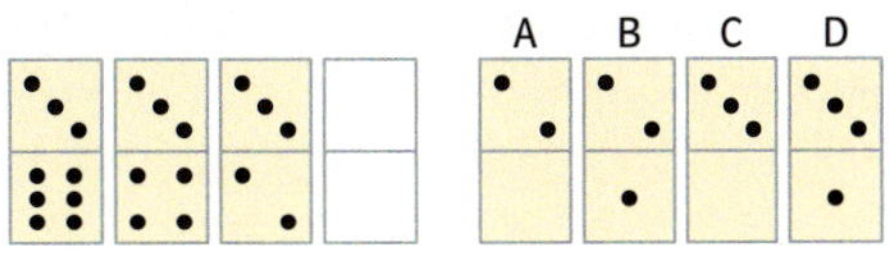

b)

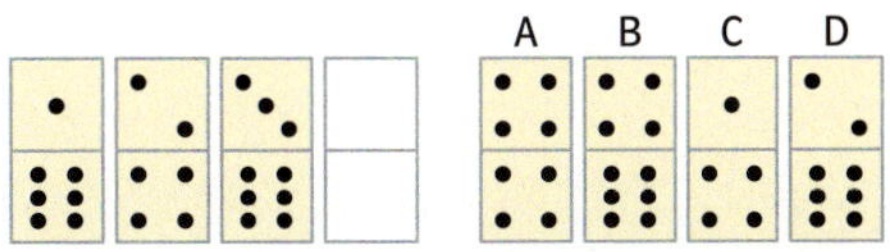

Bewerbungstraining | Flächen und Körper I

Zum Thema Flächen gehört einerseits das Berechnen von Flächeninhalten, andererseits auch die Vorstellung von dreidimensionalen Körpern und den Flächen, aus denen sie zusammengesetzt sind.

Beispiele

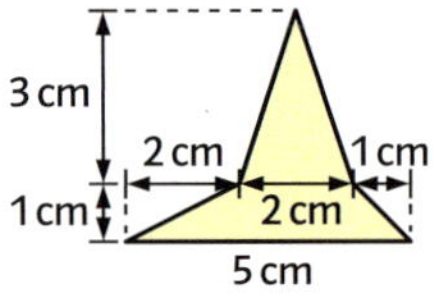

a) Berechne den Flächeninhalt der Figur. Dazu wird die Fläche in einzelne Teilflächen zerlegt, um die Berechnungsformeln für Drei- und Vierecke oder auch den „Pythagoras“ zum Ermitteln von fehlenden Längen zu nutzen.

Obere Figur: Dreieck

$A_D = \frac{g\,h}{2} = \frac{2 \cdot 3}{2} = 3\,\text{cm}^2$

Untere Figur: Trapez

$A_T = \frac{(a + c)\,h}{2} = \frac{5 + 2}{2} \cdot 1 = 3{,}5\,\text{cm}^2$

$A_{ges} = A_D + A_T = 6{,}5\,\text{cm}^2$

b) Manchmal müssen die entsprechenden Maße durch Ablesen aus einer Skizze gefunden werden. Die Skizze kann in einem Raster gezeichnet sein, die Länge der Rasterflächen ist gegeben.

c) Die Anzahl der Flächen eines Körpers soll bestimmt werden. Bei einer räumlichen Figur musst du auch an die nicht sichtbaren Flächen auf der Rückseite denken.

Diese Figur besteht aus sechs Flächen.

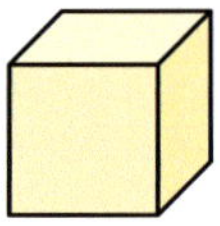

Aufgaben

1 Berechne den Flächeninhalt der zusammengesetzten Figur. Ein Kästchen des Rasters entspricht 1 cm.

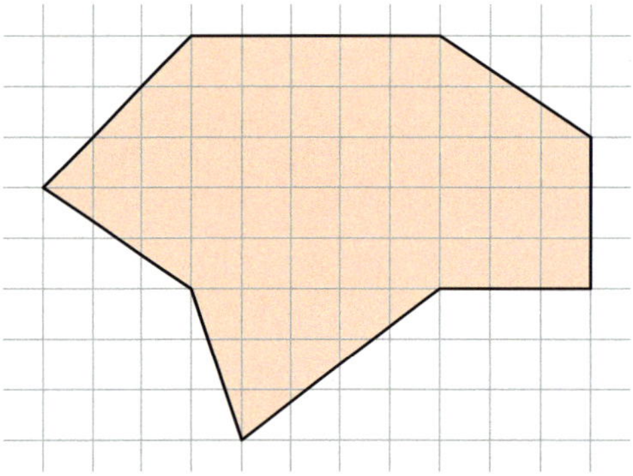

2 Berechne den Flächeninhalt der zusammengesetzten Figuren. (Maße in cm)

a)

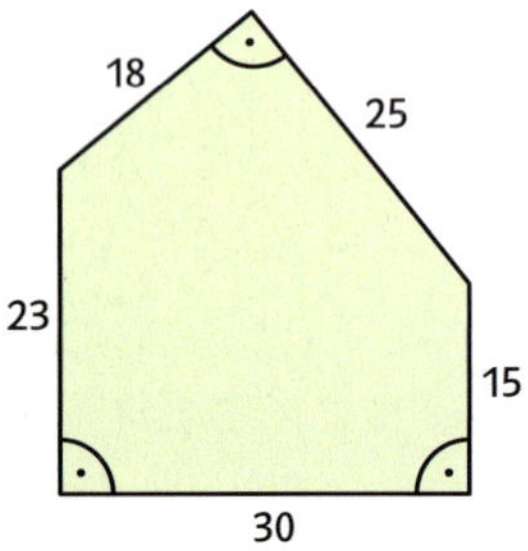

b)

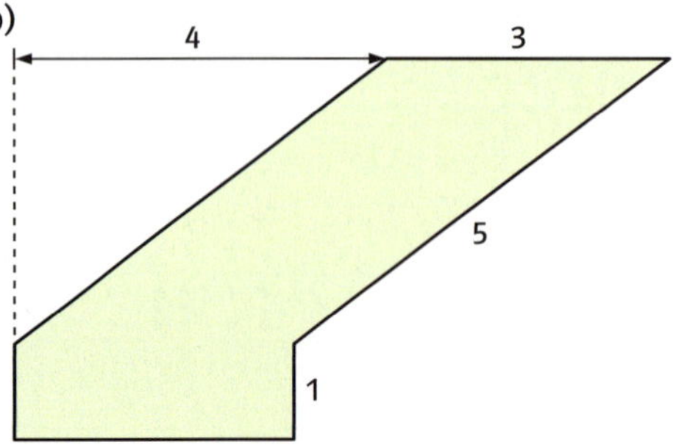

3 Zähle die Flächen der abgebildeten Körper.

a)

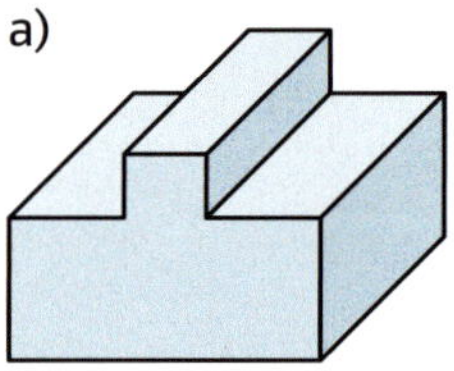

b)

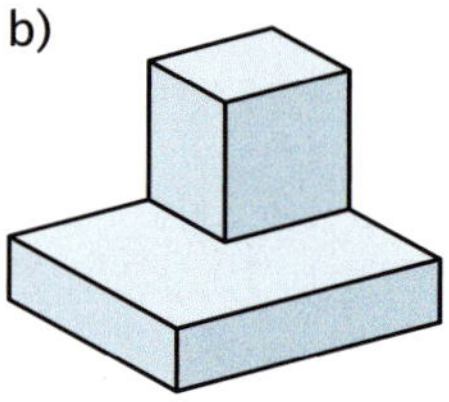

c)

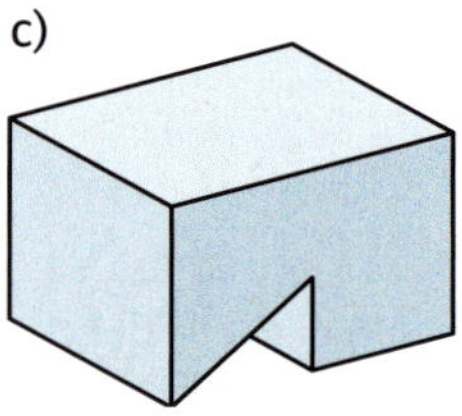

d)

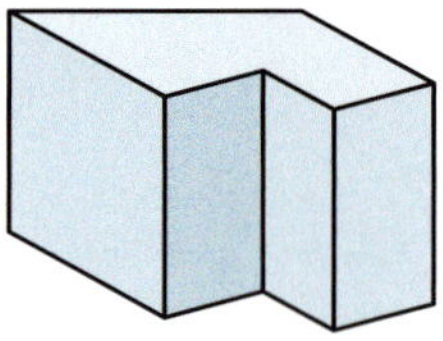

4 Welcher Körper hat die größere Oberfläche?

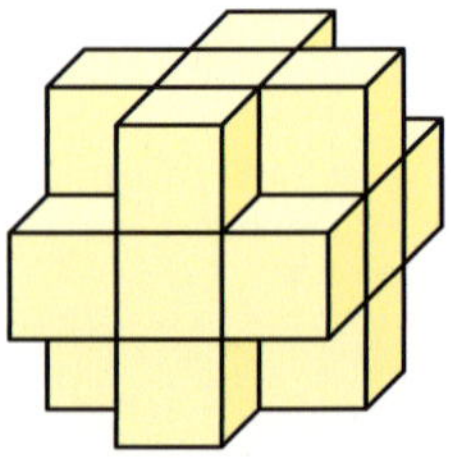

Bewerbungstraining | Flächen und Körper II

Mit den Aufgaben auf dieser Seite soll dein räumliches Vorstellungsvermögen getestet werden, also wie gut du dir Dinge anhand von Zeichnungen vorstellen kannst.
Oft hilft das Zählen der Flächen bei der Entscheidung.
Bei einigen Aufgaben kannst du nach dem Multiple-Choice-Verfahren unter mehreren Lösungen auswählen. Raten solltest du aber nicht! Versuche, durch Überlegung oder bei Rechnungen durch Überschlag eine Lösung zu finden.

Aufgaben

1 Zu welcher Figur gehört das Netz?

a)

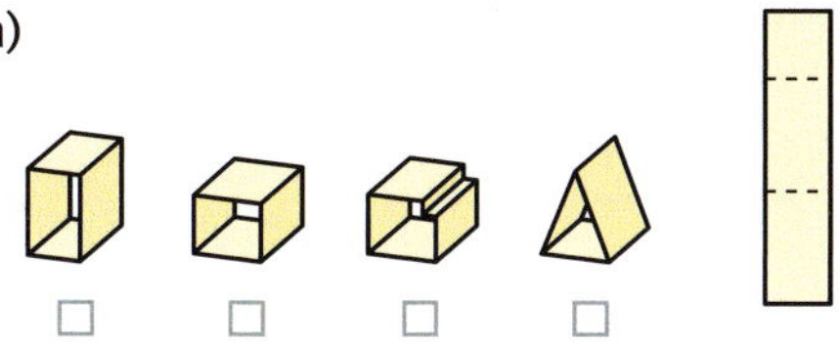

b)

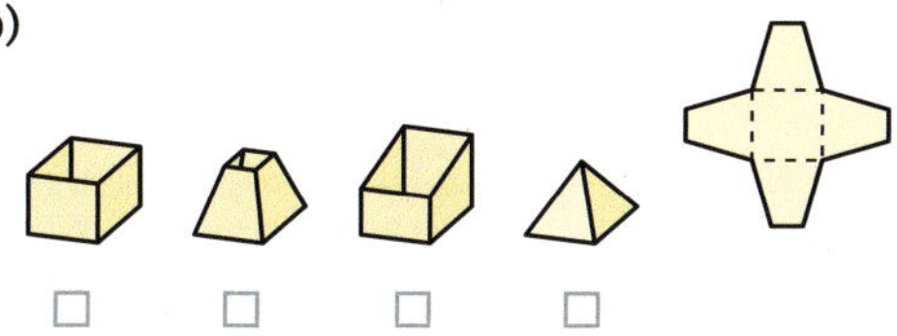

c)

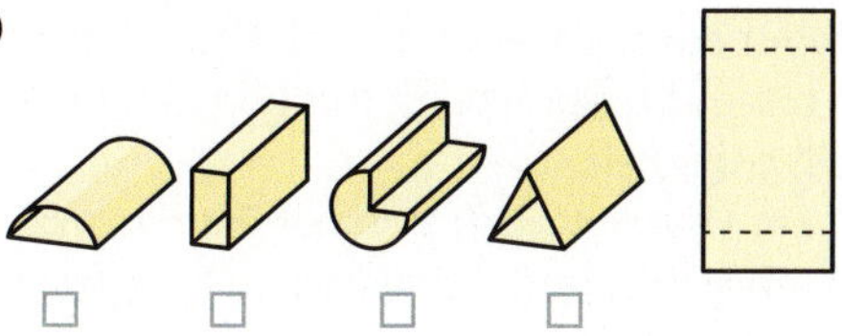

d)

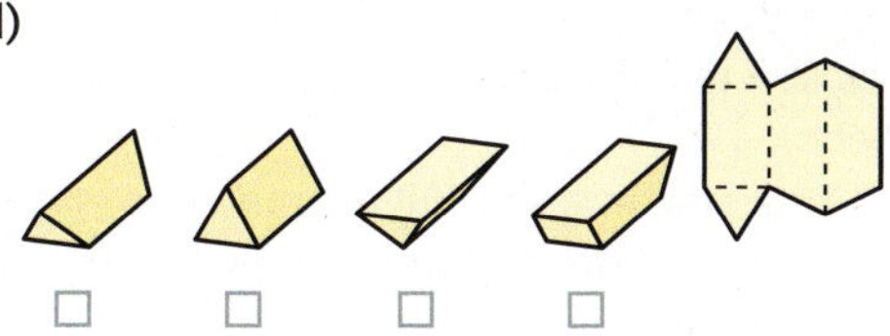

e)

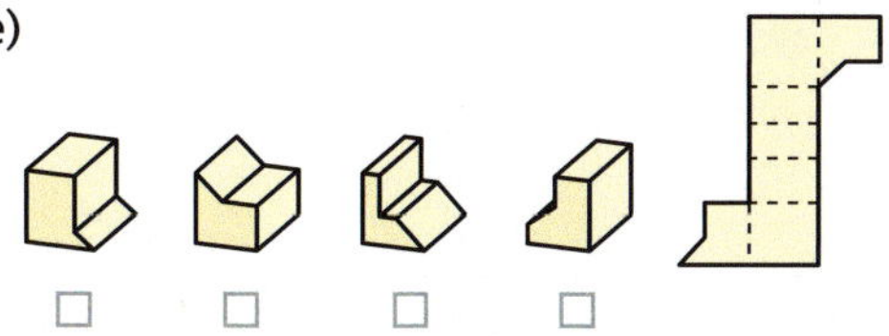

f)

2 Schätze, wie viel m³ Getreide ein Silo mit rechteckiger Grundfläche (12 m × 10 m) und einer Höhe von 25 m aufnehmen kann.

☐ 300 m³ ☐ 1500 m³ ☐ 3000 m³ ☐ 6000 m³

3 Eine Regentonne hat einen Durchmesser von 60 cm und eine Höhe von 1,20 m. Überschlage, wie viel Liter Wasser sie auffangen kann.

☐ 80 Liter ☐ 180 Liter ☐ 340 Liter ☐ 500 Liter

4 Ein Glaspavillion hat als Grundfläche die Form eines regelmäßigen Sechsecks mit einer Seitenlänge von 4 m. Schätze den Flächeninhalt der Glasflächen mit einer Höhe von 6 m.

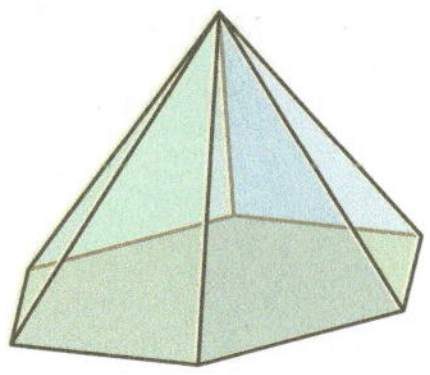

☐ 30 m² ☐ 70 m² ☐ 100 m² ☐ 120 m²

5 Auf einem Fußballfeld mit den Maßen 70 m × 100 m liegt 20 cm hoch Neuschnee. Überschlage, wie viel m³ das sind.

☐ 60 m³ ☐ 250 m³ ☐ 900 m³ ☐ 1400 m³

6* Das Gehäuse eines elektrischen Wäschetrockners hat die Außenmaße 60 × 60 × 85 (in cm). Die zylindrische Trommel zur Aufnahme der Wäsche soll möglichst groß sein. Schätze die Maße und das Fassungsvermögen dieser Trommel. Rechne im Überschlag mit $\pi = 3$.

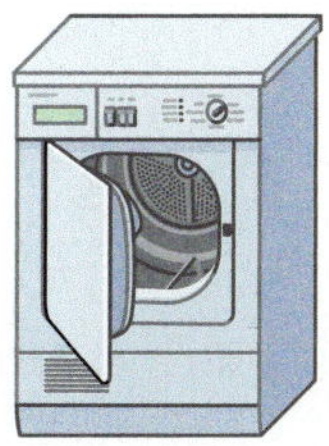

* Diese Aufgabe setzt Inhalte aus Klasse 9 voraus.

Bewerbungstraining | Zeit-Weg-Diagramme

Wir alle sehen täglich in vielen Bereichen grafische Darstellungen, vor allem Diagramme. Bei den folgenden Aufgaben sollst du das zu den Situationen passende Diagramm auswählen.

Beispiele

a) Ein Gefäß wird gleichmäßig mit einer Flüssigkeit gefüllt. Der Graph zeigt den Füllstand in Abhängigkeit von der Zeit an.

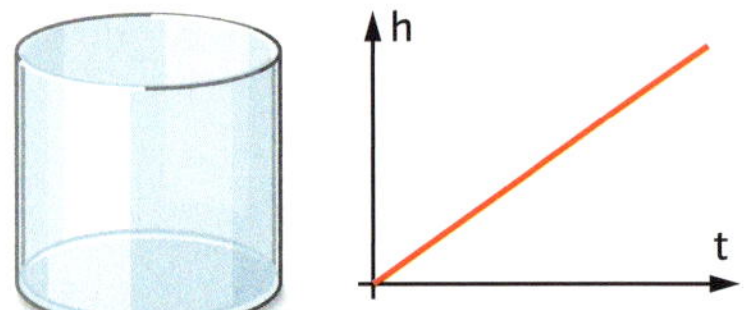

b) Bei einem Zeit-Weg-Diagramm kann ein zurückgelegter Weg, also auch die Geschwindigkeit, in Abhängigkeit von der Zeit dargestellt werden. Je höher die Geschwindigkeit, desto steiler der Graph.
Gina läuft langsam an, macht dann eine Pause und läuft dann sehr schnell weiter.

Aufgaben

1 Welcher Graph gehört zu welcher Aussage?

a) Zeit → Temperatur von Tee im Glas
b) Zeit → Höhe einer brennenden Kerze
c) Alter eines Menschen → Körpergröße
d) Zeit → Abstand eines geworfenen Balles zum Boden
e) Zeit → Abstand eines Schaukelbrettes zum Boden

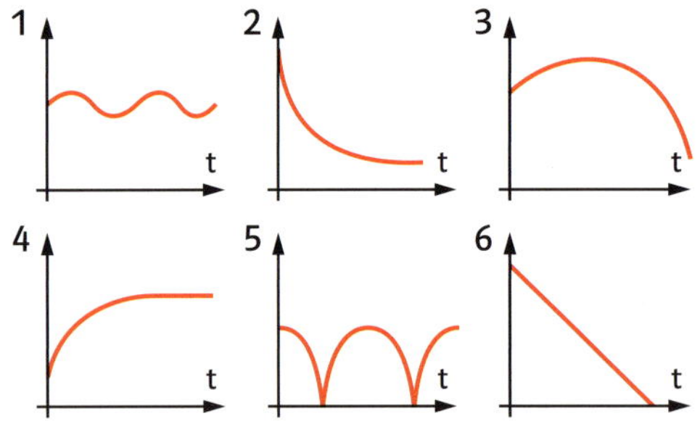

2 Die Gefäße werden gleichmäßig mit Flüssigkeit gefüllt. Ordne die Graphen zu.

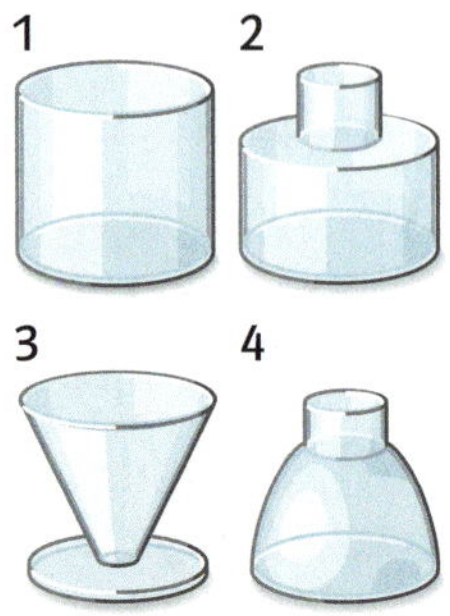

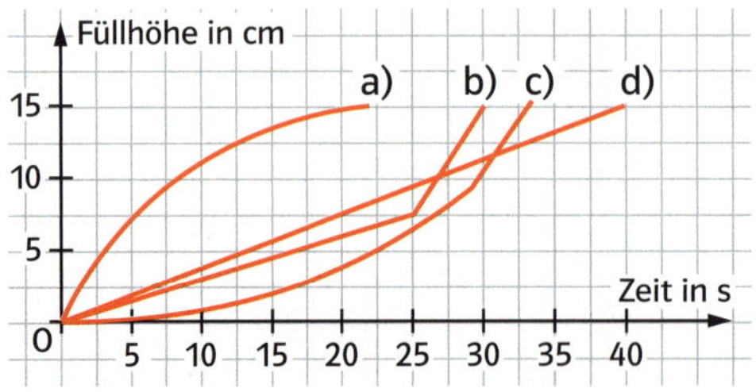

3 Welches Zeit-Weg-Diagramm passt zu der Aussage?

a) Ein Radfahrer steigert schnell eine Geschwindigkeit, hält diese für kurze Zeit und stoppt dann an einer Ampel. Danach fährt er ohne Unterbrechung mit konstanter Geschwindigkeit.
b) Ein Läufer startet zu einer Tour im Wald. Er erhöht seine Geschwindigkeit langsam und läuft dann mit konstanter Geschwindigkeit. Zwischendurch legt er kurze Pausen ein, in denen er seine Muskulatur dehnt.
c) Tina startet beim 100-m-Lauf sehr schnell, wird dann aber bis zum Ziel immer langsamer.

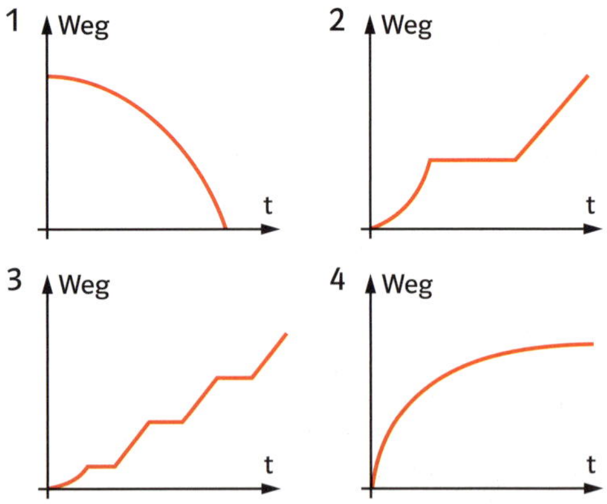

Bewerbungstraining | Textaufgaben – Gleichungen

Textaufgaben enthalten oft mathematische Probleme, die in Worten ausgedrückt sind. Aufgabe ist zunächst die „Übersetzung in eine mathematische Form", zum Beispiel eine Gleichung, und dann die Lösung des Problems.

Beispiele

a) Zwei Brüder, die sich in ihrem Alter um 7 Jahre unterscheiden, sind zusammen 39 Jahre alt.
Wie alt sind sie?
Bezeichne mit x das Alter des jüngeren Bruders.
Antwort: Der eine Bruder ist 16, der ältere 23 Jahre alt.

$$\begin{aligned} x + (x + 7) &= 39 && \mid -7 \\ 2x &= 32 && \mid :2 \\ x &= 16 \end{aligned}$$

b) Von welcher Zahl ist das Fünffache, vermehrt um 8, gleich dem Siebenfachen, vermindert um 4?
Bezeichne die gesuchte Zahl mit x.
Antwort: Die Zahl ist 6.

$$\begin{aligned} 5x + 8 &= 7x - 4 && \mid +4 - 5x \\ 12 &= 2x && \mid :2 \\ 6 &= x \end{aligned}$$

c) Die Summe zweier Zahlen ist 10, ihre Differenz beträgt 4.
Bezeichne die gesuchten Zahlen mit x und y.
Antwort: Die Zahlen sind 3 und 7.
Einsetzen in eine Gleichung ergibt y = 3.

$$\begin{aligned} \text{I} \quad x + y &= 10 \\ \text{II} \quad x - y &= 4 && \mid \text{Addieren} \\ \hline 2x &= 14 && \mid :2 \\ x &= 7 \end{aligned}$$

Aufgaben

1 Löse das Rätsel mit einer Gleichung.
a) Von welcher Zahl ist das Fünffache, vermehrt um 11, gleich dem Achtfachen, vermehrt um 8?
b) Von welcher Zahl ergeben das Dreifache und das Vierfache zusammen 224?
c) Von welcher Zahl ergeben der dritte und vierte Teil zusammen 7?

2 a) Tina ist halb so alt wie ihr Bruder Ulf. Beide zusammen sind 15 Jahre alt. Wie alt sind sie?
b) * Elke ist heute dreimal so alt wie Sabine. In 10 Jahren ist Elke nur noch doppelt so alt. Wie alt sind sie heute?

3 a) Der Flächeninhalt eines Rechtecks beträgt $21\,cm^2$, der Umfang ist 20 cm. Wie lang sind die Seiten?
b) Die Seitenkanten eines Würfels sind insgesamt 96 mm lang. Welches Volumen besitzt der Würfel?

4* a) Die Summe zweier Zahlen beträgt 50, ihre Differenz ist 10.
b) Die Addition von zwei Zahlen ergibt 15. Addiert man zum Doppelten der ersten Zahl das Dreifache der zweiten Zahl, so ergibt dies 38.
c) Die Differenz von zwei Zahlen ergibt 20. Ihre Summe ergibt das Fünffache ihrer Differenz.
d) Die Summe aus dem Zweifachen einer Zahl und dem Dreifachen einer anderen Zahl beträgt 18. Das Dreifache der ersten Zahl vermehrt um das Doppelte der anderen Zahl ergibt 17.
e) Tim hat bei einer Verkehrszählung insgesamt 35 Fahrzeuge gezählt. Wie viele Mofas und Pkw waren es, wenn sie zusammen 110 Räder hatten?
f) Ein Bauer hat zusammen 45 Enten und Schafe. Sie haben insgesamt 130 Beine. Wie viele Enten und Schafe sind es?

* Diese Aufgabe setzt Inhalte aus Klasse 9 voraus.

! *Hier kommst du mit einer Gleichung nicht aus.*

Fit im Job

Auf der Baustelle

Vor dem Bau eines Hauses muss der Maurer den benötigten Materialbedarf gut einschätzen. In der Tabelle ist der Bedarf an Steinen und Mörtel zum Bau einer Mauer unter Berücksichtigung des Verlustes angegeben. Außenwände und tragende Innenwände werden in der Regel 24 cm dick, Trennwände 11,5 cm dick gemauert.

DF steht für Dünnformat.

Steinart	Wanddicke in cm	Steine pro m²	Mörtel in l pro m²
DF Einfach	11,5	33	19
DF Doppelt	24	66	50

- Bestimmt den Stein- und Mörtelbedarf einer Wand eures Klassenzimmers oder einer Zimmerwand eurer Wohnung. Wählt dazu eine Wand aus, deren Dicke ihr kennt.
- Bestimmt ungefähr den Stein- und Mörtelbedarf der sichtbaren Außenwand des oben abgebildeten Rohbaus.

Kalkmörtel wird aus einer Mischung von Kalkteig und Sand hergestellt.

- Welches Mischungsverhältnis liegt vor, wenn die nebenstehend abgebildeten Mengen gemischt werden?
- Wie viel Sand und Kalk wurde zur Herstellung des Mörtels bei einem Mischungsverhältnis von 1 : 3,5 für eine Wand eures Klassenzimmers oder einer Zimmerwand eurer Wohnung benötigt?

Beim Mediengestalter

Druckerzeugnisse werden vom Mediengestalter mit einem Desktop Publisher Programm (DTP) hergestellt. Nutzt für die folgenden Aufgaben ein Textverarbeitungsprogramm.

- Für jede Schrift gibt es unterschiedliche Schriftgrößen. Die Schriftgröße wird in Punkt, abgekürzt pt, gemessen. Schreibt das Wort „Fliegenpilz" in ARIAL in verschiedenen Größen und druckt die Seite aus. Messt die Länge der Wörter und vergleicht mit der Schriftgröße.
- Schreibt in ARIAL und in COURIER das Wort „Wirbelwind" in gleicher Schriftgröße. Vergleicht das Schriftbild. Was fällt auf?

Schriften, bei denen jeder Buchstabe gleich viel Platz einnimmt, heißen, im Gegensatz zu den heute üblichen Proportionalschriften, nichtproportionale Schriften.

- Sucht nichtproportionale Schriften.
- COURIER ist eine nichtproportionale Schrift. Wie viele Buchstaben passen in eine Zeile (Ränder: 2 cm) bei den Schriftgrößen 12 pt, 18 pt, 24 pt und 36 pt? Formuliert eine Regel. Gilt diese Regel auch für eine proportionale Schrift wie ARIAL?
- Vergleich die Länge eines Wortes in einer Proportionalschrift mit der Schriftgröße. Formuliert eine Regel.

Beim Friseur

Viele Kunden möchten beim Friseur ihre Haare färben lassen. Dazu wird u.a. Wasserstoffperoxid (H_2O_2) benötigt, das man in unterschiedlichen Konzentrationen kaufen kann. Will man eine andere Konzentration haben, muss man mit Wasser verdünnen.

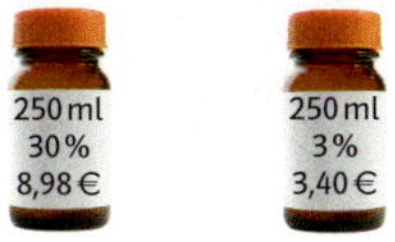

- Ein Friseur benötigt häufig eine 3 %-ige Lösung. Dennoch kauft er eine 30 %-ige Lösung ein. Begründet. Untermauert eure Begründung mit Zahlen.

Sollen aus einer Lösung mit 30 %-iger Konzentrationsstärke (K) 160 ml Lösungsmenge (M) mit einer 9 %-igen Lösungsstärke (P) hergestellt werden, so benötigt man 48 ml Konzentrationsmenge (KM) des 30 %-igen Konzentrats.

- Prüft nach und beschreibt eure Lösungswege. Beurteilt die Lösungswege.
- Stellt mithilfe eines Lösungsweges eine Formel auf.
- Stellt euch gegenseitig Mischungsaufgaben. Beachtet, dass man auch nach der Lösungsmenge (M), der Lösungsstärke (P) und der Konzentrationsstärke (K) fragen kann. Ihr solltet also mindestens vier unterschiedliche Aufgabentypen finden.

In der Küche

Um den Verkaufspreis (Inklusivpreis) einer Speise zu berechnen, werden dem Wareneinkaufspreis nacheinander Betriebskosten, Gewinn, Bedienung und MwSt. prozentual zugeschlagen. Das Verhältnis Inklusivpreis zu Wareneinkaufspreis bezeichnet man als Kalkulationsfaktor k.

- Mache eine Aufstellung über mögliche Betriebskosten.

Ein Betrieb rechnet mit folgenden Kosten.

	Getränke	Speisen
Betriebskosten	140 %	180 %
Gewinn	25 %	12 %
Bedienung	15 %	15 %
MwSt.	19 %	19 %

- Bestimmt die Kalkulationsfaktoren. Warum ist es günstig, die Faktoren zu kennen? Kann vom Kalkulationsfaktor auf den Gewinn geschlossen werden?
- Erklärt die Kalkulationstabelle. Kalkuliert mit unterschiedlichen Faktoren.

= =$C$1*E5

	A	B	C	D	E	F	G
1	**Kalkulationsfaktor**		4,2				
2	Ware	Menge in kg	Preis je kg		Einkaufspreis	Verkaufspreis	Portionspreis
3	Schnitzel	0,220	6,25 €		1,38 €	5,78 €	
4	Erbsen	0,250	1,20 €		0,30 €	1,26 €	
5	Kartoffeln	0,350	0,40 €		0,14 €	0,59 €	
6							7,62 €

- Stellt drei verschiedene Menüs zusammen. Recherchiert die Einkaufspreise, schätzt die benötigte Warenmenge und kalkuliert den Verkaufspreis mit einer Kalkulationstabelle. Es geht auch mit einem Taschenrechner.

... und jetzt ran an die Arbeit!

In fast jedem Beruf benötigt man spezielle mathematische Kenntnisse. Erkundigt euch bei euren Eltern, Verwandten und Bekannten welche mathematische Aufgaben sie in ihrem Beruf zu lösen haben. Lasst euch möglichst mehrere Beispiele geben. Stellt eure Recherchen der Klasse vor. Gebt die notwendigen Informationen zu den fachlichen Inhalten und Formeln. Ordnet die Aufgaben Teilgebieten der Mathematik wie Dreisatz, Funktionen, Geometrie usw. zu. Formuliert weitere passende Aufgaben.

Umwelt geht uns alle an

Erdgasautos als Alternative?

Erdgasautos sind umweltschonender und auch unter Kostengesichtspunkten eine Alternative zu herkömmlichen Fahrzeugen. In der Tabelle sind beispielhafte Kosten für drei PKW-Typen vereinfacht dargestellt:

	Benziner	Diesel	Erdgas
Neupreis in €	19 000,00	22 000,00	24 000,00
Kfz-Service in €/Jahr	108,00	308,00	108,00
Service (pro 15 000 km oder Jahr) €	200,00	–	250,00
Service (pro 30 000 km oder Jahr) €	–	250,00	–
Preis Kraftstoff in €/l bzw. €/kg	1,418	1,223	1,019
Verbrauch, l/100 km bzw. kg/100 km	7,2	6,0	5,2
Versicherung (Musterkunde) in €	300	650	500
Förderung durch Stromanbieter	–	–	500 € + 0,02 € pro km

Nutzertypen:

Wenigfahrer
ca. 7000 km/Jahr

Durchschnittsfahrer
ca. 12 000 km/Jahr

Vielfahrer
ca. 25 000 km/Jahr

- Berechnet für jeden Nutzertyp die Unterhaltskosten für die drei Fahrzeuge für einen Zeitraum von 8 Jahren.
- Erstellt Zeit-Kosten-Diagramme, mit denen jeder Nutzertyp einen direkten Kostenvergleich anstellen kann.
- Präsentiert eure Ergebnisse mithilfe der erstellten Diagramme und untersucht, ob ein Auto mit Erdgasantrieb eine echte Alternative zu konventionellen Motoren ist. Wann und für wen lohnt es sich?
- Welche weiteren Gründe für oder gegen ein Erdgasauto fallen euch ein? Führt eine Diskussion.

Moderne Windmühlen

Windräder gehören wie Sonnenkollektoren zu den regenerativen Energieerzeugern.

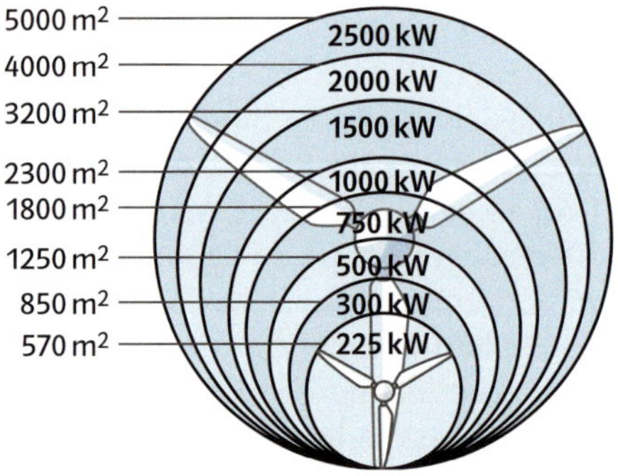

Die Leistung P einer Windkraftanlage in Abhängigkeit von der Rotorfläche (1 kW = 1000 W).

- Was wird in der Abbildung ersichtlich?
- Beschreibt mittels eines Graphen im Koordinatensystem, wie die Leistung P einer Windkraftanlage von der Rotorfläche abhängt.
- Welche Fläche ist für eine Windkraftanlage mit einer Leistung von 3 MW nötig? Begründet.
- Recherchiert:
  - Wovon hängt die Leistung einer Windkraftanlage noch ab?
  - Wie viele Windräder bräuchte man, um ein Kernkraftwerk zu ersetzen?
  - Reicht ein Windrad aus, um einen 4-Personen-Haushalt das ganze Jahr über mit Strom zu versorgen?

Papierrecycling – Recyclingpapier
Die Tabelle zeigt die Ökobilanz der Papierherstellung dreier Papiersorten:

Verbrauchswerte für 1 kg Papier = 200 Blatt A4			
Papiersorte	Zellstoff	Holzschliff	Altpapier
Holz	2000 g	1100 g	nur Altpapier
Wasser	250 l	70 l	5 l
Energie	8 kWh	6 kWh	2 kWh
Wasserverschmutzung			

■ Recherchiert: Wodurch unterscheidet sich Papier aus Holzschliff von dem aus Zellstoff bzw. aus Altpapier?
■ Zählt alle Hefte in der Klasse, die aus Zellstoff bzw. aus Altpapier hergestellt wurden. Stellt das Ergebnis grafisch dar.
■ Nehmt an, alle Schülerinnen und Schüler eurer Klasse würden nur noch Recyclingpapierhefte kaufen. Wie würde sich der Holz-, Wasser- und der Energiebedarf ändern, wie der Grad der Wasserverschmutzung?
■ Aus welchem Papier sind eure Arbeitsblätter? Wie viel Kopierpapier braucht die Schule pro Jahr? Berechnet die Ökobilanz beim Kauf von Papier aus Zellstoff bzw. aus Altpapier. Erkundigt euch nach Preisen.

Energiesparlampen
Australien schafft bis zum Jahre 2010 alle Glühlampen ab. Dadurch soll Energie eingespart werden. Auch bei uns gibt es Diskussionen zu diesem Thema.

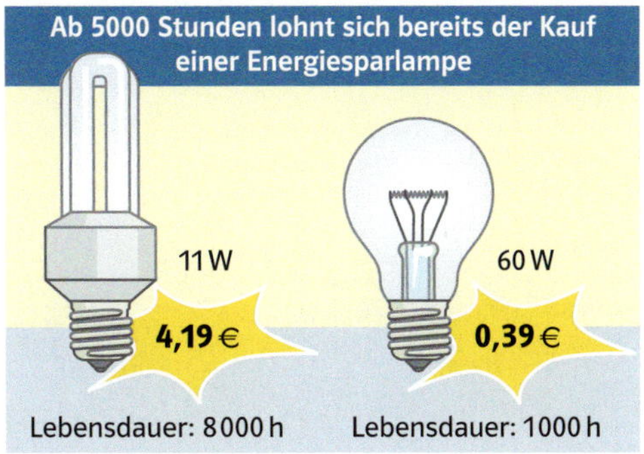

Während eine normale Glühlampe nur fünf bis zehn Prozent der eingesetzten Energie in Licht umwandelt, sind es bei der Energiesparlampe gut 25 Prozent.
■ Erkundigt euch über die Strompreise eures Energieversorgers und vergleicht die Stromkosten beider Leuchtmittel.
■ Wie viel Euro werden eingespart, wenn ihr in eurem Zimmer alle Glühlampen durch Energiesparlampen ersetzt? Welche Faktoren müsst ihr beachten?
■ Stellt je einen Term auf für die Kosten, die beim Gebrauch einer Glühlampe und einer Energiesparlampe entstehen. Ermittelt geeignete Zahlenwerte und stellt beide Zuordnungen grafisch dar.
Vergleicht mit dem Werbeplakat.

... und jetzt Energie gespart!

Eine Schule ist in vielerlei Hinsicht ein Energiefresser: Täglich werden große Mengen an elektrischer Energie, Wärme und Wasser verbraucht sowie Müll erzeugt. Einen ersten Schritt, dem Energiefraß auf die Spur zu kommen, könnt ihr dadurch leisten, dass ihr in eurer Schule eine Umfrage startet zur Raumtemperatur und den Lichtverhältnissen in Klassenräumen und Fluren: Wie warm ist es? Wie viele Heizkörper sind in jeder Klasse, sind sie regelbar? Wie ist die Luft im Zimmer? Wie wird gelüftet? Habt ihr ausreichend Licht im Raum? Wo sind Lampen unnötig an? ... Wertet die Umfrage aus und erstellt Infowände im Schulgebäude. Für viele Informationen ist es sicherlich sinnvoll, den Hausmeister mit einzubeziehen. Ebenso können Aktion gestartet werden wie: „Dreh mal ab“, „Richtig lüften“ oder „Licht aus“. Euch fällt sicherlich noch mehr ein, einen Beitrag zum Schutz der Umwelt zu leisten. Viel Spaß!

Der Blick ins All

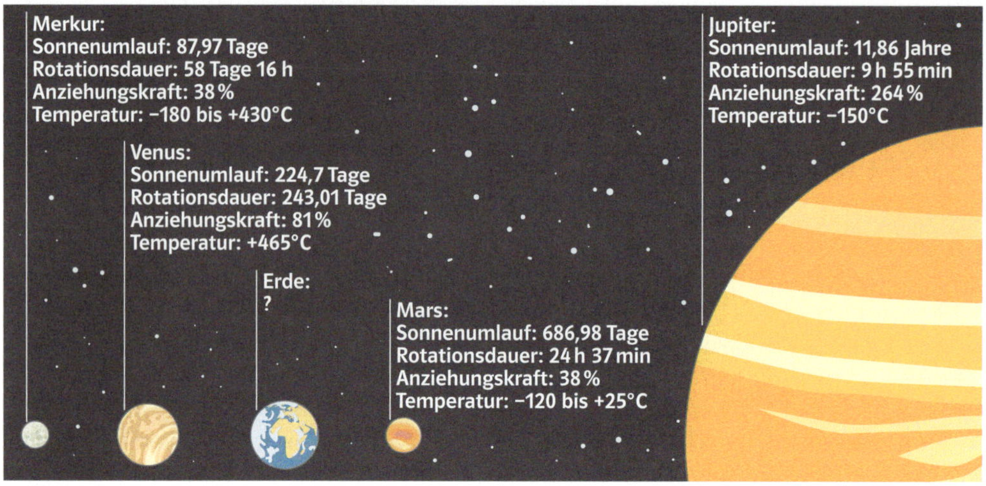

Eine Lichtsekunde ist keine Zeitspanne, sondern die Entfernung, die das Licht in einer Sekunde zurücklegt, nämlich 300 000 km. Entsprechend berechnet sich ein Lichtjahr (Lj.).

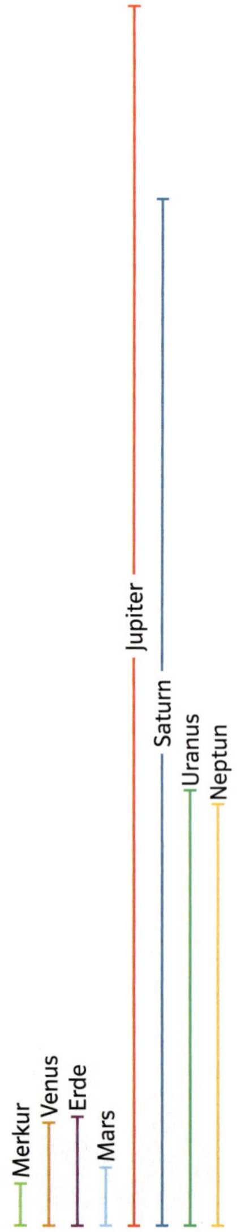

Unser Sonnensystem

Unser Sonnensystem besteht aus acht Planeten, auf denen sehr unterschiedliche Bedingungen herrschen.

- Gebt die in der Abbildung fehlenden Daten für die Erde an.
- Erklärt die Unterschiede für Sonnenumlauf und Anziehungskraft bei den angegebenen Planeten.
- Wie oft umkreisen Merkur, Venus, Erde und Mars die Sonne, während der Jupiter eine Runde dreht?
- Um wie viel Grad drehen sich die vier Nachbarplaneten an einem Erdentag?
- Wie sieht ein Tag auf einem solchen Nachbarplaneten aus? Schreibt eine Reportage, für die ihr möglichst viele der angegebenen Daten verwendet.

Zerschnittene Planeten

Die Durchmesser der Planeten unseres Sonnensystems variieren sehr stark.

- Erstellt eine Rangliste.
- Wie groß sind die einzelnen Schnittflächen?
- Wäre die Erde ein Tischtennisball, welche Körper müsstet ihr für die Darstellung der übrigen Planeten wählen?
- Bringt die Planetendurchmesser prozentual ins Verhältnis zur Erde (100 %).

Weit entfernte Sterne

Im Weltall gibt es zahlreiche andere Sonnensysteme, die teilweise so weit entfernt sind, dass ihre Sonnen eventuell gar nicht mehr existieren, obwohl man ihr Licht am Abendhimmel sieht. Unsere Sonne ist von uns etwa 8,3 Lichtminuten entfernt. Der uns nächstgelegene Stern heißt Proxima Centauri (4,28 Lj). Der Polarstern ist 430 Lj entfernt. 2007 haben Astronomen in 200 Billionen Kilometer Entfernung einen Planeten („Supererde") entdeckt, dessen Bedingungen annäherungsweise denen der Erde entsprechen könnten.

- Berechnet die Strecke eines Lichtjahres in km. Verwendet die wissenschaftliche Schreibweise.
- Wie viel Kilometer muss ein Raumschiff bis zur Sonne zurücklegen? Wie viel Zeit braucht es etwa dafür?
- Erstellt eine Entfernungstabelle (Lj, km) für Proxima Centauri, den Polarstern und die „Supererde".
- Könnten Menschen diese Sonnensysteme jemals erreichen?

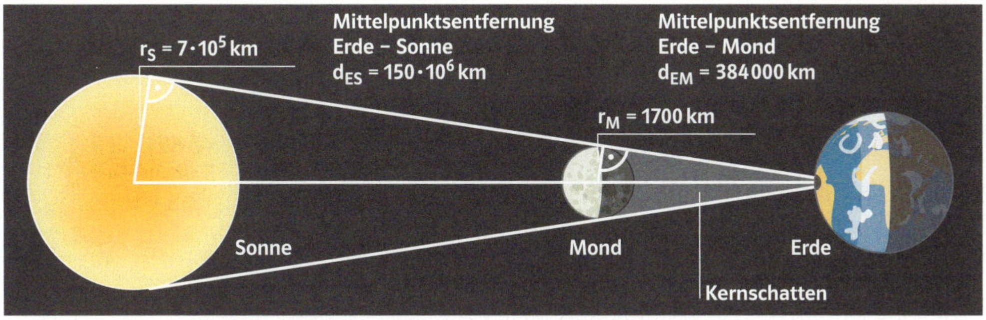

Der Aufzug zum Himmel
Um ins Weltall zu gelangen, benötigt man bislang Raketen, die enorme Mengen an Treibstoff verbrennen. Eine denkbare, noch utopisch klingende Alternative stellt der so genannte „Weltraumaufzug“ dar, an dem die NASA forscht. Entlang eines Seils aus extrem dünnem, reißfestem Kohlenstoff könnten Aufzüge mit 200 km/h bis zum geostationären Orbit befördert werden.

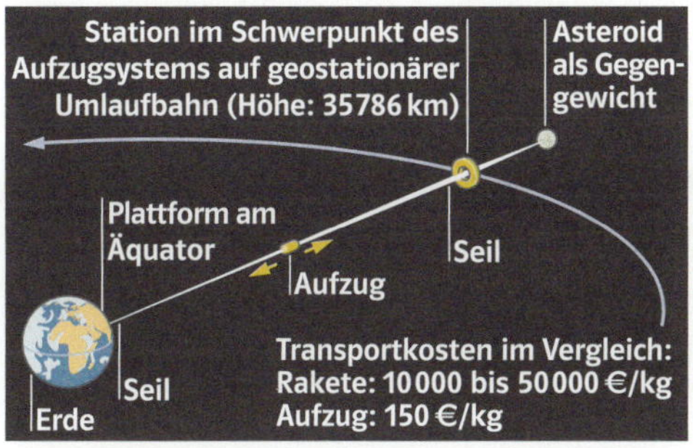

- Wie schwer schätzt ihr das Gegengewicht zum Seil im Weltall?
- Wie lange benötigt der Aufzug für eine Auffahrt?
- Beschreibt die Kosteneinsparungen.
- Erstellt dazu einen passenden Graphen.

Verdunkelte Sonne
Eine totale Sonnenfinsternis entsteht, wenn sich der Mond zwischen Sonne und Erde schiebt und die Sonnenscheibe dabei komplett abdeckt. Die letzte totale Sonnenfinsternis war in Deutschland am 11. August 1999 zu beobachten. Mit teilweise über 7000 km/h raste der Kernschatten des Mondes damals von Osten nach Westen über die Erdoberfläche.

- Kann der Mond die Sonnenscheibe exakt abdecken?
- Berechnet den ungefähren Durchmesser des Kernschattens.
- Was wäre, wenn der Mond von der Erde weiter weg oder viel größer wäre bzw. in der Ebene der Erdbahn liefe?
- Recherchiert: Woher stammt der Strahlenkranz um den Mond?

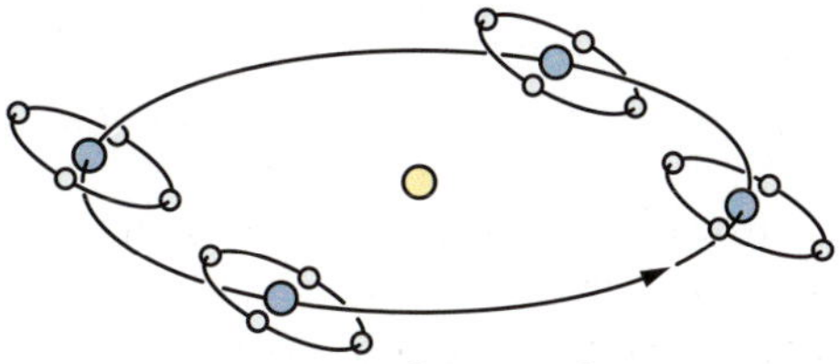

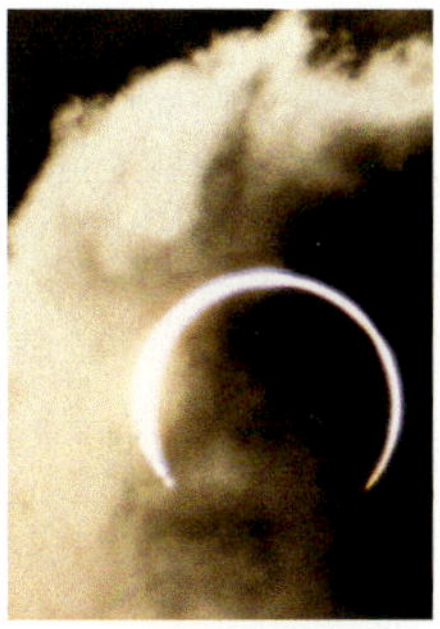

Übrigens:
Die nächste totale Sonnenfinsternis in Deutschland gibt es erst wieder am 3. September 2081. Wie alt seid ihr dann?

... und jetzt Countdown!

Veranstaltet einen „Weltraumtag“. Stellt Teile einer Raumstation wie der *Mir* oder der *ISS* im Klassenraum nach. Bewegt euch wie Astronautenteams auf engstem Raum. Wie ernähren sich Astronauten? Wie gehen sie auf die Toilette oder duschen sich? Erstellt Informationsplakate zur modernen Raumfahrt. Stellt Sonnensysteme mit ihren Planeten und Monden dar. Es gibt zahlreiche Fakten und Daten, die ihr dabei verarbeiten könnt. Recherchiert: Gibt es in eurer Nähe Raumfahrtzulieferfirmen? Welche Erfindungen aus der Raumfahrt haben Einzug in unseren Alltag gehalten?

Lösungen des Basiswissens

Basiswissen | Binomische Formeln, Seite 8

1

a) $y^2 + 2yz + z^2$
b) $u^2 - 2uv + v^2$
c) $s^2 - 2st + t^2$
d) $c^2 - d^2$
e) $q^2 + 2pq + p^2$
f) $a^2 + 4a + 4$
g) $g^2 - h^2$
h) $b^2 - 9$
i) $25 - 10z + z^2$

2

a) $9a^2 + 30ab + 25b^2$
b) $81x^2 - 121$
c) $49x^2 - 84xy + 36y^2$
d) $100c^2 + 260cd + 169d^2$
e) $6{,}25u^2 - 20uv + 16v^2$
f) $225 - 16s^2$

3

a) $\ldots + 80xy \ldots$
b) $\ldots + 81b^2$
c) $\ldots - 289$
d) $\ldots - 49t^2$
e) kein Fehler

4

a) $4x^2 + 12xy + 9y^2$
b) $(11c + 6d)^2 = 121c^2 + 132cd + 36d^2$
c) $(3z - 2y^2)^2 = 9z^2 - 12y^2z + 4y^4$
d) $(3n - 8m)^2 = 9n^2 - 48mn + 64m^2$
e) $(\frac{1}{2}a + b)^2 = \frac{1}{4}a^2 + ab + b^2$
f) $(2x^2y - 4y)^2 = 4x^4y^2 - 16x^2y^2 + 16y^2$ oder
$(1xy^2 - 8x)^2 = 1x^2y^4 - 16x^2y^2 + 64x^2$

5

a) $4ab$
b) $4xz - 20z^2$
c) $-19p^2 + 60pq - 31q^2$
d) $13x^2 - 36xy + 25y^2$
e) $-108u^2 + 36uv + 34v^2$

6

a) $(5x + 2y)^2$
b) $(2p - 2q)^2$
c) $(3s + 3t)(3s - 3t)$
d) $(6h + 8g)^2$
e) $(6z + 1)(6z - 1)$
f) $(2u + v)^2$

7

a) $y^2 - 14y + 49$
b) $4n^2 + 32mn + 64m^2$
c) $x^2 + 5x + 6{,}25$
d) $16y^2 + 72xy + 81x^2$
e) $900x^2 - 600xy + 100y^2$

8

a) $5(a + b)(a - b)$
b) $3(a + b)^2$
c) $2(h + g)^2$
d) $3u(v + w)(v - w)$
e) $17(x + y)^2$
f) $26(z + 1)(z - 1)$
g) $0{,}5(x + y)^2$
h) $2(6z + 1)(6z - 1)$
i) $b(a + c)^2$

9

a) $x^2 + 10x + 25$
b) $x^2 - 6xy + 9y^2$
c) $16m^2 - 72mn + 81n^2$
d) $4n^2 + 32mn + 64m^2$
e) $4n^2 + 2mn + \frac{1}{4}m^2$
f) $36n^2 - 12n + 1$

10

a) $24x^2 - 8x - 2$
b) $8x^3 - 4x^2 - 2x + 1$

Basiswissen | Gleichungen lösen, Seite 9

1

a) $x = -2$
b) $x = -16$
c) $x = 4$
d) $x = 9$

2

a) 4
b) 59
c) −18
d) −51

3

a) $x = 24$
b) $x = -10$
c) $x = 2$
d) $x = 12$

4

a) $x = 4$
b) $x = -12$
c) $x = -6$
d) $x = 4$

5

a) Theas Alter heute: x
$x + 7 = 3(x - 5)$
$x = 11$
Thea ist heute 11 Jahre alt.
b) Alter von Theas Mutter heute: x
$x = 6(x - 30)$
$x = 36$
Theas Mutter ist heute 36 Jahre alt.

6

a) $a = u - b - c$
b) $b = \frac{2 \cdot A}{a}$

7

a) $x = 12\,\text{cm}$
b) $x = 9\,\text{cm}$

Basiswissen | Funktionen, Seite 10

1

a)

Eingabegröße x	−5	−4	−3	−2	−1	0
Ausgabegröße y	−4	−3	−2	−1	0	1

Eingabegröße x	1	2	3	4	5
Ausgabegröße y	2	3	4	5	6

Ja, es liegt eine Funktion vor, da jedem x-Wert genau ein y-Wert zugeordnet wird.
Die Funktionsgleichung lautet $f(x) = x + 1$

b)

Eingabegröße x	−5	−4	−3	−2	−1	0
Ausgabegröße y	−2,5	−2	−1,5	−1	−0,5	0

Eingabegröße x	1	2	3	4	5
Ausgabegröße y	0,5	1	1,5	2	2,5

Ja, es liegt eine Funktion vor.
Die Funktionsgleichung lautet $f(x) = \frac{1}{2}x$

c)

Eingabegröße x	−5	−4	−3	−2	−1	0
Ausgabegröße y	5	6	7	8	9	10

Eingabegröße x	1	2	3	4	5
Ausgabegröße y	11	12	13	14	15

Ja, es liegt eine Funktion vor.
Die Funktionsgleichung lautet $f(x) = x + 10$

d)

Eingabegröße x	−5	−4	−3	−2	−1	0
Ausgabegröße y	25	16	9	4	1	0

Eingabegröße x	1	2	3	4	5
Ausgabegröße y	1	4	9	16	25

Ja, es liegt eine Funktion vor.
Die Funktionsgleichung lautet $f(x) = x^2$

2

a) und c) sind Funktionen, da jedem x-Wert genau ein y-Wert zugeordnet wird.
b) und d) sind keine Funktionen, da nicht jedem x-Wert nur ein y-Wert zugeordnet wird.

3

a) x: Arbeitszeit in h
f(x): Lohn in €
$f(x) = \frac{250}{5} \cdot x = 50x$

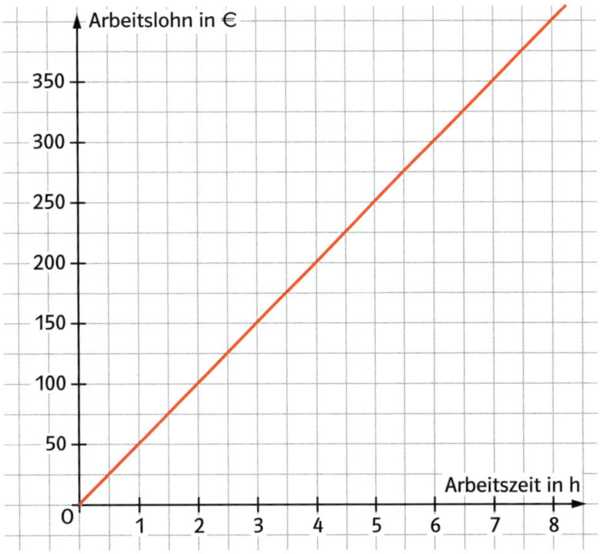

b) x: Anzahl der Zeitungen
f(x): Anzahl der Pakete
$f(x) = \frac{x}{30} = \frac{1}{30} \cdot x$

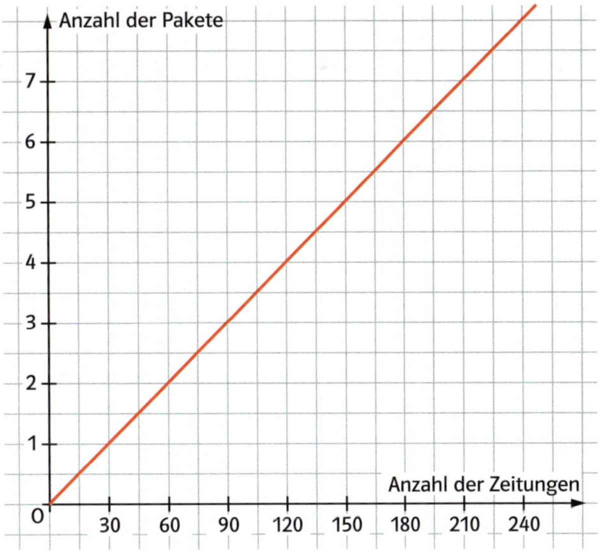

c) x: Füllzeit in Stunden
f(x): Anzahl der Flaschen
$f(x) = 2500 \cdot x$

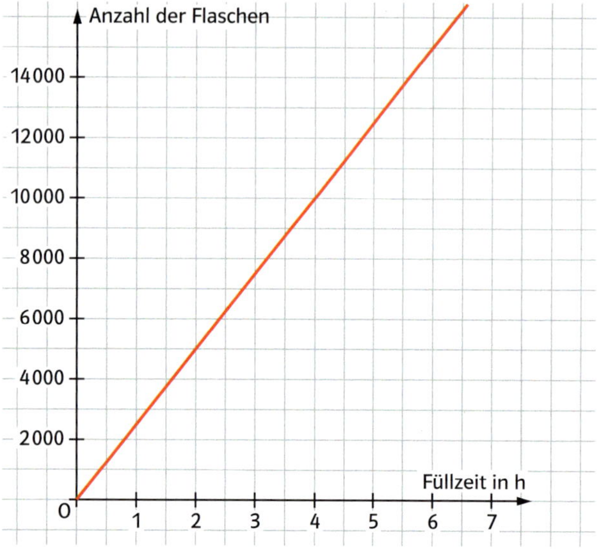

4

Die Gerade g_1 hat die Gleichung $f(x) = \frac{3}{4}x$
Die Gerade g_2 hat die Gleichung $f(x) = 1{,}5x$
Die Gerade g_3 hat die Gleichung $f(x) = 3x$
Die Gerade g_4 hat die Gleichung $f(x) = -2x$
Die Gerade g_5 hat die Gleichung $f(x) = -\frac{1}{2}x$

5

a) Die Gerade $f(x) = x$ hat eine positive und $g(x) = -x$ hat eine negative Steigung.
Die Gerade $f(x) = x$ verläuft durch den ersten und dritten Quadranten, die Gerade $g(x)$ verläuft durch den zweiten und vierten Quadranten.
b) Die Gerade $f(x) = -3x$ ist flacher als die Gerade $g(x) = -5x$. Beide Geraden verlaufen durch den zweiten und vierten Quadranten.
c) Die Gerade $f(x) = \frac{1}{4}x$ ist flacher als die Gerade $g(x) = \frac{1}{3}x$. Beide Geraden verlaufen durch den ersten und dritten Quadranten.

Basiswissen | Funktionen, Seite 11

1

a) $f(x) = 4{,}5x$ proportional, Gerade geht durch den Ursprung
b) $f(x) = 4{,}5$ linear, Steigung 0, y-Achsenabschnitt 4,5
c) $f(x) = x^2 - 3x$ weder linear noch proportional, Schaubild ist keine Gerade
d) $f(x) = 3x + 2{,}5$ linear, Steigung 3 und y-Achsenabschnitt 2,5

2

a) $f(x) = 2x + 4$

x	−4	−3	−2	−1	0	1	2
f(x)	−4	−2	0	2	4	6	8

b) $f(x) = 2x - 4$

x	−1	0	1	2	3	4	5
f(x)	−6	−4	−2	0	2	4	6

c) $f(x) = -2x + 4$

x	−2	−1	0	1	2	3	4
f(x)	8	6	4	2	0	−2	−4

d) $f(x) = -2x - 4$

x	−5	−4	−3	−2	−1	0	1
f(x)	6	4	2	0	−2	−4	−6

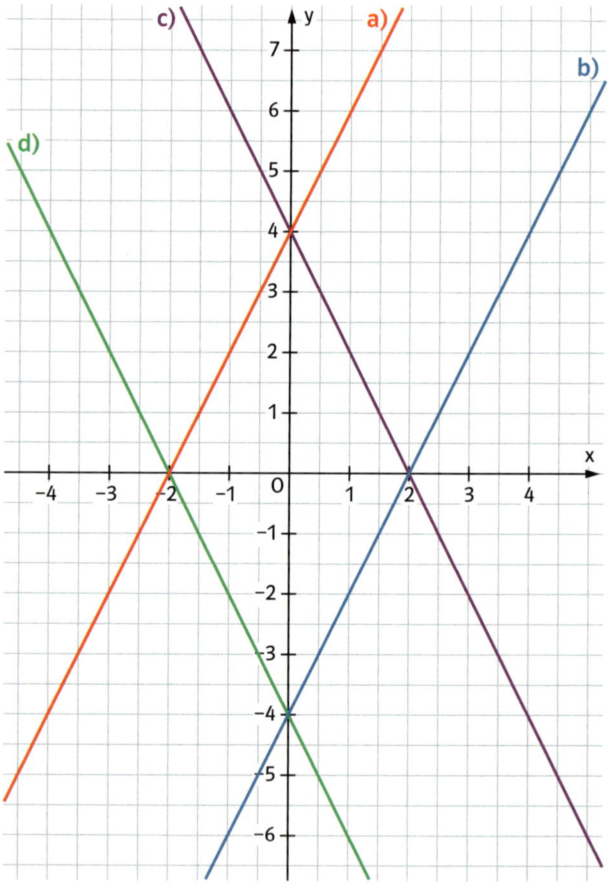

3

$f(x) = 2x - 3$

4

Die Gerade g_1 hat die Gleichung $f(x) = \frac{1}{4}x + 1$

Die Gerade g_2 hat die Gleichung $f(x) = 2x - 2$

Die Gerade g_3 hat die Gleichung $f(x) = -x + 3$

Die Gerade g_4 hat die Gleichung $f(x) = -3x - 1$

Die Gerade g_5 hat die Gleichung $f(x) = -\frac{1}{3}x + 1$

5

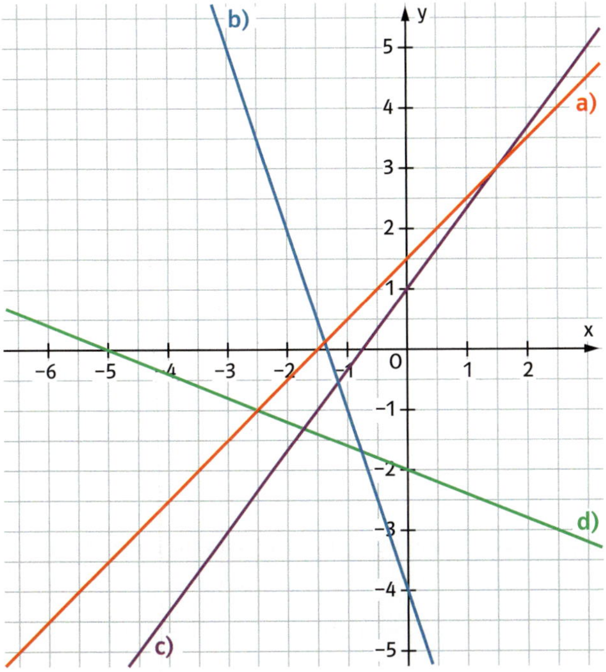

6

$f(x) = 5x + 20$

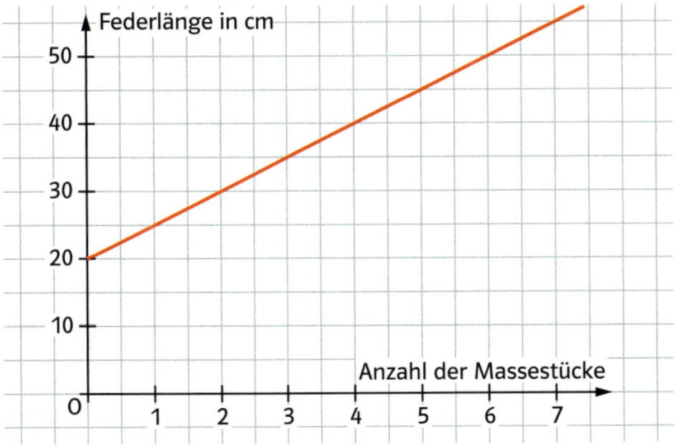

7

Tarif A: pro Tag 5 € Miete und 10 € Grundgebühr

Tarif B: pro Tag 7,50 € und keine Grundgebühr

Bei einer Mietdauer von mehr als vier Tagen ist Tarif A günstiger.

Basiswissen | Umfang und Flächeninhalt, Seite 12

Randspalte

$u = 18e$; $A = 12e^2$

1

a) $A = 35\,cm^2$ b) $A = 12\,dm^2$

c) $A = 10{,}08\,cm^2$

2

a) $b = 4{,}44\,m$ b) $b = 20{,}4\,mm$

c) $b = 22\,cm$

3

a) $A = 107{,}73\,cm^2$; $u = 46{,}8\,cm$

b) $b = 21\,cm$; $A = 1848\,cm^2$ c) $a = 7{,}2\,cm$; $u = 23\,cm$

4

a) $A = 27{,}54\,cm^2$; $u = 23{,}24\,cm$

b) $A = 186{,}24\,cm^2$; $u = 71{,}2\,m$

c) $A = 53\,cm^2$; $u = 41{,}2\,cm$

5

Der Flächeninhalt ist 6-mal so groß.

6

$A = 345{,}45\,m^2$

Basiswissen | Prismen, Seite 13

1

a) $O = 75{,}6\,cm^2$

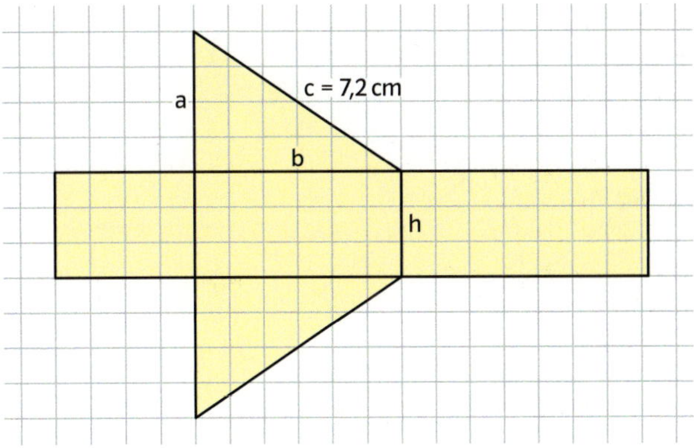

b) O = 81,5 cm²

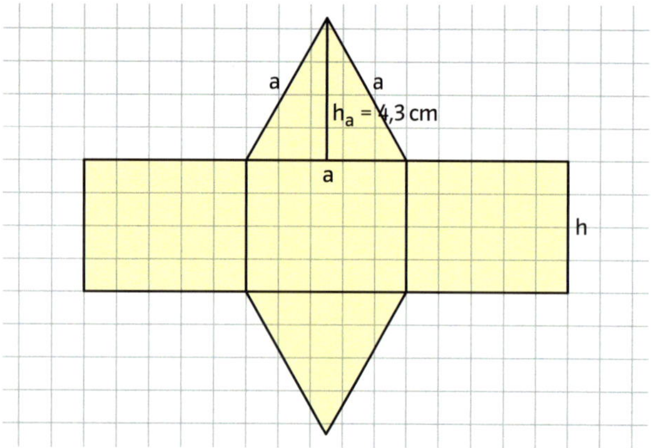

c) O = 102 cm²

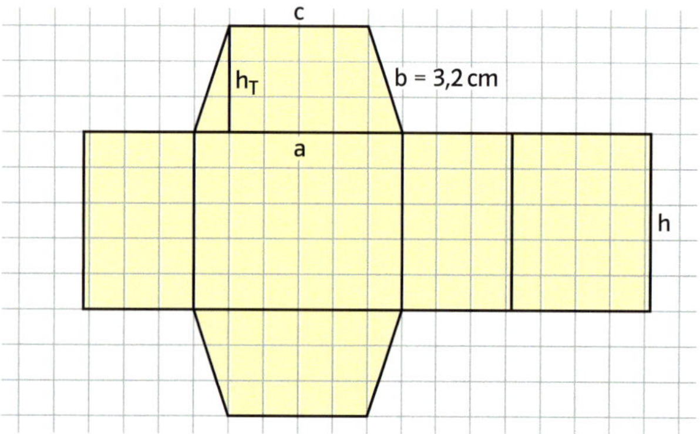

2

Auch Lösungen, in denen das Dreieck gedreht ist, können richtig sein. (Figuren im Maßstab 1:2)

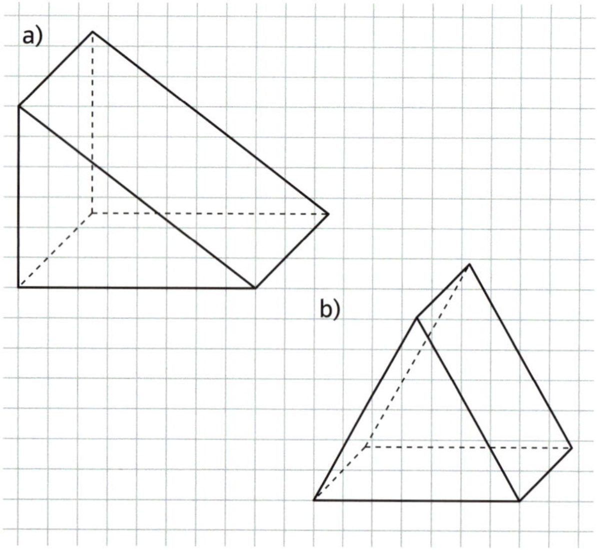

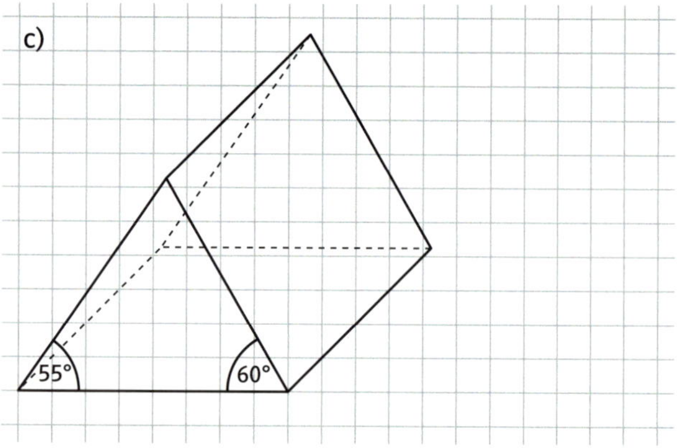

3 Figur im Maßstab 1:2

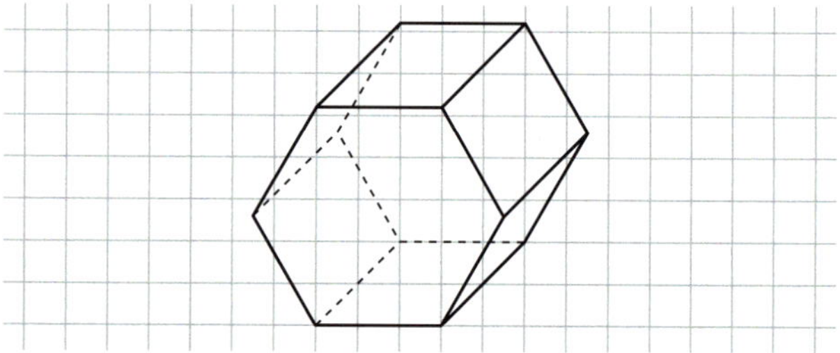

4

a) V = 67,2 cm³; O = 116,4 cm² b) V = 80,6 cm³; O = 120,7 cm²

5

In der Schrägbildskizze stehen die Eckenbezeichnungen, die im Netz an den Sechsecken stehen, jeweils an erster Stelle.

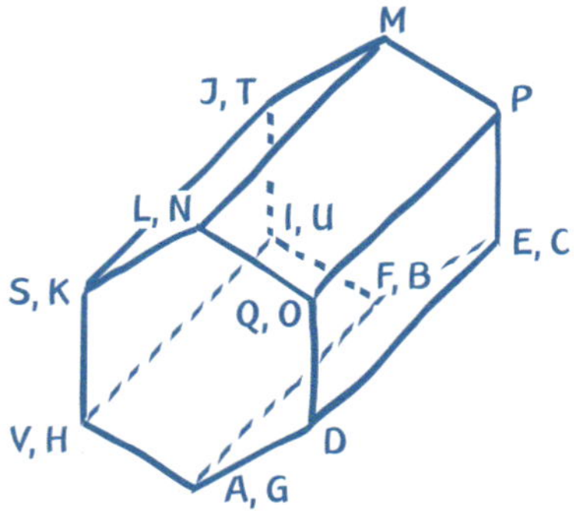

Lösungen der Rückspiegel

Rückspiegel, Seite 35, links

1

a) $L = \{(3\,;\,-2)\}$

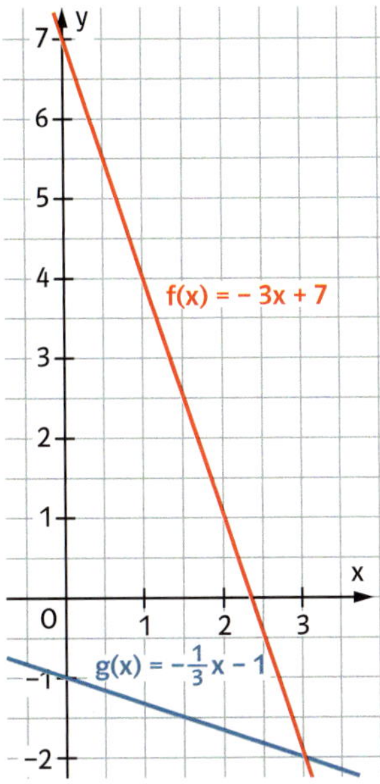

b) $L = \{(4\,;\,2)\}$

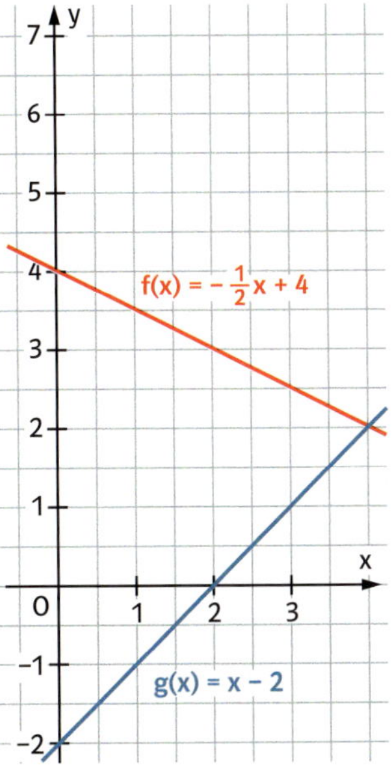

2

a) $y = -\frac{1}{2}x + 5$ und $y = x - 1$; $L = \{(4\,;\,3)\}$

b) $y = 3x + 3$ und $y = \frac{1}{2}x - 2$; $L = \{(-2\,;\,-3)\}$

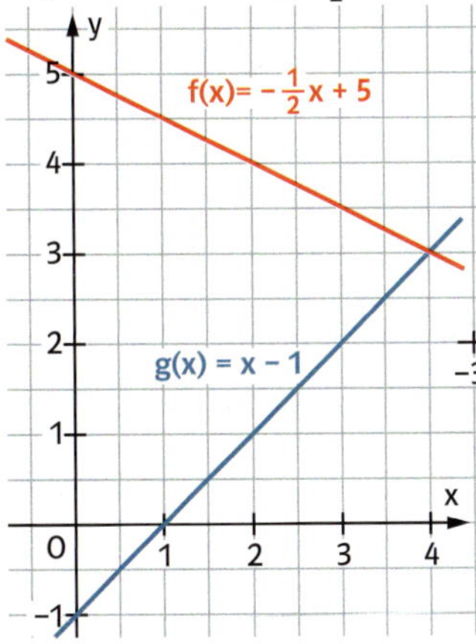

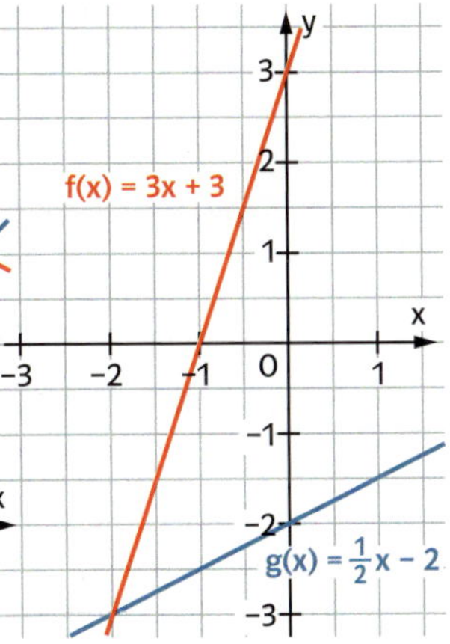

3

a) $L = \{(2\,;\,3)\}$

b) $L = \left\{\left(1\,;\,-\frac{2}{3}\right)\right\}$

4

a) $L = \left\{\left(4\,;\,\frac{3}{2}\right)\right\}$

b) $L = \{(4\,;\,3)\}$

c) $L = \{(7\,;\,10)\}$

5

$f(x) = x + 2$ und $g(x) = -\frac{1}{2}x + 5$; $S(2\,|\,4)$

6

a) Keine Lösung, Geraden sind parallel.

b) $S(0\,|\,-1)$; $L = \{(0\,;\,-1)\}$

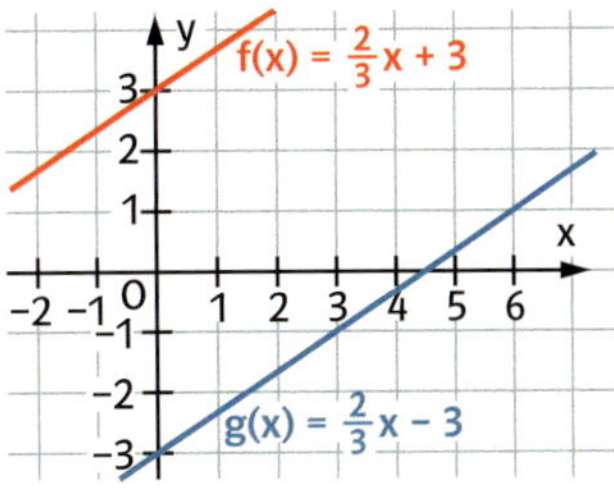

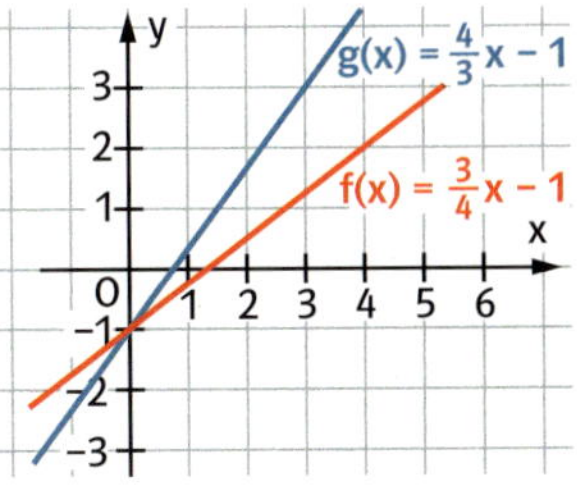

7

Erwachsene zahlen 5 €, Kinder 2 €. Für zwei Erwachsene und zwei Kinder müssen 14 € bezahlt werden.

8

Die Angebote können mit zwei linearen Gleichungen dargestellt werden. A: $y = 120 + 25x$ und B: $y = 100 + 30x$
Familie Hartmann muss die Anzahl der Urlaubstage berücksichtigen. Bei 4 Tagen sind die Angebote gleich, ab 5 Tagen wird das Angebot A günstiger.

Rückspiegel, Seite 35, rechts

1

a) $L = \{(3\,;\,2)\}$

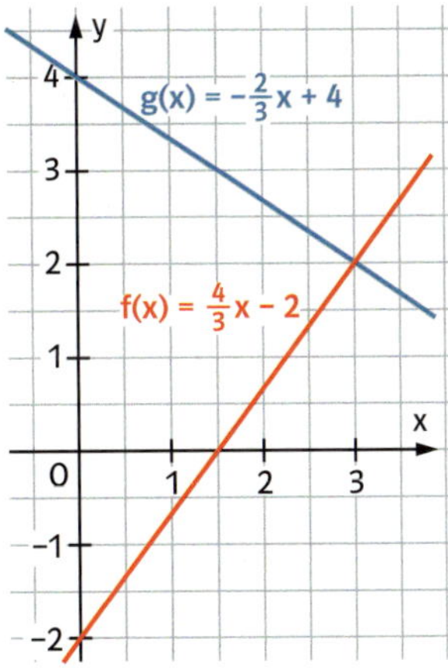

b) $L = \{(2\,;\,1{,}5)\}$

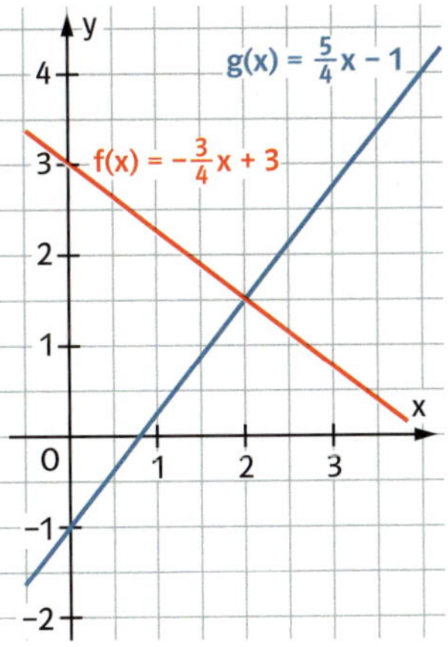

2

a) $y = \frac{1}{2}x + 1$ und $y = -3x + 8$; $L = \{(2\,;\,2)\}$

b) $y = -\frac{2}{5}x - \frac{4}{5}$ und $y = -\frac{5}{2}x + \frac{11}{2}$; $L = \{(3\,;\,-2)\}$

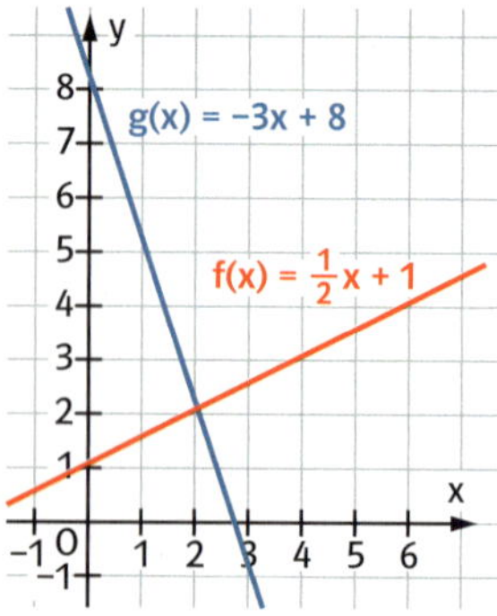

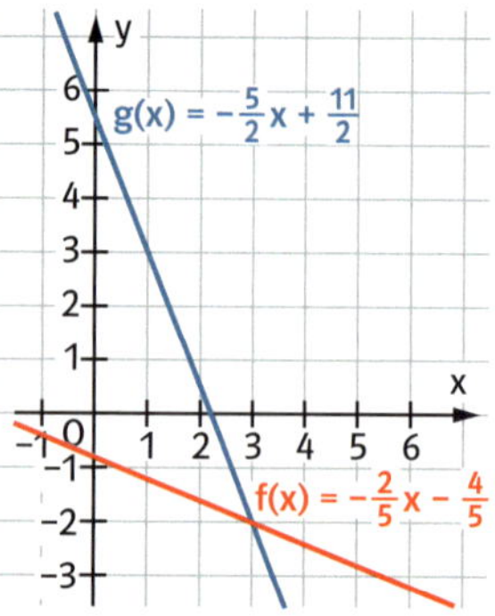

3

a) $L = \{(-1\,;\,2)\}$ b) $L = \{(0\,;\,4)\}$

4

a) $L = \{(3\,;\,-2)\}$ b) $L = \{(24\,;\,16,)\}$ c) $L = \{(27\,;\,44)\}$

5

$f(x) = \frac{1}{3}x + 2$ und $g(x) = -x + 4$; $S(1{,}5\,|\,2{,}5)$

6

a) unendlich viele Lösungen, es ist dieselbe Gerade, $f(x) = 3x - 4$

b) Keine Lösung, Geraden sind parallel.

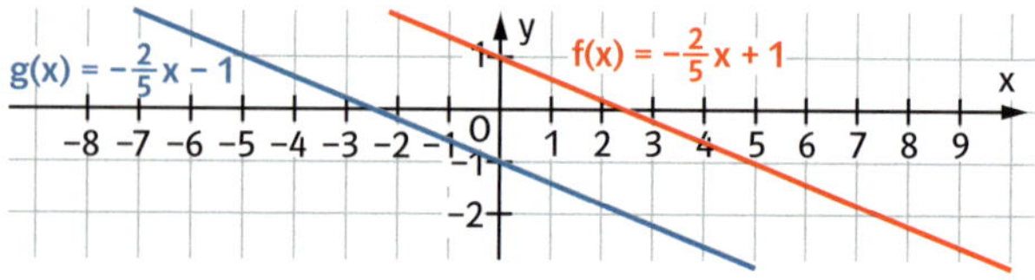

7

Eine Tulpe kostet 0,80 €, eine Rose 1,50 €.
Ein Strauß mit 8 Rosen und 7 Tulpen kostet 17,60 €.

8

Die Tarife können mit zwei linearen Gleichungen dargestellt werden. A: $y = 45{,}50 + 0{,}165x$ und B: $y = 75{,}25 + 0{,}155x$
Familie Munz muss ihren Stromverbrauch ermitteln. Bei 2975 kWh sind beide Tarife gleich teuer, bei einem höheren Verbrauch wird der Tarif B günstiger.

Rückspiegel, Seite 57, links

1

P(weder Spielstein schlagen noch ins Haus gelangen) = $\frac{1}{2}$

2

a) P(zwei blaue Kugeln) = $\frac{3}{10} \cdot \frac{3}{10} = \frac{9}{100} = 9\,\%$

b) P(zwei blaue Kugeln) = $\frac{3}{10} \cdot \frac{2}{9} = \frac{6}{90} \approx 6{,}7\,\%$

3 a)

	1	2	3	4	5	6
1	(1,1)	(1,2)	(1,3)	(1,4)	(1,5)	(1,6)
2	(2,1)	(2,2)	(2,3)	(2,4)	(2,5)	(2,6)
3	(3,1)	(3,2)	(3,3)	(3,4)	(3,5)	(3,6)
4	(4,1)	(4,2)	(4,3)	(4,4)	(4,5)	(4,6)
5	(5,1)	(5,2)	(5,3)	(5,4)	(5,5)	(5,6)
6	(6,1)	(6,2)	(6,3)	(6,4)	(6,5)	(6,6)

b) P(Pasch) = $\frac{6}{36} = \frac{1}{6} \approx 16{,}7\,\%$

4

a) P(einmal rot, einmal blau) = $\frac{2}{32} = \frac{1}{16} = 6{,}25\,\%$

b) P(unterschiedliche Farben) = $\frac{42}{64} = \frac{21}{32} = 65{,}625\,\%$

5

a) P(mindestens ein Gewinn) = 36 %
b) P(genau ein Gewinn) = 32 %
c) P(kein Gewinn) = 64 %
d) P(höchstens ein Gewinn) = 96 %

6

a) P(Fee) = $3 \cdot \frac{1900}{970\,200} = 0{,}005\,875 = 5{,}875\,‰$

b) P(Fee) = $\frac{2000}{1\,000\,000} = 2\,‰$

Rückspiegel Seite 57, rechts

1

P(Gewinn) = $\frac{18}{450} + 0{,}12 + \frac{135}{450} = 0{,}46 = 46\,\%$

2

a) P(mindestens eine rote Kugel) = $\frac{75}{100} = 75\,\%$

b) P(mindestens eine rote Kugel) = $\frac{7}{9} = 77{,}8\,\%$

3 a)

	1	2	3	4	5	6
1	2	3	4	5	6	7
2	3	4	5	6	7	8
3	4	5	6	7	8	9
4	5	6	7	8	9	10
5	6	7	8	9	10	11
6	7	8	9	10	11	12

b) P(Augensumme größer als 9) = $\frac{6}{36} = \frac{1}{6} \approx 16{,}7\,\%$

4

P(genau zweimal rot) = $\frac{4}{64} = \frac{1}{16} = 6{,}25\,\%$

P(mindestens einmal rot) = $\frac{28}{64} = \frac{7}{16} = 43{,}75\,\%$

P(höchstens einmal rot) = $\frac{60}{64} = \frac{15}{16} = 93{,}75\,\%$

P(kein rot) = $\frac{36}{64} = \frac{9}{16} = 56{,}25\,\%$

5

a) P(kein Gewinn) = $\frac{1892}{2450} \approx 77{,}2\,\%$

P(zwei Gewinne) = $\frac{30}{2450} \approx 1{,}2\,\%$

P(genau ein Gewinn) = $\frac{528}{2450} \approx 21{,}6\,\%$

b) Die Summe der Wahrscheinlichkeiten von Aufgabe a) ist 100 % = 1.
Begründung: Wenn man zwei Lose zieht, hat man nur die drei Möglichkeiten: nichts, mit nur einem Los oder sogar mit beiden Losen zu gewinnen. Die drei Möglichkeiten stellen also ein sicheres Ereignis dar, dessen Wahrscheinlichkeit 1 ist.

6

a) P(genau vier Wappen) = $\frac{1}{16} = 6{,}25\,\%$

b) P(mindestens drei Wappen) = $\frac{4}{16} = 25\,\%$

c) P(als Erstes keine Zahl) = $\frac{8}{16} = 50\,\%$

d) P(keine zwei Ergebnisse aufeinanderfolgend) = $\frac{2}{16} = 12{,}5\,\%$

Rückspiegel, Seite 79, links

1

a) $2^8 = 256$ b) $(-3)^5 = -243$
c) $3^3 = 27$ d) $(10)^{-4} = 0{,}0001$
e) $2^{10} = 1024$ f) $(-3)^4 = 81$

2

a) $(-3)^3 = -27$ b) $4^{-4} = \frac{1}{256}$
c) $4^3 = 64$ d) $2^{-4} = \frac{1}{16}$

3

a) n = 13 b) n = 4 c) n = 6 d) n = 22

4

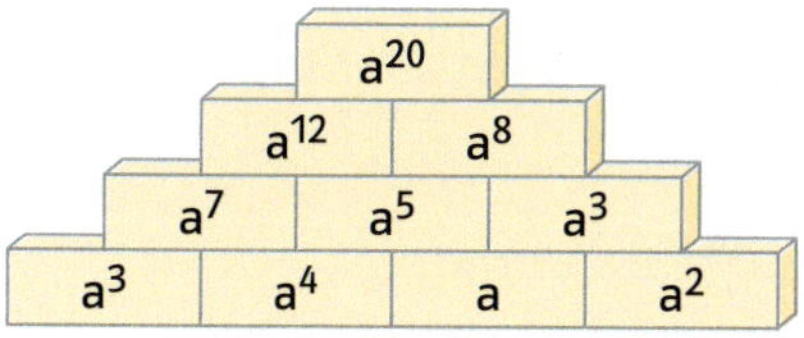

5

a) $5^2 = 25$ b) 6^{m-1} c) y^{2n+1} d) x^{2mn}
e) $\frac{1}{2a^6}$ f) 3^n

6

a) 0,001 64 b) 0,000 31

7

a) $1{,}987\,669\,87 \cdot 10^8$ b) $1{,}000\,000\,000\,1 \cdot 10^{10}$
c) $6{,}7 \cdot 10^{-4}$ d) $1{,}000\,02 \cdot 10^{-7}$

8

$\frac{1}{4{,}8 \cdot 10^{-7}} = 2{,}083\,333 \cdot 10^6$
Sinnvoll gerundet: In 1 m passen etwa 2 100 000 Wellenlängen.

Rückspiegel, Seite 79, rechts

1

a) x^{a+b} b) $3y^{2n}$
c) $2a^{m+1}b^{m+1} = 2(ab)^{m+1}$ d) x^{3n+6}
e) $(2x)^{m-n}$ f) $(-x)^{6mn}$

2

a) $\frac{1}{2}$ b) 3^x c) t^m
d) $a^{2-n}b^{n-2} = \left(\frac{a}{b}\right)^{2-n} = \left(\frac{b}{a}\right)^{n-2}$

3

2 Nkz	6 Nkz	3Nkz
3 Nkz	9 Nkz	8Nkz
4 Nkz	12 Nkz	15Nkz

4

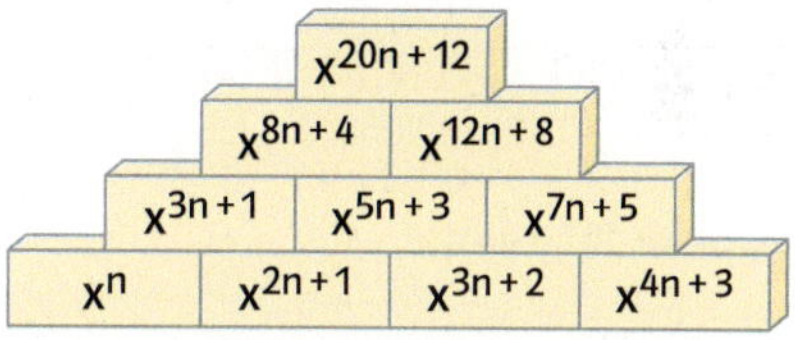

Andere Lösungen ergeben sich, wenn man im mittleren Feld der zweiten Schicht andere Potenzen von x wählt.

5

a) x^n b) x^{m+1} c) $\frac{1}{2}y^{2n+1}$ d) y^{5m+5}

6

$1{,}7^{-8} = 0{,}014$; $1{,}7^{-9} = 0{,}0084$; also n = 9

7

a) $5{,}1675 \cdot 10^7$ b) $7{,}8387 \cdot 10^{-19}$ c) $1{,}008 \cdot 10^{-8}$

8

$\frac{2 \cdot 10^{-3}}{0{,}02 \cdot 10^{-6}} = 100\,000$

Rückspiegel, Seite 101, links

1
a) 6 b) 11 c) 15 d) 27
e) 33 f) 45

2
a) 4 b) 6 c) 7 d) 3
e) 6 f) 2

3
a) 12 b) 14 c) 1360 d) 24
e) 21 f) 28

4
a) $6\sqrt{5}$ b) $4\sqrt{17} - 5\sqrt{19}$
c) $12\sqrt{31} + \sqrt{29}$

5
a) $4\sqrt{2}$ b) $6\sqrt{2}$ c) $7\sqrt{3}$ d) $5\sqrt{11}$
e) $4\sqrt{30}$ f) $12\sqrt{3}$

6
a) $\frac{\sqrt{3}}{3}$ b) $\frac{\sqrt{10}}{2}$ c) $3\sqrt{19}$ d) $\sqrt{13}$
e) $\frac{1}{2}$ f) $\frac{3}{2}$

7
a) $-3\sqrt{2} + 7\sqrt{3}$ b) $18\sqrt{3}$
c) 200 d) 179 e) 3

8
$4{,}16\,dm^2$ mit $a = 4\,cm$

Rückspiegel, Seite 101, rechts

1
a) 0,2 b) 1,2 c) 2,5 d) $\frac{2}{3}$
e) $\frac{11}{14}$ f) $\frac{26}{29}$

2
a) 1,5 b) 2,4 c) 0,7 d) 2,5
e) 0,2 f) 0,2

3
a) $15x$ b) $30x^2$ c) $\frac{8a}{3b}$ d) $105xy$
e) $2x$ f) $8x$

4
a) $15\sqrt{e}$ b) $-\sqrt{a} + \sqrt{b}$
c) $3x\sqrt{yz} + y\sqrt{xz}$

5
a) $7x\sqrt{2}$ b) $6x\sqrt{x}$ c) $4x\sqrt{7y}$ d) $\frac{b}{2}\sqrt{a}$
e) $\frac{12}{5y}\sqrt{\frac{x}{3}}$ f) $\frac{7x}{24y}\sqrt{2}$

6
a) $2\sqrt{a}$ b) $5\sqrt{2y}$ c) $\frac{\sqrt{t}}{2}$ d) $\frac{\sqrt{y}}{5}$
e) $\frac{x\sqrt{x} + \sqrt{x}}{2x}$ f) $\frac{\sqrt{pq} - q}{pq}$

7
a) $5\sqrt{3y} - 3\sqrt{5y} + 5\sqrt{7y}$ b) $27x$
c) 1 d) 8 e) 1

8
a) Nein, sowohl die Zahl 0 als auch die Zahl 1 stimmen mit ihrem Radikanden überein.
b) 4
c) $\sqrt[3]{8} = \sqrt{4} = 2$; $\sqrt[3]{27} = \sqrt{9} = 3$

Rückspiegel, Seite 121, links

1
a)

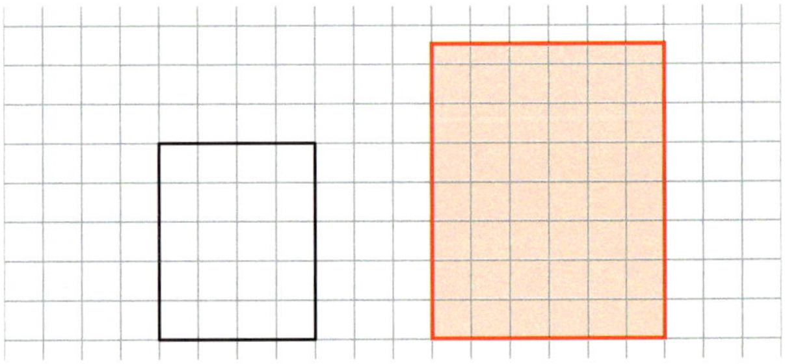

b)

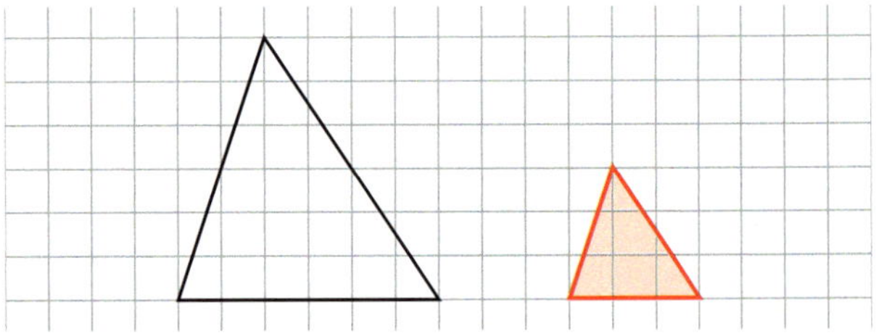

2
$k = \frac{12}{8} = \frac{3}{2} = 1{,}5$; $f = k^2 = 2{,}25$

3
$\frac{b'}{a'} = \frac{b}{a}$; $\frac{b'}{7{,}5} = \frac{8{,}4}{10{,}5}$; $b' = 6{,}0\,cm$
Rechteck mit $a' = 7{,}5\,cm$ und $b' = 6{,}0\,cm$

4

$\frac{a'}{b'} = \frac{12}{10} = \frac{6}{5}$; $\frac{a}{b} = \frac{9}{7{,}5} = \frac{3}{2{,}5} = \frac{6}{5}$

$\frac{b'}{c'} = \frac{10}{16} = \frac{5}{8}$; $\frac{b}{c} = \frac{7{,}5}{12} = \frac{2{,}5}{4} = \frac{5}{8}$

$\frac{a'}{c'} = \frac{12}{16} = \frac{3}{4}$; $\frac{a}{c} = \frac{9}{12} = \frac{3}{4}$

Die Dreiecke sind ähnlich.

Zweiter Lösungsweg:

Vergrößerungsfaktor $k = \frac{a'}{a} = \frac{4}{3}$ benutzen

5

a) $x = 7{,}5\,\text{cm}$ b) $y = 8{,}4\,\text{cm}$

6

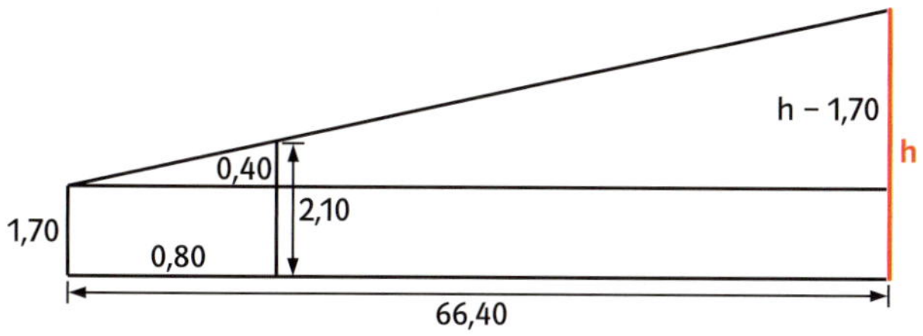

$\frac{h - 1{,}70}{0{,}40} = \frac{66{,}40}{0{,}80}$

$h = 34{,}90\,\text{m}$

Rückspiegel, Seite 121, rechts

1

a)

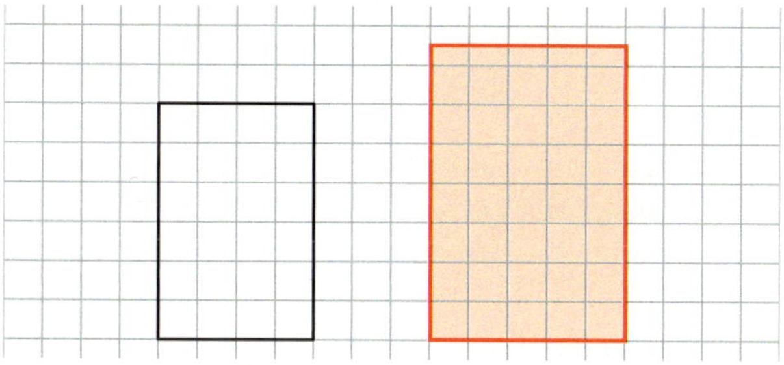

b)

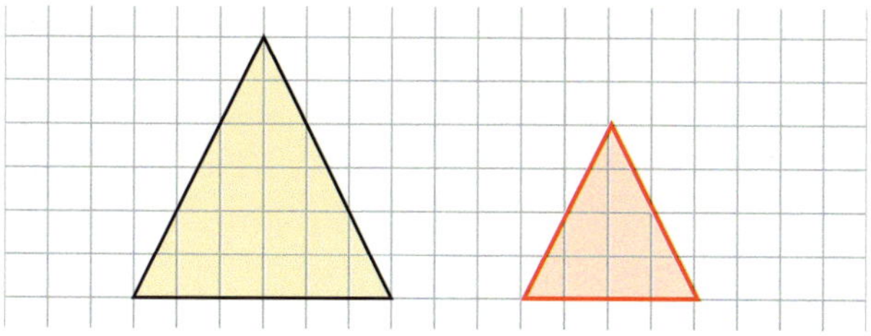

2

$k^2 = \frac{25}{49} \approx 0{,}51$; $k = \sqrt{\frac{25}{49}} = \frac{7}{5} \approx 0{,}71$

3

$u = a + b + c = 19{,}2\,\text{cm}$

$k = \frac{u'}{u} = \frac{12{,}8}{19{,}2} = \frac{2}{3}$

Dreieck mit $a' = 4\,\text{cm}$; $b' = 5{,}2\,\text{cm}$; $c' = 3{,}6\,\text{cm}$

4

R: $\frac{a}{b} = \frac{57{,}4}{49{,}2} = \frac{574}{492} = \frac{7}{6} = 1{,}1\overline{6}$

R′: $\frac{a'}{b'} = \frac{121}{141} = 0{,}8581\ldots$

Der Quotient für R′ besagt jedoch nichts, da $a' < b'$, aber $a > b$ gilt. Man muss $\frac{b'}{a'}$ berechnen:

$\frac{b'}{a'} = \frac{141}{121} = 1{,}165\ldots$

Also sind R und R′ nicht ähnlich.

R″: $\frac{a''}{b''} = \frac{38{,}5}{33} = \frac{385}{330} = \frac{7}{6} = 1{,}1\overline{6}$

R und R″ sind ähnlich, R′ und R″ sind nicht ähnlich.

5

$x = 5{,}2\,\text{cm}$; $y = 7{,}8\,\text{cm}$

6

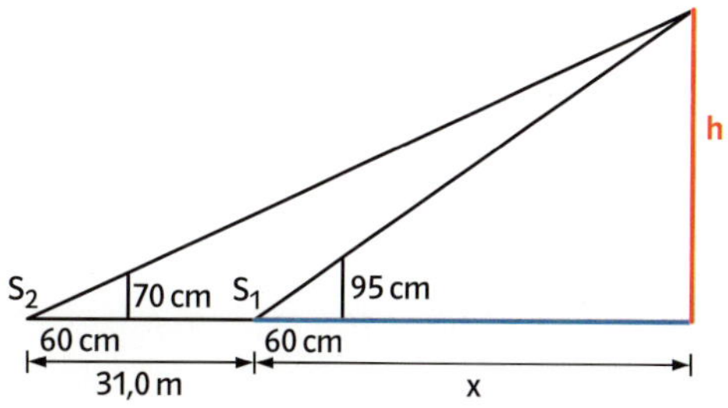

Größen, soweit in cm, in m umwandeln.

Scheitel S_1: $\frac{h}{0{,}95} = \frac{x}{0{,}60}$

Scheitel S_2: $\frac{h}{x + 31} = \frac{0{,}70}{0{,}60}$

$h = 137{,}43$

Zur Kontrolle: $x = 86{,}80$

Der Sendemast ist etwa 137 m hoch.

Rückspiegel, Seite 139, links

1

$h^2 + n^2 = p^2$; $h^2 + m^2 = q^2$; $p^2 + q^2 = (n + m)^2$

2

a) $x = 6{,}02\,\text{cm}$ b) $x = 40{,}37\,\text{cm}$

3

a) $9^2 + 40^2 = 41^2$; $81 + 1600 = 1681$; rechtwinklig

b) $25^2 + 48^2 < 60^2$; stumpfwinklig

c) $11^2 + 60^2 = 61^2$; rechtwinklig

4

a) $u = 3 \cdot \sqrt{50} = 21{,}2\,cm$

b) $A = \frac{a^2}{4}\sqrt{3} = 21{,}65\,cm^2$

5

$x^2 = 2{,}0^2 + 12{,}0^2$
$x^2 = 148$
$x = 12{,}17\,m$
$l = 12{,}17 + 2 \cdot 0{,}30 = 12{,}77\,m$

Rückspiegel, Seite 139, rechts

1

$\overline{AE}^2 + \overline{BE}^2 = \overline{AB}^2$; $\overline{AE}^2 + \overline{DE}^2 = \overline{AD}^2$
$\overline{BE}^2 + \overline{EC}^2 = \overline{BC}^2$; $\overline{DE}^2 + \overline{EC}^2 = \overline{DC}^2$

2

a) $x = 12{,}72$ b) $x = 22{,}08$

3

a) $7^2 + 24^2 = 25^2$; $49 + 576 = 625$; rechtwinklig
b) $10^2 + 25^2 \neq 26^2$; $10^2 + 24^2 = 26^2$
c) $7{,}5^2 + 18^2 = 19{,}5^2$; rechtwinklig

4

a) $u = 2 \cdot \sqrt{18} + 2 \cdot 3\sqrt{6}$; $u = 23{,}18\,cm$
b) $A = 31{,}18\,cm^2$

5

a) $\overline{AC} = \sqrt{34} = 5{,}83\,km$
$p\,\% = \frac{5}{8{,}83} = 56{,}7\,\%$
Die Strecke $\overline{AB}$ ist um 43,3 % kürzer.
b) $v_{(Müller)} = 52{,}9\,km/h$
Er ist zu schnell gefahren.

Rückspiegel, Seite 159, links

1

a) $u = 75{,}4\,cm$; $A = 452{,}4\,cm^2$
b) $u = 339{,}3\,mm$; $A = 9160{,}9\,mm^2$
c) $u = 38{,}3\,cm$; $A = 116{,}9\,cm^2$
d) $u = 4{,}34\,m$; $A = 1{,}50\,m^2$
e) $u = 2{,}42\,dm$; $A = 0{,}47\,dm^2$
f) $u = 3{,}27\,km$; $A = 0{,}85\,km^2$

2

a) $r = 14{,}1\,cm$ b) $r = 38{,}5\,mm$
c) $r = 4{,}1\,cm$ d) $r = 2{,}39\,m$

3

a) $u = 21{,}36\,m$ b) $2u = 27{,}65\,m$

4

a) $u = 28{,}6\,cm$; $A = 13{,}7\,cm^2$
b) $u = 33{,}1\,cm$; $A = 25{,}1\,cm^2$

5

$a = 0{,}97\,m$

6

a) $b = 31{,}4\,cm$; $A = 392{,}7\,cm^2$
b) $b = 21{,}4\,dm$; $A = 97{,}6\,dm^2$
c) $b = 13{,}6\,m$; $A = 24{,}4\,m^2$

7

a) $A_R = 857{,}7\,cm^2$ b) $A_R = 392{,}7\,cm^2$
c) $A_R = 351\,858\,m^2$ d) $A_R = 1837{,}8\,cm^2$

Rückspiegel, Seite 159, rechts

1

a) $r = 2{,}91\,cm$; $d = 5{,}83\,cm$
b) $r = 1014{,}3\,mm$; $d = 2028{,}6\,mm$
c) $r = 0{,}32\,m$; $d = 0{,}64\,m$
d) $r = 3{,}91\,cm$; $d = 7{,}82\,cm$
e) $r = 15{,}1\,mm$; $d = 30{,}3\,mm$
f) $r = 3{,}14\,dm$; $d = 6{,}28\,dm$

2

a) $A = 2{,}68\,cm^2$ b) $A = 0{,}08\,m^2$
c) $u = 8{,}31\,m$ d) $u = 1{,}06\,dm$

3

gerundet:
$11\,800\,\frac{m}{min}$; $11{,}8\,\frac{km}{min}$; $709\,\frac{km}{h}$

4

a) $u = 12{,}57\,cm^2$; $A = 2{,}58\,cm^2$
b) $u = 23{,}95\,cm$; $A = 22{,}57\,cm^2$

5

$A = 2{,}01\,m^2$
z. B. $a = 2{,}01\,m$; $b = 1{,}00\,m$

6

$A = 24{,}43\,cm^2$

7

rote Fläche:	$A = 7{,}07\,cm^2$
gelbe Fläche	$A = 56{,}55\,cm^2$
blaue Fläche	$A = 94{,}75\,cm^2$
grüne Fläche	$A = 113{,}35\,cm^2$
orangefarbene Fläche	$A = 115{,}36\,cm^2$

Die blaue Fläche hat den größten Flächeninhalt.

Rückspiegel, Seite 177, links

1

a) $M = 565{,}5\,cm^2$; $O = 791{,}68\,cm^2$; $V = 1696{,}5\,cm^3$
b) $M = 592{,}8\,cm^2$; $O = 678{,}8\,cm^2$; $V = 1096{,}7\,cm^3$
c) $M = 7{,}17\,m^2$; $O = 9{,}58\,m^2$; $V = 2{,}22\,m^3$

2

a) $r = 2{,}07\,cm$ b) $r = 95{,}5\,cm$
c) $r = 0{,}96\,m$

3

a) $V = 42\,412\,m^3$ b) $A = 5655\,m^2$

4

a) $V_K = 75{,}4\,cm^3$; $V_T = 3 \cdot V_K = 226{,}2\,cm^3$
$O_K = 100{,}5\,cm^2$; $O_T = 3 \cdot O_K - 4 \cdot \text{Kreisfläche} = 251{,}3\,cm^2$
b) Gelb: $163{,}4\,cm^2 \triangleq 65{,}0\,\%$
Rot: $88{,}0\,cm^2 \triangleq 35{,}0\,\%$

5

a) $O_1 = 1154{,}5\,cm^2$
$V_1 = 2424{,}5\,cm^3$
$V_2 = 1616{,}3\,cm^3$
$O_2 = 769{,}7\,cm^2$
b) Die Achse müsste parallel zur Achse 2 liegen und das Rechteck halbieren.

Rückspiegel, Seite 177, rechts

1

a) $h = 5{,}0\,cm$ b) $h = 2{,}5\,dm$
c) $h = 12{,}0\,dm$

2

a) $V = 2309{,}1\,cm^3$ b) $V = 115{,}9\,dm^3$
c) $V = 6{,}750\,dm^3$ d) $V = 63{,}2\,cm^3$
e) $V = 888{,}6\,cm^3$ f) $V = 2917{,}9\,cm^3$

3

a) $V = 5\,495\,651\,m^3$ 137392 Güterwagen; 1717,4 km lang
b) 176,5 m

4

a) $V_K = 3 \cdot \pi \cdot e^2$; $V_T = 3 \cdot V_K = 9 \cdot \pi \cdot e^3$
$O_K = 8 \cdot \pi \cdot e^2$; $V_T = 3 \cdot O_K - 4 \cdot \text{Kreisfläche} = 20 \cdot \pi \cdot e^2$
b) Gelb = Rot: $7 \cdot \pi \cdot e^2 \triangleq 35{,}0\,\%$
Grün: $6 \cdot \pi \cdot e^2 \triangleq 30{,}0\,\%$

5

a) $O_1 = 2 \cdot \pi \cdot 3e \cdot 2e + 2 \cdot \pi \cdot (3e)^2 = 12\pi e^2 + 18\pi e^2 = 30\pi e^2$
$O_2 = 2 \cdot \pi \cdot 2e \cdot 3e + 2 \cdot \pi \cdot (2e)^2 = 12\pi e^2 + 8\pi e^2 = 20\pi e^2$
Die Oberfläche des ersten Drehkörpers ist 1,5-mal so groß wie die des zweiten Drehkörpers.
b) $V = \pi \cdot r^2 \cdot h$
Es gilt $V_2 < V_1$, da in der Volumenformel der Radius quadriert wird. Er ist beim ersten Drehkörper um e größer. Somit ist auch das Volumen des ersten Drehkörpers größer, da die zu multiplizierende Höhe nur um e differiert und nicht quadriert wird.
Rechnung: $V_1 = \pi \cdot (3e)^2 \cdot 2e = 18\pi e^3$
$V_2 = \pi \cdot (2e)^2 \cdot 3e = 12\pi e^3$

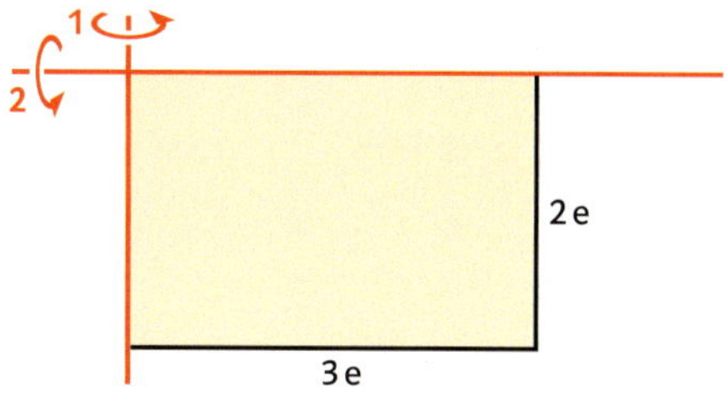

Lösungen des Bewerbungstrainings

Bewerbungstraining | Grundrechenarten, Seite 180

1

a) 29,9	b) 1,83	c) 30,5	d) 114,3
e) 1,5	f) 10,04	g) −9,4	h) −1,8
i) 0,21	j) 0,048	k) 0,000 035	l) 0,348
m) 4	n) 1,9	o) 170	p) 110

2

a) 58,94	b) 4670,77	c) 240,9426	d) 5469,153
e) 50			

3

a) 12,15	b) 22,53	c) 127,05	d) 374,64
e) 166,111	f) 3765,19		

4

a) 28,5	b) 396	c) 4532,5	d) 7210
e) 15 625	f) 23 000		

5

a) 1,35	b) 0,783	c) 0,025	d) 0,0056
e) 37,52	f) 0,085		

6

a) 22,88	b) 6,12	c) 0,26145	d) 57,81
e) 111,111	f) 6,29		

7

a) 315	b) 207,25	c) 805	d) 0,0842
e) 5,31	f) 180		

8

a) ≈ 5,6	b) ≈ 4,6	c) ≈ 47,6	d) ≈ 38,8
e) ≈ 10,3	f) ≈ 20,3		

Bewerbungstraining | Schätzen, Seite 181

1

a) ≈ 890 000	b) ≈ 500 000	c) ≈ 400
d) ≈ 300 000	e) ≈ 2 000 000	f) ≈ 40

2

a) ≈ 320 000 (314 191)
b) ≈ 210 000 000 (194 405 421)
c) ≈ 560 000 000 (560 245 221)
d) ≈ 200 000 000 (180 954 242)
e) ≈ 240 (232,631)
f) ≈ 800 (928,6208)

3

a) ≈ 400 (419,06)	b) ≈ 70 (70,91)
c) ≈ 600 (643,04)	d) ≈ 73 (77,21)
e) ≈ 6 (6,12)	f) ≈ 60 (60,78)

4

a) Es werden rund 8 Stunden benötigt.
b) Es werden rund 9,5 Stunden benötigt.

5

a) ≈ 165 000 000 kg	b) ≈ 300 000 000 kg
c) ≈ 150 000 000 kg	d) ≈ 75 000 000 kg
e) ≈ 53 000 000 kg	

6

a) 2084 Einw. je km^2 b) 3 740 000 kg
c) 37 870 000 l (600 000 · 6 l · 10 = 36 000 000 l)
d) 26 880 000 000 l (600 000 · 150 l · 300)

Bewerbungstraining | Schätzen, Seite 182

7

Es sind rund 100 Gummibären.

8

Rund 240 Schmetterlinge sind zu sehen.

9

Es sind rund 280 Flamingos.

10

Es sind rund 350 Menschen zu sehen.

11

Der Zaun ist ca. 3,50 m hoch.

12

Nordrhein-Westfalen ist rund 34 100 km^2 groß.

Bewerbungstraining | Bruchrechnung, Seite 183

1

a) $\frac{8}{11}$	b) $\frac{9}{7} = 1\frac{2}{7}$	c) $\frac{4}{8} = \frac{1}{2}$
d) $\frac{10}{25} = \frac{2}{5}$	e) $8\frac{6}{9} = 8\frac{2}{3}$	f) $5\frac{10}{6} = 6\frac{4}{6} = 6\frac{2}{3}$

2

a) $1\frac{1}{6}$	b) $\frac{5}{6}$	c) $1\frac{13}{56}$	d) $1\frac{11}{40}$
e) $16\frac{5}{12}$	f) $6\frac{2}{9}$	g) $2\frac{5}{9}$	

3

a) $\frac{37}{65}$ b) $\frac{17}{36}$ c) $\frac{2}{15}$ d) $3\frac{7}{10}$
e) $\frac{23}{30}$ f) $\frac{9}{20}$ g) $6\frac{1}{2}$ h) $-\frac{1}{6}$
i) $-3\frac{8}{15}$

4

a) $\frac{1}{20}$ b) $\frac{1}{6}$ c) $\frac{11}{14}$ d) $4\frac{1}{4}$
e) $40\frac{11}{18}$ f) 4 g) $\frac{1}{3}$ h) $\frac{1}{2}$

5

a) $18\frac{2}{3}$ b) $\frac{3}{28}$ c) $\frac{2}{5}$ d) $1\frac{1}{5}$
e) $1\frac{1}{7}$ f) $1\frac{1}{15}$ g) $\frac{5}{9}$ h) $\frac{9}{10}$

6

a) $x = \frac{3}{7}$ b) $x = 5$ c) $x = 6$ d) $x = \frac{1}{2}$
e) $x = 5\frac{2}{5}$ f) $x = 2\frac{3}{4}$

Bewerbungstraining | Längenmaße, Seite 184

1

a) 120 dm b) 200 cm c) 710 mm
d) 300 cm e) 400 mm f) 5000 m
g) 900 cm h) 12 000 mm

2

a) 37 dm b) 587 cm c) 12 mm d) 5 mm
e) 3650 m f) 237 cm g) 60 mm h) 1380 mm

3

a) 12,5 cm b) 8,2 cm c) 78 cm d) 5,3 cm
e) 200 000 cm f) 9100 cm

4

a) 4 cm b) 12 dm c) 5 m d) 27 km
e) 8 m f) 120 m g) 70 dm h) 7000 m

5

a) 0,4 cm b) 0,8 dm c) 1,2 m d) 12,987 km
e) 0,428 km f) 0,03 dm g) 0,02 m h) 0,017 km

6

In Hannover war die Elle 1,35 cm länger. Folglich war der Stoff dort geringfügig billiger.

Bewerbungstraining | Flächenmaße, Seite 185

1

a) 900 cm^2 b) 300 m^2 c) 400 mm^2
d) 2700 dm^2 e) 1200 a f) 3500 ha
g) 120 000 mm^2 h) 30 000 cm^2

2

a) 245 ha b) 106 dm^2 c) 46 a
d) 237,5 cm^2 e) 182 mm^2 f) 6450 m^2
g) 23 000 cm^2 h) 1240 mm^2 i) 4 243 000 mm^2
j) 300 m^2

3

a) 23 cm^2 b) 3 ha c) 5 m^2 d) 50 km^2
e) 12 a f) 31 dm^2 g) 8 m^2 h) 95 a

4

a) 6,34 km^2 b) 1,32 a
c) 0,3 cm^2 d) 0,81 cm^2
e) 0,094 ha f) 0,07 dm^2
g) 0,0243 m^2 h) 0,022 36 ha

5

a) 1,3 m^2 b) 58 000 m^2 c) 0,365 m^2
d) 12 700 m^2 e) 3 000 000 m^2 f) 6 790 000 m^2
g) 17 500 m^2 h) 7500 m^2

6

a) Die Fläche ist 10 404 m^2 groß.
b) 1,0404 ha = 104,04 a
c) Ein Bauplatz wird 578 m^2 groß sein.

Bewerbungstraining | Rauminhalte – Volumen, Seite 186

1

a) 35 000 cm^3 b) 12 000 mm^3 c) 4000 dm^3
d) 4635 dm^3 e) 2870 mm^3 f) 300 mm^3
g) 70 cm^3 h) 7 000 000 cm^3

2

a) 6 dm^3 b) 75 m^3 c) 4,5 cm^3
d) 0,721 m^3 e) 0,042 dm^3 f) 0,004 mm^3
g) 0,009 253 5 m^3 h) 0,000 037 dm^3

3

a) 3500 l b) 823 000 ml c) 4730 ml d) 420 l
e) 75 000 ml f) 800 000 ml g) 500 ml h) 125 ml

4

a) 80 hl b) 8 l c) 2,5 hl d) 0,47 l
e) 0,67 hl f) 0,091 l g) 0,03 hl h) 0,006 l

5

a) 2 l	b) 12 ml	c) 5750 ml	d) 3,25 hl
e) 25 000 cm^3	f) 0,75 dm^3	g) 4 m^3	h) 0,8 m^3

6

Es passen 800 Liter hinein.

Bewerbungstraining | Gewichte und Zeitspannen, Seite 187

1

a) 15 000 kg	b) 43 000 g	c) 2 100 000 g
d) 0,5 mg	e) 70 g	f) 560 kg

2

a) 40 kg	b) 3,5 t	c) 2,03 g	d) 0,9 t
e) 0,075 kg	f) 0,006 t	g) 0,03275 g	h) 0,0036 t

3

a) 500 kg = 10 Ztr.	b) 250 g = $\frac{1}{2}$ ℔ (0,5 ℔)
c) 750 kg = 15 Ztr.	d) 125 g = $\frac{1}{4}$ ℔ (0,25 ℔)
e) 375 kg = 7,5 Ztr.	f) 2500 g = 5 ℔

4

a) 141,75 g	b) 30,88 g
c) 31 440 g = 31,44 kg	d) 6250 g

5

a) 1800 s	b) 168 h	c) 720 min
d) 4320 min	e) 6 d	f) 18 h
g) 12 min	h) 2 d	i) 59 h
j) 465 s	k) 84 h	l) 450 s

6

a) 210 min	b) 84 h	c) 165 s	d) 276 s

7

a) 118 min	b) 219 min

Bewerbungstraining | Dreisatz, Seite 188

1

Man benötigt 400 t Erz.

2

Familie Röwer zahlt 336 € Miete.

3

Im April starteten etwa 20 310 Flugzeuge.

4

Man benötigt 320 s = 5 min 20 s.

5

Das Gebäude ist $16\frac{2}{3}$ m hoch.

6

Es werden täglich 31 500 Liter Orangensaft produziert.

7

Doppelt so viele Mitarbeiter benötigen 25 Stunden.

8

Sechs Arbeiter benötigen 16 Tage.

9

Zwei Schläuche füllen das Becken in 112,5 min.

10

Die Arbeitszeit verkürzt sich um $4\frac{2}{3}$ Stunden = 4 Std. 40 min.

11

Die Länge des neuen Grundstücks beträgt 25,6 m.

Bewerbungstraining | Prozentrechnung, Seite 189

1

a) 48	b) 74
84	45
0,48 € = 48 ct	16
0,37 ha = 37 a	9

2

52 m^2 Pflaster sind fertiggestellt.

3

5610 Beschäftigte arbeiten im Schichtdienst.

4

75 % der Kinder kommen mit dem Bus.

5

Möhren enthalten $1{,}0\overline{6}$ % Eiweiß, 6 % Kohlenhydrate und $2{,}9\overline{3}$ % Ballaststoffe.

6

Es können 500 g Frikadellen hergestellt werden.

7

a) 321,30 €	b) 345,6 km^2	c) 33,48 kg	d) 94,08 Liter

8

Ursprünglich kostete der Fernseher 1150 €.

9

Ursprünglich kostete der Schlafsack 75 €.

10
Ursprünglich wog die Wurst 1400 g.

11
Die Ermäßigung beträgt 24 %.

Bewerbungstraining | Zinsrechnung, Seite 190

1
Die Zinsen erhöhen sich um 14,46 €.

2
Frau Koch hat ihr Geld zu 4,2 %, 3,8 % und 4,5 % angelegt.

3
Herr Abel muss 2905,57 € anlegen.

4
Zinsen: 11,25 €
Zinssatz: 6 %
Kapital: 2600 €
Zeit: 125 Tage

5
Zinssatz: 3,8 % Maike erhält 52,25 € Zinsen.

6
Herr Wagner hätte 265,63 € sparen können.

7
Ersparnis durch Skontoabzug: 305,00 €
Verzinsung des Geldes über 55 Tage: 198,04 €
Es ist günstiger nach fünf Tagen unter Abzug des Skontos zu zahlen.

Bewerbungstraining | Zahlenreihen, Seite 191

1
a) 18; 21 b) 32; 64
c) 28; 36 d) 15; 9
e) 10; 6 f) 33; 29
g) 60; 62 h) 19; 23

2
a)
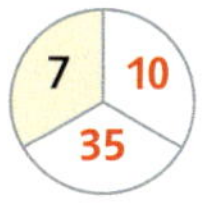

b)
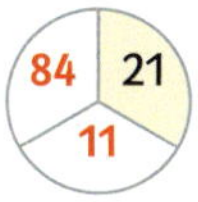

oder
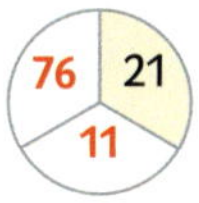

3
a) 14; 13 b) 54; 45 c) 135; 126 d) 69; 63
e) 15 f) 16 g) 21 h) 38

4
a) Dominostein C ergänzt sinnvoll.
b) Dominostein A ergänzt sinnvoll.

Bewerbungstraining | Flächen und Körper I, Seite 192

1
$A = 52\,cm^2$

2
a)
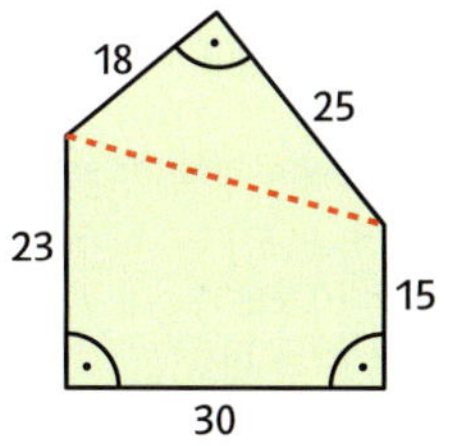

$A_{Trapez} = \frac{(23 + 15)}{2} \cdot 30 = 570$

$A_{Dreieck} = \frac{(25 \cdot 18)}{2} = 225$

Die Gesamtfläche beträgt $570\,cm^2 + 225\,cm^2 = 795\,cm^2$.

b)
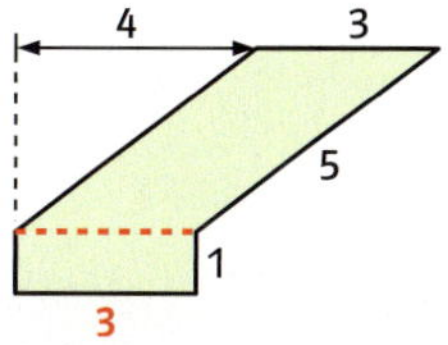

$A_{Rechteck} = 3 \cdot 1 = 3$

$h = \sqrt{5^2 - 4^2} = 3$

$A_{Parallelogramm} = 3 \cdot 3 = 9$

Die Gesamtfläche beträgt $3\,cm^2 + 9\,cm^2 = 12\,cm^2$.

3
a) 10 b) 9 c) 8 d) 8

4
Beide Körper haben die gleiche Oberfläche. Jeder Würfel, der vom ersten Körper entfernt wird, hatte drei Außenflächen. An ihrer Stelle kommen jeweils drei neue Flächen hinzu, so dass die Summe der Teilflächen gleich bleibt.

Bewerbungstraining | Flächen und Körper II, Seite 193

1
a) zur vierten Figur b) zur zweiten Figur
c) zur dritten Figur d) zur ersten Figur
e) zur zweiten Figur f) zur dritten Figur

2
$3000\,m^3$

3
Der Durchmesser der Trommel ist ca. 60 cm, genau wie die Tiefe. Also beträgt das Fassungsvermögen ca. 162 l ≈ 160 l.

4
$72\,m^2 \approx 70\,m^2$

5
$1400\,m^3$

6
Die Höhe der Trommel muss etwas kleiner sein als die des Wäschetrockners, also etwa 75 cm.
Ebenso muss der Durchmesser etwas kleiner sein als die Breite des Trockners, etwa 50 cm.
Damit ergibt sich als Fassungsvermögen
$\frac{\pi \cdot d^2}{4 \cdot h} = \pi \cdot 625 \cdot 75\,cm^3 \approx 14\,000\,cm^3 = 14\,l$.

Bewerbungstraining | Zeit-Weg-Diagramme, Seite 194

1
a) Graph 2 b) Graph 6 c) Graph 4
d) Graph 3 e) Graph 1

2
a) Gefäß 3 b) Gefäß 2 c) Gefäß 4 d) Gefäß 1

3
a) Diagramm 2 b) Diagramm 3 c) Diagramm 4

Bewerbungstraining | Textaufgaben – Gleichungen, Seite 195

1
a) $x = 1$ b) $x = 32$ c) $x = 12$

2
a) Tina ist 5 Jahre, Ulf ist 10 Jahre alt.
b) Elke ist 30, Sabine ist 10 Jahre alt.

3
a) Eine Seite ist 3 cm und die andere 7 cm lang.
b) Das Volumen beträgt $512\,mm^3$.

4
a) $x = 30$ $y = 20$ b) $x = 7$ $y = 8$
c) $x = 40$ $y = 60$ d) $x = 3$ $y = 4$
e) Es waren 15 Mofas und 20 PKW.
f) Es sind 25 Enten und 20 Schafe.

Register

Mathematische Symbole

=	gleich	g, h, …	Buchstaben für Geraden
<	kleiner als	A, B, … , P, Q, …	Buchstaben für Punkte
>	größer als	$\alpha, \beta, \gamma, \delta, \ldots$	griechische Buchstaben für Winkel
$\mathbb{N}$	Menge der natürlichen Zahlen	$\overline{AB}$	Strecke mit den Endpunkten A und B
$\mathbb{R}$	Menge der reellen Zahlen	$A(-2\|4)$	Punkt im Koordinatensystem mit dem x-Wert −2 und y-Wert 4
$\mathbb{Z}$	Menge der ganzen Zahlen	π	Kreiszahl
$\mathbb{Q}$	Menge der rationalen Zahlen		
$g \perp h$	die Geraden g und h sind zueinander senkrecht		
⦜	rechter Winkel		
$g \parallel h$	die Geraden g und h sind parallel		

Maßeinheiten und Umrechnungen

Zeiteinheiten

Jahr		Tag		Stunde		Minute		Sekunde
1 a	=	365 d						
		1 d	=	24 h				
				1 h	=	60 min		
						1 min	=	60 s

Gewichtseinheiten

Tonne		Kilogramm		Gramm		Milligramm
1 t	=	1000 kg				
		1 kg	=	1000 g		
				1 g	=	1000 mg

Längeneinheiten

Kilometer		Meter		Dezimeter		Zentimeter		Millimeter
1 km	=	1000 m						
		1 m	=	10 dm				
				1 dm	=	10 cm		
						1 cm	=	10 mm

Flächeneinheiten

Quadratkilometer		Hektar		Ar		Quadratmeter		Quadratdezimeter		Quadratzentimeter		Quadratmillimeter
$1\,km^2$	=	100 ha										
		1 ha	=	100 a								
				1 a	=	$100\,m^2$						
						$1\,m^2$	=	$100\,dm^2$				
								$1\,dm^2$	=	$100\,cm^2$		
										$1\,cm^2$	=	$100\,mm^2$

Raumeinheiten

Kubikmeter		Kubikdezimeter		Kubikzentimeter		Kubikmillimeter
$1\,m^3$	=	$1000\,dm^3$				
		$1\,dm^3$	=	$1000\,cm^3$		
		1 l	=	1000 ml		
				$1\,cm^3$	=	$1000\,mm^3$

Bildquellenverzeichnis

U1: Fotosearch RF (BrandXPictures), Waukesha, WI — 14.4: Getty Images (Stock 4B), München — 15.2: Avenue Images GmbH (Image Source), Hamburg — 20.3: Imago Stock & People (Niehoff), Berlin — 22.1: Viscom Fotostudio (Siegfried Schenk), Schwäbisch Gmünd — 28.1: Mauritius (Hackenberg), Mittenwald — 28.3: shutterstock (rixxo), New York, NY — 28.4: Getty Images (Stone), München — 29.3: laif (Specht), Köln — 31.1: Getty Images (Image Bank), München — 32.2: iStockphoto (RF), Calgary, Alberta — 36.1: Getty Images (Stone), München — 36.4: Avenue Images GmbH (PhotoDisc), Hamburg — 39.3:Picture-Alliance (Bernd Weissbrod), Frankfurt — 47.2: ddp Deutscher Depeschendienst GmbH (Norbert Millauer (mecom), Berlin — 48.2: Corbis (Urban Zintel/Stock 4B), Düsseldorf — 55.2: Corbis (Thomsen/zefa), Düsseldorf — 55.4: Getty Images (Photonica), München — 58.3: Avenue Images GmbH (Image Source), Hamburg — 58.4, 59.1: Getty Images (Altrendo), München — 59.2: Avenue Images GmbH (Fstop), Hamburg — 59.3: Getty Images RF (Photodisc), München — 60.1: JupiterImages (photos.com), Tucson, AZ — 61.1: Peter Arnold (Gary Gaugler /The Me), New York — 63.1: MEV, Augsburg — 69.1+2: Adpics AG, Wetzikon — 72.3: Corbis (Clouds Hill Imaging), Düsseldorf — 72.4: iStockphoto (RF/Alan Hettinger), Calgary, Alberta — 72.5: Statoil ASA, Stavanger — 75.1: Projektwerkstatt, Berlin — 76.2: Astrofoto, Sörth — 76.4: Mauritius, Mittenwald — 77.3: Picture-Alliance (dpaweb), Frankfurt — 77.5: Ulrike Medenbach, Witten — 77.8: Okapia (Hans-Peter Schaub), Frankfurt — 78.1: Focus (SPL, Dr. Tony Brain), Hamburg — 79.2: Avenue Images GmbH (Thinkstock), Hamburg — 79.2: Getty Images, München — 80.1+4: Avenue Images GmbH (Stockbyte), Hamburg — 81.3: Getty Images (Image Bank), München — 83.1: ullstein bild (Fritsch), Berlin — 99.2: Corbis (Bettmann), Düsseldorf — 100.2: Picture-Alliance (akg-images), Frankfurt — 102.1: Picture-Alliance (Wolfgang Thieme), Frankfurt — 102.3: Getty Images (Image Bank), München — 102.4: Avenue Images GmbH (Stockbyte), Hamburg — 103.3: Getty Images (Image Bank), München — 107.3: Picture-Alliance (Heiko Wolfraum), Frankfurt — 110.3: Corel Corporation, Unterschleissheim — 120.1: Okapia (G. Jendreyzik), Frankfurt — 122.1: Getty Images (Taxi), München — 122.2: Getty Images (Photonica), München — 122.4: Avenue Images GmbH (PhotoDisc), Hamburg — 122.5: Getty Images (Stone), München — 123.3: Getty Images (First Light), München — 123.4: Avenue Images GmbH (Photo Alto), Hamburg — 123.5+6: Avenue Images GmbH (Digital Vision), Hamburg — 125.7: Corbis (Gianni Dagli Orti), Düsseldorf — 126.1: MEV, Augsburg — 132.5: iStockphoto (Vladimir Tatarevic), Calgary, Alberta — 133.4: AKG, Berlin — 133.5: Bernd Simon, Hürtgenwald — 133.9: Robert Bosch GmbH, Stuttgart — 136.6: Schwaneberger Verlag GmbH, Unterschleißheim — 137.3: Getty Images (stone/Trevor Mein), München — 138.1: MEV, Augsburg — 138.2: Bildarchiv Preussischer Kulturbesitz, Berlin — 140.1: Avenue Images GmbH (PhotoDisc), Hamburg — 140.2: Avenue Images GmbH (Stockbyte), Hamburg — 140.4: Getty Images (Photographer`s Choice), München — 140.5: Avenue Images GmbH (Stockbyte), Hamburg — 140.6: Avenue Images GmbH (Digital Vision), Hamburg — 140.7: Getty Images (Iconica), München — 140.8: MEV, Augsburg — 140.9: Europäische Zentralbank, Frankfurt — 140.10+11: Europäische Zentralbank (Klett-Perthes, Gotha), Frankfurt — 141.3: Avenue Images GmbH (STOCK4B-RF), Hamburg — 141.4: www.vulkaneifelwetter.de — 143.4: Conrad Electronic SE, Hirschau — 144.2: imago sportfotodienst GmbH, Berlin — 146.5: Corbis (Gianni Dagli Orti), Düsseldorf — 147.3: Fotolia LLC (Paul Moore), New York — 148.2: Fotolia LLC (Zauberhut), New York — 148.3: Peter Arnold (Jim Wark), New York — 148.5: AP, Frankfurt am Main — 149.1: iStockphoto (Julia Chernikova), Calgary, Alberta — 149.2: ddp Deutscher Depeschendienst GmbH (mecom/Lohnes), Berlin — 153.2: MEV, Augsburg — 156.5: Corbis (Reg Charity), Düsseldorf — 160.1: Avenue Images GmbH (Stock 4B), Hamburg — 160.3: Getty Images (Taxi), München — 160.5: Avenue Images GmbH (Photo Alto), Hamburg — 161.1: Getty Images (Iconica), München — 161.2: Getty Images (Stone), München — 161.3, 161.6+7: Getty Images (Image Bank), München — 161.4+5: Avenue Images GmbH (Stockbyte), Hamburg — 166.3: Fotosearch RF (Corel), Waukesha, WI — 168.4: Kage Mikrofotografie, Lauterstein — 169.1: Züblin Services GmbH, Stuttgart — 169.5: Getty Images RF (PhotoDisc), München — 176.2: iStockphoto (Pierangelo Rendina), Calgary, Alberta — 176.5: Corbis (Charles E. Rotkin), Düsseldorf — 177.1: iStockphoto (Craig Barhorst), Calgary, Alberta — 178.1: Getty Images (Woods Wheatcroft), München — 178.2: Getty Images (Chabruken), München — 178.3: Fotosearch RF (Stockbyte), Waukesha, WI — 178.3: Getty Images (ColorBlind Images), München — 178.4: Getty Images (Lisa Pines), München — 179.1: Getty Images (Justin Pumfrey), München — 179.2: Getty Images (altrendo images), München — 182.3: JupiterImages (photos.com), Tucson, AZ — 182.4: Corbis, Düsseldorf — 182.5: Corbis (Arnd Wiegmann/Reuter), Düsseldorf — 184.1: Creativ Collection Verlag GmbH, Freiburg — 185.1: Avenue Images GmbH (PhotoDisc), Hamburg — 186.1: Picture-Alliance (dpa/Reeh), Frankfurt — 186.2: Hofmeister, Anja, Malmsheim — 187.1: iStockphoto (Jaap2), Cal-gary, Alberta — 187.2: MEV, Augsburg — 196.1: iStockphoto (Anna Milkova), Calgary, Alberta — 196.4: Thinkstock - Getty Images (iStockphoto), München — 197.1: JupiterImages (photos.com), Tucson, AZ — 197.2: iStockphoto (blackred), Calgary, Alberta — 197.3: shutterstock (Mark Stout Photography), New York, NY — 198.1: iStockphoto (RF/Alison Cornford-Matheson), Calgary, Alberta — 200.2: Deutsches Institut für Gütesicherung und Kennzeichnung e.V., Sankt Augustin — 202.4: Astrofoto (Dorst), Sörth

Alle übrigen Fotos entstammen dem Klett-Archiv, Stuttgart.

Nicht in allen Fällen war es uns möglich, den uns bekannten Rechteinhaber ausfindig zu machen. Berechtigte Ansprüche werden selbstverständlich im Rahmen der üblichen Vereinbarungen abgegolten.